战略性新兴领域“十四五”高等教育系列教材

人形机器人技术基础与应用

主　编　左国玉　张　伟
副主编　郑榜贵　程吉禹　王兴兴
参　编　刘春芳　黄　高　张阳光
李晓磊　辛　乐

机械工业出版社

本书为适应机器人新技术的快速发展和新工科专业的人才培养要求编写，是一本全面介绍人形机器人技术的教材，内容覆盖从基础理论到前沿技术的广泛知识，系统阐述了人形机器人运动学与动力学建模、行走控制基础、运动学习控制、导航控制、感知技术、机构设计及运动控制实践等内容。

本书内容丰富、结构合理，突出了知识的系统性、应用性和前沿性，体现了选材的新颖性。读者通过系统学习，可以系统掌握人形机器人技术的基本原理和实际应用知识，为将来从事人形机器人技术研究和实践奠定坚实的基础。

本书可作为普通高校机器人工程、自动化、人工智能、机械电子、电子信息等专业本科生和相关学科研究生的教材，也可供从事人形机器人技术研究开发的工程技术人员和科研人员参考和使用。

本书配有电子课件等教学资源，欢迎选用本书作教材的教师登录 www.cmpedu.com 注册后下载，或发邮件至 jinacmp@163.com 索取。

图书在版编目（CIP）数据

人形机器人技术基础与应用 / 左国玉，张伟主编 . 北京 ：机械工业出版社，2024. 12. --（战略性新兴领域“十四五”高等教育系列教材）. -- ISBN 978-7-111-77270-5

Ⅰ. TP24

中国国家版本馆 CIP 数据核字第 2024YB7913 号

机械工业出版社（北京市百万庄大街 22 号　邮政编码 100037）

策划编辑：吉　玲　　　　责任编辑：吉　玲　王效青

责任校对：龚思文　王　延　　封面设计：张　静

责任印制：任维东

河北鹏盛贤印刷有限公司印刷

2024 年 12 月第 1 版第 1 次印刷

184mm×260mm · 17.5 印张 · 421 千字

标准书号：ISBN 978-7-111-77270-5

定价：63.00 元

电话服务　　　　　　　　　　网络服务

客服电话：010-88361066　　机　工　官　网：www.cmpbook.com

　　　　　010-88379833　　机　工　官　博：weibo.com/cmp1952

　　　　　010-68326294　　金　　书　　网：www.golden-book.com

　　机工教育服务网：www.cmpedu.com

前言

PREFACE

人形机器人作为最高形态的仿生机器人，具有类似人类的形态和动作能力，能模仿人类的动作和行为，适应多变的环境和任务需求，更自然地与人类进行交互，可以更好地融入人类社会环境，为人类服务。在人类社会迈向自动化和智能化的进程中，人形机器人作为前沿科技和新质生产力的代表，正逐渐从实验室走向实际应用场景，成为推动社会进步和经济发展的重要力量。自20世纪中期以来，机器人技术经历了从工业机器人到服务机器人，再到如今的人形机器人这一跨越式的发展历程。人形机器人已在工业制造、医疗康复、家庭服务等领域展现出了巨大的应用潜力，必将在社会生产和生活中成为人类的得力助手。我们正迎来一个前所未有的技术革命时代，这不仅改变了传统的生产生活方式，也在深刻影响着社会的各个方面。

为更好地适应这一变革、培养未来的科技创新人才，我们编写了本书。它不仅是一本系统介绍人形机器人技术的教材，更是一本面向未来、培养创新人才的重要参考书。希望本书能够为新工科专业的建设和发展提供有力支持，帮助更多的学生掌握前沿技术，成为引领未来科技发展的中坚力量。

本书是国内第一本以本科生为主要对象的人形机器人教材，内容涵盖了从人形机器人技术基础理论到实际应用的各个方面，主要有以下特色。

1. 系统性。本书内容系统全面，涵盖了人形机器人技术的各个关键领域。

2. 前沿性。本书结合了最新的研究成果和技术进展，确保学生能够了解和掌握当前最先进的人形机器人技术。

3. 实用性。本书注重理论与实践的结合，通过实际案例和实验指导，帮助学生将所学知识应用到解决实际问题中。

4. 跨学科融合。本书内容涉及机械设计、控制理论、计算机科学、人工智能等多学科知识，体现了新工科专业跨学科融合的特点。

本书共9章。第1章主要介绍人形机器人的基本概念、国内外发展现状、系统组成、关键技术以及应用场景。第2章介绍机器人学的基础知识和人形机器人运动学和动力学分析方法。第3章主要介绍人形机器人的ZMP稳定性分析、ZMP步态规划以及模型预测控制和全身控制等经典行走控制方法。第4章介绍基于深度强化学习的人形机器人运动控制方法。第5章介绍SLAM基本原理和算法、全局路径规划和局部路径规划的不同策略及其实现方法，并给出了应用实例。第6章介绍人形机器人的内部传感器和外部传感器的工作原理以及多传感器信息融合方法。第 7 章介绍二维视觉感知和三维视觉感知的基本原理、视觉感知任务典型算法，以及视觉感知技术的实际场景应用。第 8 章介绍人形机器人机构设计的基本设计方法与原则、人形机器人本体的基本组成与结构，以及人形机器人的驱动机构、传动机构和系统集成机构的设计方法。第 9 章以宇树 G1 人形机器人为例，介绍其运动控制系统组成和人形机器人仿真环境构建与仿真，并给出了人形机器人平衡站立、行走、复杂地形行走和跳跃任务的实现方法和控制实例。

本书由北京工业大学、山东大学和杭州宇树科技有限公司三家单位的专家共同编写，其中第 1 章由左国玉和辛乐编写，第 2 章由郑榜贵编写，第 3 章由张伟和张阳光编写，第 4 章由李晓磊编写，第 5、7 章由程吉禹编写，第 6 章由刘春芳编写，第 8 章由黄高编写，第 9 章由王兴兴和张阳光编写。全书由左国玉和张伟统稿，郑榜贵、程吉禹协助整理。

本书在编写过程中，得到了北京工业大学周纪勇、赵未硕、吴启飞、喻杉以及山东大学谭文浩、方兴、李智亨、王跃的帮助。特别感谢杭州宇树科技有限公司对本书的大力支持。本书的编写参考了大量的国内外文献，在此一并对相关作者表示感谢。

人形机器人属于新兴技术领域，发展迅速，涉及的学科多、专业广，由于编者水平有限和经验不足，书中难免存在错误和不足之处，恳请读者批评指正。

编　者

目 录

CONTENTS

第 1 章　绪论

导读

本章首先介绍人形机器人系统的基本概念和人形机器人技术的国内外发展现状，接着介绍人形机器人的系统组成与关键技术，最后介绍人形机器人的应用领域和前景展望。

本章知识点

- 人形机器人的概念
- 人形机器人技术的国内外发展现状
- 人形机器人的系统组成与关键技术
- 人形机器人的应用领域和前景展望

1.1　概述

人形机器人是一种模仿人类外形和行为特征的智能机器人，通常具备类似人类的身体结构，如头部、躯干、手臂和腿部，能够执行类人的动作和任务，可以自然地与人类进行交互，具备自我学习和适应环境的能力，也称仿人机器人。研制与人类外观特征类似，具有人类智能、灵活性，并能够与人交流、不断适应环境的人形机器人一直是人类的梦想之一。

20 世纪中叶以来，机器人技术和产业迅速发展，工业机器人、物流机器人等专用机器人已在各自的应用领域取得了巨大成就，解决了许多社会生产和生活问题。同样地，人形机器人独特的优势使其具有广阔的应用前景，具体如下：

（1）多功能性和灵活性　人形机器人具有类似人类的形态和动作能力，可以在多种环境和任务中灵活应用。相比专用机器人，人形机器人可以执行各种不同类型的任务，从家庭服务到复杂的工业操作，具有较高的通用性。人形机器人能够模仿人类的动作和行为、适应多变的环境和任务需求，特别是在需要高灵活性和精细操作的场景中表现出色。

（2）人机交互的自然性　人形机器人由于其外形和行为类似于人类，能够更自然地与人类进行交互。人形机器人可以通过表情、动作和语言与人类进行情感交流，提供情感支持和陪伴，特别是在养老和护理领域。人形机器人更容易被用户接受和信任，特别是在家庭、教育和医疗等需要密切人机互动的场景中。

（3）社会适应性　人形机器人可以更好地融入人类社会环境。在人群拥挤的地方，如机场、商场、医院等，人形机器人可以提供导览、咨询和服务，提升公共服务的质量和效率。在灾难救援和危险环境中，人形机器人可以代替人类进行救援和操作，减少人类面临的风险。

（4）促进技术进步　人形机器人技术的发展可以推动多个领域的技术进步。人形机器人需要高度智能化的控制系统和决策能力，推动了人工智能技术的发展。人形机器人需要多种传感器来感知环境和自身状态，促进了传感器技术的发展。人形机器人需要轻便耐用的材料和精密的制造工艺，推动了材料科学和制造技术的进步。人形机器人关键技术的重大突破，对智能机器人的具身感知、智能控制、实时决策、柔顺交互、构型设计及动力传动等方面具有重要的推动和引领作用。

（5）应对社会挑战　人形机器人技术的发展可以应对许多社会挑战。在人口老龄化日益严重的社会，人形机器人可以提供护理和陪伴，减轻家庭和社会的负担。在某些行业和地区，劳动力短缺问题严重，人形机器人可以填补这一空缺，维持社会生产和服务的正常运行。

人形机器人在教育和科学研究方面也有其独特的优势。因此，很多国家和地区已将发展人形机器人产业提升至国家战略高度，人形机器人技术的发展具有重要意义。

人形机器人构造通常涵盖腰部系统、头部系统、下肢移动系统和双臂系统，这些系统的紧密协同使得人形机器人能够高效地执行各种任务。腰部系统确保了机体的平衡和稳定。头部系统的环境感知装置用于捕捉周围环境特征，进而指导人形机器人的行动决策。下肢移动系统确保人形机器人移动到指定位置，双臂系统则负责完成精细和复杂的操作。各系统的高度协调性能满足了人形机器人实现拟人化的摔、滚、走、爬、跳等多模态运动需求，也赋予了人形机器人在动态复杂环境中的作业能力。

人形机器人性能的优劣主要取决于其智能水平和类人运动水平。人形机器人的智能水平主要体现在其能够自主进行环境感知、任务决策、实时运动规划及动作控制优化。智能水平越高，人形机器人自主解决问题的能力就越强，能够胜任的任务也就越多、越复杂。类人运动水平则体现在人形机器人能够模仿人类的运动方式完成操作任务，类人程度越高，越容易被人类接受和认可，从而更好地服务人类。回顾人形机器人的发展历程，如图 1-1 所示，其探索可以追溯到 20 世纪 70 年代。这一时期是人形机器人发展的初始阶段，技术突破主要集中在机械设计和运动控制，重点在于如何让人形机器人在不同地形上保持平衡和稳定行走。当时的人形机器人尚不具备智能和类人的运动能力。20 世纪末至 21 世纪初，人形机器人进入了第二个发展阶段。传感器技术和控制技术的高度集成，使人形机器人具备了基本的感知系统，能够依据环境信息做出简单的判断和决策，并具备了运动预测和主动优化能力。在这一阶段，人形机器人具备了初步的智能水平和类人运动能力，显著提升了其应用潜力和实际操作能力。

进入 21 世纪，人形机器人进入了第三个发展阶段，它融合了多种先进技术，包括多模态大模型、自然语言处理、智能控制和具身智能等。这些技术的综合应用，使人形机器人高度智能化，具备了强大的环境适应能力和拟人化工作能力，并能够不断学习和优化自身的具身智能特性。具身智能使人形机器人不仅具备高级的认知能力，还能在各种环境中表现出卓越的适应性和灵活性。在感知方面，人形机器人能够综合处理来自视觉、听觉和触觉等多种传感器的信息，形成对环境的全面理解。在决策方面，人形机器人能够更准确地识别和理解人类的意图，并做出合理的操作。在执行方面，人形机器人通过不断学习和优化其运动和操作技能，能够实现更加自然和高效的行为，在复杂和动态的环境中保持高度的自主性和稳定性。人形机器人在感知、决策和执行能力上实现了全方位的提升，逐渐具备了高度的智能性和灵活性，能够胜任各种复杂的任务和应用场景。这一特性推动了人形机器人在各个领域的广泛应用。

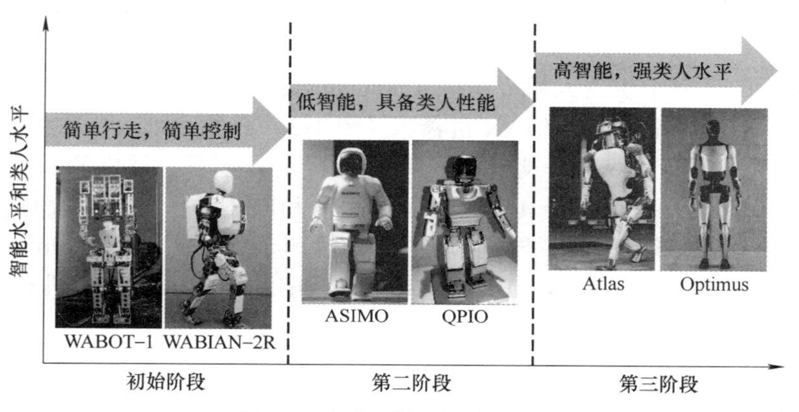

图 1-1　人形机器人的发展历程

目前，在医疗、服务、教育和娱乐等领域，人形机器人正逐步替代人类去执行重复性、高危和复杂的任务。人形机器人凭借其卓越的适应性和灵活性，正逐步成为人类社会中不可或缺的助手和伙伴。

1.2　人形机器人的发展现状

我国古代最早的人形机器人记载可以追溯到西周时期。《列子·汤问》记载能工巧匠偃师发明制作了能歌善舞的“机器人”，偃师将该机器人献给周穆王，“机器人”表演栩栩如生，引人惊叹。在国外，古希腊科学家亚里士多德提出了“机器人”的科学设想：如果每一件工具都能被安排好或是自然而然地做那些适合它们的工作。现代意义上人形机器人的研究始于 20 世纪 60 年代，并在 21 世纪初成为机器人领域的研究热点。人形机器人还没有形成典型的应用场景或统一的行业标准，不同研究者在设计思路和功能侧重上往往存在显著差异。总体而言，美国和日本在人形机器人领域处于领先地位，并形成了各自独特的研究流派。其他国家的研究大多基于这两个流派的成果，并在一定程度上进行了创新。因此，本节将从国外和国内两个方面阐述人形机器人的发展现状，国外部分将重点讲解美国和日本。

1.2.1　国外发展现状

日本是最早从事人形机器人研究的国家，并且一直在该领域保持世界领先地位。早稻田大学的加藤一郎教授及其团队研制的双足机器人 WABOT-1（图 1-2），被公认为是世界上第一款真正意义上的人形机器人。机器人 WABOT-1 的最大步幅为 15mm，步行周期为 45s，能够实现平稳的静态行走。该机器人配备了视觉和触觉传感器，不仅能够感知周围环境，还具备简单的抓取和操作能力。同时，它还能够理解简单的口语命令，具备一定的人机交互能力。该机器人具备了现代人形机器人的绝大部分功能，为现代人形机器人的发展奠定了重要基础。在接下来的几十年里，早稻田大学人形机器人研究所持续推出 WABOT 系列双足步行机器人，不断推动该领域的发展。例如，WABOT-2 显著改善了步态和动态平衡控制，并增加了手臂和手部的自由度，提升了操作精度。该机器人的视觉和触觉系统也采用了更加先进的传感器，使其具备更强的环境感知能力和人机交互能力。

早稻田大学的另一个机器人研究团队 Takanishi 实验室在人形机器人研究领域也享有盛誉。该研究团队的代表作 KOBIAN 机器人（图 1-3）高约 145cm，重约 62kg，具有类人的头部、躯干、手臂和双腿，能够执行基本的行走、坐下、站立和操控物体等动作。KOBIAN 机器人的最大亮点在于其丰富的面部表情和肢体动作，可以表达多种情感，如喜悦、悲伤、愤怒等，使其与人类的互动更加自然和亲切。此外，Takanishi 实验室还开发了 WABIAN 系列机器人，如 WABIAN-2R 和 WABIAN-2RⅡ，这些机器人在步态控制和动态平衡方面取得了显著进展。

图 1-2 WABOT-1 机器人

图 1-3 KOBIAN 机器人

日本国立产业技术综合研究所与多家企业联手，共同启动了“人形机器人”日本国家项目，推动了 HRP 系列机器人的研发，并在功能和应用上取得了突破性进展。其中，HRP-2 机器人（图 1-4）是一款备受瞩目的产品，它不仅具备稳定行走和表演舞蹈的能力，还能与人类协作搬运物品。更为重要的是，HRP-2 还实现了成人尺寸的较大型人形机器人在摔倒后能够重新站立等复杂动作，这在机器人技术领域是一项重大突破。HRP-3 则进一步在环境适应性上做出了改进，具有防尘和防漏功能，能够在恶劣条件下执行任务。HRP-4 机器人进行了多项改进，显著提升了其灵活性和与人类的互动能力。这些改进推动 HRP 系列机器人在功能和应用上取得了突破性进展。

日本的其他高校和研究院所在人形机器人领域也做出了许多创新性的贡献。东京大学推出的 Kenta、Kojiro 和 Kenshiro 人形机器人，基于人体肌肉和骨骼的分布与功能，利用仿生机构几乎实现了人体各部位重要肌肉的功能，展现了卓越的仿生能力。大阪大学开发的 Actroid 系列机器人经过多次技术迭代，现已具备更加精细的面部表情和肢体动作控制能力，使其在人机交互的自然性和逼真度方面有了显著提升。京都大学推出的 Erica 人形机器人专注于自然语言处理和情感识别，通过集成先进的 AI 技术，实现了流畅、自然的对话和高度仿真的情感反应。这些高校和研究院所不仅推动了人形机器人技术的发展，也为人机共生环境的未来奠定了坚实基础。

日本企业在人形机器人领域同样占据了重要地位。ASIMO 是由日本本田公司研制的全球最早具备人类双足行走能力的类人型机器人，如图 1-5 所示。它有 26 个自由度，其中脖子有 2 个自由度，每条手臂有 6 个自由度，每条腿也有 6 个自由度，所有关节采用电动机控制方案。ASIMO 不但能跑能走、能上下阶梯，还会踢足球和开瓶、倒茶、倒水，动作十分灵巧。ASIMO 除了具备行走功能与各种人类肢体动作之外，它还能依据人类的声音、手势等指令来进行相应动作，具备了基本的记忆与辨识能力。2022 年 3 月，以服务人类为宗旨、以憨厚可爱的造型和众多的类人功能博得了世人喜爱的人形机器人 ASIMO 正式退出了历史舞台。

索尼公司推出的人形娱乐型机器人 SDR-4X（图 1-6）也是其中的典型代表。SDR-4X 身高为 58cm，重量为 6.5kg，拥有包括 4 个头部关节、2 个躯干关节、10 个上肢关节、12 个下肢关节和 10 个手部关节共 38 个关节自由度。它能够以 20m/min 的速度在水平路面上行走，并具有自主避开障碍物的能力。该机器人增加了“顺势倒下”的功能，提升了稳定性和安全性。在与人类的交流方面，SDR-4X 也展现了更强的能力，能够进行更流畅和自然的互动。

图 1-4　HRP-2 机器人

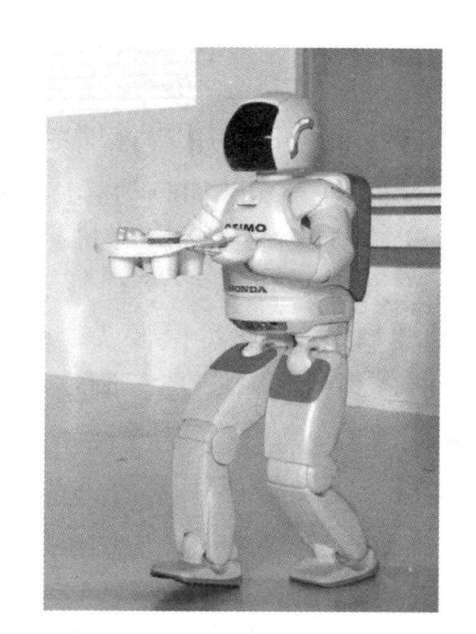

图 1-5　ASIMO 机器人

图 1-6　SDR-4X 机器人

尽管美国在人形机器人领域起步稍晚于日本，但在智能化和自主化人形机器人的研发方面迅速崛起，并处于领先地位。代表性的公司如波士顿动力公司、特斯拉公司和 Figure AI 公司等，均研发了一系列高性能人形机器人样机，展示了卓越的技术创新能力。

美国波士顿动力公司在提高先进机器人移动能力、敏捷性、灵巧性和速度等方面取得了显著成就。该公司开发的高性能人形机器人 Atlas（图 1-7）身高为 1.5m，体重为 80kg，速度为 1.5m/s，拥有 28 个液压执行器。同时，Atlas 配备了先进的传感器和执行器，包括激光雷达、立体视觉系统和惯性测量单元，使其具备出色的环境感知和实时导航能力。Atlas 灵活的行走、跑步、跳跃、翻滚和攀爬甚至各种复杂的跑酷和体操动作所展示的卓越运动能力，使其成为人形机器人前沿进展的重要标志。2024 年 4 月，波士顿动力公司宣布，机器人 Atlas 即将结束其长达 11 年的服务生涯，并被送往“机器人养老院”。

特斯拉公司推出的 Optimus 人形机器人（图 1-8）是一款结合了特斯拉人工智能和自动驾驶技术优势的人形机器人。这款机器人利用其在重复性和危险任务方面的潜力，能够在不同场景下灵活适应和执行各种任务。该机器人身高为 1.73m，体重为 57kg，负重为 20kg，速度为 2.2m/s。它采用电动机驱动，身体拥有 28 个执行器，包括 14 个旋转执行器和 14 个线性执行器，手部采用空心杯电动机、微型行星齿轮箱、绳驱、蜗轮蜗杆和力传感器的组合方案，因而成本上能控制在 2 万～ 3 万美元。Optimus 的核心技术基于特斯拉的自动驾驶系统，采用了计算机视觉、传感器融合和深度学习算法，配备了多种传感器，如摄像头、激光雷达和超声波传感器，能够全面感知周围环境，实现避障和路径规划。得益于特斯拉的人工智能技术，Optimus 能够进行深度学习和任务优化，显著提升了工作效率和适应性。这一机器人展示了特斯拉在智能技术领域的创新与突破，它不仅能够在工业和危险环境中执行任务，还为未来机器人在家庭、医疗和服务等领域的应用提供了广阔的前景。

2024 年 8 月，美国人工智能初创公司 Figure AI 发布了第二代通用人形机器人 Figure 02，如图 1-9 所示。它的发布是人工智能技术的又一里程碑，也预示着通用人形机器人向工业化和商业化应用迈出了坚实的一步。Figure 02 身高为 1.68m，体重为 60kg，最多可负重 20 kg，移动速度为 1.2m/s。Figure 02 采用外骨骼结构设计，用于提升刚性强度并防止撞击，其机械手完全仿照人手的尺寸和功能设计，具有 16 个自由度和与人类相当的力量，具有高度的灵活性和强度，使手部能够执行足够广泛的人类任务。Figure 02 内置了由 OpenAI 定制的语音到语音推理模型，能够理解、处理并回应人类的语音输入。Figure 02 搭载了视觉语言模型（VLM），能通过摄像头“看懂”周围环境，进行快速的语义理解和视觉推理，例如物体识别、场景理解，甚至洞察人类的行为意图，显著增强了机器人在复杂现实世界中的适应和交互能力。这使得 Figure 02 更贴近人类的日常生活，为其将来在家庭、教育、医疗等领域的应用提供了充分的可能性。Figure 02 的首批应用场景主要瞄准制造业、物流、仓储和零售业等劳动力短缺较为严重的行业。

美国阿吉力机器人公司的 Digit 机器人和汉森机器人技术公司的 Sophia 机器人也分别在机器人的运动能力和类人表情仿生方面展现了卓越的性能。近年来，欧洲各国在人形机器人研究方面投入了大量的人力和物力，同样取得了显著成就。英国机器人公司 Engineered Arts 开发了与 Sophia 机器人类似的人形机器人 Ameca，它不仅能够与人进行对话，还有极其丰富的表情，甚至有着细致的动作和微表情。意大利技术研究院开发的 iCub 人形机器人配备了丰富的传感器和灵活的关节，能够模拟儿童的行为，进行复杂的操作和学习任务。西班牙公司 PAL Robotics 开发的 REEM 人形机器人能够实现自然的人机交互，具备自主导航和物体操控能力。

图 1-7　Atlas 机器人

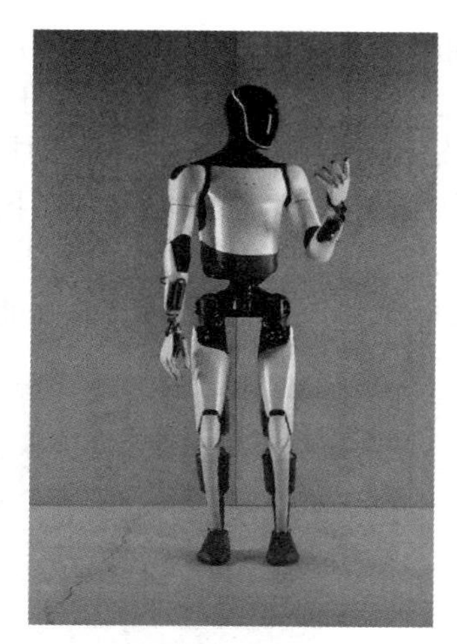
图 1-8　Optimus 机器人

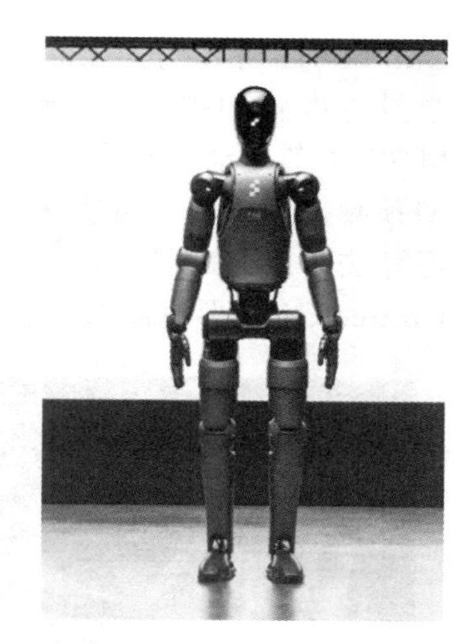
图 1-9　Figure 02 机器人

1.2.2　国内发展现状

国内人形机器人的研发工作起步较晚。自 1985 年以来，多所高校相继开展了这方面的研究，并取得了一定的成果。

国防科技大学较早在人形机器人领域取得了重要研究成果，在 20 世纪末研制出了我国首台类人型双足步行机器人“先行者”，如图 1-10 所示。“先行者”身高为 1.4m，体重为 20kg，具备前进、后退、侧行、转弯及手臂前后摆动等多种基本步态。随后研发的 Blackmann 人形机器人具有 36 个自由度，最快步行速度可达 1km/h。之后研发的液压驱动双足机器人的轨迹规划和运动控制技术，使机器人最大前进速度达到了 2.5m/s。

哈尔滨工业大学一直致力于研制 HIT 系列人形机器人。HIT WLR 人形机器人采用轮腿复合方式，以液压驱动为主，具备轮式快速移动的特点，最高速度超过了 15km/h。其腿部设计允许机器人跳跃越过 0.5m 高的障碍物，并能够通过斜坡和起伏地形，还具备一定的搬运能力。其后研制的类似 Atlas 的液压驱动双足机器人 HIT Humanoid（图 1-11）重量为 60kg，身高为 1.6m，拥有 21 个自由度，展示了高度的灵活性和运动能力。

北京理工大学自 2000 年开始人形机器人研究，在国内首次实现了无外接电缆的独立行走，并在稳定行走和复杂运动规划等关键技术上取得了重要进展。其研制的汇童 BHR-6 型机器人（图 1-12）身高为 1.65m，体重为 55kg，拥有 26 个自由度，能够完成走、跑、跳等一系列精细动作。该机器人的奔跑速度可达 7km/h，跳跃高度为 0.5m，双足原地跳跃距离可达 1m，能够自主攀登 20cm 高的楼梯，并跨越 30cm 高的障碍物。

国内其他高校和科研院所，如清华大学、浙江大学、上海交通大学、山东大学、北京航空航天大学、北京工业大学，以及中科院自动化所、中科院合肥物质科学研究院等，也在人形机器人技术方面进行了大量研究，推动了我国人形机器人技术的持续发展。

近年来，我国的人形机器人在国家科技政策的支持下取得了快速发展，在人形机器人工程技术层面上已经走在了世界前列，涌现出以杭州宇树科技有限公司（简称宇树科技）为代表的一批优秀的机器人研发企业。图 1-13 所示为 2023 年宇树科技推出的 Unitree H1 人形机器人，它是全球首款拥有原地后空翻能力的全尺寸电动机驱动型人形机器人。

Unitree H1 身高约为 1.8m，体重约为 47kg，移动速度可达 3.3m/s。Unitree H1 采用 360° 全景深度感知技术，能够精确感知周围环境的深度信息，配备的宇树科技自主研发的 M107 关节电动机，最大关节转矩可达 360N·m。在运动控制方面，它采用全身控制和模型预测控制策略，可实现小步快跑、双脚离地跳跃、上下台阶等复杂动作技能，强化学习算法可以完成复杂场景下运动技能的学习和动作。2024 年，宇树科技推出了低成本的 Unitree G1 人形机器人，它使人形机器人落地商用成为可能。

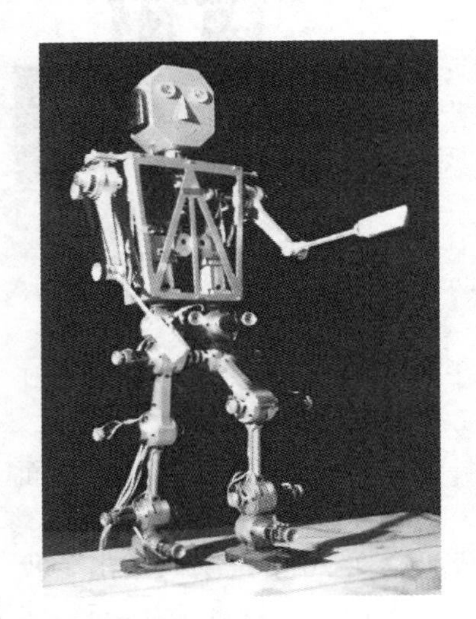

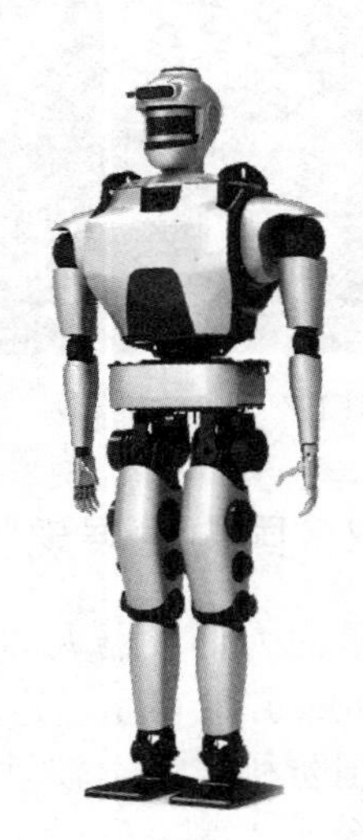

图 1-10　先行者机器人　　图 1-11　HIT Humanoid 机器人　　图 1-12　汇童 BHR–6 机器人

傅里叶智能通用人形机器人 GR–1（图 1-14）拥有高度仿生的躯干构型和拟人化运动控制，全身自由度最多可达 44 个，最大关节模组转矩可达 230N·m，步行速度可达 5km/h，负重能力为 50kg，自主研发的 FSA 高性能一体化执行器系列，确保了 GR–1 在行动中的灵活性和力量感，使其具备快速行走、敏捷避障、稳健上下坡、抗冲击干扰等运动能力。2024 年升级后的 GR–2 机器人身高为 1.75m，体重为 63kg，全身共有 53 个自由度，单臂运动负载达 3kg，机器人单手自由度增加至 12 个，能够最大限度地模拟人手的自然运动，完成更复杂的操作。

2024 年，腾讯 Robotics X 实验室宣布推出类人型机器人“小五”（The Five），如图 1-15 所示，标志着机器人技术在人机交互和自主执行任务方面取得了新进展。“小五”采用了独特的四腿轮足复合设计，使其能够在不同地形上灵活移动。“小五”采用了多模态人机交互技术，具备敏锐的感知能力，能够理解并预测人类的行动需求。它配备的大面积触觉皮肤，使其拥有更加敏锐的“感官”，可以根据外界环境的变化做出相应的反应，并进行精细的操作。“小五”能够实时感知周围环境，在复杂环境中精准定位，并实时避开动、静态障碍物。“小五”还具备安全人机物理交互的能力，确保了与人类互动过程中的安全性。在养老院的实验场景下，“小五”成功完成了给老人取快递、抱老人起床等多项任务，展现了其在养老服务领域的重要应用价值。

此外，优必选科技、小米科技、乐聚机器人、智元机器人、星动纪元、千寻智能等机器人公司在人形机器人技术研究上也实现了重大进展，并展现了巨大的应用前景。这些创新和进步标志着我国在全球人形机器人产业中的地位不断提升。

图 1-13　Unitree H1 机器人

图 1-14　GR–1 机器人

图 1-15　“小五”机器人

1.3　系统组成与关键技术

1.3.1　系统组成

与一般机器人相比，人形机器人有从功能结构、物理结构、仿生结构三个层面的系统组成方式。

1. 人形机器人系统的功能结构组成

从功能结构组成上来看，人形机器人系统主要包括类人本体构型、类人决策系统、类人控制系统、类人感知系统、类人行走系统和类人作业系统，如图 1-16 所示。

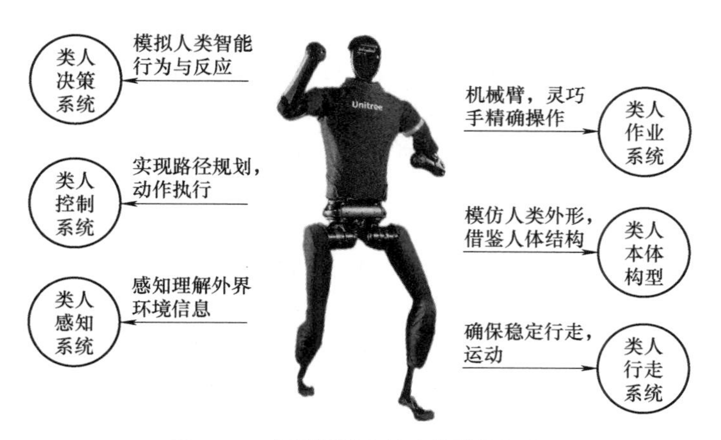

图 1-16　人形机器人的功能结构组成

（1）类人本体构型　在进行人形机器人的本体构型设计时，需尽可能模仿人类的外形和功能，以实现自然的运动和高度灵活的操作能力。人类的身体结构和运动机制经过长期的进化，提供了许多有价值的设计灵感。例如：人类通过眼睛、耳朵、鼻子等感知器官能够感知周围环境，用于感知和理解外部世界；人类具备多个自由度的肩关节、肘关节、髋关节和膝关节，能够进行复杂和多方向的运动；人类手部具有高度的灵活性和精细的操作能力，能够执行各种复杂的任务；人类通过动态调整重心可在不同姿势下保持平衡，适应各种运动状态。

借鉴人类的身体结构和运动机制，人形机器人本体主要包括头部系统、双臂系统、腰部系统和下肢移动系统。头部系统主要用于实现感知和交互功能，通常包括视觉传感器、距离传感器和语音识别系统等，使机器人能够捕捉周围环境特征并与人类进行有效互动。双臂系统是人形机器人执行物理任务的关键部分，每个手臂由多个关节组成，具备高度灵活性，并配备多种传感器以确保机器人能够完成精细和复杂的操作。腰部系统在机器人结构中起到支承和传动的作用，确保在执行各种动作时保持稳定和灵活。高度灵活和稳定的腰部系统使人形机器人能够完成更复杂的动作和姿势。下肢移动系统是实现行走、跑步和其他移动动作的核心部分，包括髋关节、膝关节和踝关节等多个关节结构，这些关节使人形机器人能够模拟人类的步态和动作，配备的压力传感器和加速度计等传感器可确保其运动的灵活性和协调性。

（2）类人决策系统　人类决策系统是一个复杂而精密的生物学和心理学结合体，通过多种神经机制和认知过程实现对外界信息的感知、理解和反应。为了模拟人类的智能行为和反应，人形机器人的决策系统被设计为一种类似人类大脑的复杂系统。

人形机器人的“大脑”是其核心智能和决策系统，通过复杂的算法和模型实现机器人的认知能力和智能行为。大脑的主要组成部分包括多种人工智能技术的集成，如感知、推理、决策和执行。感知系统通过各类传感器收集环境数据，如视觉、声音、触觉等，并将其转换成机器可理解的形式。视觉系统利用高分辨率摄像头和深度学习算法，使人形机器人能够实时识别物体、人类动作和环境变化。推理和决策系统利用这些感知数据进行分析和推理，以生成合适的行为响应。这包括路径规划、动作控制和任务执行计划等高级决策过程。人形机器人需要快速规划路径以找到最优行动路线，或通过模型预测和推理来预见未来事件的可能性，以做出适当的响应。执行系统负责将决策转化为行动，确保机器人能够精确执行各种动作和任务。这包括动作控制、运动规划和实时反馈机制，以保证人形机器人在物理世界中的操作安全和高效。随着技术的进步，执行系统将继续改进和优化，以确保人形机器人能够更自主地适应不同的环境和任务需求。

（3）类人控制系统　在人形机器人技术领域中，类似于人类生物学中小脑的概念，用于协调和调节运动的核心系统，通常被称为运动控制系统。这个系统在人形机器人中扮演着至关重要的角色，通过复杂的算法和传感器反馈机制，实现精确和稳定的动作执行。人形机器人的运动控制系统一般会采用多种控制策略，如 PID 控制、模糊逻辑控制和强化学习控制，用于调整和优化机器人的关节角度和运动轨迹。PID 控制器根据传感器反馈实时调整关节位置，确保人形机器人运动的精准性和平稳性，而模糊逻辑控制能有效处理环境中的不确定性和非线性因素，使人形机器人在复杂环境中表现出更大的灵活性和适应性。

在作业过程中，人形机器人运动控制系统还将应用运动规划和路径规划技术。逆运动学利用数学模型计算人形机器人各关节的理想位置，实现末端执行器的精确控制和目标定位。路径规划算法则在考虑环境动态性和障碍物的情况下，寻找最佳的移动路径，以确保人形机器人能够高效、安全地导航和执行任务。

（4）类人感知系统　人类的感知系统是一个高度复杂且精密的生物学结构，由眼、口、耳多个感觉器官和神经系统组成，用于感知和理解外界环境的信息。人形机器人借鉴人类的感知系统对外界信息进行感知、理解和反应。

人形机器人的“眼”常指的是视觉系统，是人形机器人感知和理解外部环境的关键部件。视觉系统包括多种传感器和算法，用于获取、处理和解释视觉信息。视觉传感器可能包括摄像头和深度传感器，用于捕捉周围环境的图像和物体的深度信息。这些传感器生成的视觉数据被送入计算机视觉算法中，如图像处理、特征提取和目标识别算法，以提取场景中的关键信息和对物体进行识别。通过传感器和视觉算法，人形机器人能够从复杂的视觉数据中提取高级别的语义信息，如识别人类、物体、动作和环境变化。

人形机器人的“耳”通常指其听觉系统，这是人形机器人感知声音和环境声响的重要组成部分。与人类耳朵类似，人形机器人的听觉系统通过传感器和处理技术，使其能够识别和理解声音信号，从而实现与人类或其他人形机器人的语音交流和环境感知。人形机器人听觉系统通常包括传声器阵列或其他类型的声音传感器，用于接收周围环境中的声音信号。这些传感器捕捉的声音数据被送入处理单元，如数字信号处理器，进行声音信号的分析和特征提取。随后通过模式识别和语音处理算法，将声音信号转换为文字或语义信息，使人形机器人能够理解说话者的意图和指令。现代的语音识别技术借助深度学习和自然语言处理技术，能够处理多种语音特征和语音风格。

人形机器人的“口”通常指其语音合成系统，这些系统使人形机器人能够产生语音、与人类进行对话。语音合成技术允许人形机器人生成自然流畅的语音输出，将文本或信息转换为可听的语音信号。现代语音合成技术已经能够产生高度逼真和自然的语音输出，使人形机器人能够以可理解和人性化的方式与用户交流。语音识别和语音合成系统的整合使得人形机器人能够在多种情境下进行有效的语言交流，如提供指导、回答问题、执行命令等。

人形机器人的皮肤也是感知系统中重要的一环。该系统模仿人类皮肤的感知能力，使人形机器人能够感知触觉、压力、温度等信息，从而更自然和安全地与人类和环境互动。

（5）类人行走系统　两足运动是人形机器人区别于其他机器人最大的特点，也是人形机器人研究的核心内容之一。其研究的目标是设计出低能耗、稳定性强、步态自然、地面环境适应性强的人形机器人，能模仿人类的运动能力，实现摔、滚、走、爬、跳等多种运动需求。

人形机器人通常配备类似人类的腿部结构，包括髋关节、膝关节和踝关节。这些关节由多台伺服电动机和精密机械部件驱动，提供多自由度的运动能力，使人形机器人能够模仿人类的步态和姿态。人形机器人行走功能的实现有赖于先进的运动控制算法，包括步态生成、平衡控制和动态调节。步态生成算法通过计算步幅、步频和身体姿态，生成自然的步态模式；平衡控制算法通过实时调整关节角度和躯干姿势，确保人形机器人在行走过程中保持平衡；动态调节算法能够根据环境变化和地形特征实时调整步态参数，适应不同的行走条件。

为了实现稳定行走，人形机器人配备了多种传感器，如加速度计、陀螺仪、力传感器和视觉传感器。这些传感器实时监测人形机器人的姿态、速度和环境信息，并将数据反馈给控制系统，以进行动态调整和优化。此外，人形机器人的行走功能还包括路径规划和避障能力。通过环境感知和地图构建，人形机器人能够规划最优行走路径，并在行走过程中识别和避开障碍物，确保安全和高效地移动。

（6）类人作业系统　人形机器人双臂系统是实现类人操作能力的核心组成部分，它们模仿人类手臂的灵活性和精细操作能力。通过高度仿真的机械结构和先进的控制算法，双臂系统能够执行各种复杂任务，如物体抓取、操作工具和精细装配等。

在人形机器人中，“手”通常指的是人形机器人机械臂末端的多个独立运动的手指。这些手指可以独立移动和旋转，以模拟人类手指的各种动作。这样的设计使得人形机器人能够在空间中灵活调整手指的位置和姿态，以应对不同形状和大小的物体。这些手部系统还配备了先进的传感器技术，如力传感器和触觉传感器，用于实时感知和反馈手部施加的力量和接触压力。这些传感器不仅提高了人形机器人抓取物体的准确性和稳定性，还允许人形机器人感知物体的形状、硬度和表面特性，从而更加安全和精确地进行操作。

控制多指灵巧手的技术涉及多个领域，包括运动规划、动作控制和反馈调节等。运动规划技术通过算法计算和优化手部的运动轨迹，确保人形机器人能够有效地抓取和放置物体。动作控制技术负责实时调节手指的位置和力量，以应对环境变化和任务需求。反馈调节技术包括实时检测和控制人形机器人手的姿势，确保人形机器人能够精准操作。这些技术的组合不仅提供了稳定的操作性能，同时也保证了人形机器人与环境的互动更加自然和安全。

2. 人形机器人系统的物理结构组成

从物理层面来看，人形机器人系统的组成主要包括人形机器人本体架构、动力传动系统、供能系统、通信系统、控制操作系统和软件系统。

（1）人形机器人本体架构　人形机器人本体架构是其设计和功能实现的基础，涵盖了机器人骨架、机身、关节总成等多个方面。该架构确保人形机器人具有与人类相似的运动能力，同时满足稳定性、灵活性和效率的要求。

（2）动力传动系统　人形机器人的动力传动系统是其实现复杂运动和操作任务的核心部件，主要为人形机器人的各个关节和部位提供精确和强大的动力。该系统结合了电动机、传感器、减速器，确保人形机器人在不同环境中的高效运动和稳定操作。

（3）供能系统　人形机器人的供能系统是其运行的核心基础，负责为所有的电子和机械组件提供必要的电力。供能系统包括电池组、电源转换模块。该系统保证人形机器人可以得到稳定、持续和高效的能量供应，以支持其实现不同的动作和功能。

（4）通信系统　人形机器人的通信系统是其实现信息交换、远程控制和多设备协作的关键组件，确保人形机器人能够与外部环境、其他设备以及控制系统进行高效、可靠的通信。通信系统包括无线通信和有线通信两个部分，无线通信可以采用 Wi-Fi、蓝牙、5G/4G 等方式，有线通信经常采用 USB、RS232/RS485、CAN 总线和以太网等。

（5）控制操作系统　控制操作系统在人形机器人中扮演着关键角色，负责管理硬件资源，提供基本服务并支持应用程序的运行。它的主要任务包括管理和调度各种硬件组件，如传感器、执行器和通信模块，同时处理和分配任务，提供文件系统和网络功能等。ROS 是常用的机器人操作系统，通过操作系统和中间件的有效结合，人形机器人能够实现更加智能和自主的操作。

（6）软件系统　人形机器人的软件系统是其智能控制和操作的关键支持系统，集成了多种技术和算法，以实现人形机器人的感知、决策和执行能力。软件系统中，视觉、听觉、触觉等模态数据的处理可以实现对人形机器人周围环境的感知和理解，先进的运动规划算法可以根据任务需求和环境条件生成人形机器人的动作序列和路径规划，利用机器学习、人工智能和强化学习等技术可以实现人形机器人的智能决策和行为规划，直观友好的用户界面可以支持操作者与人形机器人进行实时交互。

3. 人形机器人系统的仿生结构组成

从类人仿生的角度来看，人形机器人模拟人类的生理结构和功能，也一样可以划分为大脑、小脑、脊髓、感觉系统、肌肉和骨骼系统、神经系统、循环系统七个子系统，如图 1-17 所示，每个子系统对应人类的特定功能。

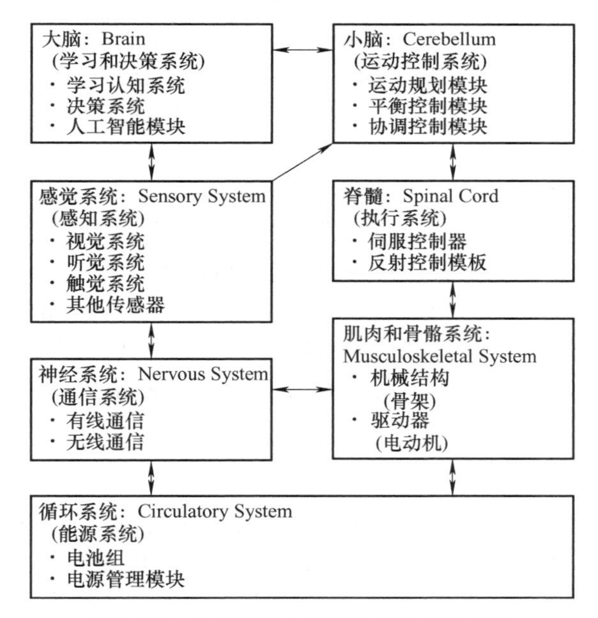

图 1-17　人形机器人系统的仿生结构组成

（1）大脑　大脑是人形机器人的学习和决策系统，它模拟人类大脑的高级功能，负责学习、决策和复杂任务的规划。学习系统处理高级认知任务，如语音识别、自然语言处理。决策系统基于感知和认知信息，进行决策和任务规划。另有人工智能模块包括深度学习、强化学习等，用于环境感知、模式识别和决策。大脑的学习和决策系统通过感知系统获取环境信息，进行分析和决策后，将控制指令发送给小脑和脊髓的运动控制系统。

（2）小脑　小脑是运动控制系统，它模拟人类小脑的功能，负责精细运动控制和协调。其中，运动规划模块根据任务需求规划运动路径和动作序列；平衡控制模块维持人形机器人的平衡，防止摔倒；协调控制模块协调多个关节和肢体的运动，实现流畅的动作。小脑接收来自大脑的运动指令，与执行系统（脊髓）紧密协作，确保动作的精确和流畅。

(3) 脊髓　脊髓在一定程度上相当于执行系统，它模拟人类脊髓的功能，负责基本的反射动作和简单运动控制。伺服控制器控制各个关节的伺服电动机，以实现精确的运动；反射控制模块处理简单的反射动作，如避障、保持姿态。脊髓接收来自小脑的运动指令，直接控制伺服电动机实现具体的动作。

(4) 感觉系统　感觉系统是人形机器人能感知自身状态和周围环境的部分。视觉系统模拟人类的眼睛，负责获取环境的视觉信息，用于捕捉图像和视频，获取环境的三维信息。听觉系统模拟人类的耳朵，负责接收和处理声音信息，传声器阵列可用于声音采集和定位。触觉系统模拟人类的皮肤，负责感知接触和压力。还有加速度计、陀螺仪等传感器，用于感知人形机器人自身的姿态和运动状态。感觉系统提供人形机器人的自身和环境信息，供大脑的认知系统和人工智能模块进行分析和决策。

(5) 肌肉和骨骼系统　肌肉和骨骼系统相当于人形机器人的机械结构和驱动器。机械结构模拟人类的骨骼，通常由金属或高强度塑料制成，提供支撑和形状，承载驱动器和传感器。驱动器模拟人类的肌肉，主要是伺服电动机和步进电动机等，负责驱动各个关节的运动，控制步态和姿态，依赖于小脑的运动规划和脊髓的执行系统。

(6) 神经系统　神经系统是人形机器人的通信系统，模拟人类的神经网络，负责信息的传输和协调，包括有线通信和无线通信两部分。有线通信如以太网，可用于高速数据传输。无线通信如 Wi-Fi、蓝牙，可用于远程控制和数据传输。通信系统负责各子系统之间的信息传输。

(7) 循环系统　循环系统是人形机器人的能源系统，模拟人类的循环系统，提供人形机器人所有子系统运行所需的能量。电池和电源管理模块确保各子系统稳定运行，其中，电池组用于提供电能，电源管理模块负责电能的分配和管理。

人形机器人各子系统之间的相互关系非常类似于人类身体各部分的协同工作。每个子系统都有其特定的功能，同时又与其他子系统紧密合作，共同实现人形机器人的智能行为和运动控制。这种复杂的相互关系确保了人形机器人能够高效、灵活地完成各种任务。

1.3.2　关键技术

根据人形机器人仿生结构的组成原则，其关键技术将围绕“大脑”“小脑”“肢体”等部分取得突破和创新。开发基于人工智能大模型的人形机器人“大脑”，增强环境感知、行为控制、人机交互能力。开发控制人形机器人运动的“小脑”，搭建运动控制算法库，建立网络控制系统架构。对于仿人机械臂、灵巧手和腿足等肢体，突破轻量化骨骼、高强度本体结构、高精度传感等技术。具体在以下几个方面取得关键技术的突破。

1. 行走及平衡控制技术

行走的稳定性是人形机器人研究的核心问题之一。由于人形机器人足底支撑面积相对于质心高度而言十分狭小，在受到外界干扰时，保持稳定性的难度较大。如何实现稳定的行走，并在较高的能量效率和较快的行走速度下保持稳定性，是人形机器人领域研究者们一直努力探索的问题。

2. 学习与控制技术

人形机器人的学习与控制技术是其实现复杂任务和自主行为的核心能力。通过使用高度仿真的机械结构和先进的控制算法，机器人能够执行多种复杂的任务，如物体抓取、操作工具、精细装配和行走等。

3. 导航与运动规划技术

导航与运动规划是人形机器人实现自主操作和执行复杂任务的关键技术，主要包括定位、导航、路径规划和运动规划等方面。其中，路径规划技术是人形机器人实现自主移动的关键，而运动规划技术是人形机器人执行任务的关键。

4. 环境感知技术

感知环境是人形机器人能够自主操作和与环境进行有效互动的前提。环境感知技术利用多种传感器和先进智能算法，获取、处理和解释环境信息，使人形机器人能够识别和理解周围环境中的物体。

5. 机构设计技术

机构设计是人形机器人实现复杂运动和操作功能的基础。机构设计需突破人形机器人本体的轻量化骨骼、高强度结构、高紧凑结构、高精度传感等技术，以确保人形机器人在各种任务中表现出良好的性能和稳定性。

6. 人机交互技术

人机交互是指人类与人形机器人之间的互动方式，对于智能人形机器人的应用至关重要。实现人机自然交互包括语音识别、姿势识别、情感识别等技术，以及友好的用户界面设计。

7. 大模型和具身智能

大模型通过对多模态数据融合，可以更好地让人形机器人理解人类意图，提高人形机器人的智能化水平。具身智能可以是以大模型为基础的机器智能，人形机器人在执行任务时，能像人类一样感知环境、适应环境，并与环境进行互动，具备自主学习和自适应的能力。

1.4　应用领域与前景展望

1.4.1　应用领域

人形机器人作为一种新兴的智能机器人技术，具有高度的自主性和可靠性，可独立执行既定任务，高度模仿人的形态，也使其能够更好地实现人机交互，轻松模仿人类活动或代替人类完成复杂任务，目前已被广泛应用于各个领域。

1. 工业制造领域

人形机器人在工业制造领域的应用呈现出多方面的优势和潜力。在装配和组装方面，人形机器人通过其灵活的多关节设计和精准的运动控制能力，能够适应多样化和复杂的生产环境，并在狭小空间内执行复杂的装配任务。与传统自动化设备相比，它更适合于灵活的装配线操作。人形机器人也能安全地与人类协同作业，它与人类的自然交互能力使其在生产线上与人类共同作业变得更加顺畅。人形机器人卓越的人机协作能力不仅能提高生产率，还降低了工作场所发生事故的风险。

2. 家庭服务领域

在家庭服务领域，人形机器人正成为现代生活不可或缺的一部分。作为家务助手，人形机器人能够自动执行家庭卫生清洁任务。作为家庭保姆，人形机器人还可以承担更加复杂的任务，可以作为家庭成员的陪伴者和照料者，陪伴老人、孩子以及长期疾病患者，为他们提供日常照料服务，进行情感交流。人形机器人还在家庭教育和家庭安全领域发挥着重要作用，如可以作为教学辅助工具，帮助孩子提升学习能力，充当家庭保安角色，为家庭提供安全、可靠的居住环境。

3. 军事领域

人形机器人在军事领域具有巨大的应用潜力。它们具有的优越的战场感知、信息处理和通信能力，可以携带大量单兵武器执行精准射击，其强大的机动能力和操控能力可在复杂的作战环境中执行搬运物资、清理战场、维修装备和维护战场等任务，还可以在极端或有毒环境下执行各种作业任务，如排爆、侦查和攻击等，从而减轻士兵负担、减少士兵伤亡。未来，人形机器人可以进一步发展成为高度智能化的作战单位，具备复杂的决策能力和自主行动能力，能独立执行更加复杂和高风险的任务，如战术侦察、深入敌后行动和战术执行等。

4. 航空航天领域

人形机器人在航空航天领域有着广泛的应用前景。在太空站外部，人形机器人可以作为宇航员的得力助手，执行环境监测、设备维护和实验实施等重复性工作，有效减轻宇航员的工作负担。在更广泛的外太空探索中，它们能够独立自主操作，执行地表勘测和样品采集任务，为科学研究和资源开发提供数据支持。相较于宇航员，人形机器人在成本效益和适应性方面展现出明显优势，进一步提升了任务执行的连续性和高效性。

5. 物流运输领域

人形机器人在物流运输领域得到广泛应用。人形机器人能够轻松搬运货物，或将货物从各种运输工具上卸载后搬运至指定位置，能够灵活且精准地执行存储、整理、拣选和包装等任务。相较于工人，人形机器人的应用具有显著优势。它能持续工作且不受疲劳或情绪影响，可保持物流作业的一致性与准确性，减少操作错误和货物损耗，不仅能大幅度提升物流作业质量，也能在复杂恶劣的工作环境下保持作业的稳定性，解决了工人在此类环境中可能面临的健康和安全问题。

此外，人形机器人在农业、建筑、文旅、娱乐和科研等领域也展现了巨大的应用潜力。随着技术的不断发展，人形机器人的功能和应用领域还将不断拓展。人形机器人的出现将为人类的生活和工作带来更多便利和可能性。

1.4.2 前景展望

近年来，人形机器人在“大脑”“小脑”“肢体”等关键技术领域取得了诸多突破，推动了多个研究领域的创新和技术变革，显著提升了人形机器人的智能化水平。未来，随着多模态大模型、具身智能和新型材料的不断发展，这些技术将继续成为推动人形机器人进化的主要驱动力。

1. 多模态大模型与人形机器人融合

随着自然语言处理技术和深度学习技术的日益进步，人形机器人智能水平正以前所未有的速度迅猛发展。多模态大模型应用为人形机器人提供了更全面的感知、推理和行动能力，使其能够更准确地理解和互动环境。特别是基于大语言模型（LLM）向视觉语言模型（VLM）和视觉语言动作模型（VLA）等多模态模型的演进，显著增强了人形机器人在不同情境下的泛化能力和思维链能力。通过语音决策来实现运动控制与交互，使人形机器人不仅具备认知智能，还逐步具备了身体智能，能够更自然和高效地完成复杂任务。

2. 具身智能与人形机器人融合

具身智能技术的发展将彻底改变人形机器人的能力，使其能够在各种复杂环境中实现更高水平的认知和行动。未来，具身智能将赋予人形机器人在医疗、服务、救援等领域更大的应用潜力。例如，具身智能将使医疗机器人能够更精准地进行手术操作，服务机器人能够更自然地与人类互动，救援机器人能够在灾难现场更有效地进行搜救和处理紧急情况。通过结合视觉、触觉、听觉等多模态感知，人形机器人将具备类似于人类的环境理解和反应能力，显著提升其任务执行的效率和准确性。这些进步将推动人形机器人技术的全面发展，为社会提供更加智能化和人性化的解决方案。

3. 非结构化认知识别与运动控制

未来，人形机器人的移动机动性和灵活性将大幅提升，使其能够在复杂环境中自如导航和操纵物体。研究人员正致力于开发先进的定位和映射技术以及更智能的路径规划和决策算法，这些进步将使人形机器人能够精准地行走、跑步，甚至跳跃，以执行复杂多样的任务。自适应控制技术的发展，将使人形机器人能够根据环境变化和障碍物情况自主调整行为，进一步扩展其应用范围。这些技术突破将使人形机器人在救援行动、医疗协助和工业生产等环境中得到广泛应用，为人类创造更加安全和便利的生活环境。

4. “感”“觉”系统

人形机器人在“感”和“觉”系统方面的进步将成为未来的重要突破点。这些系统不仅是传感器的集合，更是一个复杂的网络，通过整合多种感知信息，可使人形机器人能够全面理解环境并做出反应。摄像头和激光雷达提供视觉信息，深度传感器和触觉传感器提供触觉信息。高分辨率摄像头和激光雷达（LiDAR）则使人形机器人能够更加准确地识别物体、人和环境。智能芯片在这些系统中发挥着关键作用，实现了多模态的空间感知。这些进步将最终使人形机器人能够更顺畅地融入复杂环境、自主导航、识别物体，并能自然、安全地与人类互动。

5. 强感知能力的触觉灵巧手

随着人形机器人应用领域的不断扩展，对其与人类和物体之间交互的自然性和直观性要求也日益提高。这需要更先进的手部设计、触觉传感器和控制算法。灵活手指和手掌结构使人形机器人能够精准地抓取、握持和操纵各种物体，高精度触觉传感器能够使其感知物体形状、质地和温度，而先进控制算法则确保任务执行的准确性和稳定性。为了使人形机器人零部件更加精密耐用、手部结构更加紧凑灵活，制造技术、材料科学和部件小型化等方面的技术进步至关重要。这些技术的发展将显著提升人形机器人的功能和性能，使其在多样化的应用中表现出色。

6. 轻量化材料和结构设计优化

电力和能源系统为人形机器人自主运行提供了核心动力，而材料科学和软机器人技术的进步则使人形机器人更加灵活，适应性更强。轻量化技术的发展显著提升了人形机器人的机动性、速度、动作准确度和续航能力。高效电池系统、电源管理技术和节能策略的应用能够延长人形机器人的运行时间，新兴能量收集和节能执行器技术也有望进一步增强人形机器人的耐力和可持续性。软材料技术，如 PEEK、弹性体和水凝胶，减轻了部件重量并确保了安全互动。此外，基于 3D 打印技术的仿生设计和结构将进一步增强人形机器人的敏捷性和合规性。通过模块化设计和可扩展架构，开发成本和时间得以降低，从而全面提升了人形机器人的性能和可持续性。

思考题与习题

1. 什么是人形机器人？为什么发展人形机器人技术？

2. ASIMO 和 Atlas 机器人都以其卓越的技术实力和高度的拟人化设计赢得了全球的广泛赞誉，是机器人界的革新者和技术典范，但都先后退出了历史舞台，你如何看这个问题？

3. 通过分析人形机器人国内外发展现状，你如何看国内人形机器人技术的发展前景？

4. 人形机器人系统组成有哪三种方式？谈谈类人仿生角度下的人形机器人各子系统之间的关系。

5. 简要描述大模型、生成式人工智能和具身智能的涵义。具身智能如何体现于人形机器人？

6. 简要描述人形机器人的关键技术。

7. 未来人形机器人还将在哪些领域得到广泛应用？

8. 人工智能和人形机器人技术的迅猛发展，为人类社会带来了诸多机遇，同时也带来了复杂的社会伦理问题，你如何看这个问题？

第 2 章　人形机器人运动学与动力学

导读

人形机器人的运动能力是其完成各种复杂任务的基础。本章首先概述了人形机器人运动学和动力学分析的基础知识，包括刚体旋转描述、旋转表示方法以及齐次变换；然后讨论了人形机器人运动学分析方法，包括连杆坐标系及变换矩阵、正运动学、逆运动学和微分运动学分析等；最后讨论了人形机器人动力学分析方法，包括牛顿 – 欧拉法和拉格朗日法等常用分析方法。

本章知识点

- 刚体旋转、旋转表示及齐次变换矩阵
- 人形机器人运动学
- 人形机器人动力学

2.1　基础知识

机器人可以看作是由一系列连杆通过关节组成的刚体。也就是说，机器人包含有一个固定的（或者浮动的）刚体和至少一个活动的刚体。始端固定的刚体称为基座，末端活动的刚体则称为末端执行器，在基座和末端执行器之间由若干连杆和关节来连接支承。机器人各个连杆之间、机器人与其作业对象的相互运动关系是机器人的运动关系的基础内容。在研究机器人的运动时，往往需要知道刚体相对于空间某一坐标系的位置和旋转（姿态）。

机械臂是人形机器人本体的核心组件，其基本组成部件一般采用链式连杆机构，它可以看成是由一系列连杆通过关节依次连接而成的运动链。在描述刚体（连杆）的位置和姿态时，首先需要建立一个坐标系，点的位置可以用一个 3×1 的位置向量表示。通常需要建立与刚体固连的连杆坐标系，该坐标系的轴和原点固连在该连杆的前一个轴线上。这样，相对于前一个连杆坐标系，当前坐标系的姿态（也称刚体旋转）可用 3×3 的旋转矩阵来表示。引入齐次变换矩阵，可以同时表示刚体的相对位置和姿态。

2.1.1 刚体旋转

1. 位置描述

在使用坐标进行代数运算时，所有的坐标向量都应该在同一坐标系下。首先建立一个直角坐标系 {0}，如图 2-1 所示，则空间中任一点 P 的位置可以用 3×1 的列向量，即位置向量 ${}^{0}\boldsymbol{P}$ 表示为

$$
{}^{0}\boldsymbol{P}=\begin{bmatrix} p_x \\ p_y \\ p_z \end{bmatrix} \tag{2-1}
$$

式中，p_x、p_y 和 p_z 是点 P 在坐标系 {0} 中的 3 个坐标分量，${}^{0}\boldsymbol{P}$ 的左上标 0 代表选定的参考坐标系 {0}，${}^{0}\boldsymbol{P}$ 称为位置向量。除了直角坐标系之外，也可以用球坐标系或者圆柱坐标系来描述空间中点的位置。

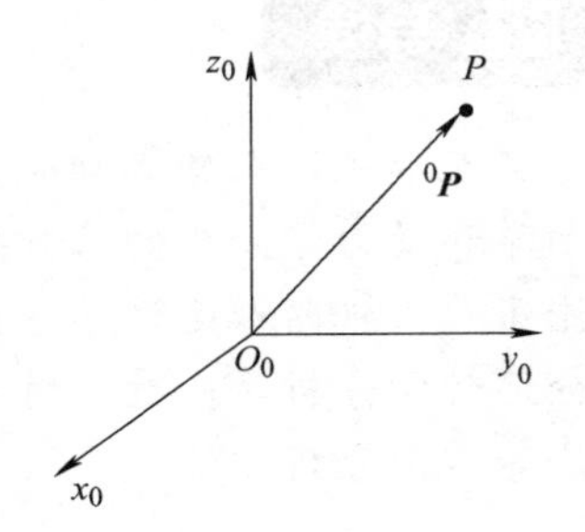

图 2-1　直角坐标系 {0}

2. 旋转描述

为了表示两个刚体之间的相对位置和姿态，在每个刚体上附带一个坐标系，然后指定这些坐标系之间的几何关系。讨论一个坐标系相对于另一个坐标系的姿态问题时，应先研究平面内的旋转问题，然后推广到三维空间。

（1）平面内的旋转　图 2-2 所示为两个坐标系之间的相对姿态，其中坐标系 {1} 是由坐标系 {0} 旋转 θ 角后得到的。或许表示这两个坐标系之间相对姿态的一个最明显的方法是仅指定旋转角度 θ，但该表示方法有两个明显的缺点。第一，从相对姿态到 θ 角的映射在 $\theta=0$ 的邻域内不连续，特别是当 $\theta=2\pi-\varepsilon$（ε 表示无穷小量）时，姿态的微小变化会使得 θ 角产生很大的变化，例如，一个角度为 ε 的转动会使得 θ 角以“环绕”方式变为 0；第二，这种表示方法不能被很好地扩展到三维空间。

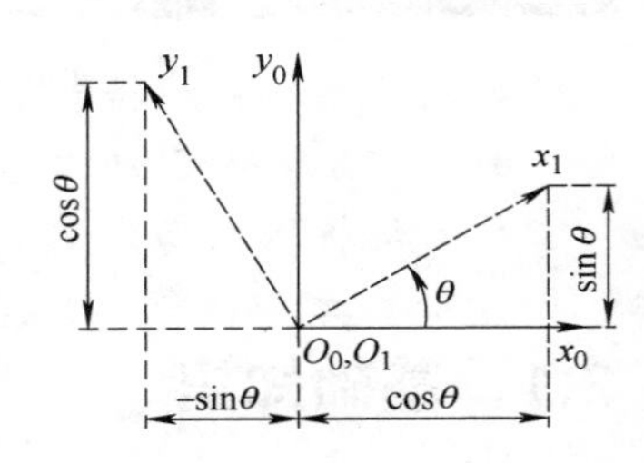

图 2-2　坐标系 {1} 与坐标系 {0} 之间的相对姿态

指定姿态的一个稍微不太明显的方式是，指定坐标系 {1} 各轴相对于坐标系 {0} 的坐标向量，即

$$
{}_{1}^{0}\boldsymbol{R}=\begin{bmatrix} {}^{0}\boldsymbol{x}_1 & {}^{0}\boldsymbol{y}_1 \end{bmatrix}
$$

式中，${}^{0}\boldsymbol{x}_1$ 和 ${}^{0}\boldsymbol{y}_1$ 分别是单位向量 $\boldsymbol{x}_1$ 和 $\boldsymbol{y}_1$ 在坐标系 {0} 中的对应坐标。此类型的矩阵 ${}_{1}^{0}\boldsymbol{R}$ 被称为旋转矩阵（Rotation Matrix）。下面讨论旋转矩阵的一系列特殊性质。

在二维空间，如图 2-2 所示，容易计算旋转矩阵 ${}_{1}^{0}\boldsymbol{R}$ 中的各项，即

$$ {}^{0}\boldsymbol{x}_1 = \begin{bmatrix} \cos\theta \\ \sin\theta \end{bmatrix}, {}^{0}\boldsymbol{y}_1 = \begin{bmatrix} -\sin\theta \\ \cos\theta \end{bmatrix} $$

由上式可得

$$ {}_{1}^{0}\boldsymbol{R} = \begin{bmatrix} \cos\theta & -\sin\theta \\ \sin\theta & \cos\theta \end{bmatrix} \tag{2-2} $$

注意：本书用左上角标表示参考坐标系。因此，矩阵${}_{1}^{0}\boldsymbol{R}$中的列向量是坐标系{1}各轴分布的单位向量在坐标系{0}中的对应坐标。

前面以角度 θ 三角函数的形式推导了 ${}_{1}^{0}\boldsymbol{R}$ 中的各项。也可以通过投影的方法来推导 ${}_{1}^{0}\boldsymbol{R}$，即通过把坐标系 {1} 的各轴投射到参考坐标系 {0} 的坐标轴上而建立旋转矩阵，该方法可以很好地扩展到三维空间中。因为两个单位向量的点积给出了其中的一个向量在另一个向量上的投影，这样可以得到

$$ {}^{0}\boldsymbol{x}_1 = \begin{bmatrix} \boldsymbol{x}_1 \cdot \boldsymbol{x}_0 \\ \boldsymbol{x}_1 \cdot \boldsymbol{y}_0 \end{bmatrix}, {}^{0}\boldsymbol{y}_1 = \begin{bmatrix} \boldsymbol{y}_1 \cdot \boldsymbol{x}_0 \\ \boldsymbol{y}_1 \cdot \boldsymbol{y}_0 \end{bmatrix} $$

组合在一起，得到下面的旋转矩阵

$$ {}_{1}^{0}\boldsymbol{R} = \begin{bmatrix} \boldsymbol{x}_1 \cdot \boldsymbol{x}_0 & \boldsymbol{y}_1 \cdot \boldsymbol{x}_0 \\ \boldsymbol{x}_1 \cdot \boldsymbol{y}_0 & \boldsymbol{y}_1 \cdot \boldsymbol{y}_0 \end{bmatrix} $$

因此，${}_{1}^{0}\boldsymbol{R}$ 的各列指定了坐标系 {1} 的各坐标轴相对于坐标系 {0} 的各坐标轴的方向余弦。例如，${}_{1}^{0}\boldsymbol{R}$ 的第一列 $[\boldsymbol{x}_1 \cdot \boldsymbol{x}_0 \quad \boldsymbol{x}_1 \cdot \boldsymbol{y}_0]^{\mathrm{T}}$ 指定了 $\boldsymbol{x}_1$ 相对于坐标系 {0} 的方向。注意，这些方程的右侧是通过几何实体定义的，而非通过它们的坐标而定义的。考察图 2-2 可以看出，这种通过投影来定义旋转矩阵的方法，给出了与式（2-2）相同的结果。

如果希望改为描述坐标系 {0} 相对于坐标系 {1} 的姿态（即希望使用坐标系 {1} 作为参考坐标系），则可以构建旋转矩阵，即

$$ {}_{0}^{1}\boldsymbol{R} = \begin{bmatrix} \boldsymbol{x}_0 \cdot \boldsymbol{x}_1 & \boldsymbol{y}_0 \cdot \boldsymbol{x}_1 \\ \boldsymbol{x}_0 \cdot \boldsymbol{y}_1 & \boldsymbol{y}_0 \cdot \boldsymbol{y}_1 \end{bmatrix} $$

由于向量的点积服从交换律（即 $\boldsymbol{x}_i \cdot \boldsymbol{y}_i = \boldsymbol{y}_i \cdot \boldsymbol{x}_i$），则有

$$ {}_{0}^{1}\boldsymbol{R} = ({}_{1}^{0}\boldsymbol{R})^{\mathrm{T}} $$

从几何意义上讲，坐标系 {0} 相对于坐标系 {1} 的姿态是坐标系 {1} 相对于坐标系 {0} 的姿态的逆。从代数上讲，利用坐标轴相互正交这一事实，容易得出

$$ ({}_{1}^{0}\boldsymbol{R})^{\mathrm{T}} = ({}_{1}^{0}\boldsymbol{R})^{-1} $$

矩阵 ${}_{1}^{0}\boldsymbol{R}$ 的各个列向量具有单位长度，并且相互正交。此类矩阵被认为是正交的（Orthogonal）。同时可以表明，$\det {}_{1}^{0}\boldsymbol{R} = \pm 1$ 。如果局限于右手坐标系，那么 $\det {}_{1}^{0}\boldsymbol{R} = 1$ 。习

惯上使用符号 $SO(n)$ 指代所有此类 $n \times n$ 矩阵的集合，因此，$SO(n)$ 表示 n 阶 $n \times n$ 的特殊正交群。

对于任意 $\boldsymbol{R} \in SO(n)$，以下性质成立：

1） $\boldsymbol{R}^{\mathrm{T}} = \boldsymbol{R}^{-1} \in SO(n)$。

2） $\boldsymbol{R}$ 的各列是相互正交的单位向量。

3） $\det \boldsymbol{R} = 1$。

为了更进一步从几何直观上解读旋转矩阵逆的概念，在二维空间中，对于一个对应转角为 θ 的旋转矩阵，它的逆矩阵可通过构造对应转角为 $-\theta$ 的旋转矩阵而简单计算如下：

$$\begin{bmatrix} \cos(-\theta) & -\sin(-\theta) \\ \sin(-\theta) & \cos(-\theta) \end{bmatrix} = \begin{bmatrix} \cos\theta & \sin\theta \\ -\sin\theta & \cos\theta \end{bmatrix} = \begin{bmatrix} \cos\theta & -\sin\theta \\ \sin\theta & \cos\theta \end{bmatrix}^{\mathrm{T}}$$

（2）三维空间内的旋转　上述投影技术可以很好地扩展到三维空间。在三维空间中，坐标系 $\{1\}$ 的各坐标轴被投射到坐标系 $\{0\}$ 中，所得的旋转矩阵为

$${}_1^0\boldsymbol{R} = \begin{bmatrix} \boldsymbol{x}_1 \bullet \boldsymbol{x}_0 & \boldsymbol{y}_1 \bullet \boldsymbol{x}_0 & \boldsymbol{z}_1 \bullet \boldsymbol{x}_0 \\ \boldsymbol{x}_1 \bullet \boldsymbol{y}_0 & \boldsymbol{y}_1 \bullet \boldsymbol{y}_0 & \boldsymbol{z}_1 \bullet \boldsymbol{y}_0 \\ \boldsymbol{x}_1 \bullet \boldsymbol{z}_0 & \boldsymbol{y}_1 \bullet \boldsymbol{z}_0 & \boldsymbol{z}_1 \bullet \boldsymbol{z}_0 \end{bmatrix}$$

类似于二维空间内的旋转矩阵，该矩阵为正交矩阵，其行列式等于 1。在这种情形下，3×3 旋转矩阵属于 $SO(3)$ 群。

例 2.1　假设坐标系 $\{1\}$ 绕 z_0 轴旋转一个角度 θ，希望找到对应的变换矩阵 ${}_1^0\boldsymbol{R}$。按照右手定则，定义旋转角度 θ 为正的方向是绕 z 轴正向按照“右旋螺纹”法则的旋转方向。从图 2-3 中可以得到

$$\boldsymbol{x}_1 \bullet \boldsymbol{x}_0 = \cos\theta \quad \boldsymbol{y}_1 \bullet \boldsymbol{x}_0 = -\sin\theta$$

$$\boldsymbol{x}_1 \bullet \boldsymbol{y}_0 = \sin\theta \quad \boldsymbol{y}_1 \bullet \boldsymbol{y}_0 = \cos\theta$$

以及

$$\boldsymbol{z}_1 \bullet \boldsymbol{z}_0 = 1$$

而所有其他的点积均为零。因此，此情形下的旋转矩阵 ${}_1^0\boldsymbol{R}$ 有一个特别简单的形式，即

$${}_1^0\boldsymbol{R} = \begin{bmatrix} \cos\theta & -\sin\theta & 0 \\ \sin\theta & \cos\theta & 0 \\ 0 & 0 & 1 \end{bmatrix} \tag{2-3}$$

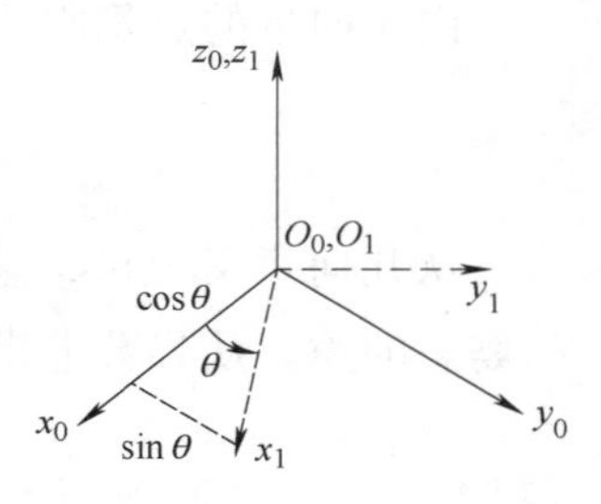

图 2-3　按右手定则绕 z 轴旋转 θ 角

式（2-3）给出的旋转矩阵称为基本旋转矩阵（绕 z 轴）。在这种情况下，可以使用更具描述性的符号 $\boldsymbol{R}_{z,\theta}$，而不是 ${}_1^0\boldsymbol{R}$，来表示这个旋转矩阵。容易验证，基本旋转矩阵 $\boldsymbol{R}_{z,\theta}$ 具有下述特性

$$\boldsymbol{R}_{z,0} = \boldsymbol{I} \tag{2-4}$$

$$\boldsymbol{R}_{z,\theta}\boldsymbol{R}_{z,\varphi} = \boldsymbol{R}_{z,\theta+\varphi} \tag{2-5}$$

由式（2-4）、式（2-5）可推出

$$(\boldsymbol{R}_{z,\theta})^{-1} = \boldsymbol{R}_{z,-\theta} \tag{2-6}$$

同样，表示绕 x 轴和 y 轴旋转的基本旋转矩阵由式（2-7）、式（2-8）给出

$$\boldsymbol{R}_{x,\theta} = \begin{bmatrix} 1 & 0 & 0 \\ 0 & \cos\theta & -\sin\theta \\ 0 & \sin\theta & \cos\theta \end{bmatrix} \tag{2-7}$$

$$\boldsymbol{R}_{y,\theta} = \begin{bmatrix} \cos\theta & 0 & \sin\theta \\ 0 & 1 & 0 \\ -\sin\theta & 0 & \cos\theta \end{bmatrix} \tag{2-8}$$

它们也满足类似于式（2-4）～式（2-6）的性质。

例 2.2　定义如图 2-4 所示的坐标系 {0} 和坐标系 {1} 之间的相对姿态，将单位向量 $\boldsymbol{x}_1$、$\boldsymbol{y}_1$、$\boldsymbol{z}_1$ 投射到 x_0、y_0、z_0 坐标轴上，给出 $\boldsymbol{x}_1$、$\boldsymbol{y}_1$、$\boldsymbol{z}_1$ 在坐标系 {0} 中的坐标，即

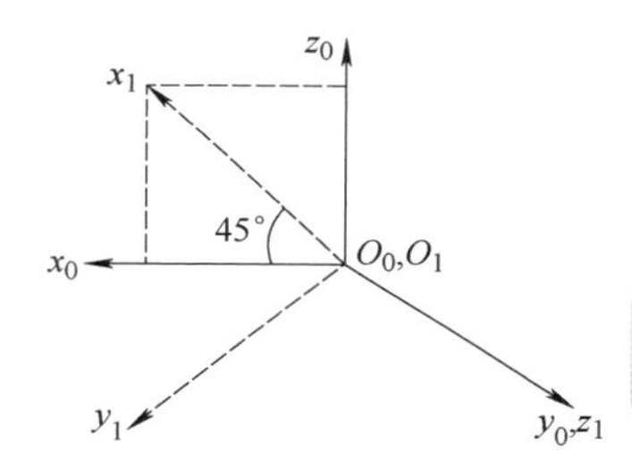

图 2-4　定义两个坐标系之间的相对姿态

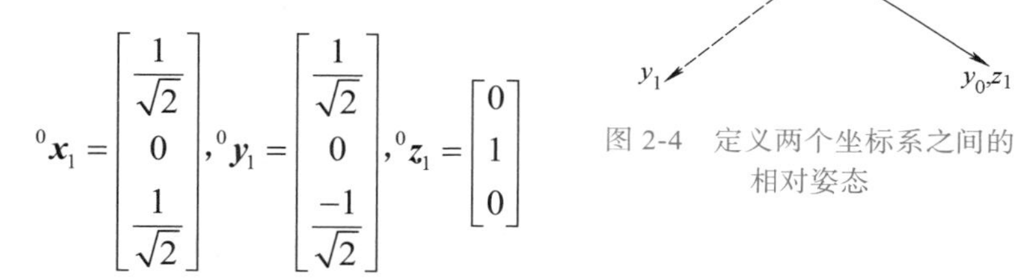

$${}^{0}\boldsymbol{x}_1 = \begin{bmatrix} \frac{1}{\sqrt{2}} \\ 0 \\ \frac{1}{\sqrt{2}} \end{bmatrix}, {}^{0}\boldsymbol{y}_1 = \begin{bmatrix} \frac{1}{\sqrt{2}} \\ 0 \\ \frac{-1}{\sqrt{2}} \end{bmatrix}, {}^{0}\boldsymbol{z}_1 = \begin{bmatrix} 0 \\ 1 \\ 0 \end{bmatrix}$$

旋转矩阵 ${}^{0}_{1}\boldsymbol{R}$ 的列向量为坐标系 {1} 相对于坐标系 {0} 的姿态角，即

$${}^{0}_{1}\boldsymbol{R} = \begin{bmatrix} \frac{1}{\sqrt{2}} & \frac{1}{\sqrt{2}} & 0 \\ 0 & 0 & 1 \\ \frac{1}{\sqrt{2}} & \frac{-1}{\sqrt{2}} & 0 \end{bmatrix}$$

2.1.2　旋转表示

1. 旋转变换

图 2-5 所示为一个刚体 S 以及附在其上的坐标系 {1}，给定点 p 的位置向量 ${}^{1}\boldsymbol{p}$（即给定点 p 相对于坐标系 {1} 的坐标），要确定点 p 相对于固定参考坐标系 {0} 的坐标。

$^{1}\boldsymbol{p}=[u \quad v \quad w]^{\mathrm{T}}$ 满足

$$\boldsymbol{p}=u\boldsymbol{x}_1+v\boldsymbol{y}_1+w\boldsymbol{z}_1$$

类似的，可以通过将点 p 投射到参考坐标系 {0} 的坐标轴上，从而得到坐标表达式，即

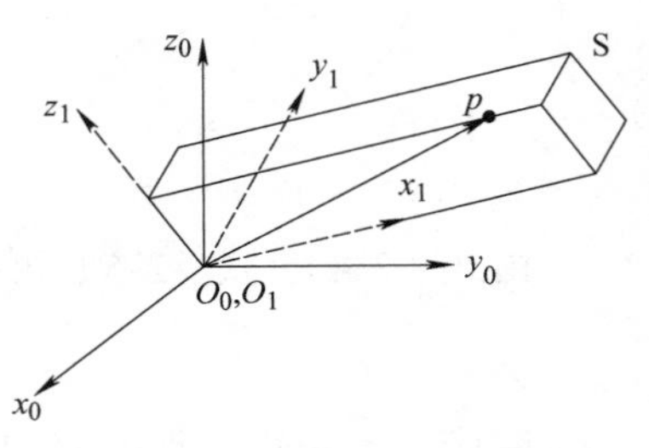

图 2-5　附在一个刚体 S 上的坐标系

$$^{0}\boldsymbol{p}=\begin{bmatrix}\boldsymbol{p}\cdot\boldsymbol{x}_0\\ \boldsymbol{p}\cdot\boldsymbol{y}_0\\ \boldsymbol{p}\cdot\boldsymbol{z}_0\end{bmatrix}$$

联立这两个方程，得到

$$\begin{aligned}
^{0}\boldsymbol{p}&=\begin{bmatrix}(u\boldsymbol{x}_1+v\boldsymbol{y}_1+w\boldsymbol{z}_1)\cdot\boldsymbol{x}_0\\ (u\boldsymbol{x}_1+v\boldsymbol{y}_1+w\boldsymbol{z}_1)\cdot\boldsymbol{y}_0\\ (u\boldsymbol{x}_1+v\boldsymbol{y}_1+w\boldsymbol{z}_1)\cdot\boldsymbol{z}_0\end{bmatrix}\\
&=\begin{bmatrix}u\boldsymbol{x}_1\cdot\boldsymbol{x}_0+v\boldsymbol{y}_1\cdot\boldsymbol{x}_0+w\boldsymbol{z}_1\cdot\boldsymbol{x}_0\\ u\boldsymbol{x}_1\cdot\boldsymbol{y}_0+v\boldsymbol{y}_1\cdot\boldsymbol{y}_0+w\boldsymbol{z}_1\cdot\boldsymbol{y}_0\\ u\boldsymbol{x}_1\cdot\boldsymbol{z}_0+v\boldsymbol{y}_1\cdot\boldsymbol{z}_0+w\boldsymbol{z}_1\cdot\boldsymbol{z}_0\end{bmatrix}\\
&=\begin{bmatrix}\boldsymbol{x}_1\cdot\boldsymbol{x}_0 & \boldsymbol{y}_1\cdot\boldsymbol{x}_0 & \boldsymbol{z}_1\cdot\boldsymbol{x}_0\\ \boldsymbol{x}_1\cdot\boldsymbol{y}_0 & \boldsymbol{y}_1\cdot\boldsymbol{y}_0 & \boldsymbol{z}_1\cdot\boldsymbol{y}_0\\ \boldsymbol{x}_1\cdot\boldsymbol{z}_0 & \boldsymbol{y}_1\cdot\boldsymbol{z}_0 & \boldsymbol{z}_1\cdot\boldsymbol{z}_0\end{bmatrix}\begin{bmatrix}u\\ v\\ w\end{bmatrix}
\end{aligned}$$

根据旋转矩阵 ${}_{1}^{0}\boldsymbol{R}$，有

$$^{0}\boldsymbol{p}={}_{1}^{0}\boldsymbol{R}\,{}^{1}\boldsymbol{p} \tag{2-9}$$

因此，旋转矩阵 ${}_{1}^{0}\boldsymbol{R}$ 不仅能够表示坐标系 {1} 相对于参考坐标系 {0} 的姿态，而且能够表示一个点从一个参考坐标系到另一个参考坐标系的坐标变换。假设给定某点相对于参考坐标系 {1} 的坐标为 $^{1}\boldsymbol{p}$，那么 ${}_{1}^{0}\boldsymbol{R}\,{}^{1}\boldsymbol{p}$ 代表同一点相对于参考坐标系 {0} 的坐标。

另外，也可以使用旋转矩阵来表示刚体的旋转运动。图 2-6a 中方块上的一个端点位于空间中某点 P_{a} 处。图 2-6b 给出了绕 z_0 轴旋转角度 π 后的同一个方块。在图 2-6b 中，方块上的同一个端点，现在处于空间中的 P_{b} 处。如果仅给出 P_{a} 的坐标，以及对应于绕 z_0 轴的旋转矩阵，则可以推导出 P_{b} 点的坐标。想象出固连到图 2-6a 中方块上的一个坐标系，该坐标系与参考坐标系 {0} 重合。旋转角度 π 后，固连在方块上的坐标系（方块坐标系）也被旋转一个角度 π 。如果用坐标系 {1} 来表示这个旋转坐标系，则得到

$${}_{1}^{0}\boldsymbol{R}=\boldsymbol{R}_{z,\pi}=\begin{bmatrix}-1 & 0 & 0\\ 0 & -1 & 0\\ 0 & 0 & 1\end{bmatrix}$$

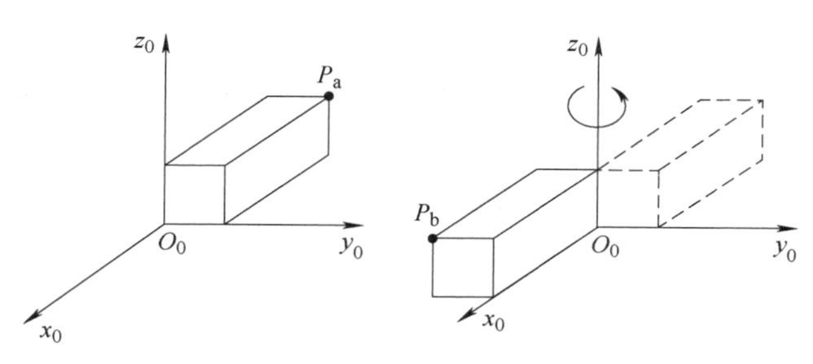

a）方块上的一点 P_a　　b）绕 z_0 轴旋转角度 π 后的同一个方块

图 2-6　方块绕 z_0 轴旋转角度 π

在局部坐标系 {1} 中，点 P_b 的坐标可被表示为 ${}^1\boldsymbol{p}_b$。为获取它相对于参考坐标系 {0} 的坐标，使用式（2-9）中的旋转矩阵，得到

$$ {}^0\boldsymbol{p}_b = {}^0_1\boldsymbol{R}\,{}^1\boldsymbol{p}_b = \boldsymbol{R}_{z,\pi}\,{}^1\boldsymbol{p}_b $$

同时，由于 ${}^1\boldsymbol{p}_b$ 是相对于方块自身的坐标系来定义的，方块端点的局部坐标 ${}^1\boldsymbol{p}_b$ 并不随方块旋转而变动。所以，在方块坐标系 {1} 与参考坐标系 {0} 下，坐标 ${}^1\boldsymbol{p}_b$ 等于坐标 ${}^0\boldsymbol{p}_a$（因为在进行旋转之前，点 P_a 正好与方块的端点重合）。因此，可以得到

$$ {}^0\boldsymbol{p}_b = \boldsymbol{R}_{z,\pi}\,{}^0\boldsymbol{p}_a $$

此公式展示了如何用一个旋转矩阵来表示旋转运动。特别是，如果点 P_b 是由点 P_a 按照旋转矩阵 $\boldsymbol{R}$ 转动而得到的，那么相对于参考坐标系的坐标由下式给出

$$ {}^0\boldsymbol{p}_b = \boldsymbol{R}\,{}^0\boldsymbol{p}_a $$

同样的方法可被用于相对于一个坐标系来旋转向量。

例 2.3　如图 2-7 所示，坐标 $\boldsymbol{v}^0 = [0\quad 1\quad 1]^{\mathrm{T}}$ 的向量 $\boldsymbol{v}$ 绕 y_0 轴旋转 π/2，所得到的向量 $\boldsymbol{v}_1$ 的坐标为

$$ {}^0\boldsymbol{v}_1 = \boldsymbol{R}_{y,\frac{\pi}{2}}\,{}^0\boldsymbol{v} \tag{2-10} $$

$$ {}^0\boldsymbol{v}_1 = \begin{bmatrix} 0 & 0 & 1 \\ 0 & 1 & 0 \\ -1 & 0 & 0 \end{bmatrix}\begin{bmatrix} 0 \\ 1 \\ 1 \end{bmatrix} = \begin{bmatrix} 1 \\ 1 \\ 0 \end{bmatrix} \tag{2-11} $$

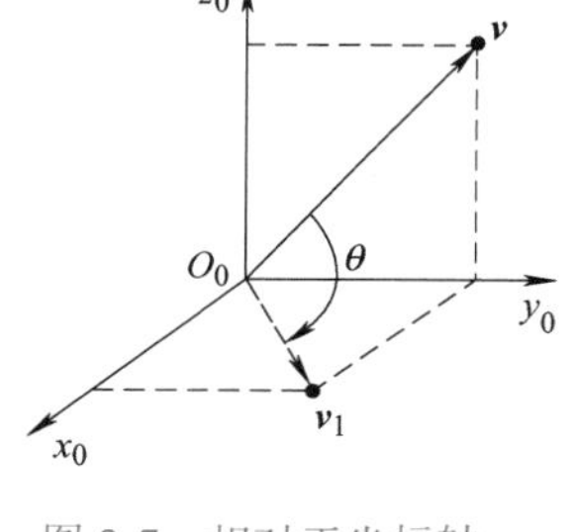

图 2-7　相对于坐标轴 y_0 旋转

旋转矩阵 $\boldsymbol{R}$ 的第三种解释是，在固定坐标系中施加在向量上的一个操作符。换言之，不同于将一个固定向量在两个不同参考坐标系中的坐标联系起来，式（2-10）可以表示为向量 $\boldsymbol{v}$ 通过一个给定旋转而得到的向量 $\boldsymbol{v}_1$ 在坐标系 {0} 中的坐标。

因此，旋转矩阵可以扮演多个角色。旋转矩阵 $\boldsymbol{R} \in SO(3)$ 或者 $\boldsymbol{R} \in SO(2)$，可用以下三

种不同的方式来解释：

1）$\boldsymbol{R}$ 可以代表点 P 在两个不同参考坐标系中的坐标之间的相互变换。

2）$\boldsymbol{R}$ 给出了经过变换后的坐标系相对于固定坐标系的姿态角。

3）$\boldsymbol{R}$ 表示在同一坐标系中将向量旋转而得到新向量的操作符。

一个给定的旋转矩阵 $\boldsymbol{R}$，它的具体释义可以根据上下文环境得到确定。

一个坐标系可以定义为一组基向量，如沿三个坐标轴的单位向量。这意味着一个旋转矩阵（作为一个坐标变换）也可被看作是从一个坐标系到另一个坐标系的基向量的变换。对于一般线性变换的矩阵表示，可以用相似变换在不同坐标系之间进行转换。例如，如果 $\boldsymbol{A}$ 是一个给定线性变换在坐标系 {0} 中的矩阵表示，$\boldsymbol{B}$ 是同一线性变换在坐标系 {1} 中的矩阵表示，那么 $\boldsymbol{A}$ 和 $\boldsymbol{B}$ 可以通过式（2-12）联系起来

$$\boldsymbol{B} = ({}_1^0\boldsymbol{R})^{-1}\boldsymbol{A}\,{}_1^0\boldsymbol{R} \tag{2-12}$$

式中，${}_1^0\boldsymbol{R}$ 矩阵是坐标系 {1} 和坐标系 {0} 之间的坐标变换。特别是当 $\boldsymbol{A}$ 本身为转动时，$\boldsymbol{B}$ 也为转动。因此，使用相似变换，可以很容易在不同的坐标系中表述相同的转动。

假设坐标系 {0} 和坐标系 {1} 之间可通过旋转矩阵联系起来，即

$${}_1^0\boldsymbol{R} = \begin{bmatrix} 0 & 0 & 1 \\ 0 & 1 & 0 \\ -1 & 0 & 0 \end{bmatrix}$$

如果相对于坐标系 {0}，有 $\boldsymbol{A} = \boldsymbol{R}_{z,\theta}$；那么，相对于坐标系 {1}，则有

$$\boldsymbol{B} = ({}_1^0\boldsymbol{R})^{-1}\boldsymbol{A}\,{}_1^0\boldsymbol{R} = \begin{bmatrix} 1 & 0 & 0 \\ 0 & \cos\theta & \sin\theta \\ 0 & -\sin\theta & \cos\theta \end{bmatrix}$$

换言之，$\boldsymbol{B}$ 是关于 z_0 轴的一个旋转，只不过是表示在坐标系 {1} 中的。

2. 旋转的叠加

（1）相对于当前坐标系的旋转　式（2-9）中的旋转矩阵 ${}_1^0\boldsymbol{R}$，表示两个坐标系 {0} 和坐标系 {1} 之间的一个旋转变换。假如现在加入第三个坐标系 {2}，并且它与坐标系 {0} 和坐标系 {1} 可以通过旋转变换联系起来。那么，一个给定点 P 在这几个坐标系中的对应坐标分别为：${}^0\boldsymbol{p}$、${}^1\boldsymbol{p}$ 和 ${}^2\boldsymbol{p}$。点 P 的这些坐标间的关系为

$${}^0\boldsymbol{p} = {}_1^0\boldsymbol{R}\,{}^1\boldsymbol{p} \tag{2-13}$$

$${}^1\boldsymbol{p} = {}_2^1\boldsymbol{R}\,{}^2\boldsymbol{p} \tag{2-14}$$

$${}^0\boldsymbol{p} = {}_2^0\boldsymbol{R}\,{}^2\boldsymbol{p} \tag{2-15}$$

将式（2-14）代入式（2-13），得到

$$ {}^{0}\boldsymbol{p} = {}^{0}_{1}\boldsymbol{R}\,{}^{1}_{2}\boldsymbol{R}\,{}^{2}\boldsymbol{p} \tag{2-16}$$

${}^{0}_{1}\boldsymbol{R}$ 和 ${}^{0}_{2}\boldsymbol{R}$ 代表相对于坐标系 {0} 的旋转，${}^{1}_{2}\boldsymbol{R}$ 代表相对于坐标系 {1} 的旋转。对比式（2-15）和式（2-16），可以得到

$$ {}^{0}_{2}\boldsymbol{R} = {}^{0}_{1}\boldsymbol{R}\,{}^{1}_{2}\boldsymbol{R} \tag{2-17}$$

式（2-17）为旋转变换的叠加定律。它指出，为了将点 P 在坐标系 {2} 中的坐标表示 ${}^{2}\boldsymbol{p}$ 转换到坐标系 {0} 中的坐标表示 ${}^{0}\boldsymbol{p}$，可以使用 ${}^{1}_{2}R$ 将它先转换为坐标系 {1} 中的坐标表示 ${}^{1}\boldsymbol{p}$，然后再利用 ${}^{0}_{1}\boldsymbol{R}$ 将 ${}^{1}\boldsymbol{p}$ 转换到 ${}^{0}\boldsymbol{p}$。

也可以用下述方式来解释式（2-17）。假设起始时，三个坐标系重合。首先，根据变换矩阵 ${}^{0}_{1}\boldsymbol{R}$，相对于坐标系 {0} 来旋转坐标系 {1}。此时，坐标系 {1} 和坐标系 {2} 重合，然后，根据变换矩阵 ${}^{1}_{2}\boldsymbol{R}$，相对于坐标系 {1} 来旋转坐标系 {2}。最终得到的坐标系为 {2}，它相对于坐标系 {0} 的姿态由 ${}^{0}_{1}\boldsymbol{R}\,{}^{1}_{2}\boldsymbol{R}$ 给出。我们称旋转发生时所围绕的那个坐标系为当前坐标系。

例 2.4　绕当前坐标系的旋转运动的叠加如图 2-8 所示，假设一个旋转矩阵 $\boldsymbol{R}$ 表示两个旋转的叠加：绕当前 y 轴旋转 ϕ 角，接下来绕当前 z 轴旋转 θ 轴。那么，矩阵 $\boldsymbol{R}$ 为

$$\boldsymbol{R} = \boldsymbol{R}_{y,\phi}\boldsymbol{R}_{z,\theta} = \begin{bmatrix} \cos\phi & 0 & \sin\phi \\ 0 & 1 & 0 \\ -\sin\phi & 0 & \cos\phi \end{bmatrix}\begin{bmatrix} \cos\theta & -\sin\theta & 0 \\ \sin\theta & \cos\theta & 0 \\ 0 & 0 & 1 \end{bmatrix} = \begin{bmatrix} \cos\phi\cos\theta & -\cos\phi\sin\theta & \sin\phi \\ \sin\theta & \cos\theta & 0 \\ -\sin\phi\cos\theta & \sin\phi\sin\theta & \cos\phi \end{bmatrix} \tag{2-18}$$

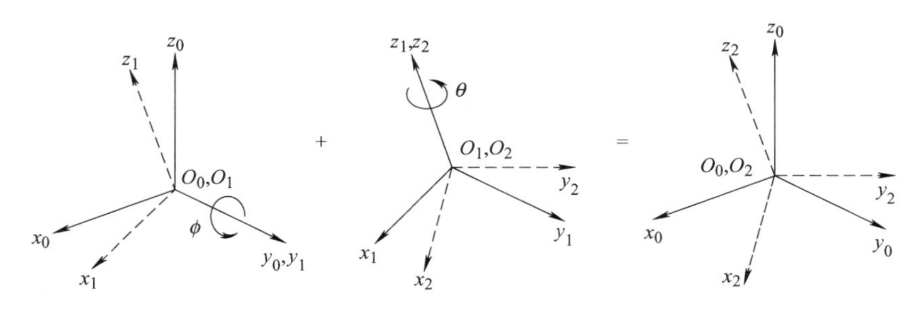

图 2-8　绕当前坐标系的旋转运动的叠加

要记住旋转序列执行的顺序，且对应的旋转矩阵相乘的顺序也是至关重要的。其原因是，不像位置一样，旋转是个向量，所以旋转变换一般并不服从交换律。

例 2.5　假设以相反的顺序执行上述旋转变换，即首先绕当前 z 轴旋转，然后绕当前 y 轴旋转。那么，最终得到的旋转矩阵由下式给出

$$\boldsymbol{R}' = \boldsymbol{R}_{z,\theta}\boldsymbol{R}_{y,\phi} = \begin{bmatrix} \cos\theta & -\sin\theta & 0 \\ \sin\theta & \cos\theta & 0 \\ 0 & 0 & 1 \end{bmatrix}\begin{bmatrix} \cos\phi & 0 & \sin\phi \\ 0 & 1 & 0 \\ -\sin\phi & 0 & \cos\phi \end{bmatrix} = \begin{bmatrix} \cos\theta\cos\phi & -\sin\theta & \cos\theta\sin\phi \\ \sin\theta\cos\phi & \cos\theta & \sin\theta\sin\phi \\ -\sin\phi & 0 & \cos\phi \end{bmatrix} \tag{2-19}$$

比较式（2-18）和式（2-19），可知 $\boldsymbol{R} \neq \boldsymbol{R}'$ 。

（2）相对于固定坐标系的旋转　很多时候，我们希望进行一系列的旋转操作，每个旋转都绕一个固定坐标系进行，而非连续地绕当前坐标系进行。例如，可能希望执行一个绕 x_0 轴的旋转，然后再执行一个绕 y_0 轴（不是 y_1 轴）的旋转。这里坐标系 {0} 为固定坐标系。这种情况下，式（2-17）中给出的叠加定律并不适用。这种情况下正确的叠加定律是，简单地将旋转矩阵序列以式（2-17）中的相反顺序相乘即可。注意：旋转本身并不以相反的顺序被执行。相反，它们是关于固定坐标系被执行的，而不是关于当前坐标系。

要看到这一点，假设有两个通过旋转矩阵 ${}_1^0\boldsymbol{R}$ 相联系的坐标系 {0} 和坐标系 {1} 。如果 $\boldsymbol{R} \in SO(3)$ 表示一个相对于坐标系 {0} 的旋转，依据之前的相似变换得知，矩阵 $\boldsymbol{R}$ 在当前坐标系 {1} 中的表示由 $({}_1^0\boldsymbol{R})^{-1}\boldsymbol{R}\,{}_1^0\boldsymbol{R}$ 给出。因此，将旋转的叠加定律应用到当前坐标轴，可得

$$ {}_2^0\boldsymbol{R} = {}_1^0\boldsymbol{R}\left[({}_1^0\boldsymbol{R})^{-1}\boldsymbol{R}\,{}_1^0\boldsymbol{R}\right] = \boldsymbol{R}\,{}_1^0\boldsymbol{R} \tag{2-20} $$

因此，如果旋转矩阵 $\boldsymbol{R}$ 相对于世界坐标系被执行，用 $\boldsymbol{R}$ 左乘当前的旋转矩阵，可以得到所期望的旋转矩阵。

例 2.6　绕固定轴的旋转运动的叠加如图 2-9 所示，假设一个旋转矩阵 $\boldsymbol{R}$ 表示关于 y_0 轴转角为 ϕ 的旋转，以及后续的关于固定 z_0 轴转角为 θ 的旋转操作的叠加。第二个关于固定轴的旋转为 $\boldsymbol{R}_{y,-\phi}\boldsymbol{R}_{z,\theta}\boldsymbol{R}_{y,\phi}$ ，它是关于 z 轴的一个基本旋转经过相似变换后在坐标系 {1} 中的表示。因此，旋转变换的叠加结果为

$$ \boldsymbol{R} = \boldsymbol{R}_{y,\phi}\left[\boldsymbol{R}_{y,-\phi}\boldsymbol{R}_{z,\theta}\boldsymbol{R}_{y,\phi}\right] = \boldsymbol{R}_{z,\theta}\boldsymbol{R}_{y,\phi} \tag{2-21} $$

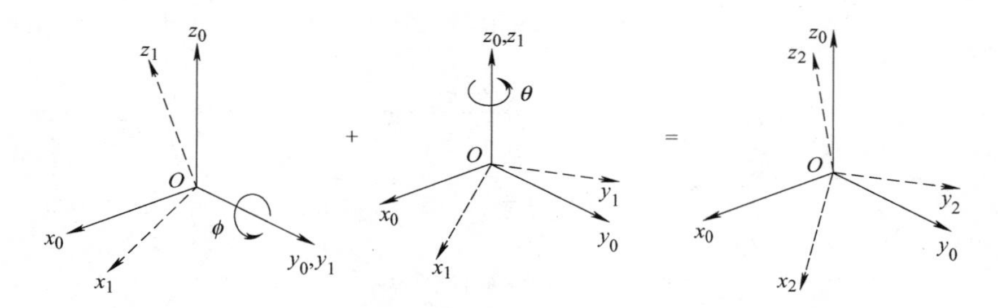

图 2-9　绕固定轴的旋转运动的叠加

需要注意的是，通过比较式（2-21）和式（2-18），可以得到同样的基本旋转矩阵，但它们以相反的顺序叠加。

（3）旋转变换的叠加定律　可以通过以下方法来总结旋转变换的叠加规则。给定固定坐标系 {0} 、当前坐标系 {1} ，以及将它们联系起来的旋转矩阵 ${}_1^0\boldsymbol{R}$ 。如果第三个坐标系 {2} 由绕当前坐标系旋转 $\boldsymbol{R}$ 得到，那么让 ${}_1^0\boldsymbol{R}$ 右乘 $\boldsymbol{R} = {}_2^1\boldsymbol{R}$ 则得到

$$ {}_2^0\boldsymbol{R} = {}_1^0\boldsymbol{R}\,{}_2^1\boldsymbol{R} \tag{2-22} $$

如果第二个旋转是关于固定坐标系进行的，那么使用符号 ${}_{2}^{1}\boldsymbol{R}$ 来表示这个转动不仅混乱而且不合理。因此，如果使用 $\boldsymbol{R}$ 来表示这个旋转，那么用 $\boldsymbol{R}$ 左乘 ${}_{1}^{0}\boldsymbol{R}$，则得到

$$ {}_{2}^{0}\boldsymbol{R}=\boldsymbol{R}\,{}_{1}^{0}\boldsymbol{R} \tag{2-23} $$

以上两种情况中，${}_{2}^{0}\boldsymbol{R}$ 均表示坐标系 {0} 和坐标系 {2} 之间的变换。由式（2-22）得到的坐标系 {2} 不同于由式（2-23）得到的。

使用上述的旋转叠加规则，容易确定多个连续旋转变换所对应的结果。

例 2.7 假设旋转矩阵 $\boldsymbol{R}$ 是一系列基本旋转变换按以下顺序叠加而成：

1）绕当前 x 轴旋转 θ 角度。

2）绕当前 z 轴旋转 ϕ 角度。

3）绕固定 z 轴旋转 α 角度。

4）绕当前 y 轴旋转 β 角度。

5）绕固定 x 轴旋转 δ 角度。

为了确定这些旋转变换的累积效应，以第一个旋转变换 $\boldsymbol{R}_{x,\theta}$ 作为起始，然后视情况左乘或右乘相应矩阵，得到

$$ \boldsymbol{R}=\boldsymbol{R}_{x,\delta}\boldsymbol{R}_{z,\alpha}\boldsymbol{R}_{x,\theta}\boldsymbol{R}_{z,\phi}\boldsymbol{R}_{y,\beta} \tag{2-24} $$

3. 旋转的参数表示

对于一般的旋转变换 $\boldsymbol{R}\in SO(3)$，它的 9 个元素之间并非相互独立。一个刚体最多有三个旋转自由度，因而最多需要三个量来指定其姿态方向。要理解这点，可以验证 SO（3）中矩阵所需要满足的约束，即

$$ \sum_{i} r_{ij}^{2}=1,\ \ j\in\{1,2,3\} \tag{2-25} $$

$$ r_{1i}r_{1j}+r_{2i}r_{2j}+r_{3i}r_{3j}=0,\ i\neq j \tag{2-26} $$

式（2-25）成立的原因是，旋转矩阵的各列都是单位向量；式（2-26）成立的原因是，旋转矩阵的各列相互正交。这些约束一起定义了 6 个独立的方程，其中有 9 个未知数，自由变量数目为 3 个。

本小节将推导三种方法来表达任意旋转，即欧拉角表示法、滚动角 – 俯仰角 – 偏航角表示法以及转轴 / 角度表示法，每种方法仅需使用三个独立变量。

（1）欧拉角 表示旋转矩阵的一种常用方法是使用欧拉角，其中有三个独立变量。如图 2-10 所示，考虑固定坐标系 {0} 以及旋转后的坐标系 {1}，可以使用三个角度 $(\phi、\theta、\psi)$，即欧拉角来表示坐标系 {1} 相对于坐标系 {0} 的姿态，它们可通过下列三个连续旋转得到。首先，绕 z 轴旋转角度 ϕ；然后，绕当前 y 轴旋转角度 θ；最后，绕当前 z 轴旋转角度 ψ。图 2-10 中的坐标系 $\{a\}$ 是旋转 ϕ 角度后得到的新坐标系，坐标系 $\{b\}$

表示旋转θ角度后得到的新坐标系，坐标系{1}表示旋转ψ角度后得到的最终坐标系。展示坐标系$\{a\}$和$\{b\}$的目的是将旋转可视化。

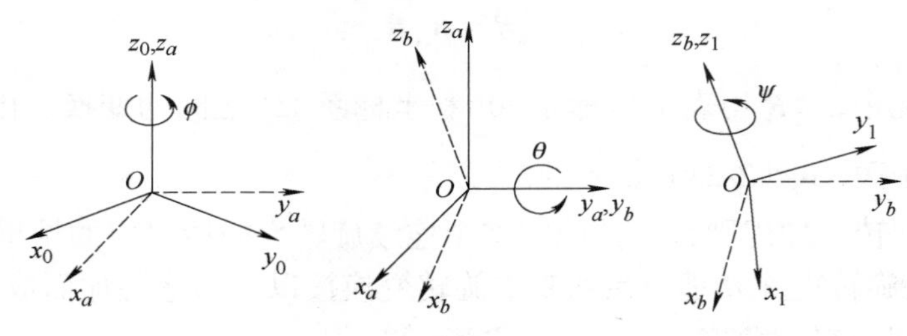

图 2-10　欧拉角表示法

就基本的旋转矩阵而言，结果中所示的旋转变换，可以通过乘积得到

$$\boldsymbol{R}_{ZYZ}=\boldsymbol{R}_{z,\phi}\boldsymbol{R}_{y,\theta}\boldsymbol{R}_{z,\psi}=\begin{bmatrix}\cos\phi & -\sin\phi & 0\\ \sin\phi & \cos\phi & 0\\ 0 & 0 & 1\end{bmatrix}\begin{bmatrix}\cos\theta & 0 & \sin\theta\\ 0 & 1 & 0\\ -\sin\theta & 0 & \cos\theta\end{bmatrix}\begin{bmatrix}\cos\psi & -\sin\psi & 0\\ \sin\psi & \cos\psi & 0\\ 0 & 0 & 1\end{bmatrix}$$

$$=\begin{bmatrix}\cos\phi\cos\theta\cos\psi-\sin\phi\sin\psi & -\cos\phi\cos\theta\sin\psi-\sin\phi\cos\psi & \cos\phi\sin\theta\\ \sin\phi\cos\theta\cos\psi+\cos\phi\sin\psi & -\sin\phi\cos\theta\sin\psi+\cos\phi\cos\psi & \sin\phi\sin\theta\\ -\sin\theta\cos\psi & \sin\theta\sin\psi & \cos\theta\end{bmatrix} \tag{2-27}$$

式（2-27）中的$\boldsymbol{R}_{ZYZ}$被称为ZYZ–欧拉角变换。

更重要且更难的问题是，确定特定矩阵$\boldsymbol{R}=(r_{ij})$所对应的欧拉角ϕ、θ和ψ满足

$$\boldsymbol{R}=\begin{bmatrix}\cos\phi\cos\theta\cos\psi-\sin\phi\sin\psi & -\cos\phi\cos\theta\sin\psi-\sin\phi\cos\psi & \cos\phi\sin\theta\\ \sin\phi\cos\theta\cos\psi+\cos\phi\sin\psi & -\sin\phi\cos\theta\sin\psi+\cos\phi\cos\psi & \sin\phi\sin\theta\\ -\sin\theta\cos\psi & \sin\theta\sin\psi & \cos\theta\end{bmatrix} \tag{2-28}$$

式（2-28）对于任意满足$\boldsymbol{R}\in SO(3)$的矩阵均成立。当解决机械臂的逆运动学问题时，上述问题将会变得重要。

为了求解这个问题，将其分为两种情况。第一种情况，假设r_{13}和r_{23}不全为零。那么，从式（2-27）可以推导出$\sin\theta\neq 0$，因此，r_{31}和r_{32}不全为零。如果r_{31}和r_{32}不全为零，那么$r_{33}\neq\pm 1$，并且有$\cos\theta=r_{33}$，$\sin\theta=\pm\sqrt{1-r_{33}^2}$，所以

$$\theta=\text{Atan2}(r_{33},\sqrt{1-r_{33}^2}) \tag{2-29}$$

或者

$$\theta=\text{Atan2}(r_{33},-\sqrt{1-r_{33}^2}) \tag{2-30}$$

其中，Atan2是附录B中定义的双参数反正切函数。

如果选择式（2-29）给出的 θ 值，那么 $\sin\theta > 0$，并且

$$\phi = \text{Atan2}(r_{13}, r_{23}) \tag{2-31}$$

$$\psi = \text{Atan2}(-r_{31}, r_{32}) \tag{2-32}$$

如果选择式（2-30）给出的 θ 值，那么 $\sin\theta < 0$，并且

$$\phi = \text{Atan2}(-r_{13}, r_{23}) \tag{2-33}$$

$$\psi = \text{Atan2}(r_{31}, -r_{32}) \tag{2-34}$$

因此，存在两组取决于 θ 正负符号的解。

第二种情况，如果 $r_{13} = r_{23} = 0$，那么 $\boldsymbol{R}$ 是正交矩阵，意味着 $r_{33} = \pm 1$，以及 $r_{31} = r_{32} = 0$。所以，矩阵 $\boldsymbol{R}$ 为

$$\boldsymbol{R} = \begin{bmatrix} r_{11} & r_{12} & 0 \\ r_{21} & r_{22} & 0 \\ 0 & 0 & \pm 1 \end{bmatrix} \tag{2-35}$$

如果 $r_{33} = 1$，那么 $\cos\theta = 1$，并且 $\sin\theta = 0$，所以 $\theta = 0$。这种情况下，式（2-27）变为

$$\begin{bmatrix} \cos\phi\cos\psi - \sin\phi\sin\psi & -\cos\phi\sin\psi - \sin\phi\cos\psi & 0 \\ \sin\phi\cos\psi + \cos\phi\sin\psi & -\sin\phi\sin\psi + \cos\phi\cos\psi & 0 \\ 0 & 0 & 1 \end{bmatrix} = \begin{bmatrix} \cos(\phi+\psi) & -\sin(\phi+\psi) & 0 \\ \sin(\phi+\psi) & \cos(\phi+\psi) & 0 \\ 0 & 0 & 1 \end{bmatrix}$$

因此，ϕ、ψ 之和为

$$\phi + \psi = \text{Atan2}(r_{11}, r_{21}) - \text{Atan2}(r_{11}, -r_{12}) \tag{2-36}$$

由于在这种情况下只能确定 $(\phi+\psi)$，因而存在无数组可能的解。此时可按惯例指定 $\phi = 0$。如果 $r_{33} = -1$，那么 $\cos\theta = -1$，$\sin\theta = 0$，因此 $\theta = \pi$。此时，式（2-27）变为

$$\begin{bmatrix} -\cos(\phi-\psi) & -\sin(\phi-\psi) & 0 \\ \sin(\phi-\psi) & \cos(\phi-\psi) & 0 \\ 0 & 0 & -1 \end{bmatrix} = \begin{bmatrix} r_{11} & r_{12} & 0 \\ r_{21} & r_{22} & 0 \\ 0 & 0 & -1 \end{bmatrix} \tag{2-37}$$

所以，解是

$$\phi - \psi = \text{Atan2}(-r_{11}, -r_{12}) \tag{2-38}$$

与以前类似，存在无穷多解。

（2）滚动角 – 俯仰角 – 偏航角　旋转矩阵 $\boldsymbol{R}$ 也可被描述为按特定次序进行的一系列关于主坐标轴 x_0、y_0 和 z_0 旋转的产物。如图 2-11 所示，这些旋转决定了滚动（Roll）角、俯仰（Pitch）角、偏航（Yaw）角，将使用 ϕ、θ 和 ψ 来指代这些角度。

指定旋转按照 x — y — z 的顺序进行，即首先绕 x_0 轴滚动 ψ 角度，接下来绕 y_0 轴俯仰

θ角度，最后绕z_0轴偏航ϕ角度。由于这些旋转相对于固定坐标系依次进行，所以最终得到的变换矩阵为

$$\boldsymbol{R}=\boldsymbol{R}_{z,\phi}\boldsymbol{R}_{y,\theta}\boldsymbol{R}_{x,\psi}=\begin{bmatrix}\cos\phi & -\sin\phi & 0\\ \sin\phi & \cos\phi & 0\\ 0 & 0 & 1\end{bmatrix}\begin{bmatrix}\cos\theta & 0 & \sin\theta\\ 0 & 1 & 0\\ -\sin\theta & 0 & \cos\theta\end{bmatrix}\begin{bmatrix}1 & 0 & 0\\ 0 & \cos\psi & -\sin\psi\\ 0 & \sin\psi & \cos\psi\end{bmatrix}$$

$$=\begin{bmatrix}\cos\phi\cos\theta & -\sin\phi\cos\psi+\cos\phi\sin\theta\sin\psi & \sin\phi\sin\psi+\cos\phi\sin\theta\cos\psi\\ \sin\phi\cos\theta & \cos\phi\cos\psi+\sin\phi\sin\theta\sin\psi & -\cos\phi\sin\psi+\sin\phi\sin\theta\cos\psi\\ -\sin\theta & \cos\theta\sin\psi & \cos\theta\cos\psi\end{bmatrix} \quad (2\text{-}39)$$

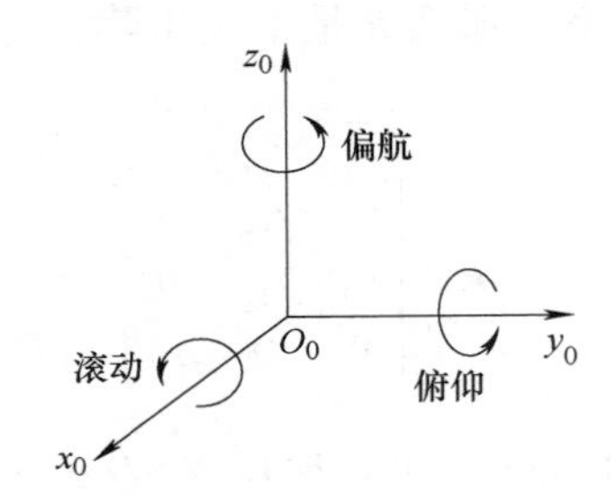

图 2-11　滚动角、俯仰角和偏航角

当然，除了将上述变换解释为关于固定坐标系进行的“偏航－俯仰－滚动”操作，也可将上述变换解释为关于当前坐标系的按照“滚动－俯仰－偏航”顺序进行的旋转。这样得出的结果与式（2-39）中的矩阵相同。

对于给定的旋转矩阵，三个对应转角ϕ、θ和ψ可以根据与上述推导欧拉角相类似的方法来确定。

（3）转轴 / 角度　旋转并不总是关于主坐标轴而进行的。我们通常感兴趣的是关于空间中某任意轴线的旋转。这不仅提供了一种描述旋转的简便方法，并且提供了对于旋转矩阵的另一种参数化方法。令$\boldsymbol{k}=\begin{bmatrix}k_x & k_y & k_z\end{bmatrix}^{\mathrm{T}}$表示坐标系 {0} 内的一个单位向量，它定义了一个转轴。我们希望推导旋转矩阵$\boldsymbol{R}_{k,\theta}$来表示关于此轴线的转角为$\theta$的旋转。

有几种方法可用来推导矩阵$\boldsymbol{R}_{k,\theta}$。其中一个方法是，注意到旋转变换$\boldsymbol{R}=\boldsymbol{R}_{z,\alpha}\boldsymbol{R}_{y,\beta}$将使世界坐标系的$z$轴与矢量$\boldsymbol{k}$重合。因此，可以使用相似变换来计算关于轴线$\boldsymbol{k}$的旋转，即

$$\boldsymbol{R}_{k,\theta}=\boldsymbol{R}\boldsymbol{R}_{z,\theta}\boldsymbol{R}^{-1} \quad (2\text{-}40)$$

$$=\boldsymbol{R}_{z,\alpha}\boldsymbol{R}_{y,\beta}\boldsymbol{R}_{z,\theta}\boldsymbol{R}_{y,-\beta}\boldsymbol{R}_{z,-\alpha} \quad (2\text{-}41)$$

由图 2-12 可知

$$\sin\alpha=\frac{k_y}{\sqrt{k_x^2+k_y^2}}\qquad\cos\alpha=\frac{k_x}{\sqrt{k_x^2+k_y^2}} \quad (2\text{-}42)$$

$$\sin\beta=\sqrt{k_x^2+k_y^2} \quad \cos\beta=k_z \tag{2-43}$$

注意到式（2-42）、式（2-43）是依据 $\boldsymbol{k}$ 为单位向量这一事实而得到的。将式（2-42）和式（2-43）代入式（2-41）中，经过计算，可以得到

$$\boldsymbol{R}_{k,\theta}=\begin{bmatrix} k_x^2\text{versin}\theta+\cos\theta & k_xk_y\text{versin}\theta-k_z\sin\theta & k_xk_z\text{versin}\theta+k_y\sin\theta \\ k_xk_y\text{versin}\theta+k_z\sin\theta & k_y^2\text{versin}\theta+\cos\theta & k_yk_z\text{versin}\theta-k_x\sin\theta \\ k_xk_z\text{versin}\theta-k_y\sin\theta & k_yk_z\text{versin}\theta+k_x\sin\theta & k_z^2\text{versin}\theta+\cos\theta \end{bmatrix} \tag{2-44}$$

式中，$\text{versin}\theta=1-\cos\theta$。

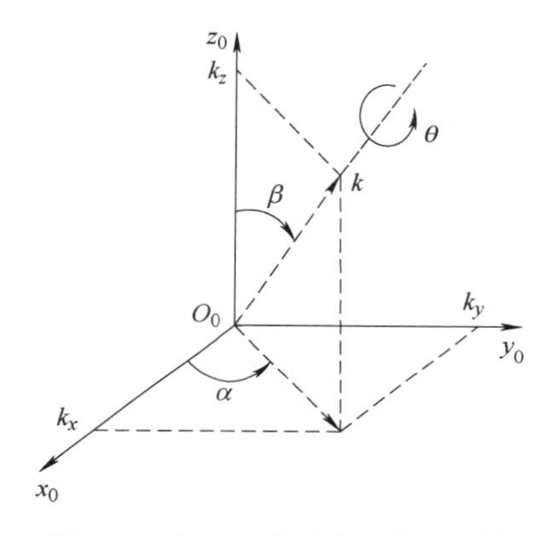

图 2-12　关于一个任意轴线的旋转

实际上，任意一个旋转矩阵 $\boldsymbol{R}\in SO(3)$，可以用绕空间中某个适当轴线转过适当角度的单个旋转来表示，即

$$\boldsymbol{R}=\boldsymbol{R}_{\boldsymbol{k},\theta} \tag{2-45}$$

式中，$\boldsymbol{k}$ 是定义转轴的单位向量，θ 是绕轴线 k 转过的角度。数对 (k,θ) 被称为 $\boldsymbol{R}$ 的转轴 / 角度表示。给定一个任意旋转矩阵 $\boldsymbol{R}$，其元素为 r_{ij}，所对应的转角 θ 和转轴 $\boldsymbol{k}$ 为

$$\theta=\cos^{-1}\left(\frac{r_{11}+r_{22}+r_{33}-1}{2}\right)$$

$$\boldsymbol{k}=\frac{1}{2\sin\theta}\begin{bmatrix} r_{32}-r_{23} \\ r_{13}-r_{31} \\ r_{21}-r_{12} \end{bmatrix} \tag{2-46}$$

式（2-46）可以通过直接操作式（2-44）中矩阵的条目来得到。转轴 / 角度表示并不唯一，这是因为，关于 $-k$ 轴角度为 $-\theta$ 的旋转与关于 k 轴角度为 θ 的旋转相同，也就是说

$$\boldsymbol{R}_{k,\theta}=\boldsymbol{R}_{-k,-\theta} \tag{2-47}$$

如果 $\theta=0$，那么 $\boldsymbol{R}$ 是单位矩阵，此时旋转轴线没有定义。

例 2.8 假设 $\boldsymbol{R}$ 由旋转叠加而成，首先绕 z_0 轴旋转 90°，然后绕 y_0 轴旋转 30°，最后绕 x_0 轴旋转 60°，那么有

$$\boldsymbol{R}=\boldsymbol{R}_{x,60}\boldsymbol{R}_{y,30}\boldsymbol{R}_{z,90}=\begin{bmatrix}0 & -\frac{\sqrt{3}}{2} & \frac{1}{2}\\ \frac{1}{2} & -\frac{\sqrt{3}}{4} & -\frac{3}{4}\\ \frac{\sqrt{3}}{2} & \frac{1}{4} & \frac{\sqrt{3}}{4}\end{bmatrix} \tag{2-48}$$

可以看到，$\mathrm{Tr}(\boldsymbol{R})=0$，因此，由式（2-46）给出的等效转角为

$$\theta=\cos^{-1}\left(-\frac{1}{2}\right)=120° \tag{2-49}$$

式（2-46）给出的等效转轴为

$$\boldsymbol{k}=\begin{bmatrix}\frac{1}{\sqrt{3}} & \frac{1}{2\sqrt{3}}-\frac{1}{2} & \frac{1}{2\sqrt{3}}+\frac{1}{2}\end{bmatrix}^{\mathrm{T}} \tag{2-50}$$

上述的转轴 / 角度表示法使用四个量来表征一个给定的转动，即等效转轴 $\boldsymbol{k}$ 的三个分量以及等效转角 θ。不过，由于等效转轴 $\boldsymbol{k}$ 是一个单位向量，因此它只有两个独立元素，第三个元素被 $\boldsymbol{k}$ 为单位长度这一条件所约束。所以，这种旋转 $\boldsymbol{R}$ 的表示法只需要三个独立变量。可以用单个向量 $\boldsymbol{r}$ 来表示等效的转轴 / 角度，即

$$\boldsymbol{r}=\begin{bmatrix}r_x & r_y & r_z\end{bmatrix}^{\mathrm{T}}=\begin{bmatrix}\theta k_x & \theta k_y & \theta k_z\end{bmatrix}^{\mathrm{T}} \tag{2-51}$$

注意：由于$\boldsymbol{k}$是一个单位向量，所以向量$\boldsymbol{r}$的长度为等效角度θ，并且$\boldsymbol{r}$的方向为等效转轴$\boldsymbol{k}$。

需要注意的是，式（2-51）中的表示并不意味着可以使用向量代数的标准法则将两个转轴 / 角度坐标叠加起来，因为这样做将意味着旋转具有交换律，但一般情况下并非如此。

2.1.3 刚性运动和齐次变换

本小节结合位置和姿态这两个概念来定义刚性运动，接着使用齐次变换的概念来推导关于刚性运动的一个有效的矩阵表示。

1. 刚性运动

刚性运动是一个有序对 $(\boldsymbol{d}, \boldsymbol{R})$，其中 $\boldsymbol{d}\in\boldsymbol{R}^3$，$\boldsymbol{R}\in SO(3)$。所有刚性运动组成的群被称为特殊欧氏群（Special Euclidean Group），记为 $SE(3)$。那么，$SE(3)=\boldsymbol{R}^3\times SO(3)$。

刚性运动是纯平移和纯转动的叠加。令旋转矩阵 ${}_1^0\boldsymbol{R}$ 表示坐标系 {1} 相对于坐标系 {0} 的姿态，并且令 $\boldsymbol{d}$ 表示从坐标系 {0} 原点到坐标系 {1} 原点的向量。假设点 P 被固定连接

到坐标系 {1} 中，其局部坐标为 ${}^{1}\boldsymbol{p}$。点 P 相对于坐标系 {0} 的坐标可表示为

$$ {}^{0}\boldsymbol{p} = {}_{1}^{0}\boldsymbol{R}\,{}^{1}\boldsymbol{p} + {}^{0}\boldsymbol{d} \tag{2-52} $$

现在，考虑三个坐标系 {0}、{1} 及 {2}。令 d_1 表示从坐标系 {0} 原点到坐标系 {1} 原点的向量，同时令 $\boldsymbol{d}_2$ 表示从坐标系 {1} 原点到坐标系 {2} 原点的向量。如果点 P 被固定连接到坐标系 {2} 中，并且其局部坐标为 ${}^{2}\boldsymbol{p}$，可以通过式（2-53）、式（2-54）来计算点 P 相对于参考坐标系 {0} 的坐标，即

$$ {}^{1}\boldsymbol{p} = {}_{2}^{1}\boldsymbol{R}\,{}^{2}\boldsymbol{p} + {}^{1}\boldsymbol{d}_2 \tag{2-53} $$

以及

$$ {}^{0}\boldsymbol{p} = {}_{1}^{0}\boldsymbol{R}\,{}^{1}\boldsymbol{p} + {}^{0}\boldsymbol{d}_1 \tag{2-54} $$

可以用这两个公式的叠加来定义第三个刚性运动，该运动的描述可以通过将式（2-53）代入式（2-54）中而得到，即

$$ {}^{0}\boldsymbol{p} = {}_{1}^{0}\boldsymbol{R}\,{}_{2}^{1}\boldsymbol{R}\,{}^{2}\boldsymbol{p} + {}_{1}^{0}\boldsymbol{R}\,{}^{1}\boldsymbol{d}_2 + {}^{0}\boldsymbol{d}_1 \tag{2-55} $$

由于 ${}^{0}\boldsymbol{p}$ 和 ${}^{2}\boldsymbol{p}$ 之间的关系也是一个刚性运动，所以可以使用同样的表示，即

$$ {}^{0}\boldsymbol{p} = {}_{2}^{0}\boldsymbol{R}\,{}^{2}\boldsymbol{p} + {}^{0}\boldsymbol{d}_2 \tag{2-56} $$

通过比较式（2-55）和式（2-56），可以得到

$$ {}_{2}^{0}\boldsymbol{R} = {}_{1}^{0}\boldsymbol{R}\,{}_{2}^{1}\boldsymbol{R} \tag{2-57} $$

$$ {}^{0}\boldsymbol{d}_2 = {}^{0}\boldsymbol{d}_1 + {}_{1}^{0}\boldsymbol{R}\,{}^{1}\boldsymbol{d}_2 \tag{2-58} $$

式（2-57）指出姿态变换可以简单地被相乘在一起，同时式（2-58）指出从原点 O_0 到原点 O_2 的向量所对应的坐标等于 ${}^{0}\boldsymbol{d}_1$ 和 ${}_{1}^{0}\boldsymbol{R}\,{}^{1}\boldsymbol{d}_2$ 之和，其中 ${}^{0}\boldsymbol{d}_1$ 是从 O_0 到 O_1 的向量在参考坐标系 {0} 中的坐标，${}_{1}^{0}\boldsymbol{R}\,{}^{1}\boldsymbol{d}_2$ 则是从 O_1 到 O_2 的向量在坐标系 {0} 中的坐标。

2. 齐次变换

当需要考虑一长串的刚性运动时，求解式（2-55）所需的计算会变得十分棘手。这里使用矩阵形式来表示刚性运动，这样刚性运动的叠加可简化为与旋转叠加情形相类似的矩阵相乘。

将式（2-57）和式（2-58）与下列矩阵形式做一个对比，可得

$$ \begin{bmatrix} {}_{1}^{0}\boldsymbol{R} & {}^{0}\boldsymbol{d}_1 \\ \boldsymbol{0} & 1 \end{bmatrix} \begin{bmatrix} {}_{2}^{1}\boldsymbol{R} & {}^{1}\boldsymbol{d}_2 \\ \boldsymbol{0} & 1 \end{bmatrix} = \begin{bmatrix} {}_{1}^{0}\boldsymbol{R}\,{}_{2}^{1}\boldsymbol{R} & {}_{1}^{0}\boldsymbol{R}\,{}^{1}\boldsymbol{d}_2 + {}^{0}\boldsymbol{d}_1 \\ 0 & 1 \end{bmatrix} \tag{2-59} $$

式中，$\boldsymbol{0}$ 表示行向量 $[0 \quad 0 \quad 0]$，上式表明刚性运动可由一组矩阵来表示，即

$$\boldsymbol{T}=\begin{bmatrix}\boldsymbol{R} & \boldsymbol{d}\\ \boldsymbol{0} & 1\end{bmatrix},\ \boldsymbol{R}\in SO(3);\ \boldsymbol{d}\in \boldsymbol{R}^3 \tag{2-60}$$

式（2-60）给出的变换矩阵称为齐次变换（Homogeneous Transformation）矩阵。因此，齐次变换无非就是刚性运动的矩阵表示而已。使用 $SE(3)$ 来表示刚性运动集合，它也可以表示所有形如式（2-60）中给出的4×4矩阵的集合。

基于 $\boldsymbol{R}$ 为正交矩阵这一事实，容易验证逆变换矩阵 $\boldsymbol{T}^{-1}$ 可由式（2-61）给出

$$\boldsymbol{T}^{-1}=\begin{bmatrix}\boldsymbol{R}^{\mathrm{T}} & -\boldsymbol{R}^{\mathrm{T}}\boldsymbol{d}\\ \boldsymbol{0} & 1\end{bmatrix} \tag{2-61}$$

为了使用矩阵乘法来表示式（2-52）中给出的变换，须按照如下方式为向量 ${}^0\boldsymbol{p}$ 和 ${}^1\boldsymbol{p}$ 增加第四个元素 1，即

$${}^0\boldsymbol{P}=\begin{bmatrix}{}^0\boldsymbol{p}\\ 1\end{bmatrix} \tag{2-62}$$

$${}^1\boldsymbol{P}=\begin{bmatrix}{}^1\boldsymbol{p}\\ 1\end{bmatrix} \tag{2-63}$$

向量 ${}^0\boldsymbol{P}$ 和 ${}^1\boldsymbol{P}$ 分别称为向量 ${}^0\boldsymbol{p}$ 和 ${}^1\boldsymbol{p}$ 所对应的齐次表示。现在可以直接看出，式（2-62）中给出的变换等效于（齐次）矩阵方程，即

$${}^0\boldsymbol{P}={}^0_1\boldsymbol{T}\,{}^1\boldsymbol{P} \tag{2-64}$$

生成 $SE(3)$ 的基本齐次变换矩阵的集合为

$$\boldsymbol{Trans}_{x,a}=\begin{bmatrix}1&0&0&a\\0&1&0&0\\0&0&1&0\\0&0&0&1\end{bmatrix},\ \boldsymbol{Rot}_{x,\alpha}=\begin{bmatrix}1&0&0&0\\0&\cos\alpha&-\sin\alpha&0\\0&\sin\alpha&\cos\alpha&0\\0&0&0&1\end{bmatrix} \tag{2-65}$$

$$\boldsymbol{Trans}_{y,b}=\begin{bmatrix}1&0&0&0\\0&1&0&b\\0&0&1&0\\0&0&0&1\end{bmatrix},\ \boldsymbol{Rot}_{y,\beta}=\begin{bmatrix}\cos\beta&0&\sin\beta&0\\0&1&0&0\\-\sin\beta&0&\cos\beta&0\\0&0&0&1\end{bmatrix} \tag{2-66}$$

$$\boldsymbol{Trans}_{z,c}=\begin{bmatrix}1&0&0&0\\0&1&0&0\\0&0&1&c\\0&0&0&1\end{bmatrix},\ \boldsymbol{Rot}_{z,\gamma}=\begin{bmatrix}\cos\gamma&-\sin\gamma&0&0\\\sin\gamma&\cos\gamma&0&0\\0&0&1&0\\0&0&0&1\end{bmatrix} \tag{2-67}$$

它们分别对应着关于 x、y、z 轴的平移和旋转，即平移 a 和旋转 α、平移 b 和旋转 β、平移 c 和旋转 γ。

最常见的齐次变换可表示为

$$ {}_1^0\boldsymbol{T}=\begin{bmatrix} n_x & s_x & a_x & d_x \\ n_y & s_y & a_y & d_y \\ n_z & s_z & a_z & d_z \\ 0 & 0 & 0 & 1 \end{bmatrix}=\begin{bmatrix} \boldsymbol{n} & \boldsymbol{s} & \boldsymbol{a} & \boldsymbol{d} \\ 0 & 0 & 0 & 1 \end{bmatrix} \tag{2-68} $$

式中，$\boldsymbol{n}=\begin{bmatrix} n_x & n_y & n_z \end{bmatrix}^{\mathrm{T}}$ 是坐标系 {0} 中代表 x_1 方向的矢量，$\boldsymbol{s}=\begin{bmatrix} s_x & s_y & s_z \end{bmatrix}^{\mathrm{T}}$ 是代表 y_1 方向的矢量，$\boldsymbol{a}=\begin{bmatrix} a_x & a_y & a_z \end{bmatrix}^{\mathrm{T}}$ 是代表 z_1 方向的矢量，向量 $\boldsymbol{d}=\begin{bmatrix} d_x & d_y & d_z \end{bmatrix}^{\mathrm{T}}$ 是从原点 O_0 到原点 O_1 的向量在坐标系 {0} 中的表示。

针对 3×3 旋转变换叠加和排序的解释同样适用于 4×4 齐次变换。给定一个联系两个坐标系的齐次变换矩阵 ${}_1^0\boldsymbol{T}$，如果关于当前坐标系执行第二个刚性运动，则该运动通过 $\boldsymbol{T}\in SE(3)$ 表示，那么

$$ {}_2^0\boldsymbol{T}={}_1^0\boldsymbol{T}\boldsymbol{T} $$

而如果第二个刚性运动相对于固定坐标系进行，那么

$$ {}_2^0\boldsymbol{T}=\boldsymbol{T}\,{}_1^0\boldsymbol{T} $$

例 2.9　齐次变换矩阵 $\boldsymbol{T}$ 表示操作：首先绕当前 x 轴旋转角度 α，然后沿当前 x 轴平移 b 个单位，接下来沿当前 z 轴平移 d 个单位，最后沿当前 z 轴旋转角度 θ。因此，得到

$$ \boldsymbol{T}=\boldsymbol{Rot}_{x,\alpha}\boldsymbol{Trans}_{x,b}\boldsymbol{Trans}_{z,d}\boldsymbol{Rot}_{z,\theta}=\begin{bmatrix} \cos\theta & -\sin\theta & 0 & b \\ \cos\alpha\sin\theta & \cos\alpha\cos\theta & -\sin\alpha & -d\sin\alpha \\ \sin\alpha\sin\theta & \sin\alpha\cos\theta & \cos\alpha & d\cos\alpha \\ 0 & 0 & 0 & 1 \end{bmatrix} $$

2.2　人形机器人运动学

机器人运动学是研究机器人运动的几何关系，不考虑产生运动的力和力矩，只研究运动的位置、速度、加速度和位置变量对其他变量的高阶导数。机器人运动学是研究机器人动力学、轨迹规划和位置控制的重要基础。

机器人运动学包括两方面的内容：机器人正运动学和逆运动学。给定机器人各个关节的角度，求机器人末端执行器的位置和姿态，这就是正运动学问题。求解该问题比较简单，而且它的解是唯一确定的。机器人逆运动学问题指给定机器人末端执行器的位置和姿态，求解可到达给定位置和姿态的各关节的角度值。该问题的求解比较复杂，而且往往有多个解。逆运动学问题实际上是一个非线性超越方程组的求解问题，其中包括解的存在性、唯一性及求解的方法等一系列复杂问题。

机器人运动学模型包括描述机器人各连杆、关节的位置以及建立在各关节上的坐标

系，其任务之一就是确立机器人末端执行器的位姿。

2.2.1 运动学概述

机械臂是人形机器人本体的核心组件，也称为操作臂，可以在确定的环境中执行控制系统指定的操作。其基本组成部件一般采用链式连杆机构，其中的运动部件称为关节。机械臂可以看成是由一系列连杆通过关节依次连接而成的开式运动链。机械臂的第一个固定连杆为连接基座，称为连杆 0，第一个可动连杆为连杆 1，第二个可动连杆为连杆 2，以此类推，机器人最末端的连杆 n 连接着机械臂的末端执行器。通常在基座处建立一个固定参考坐标系，称为基坐标系；在末端执行器建立的坐标系称为末端坐标系（工具坐标系），一般用它来描述机械臂的位置。

关节通常可分为移动关节和旋转（转动）关节两类。移动关节可以沿着基准轴移动，而旋转关节则是围绕基准轴转动。不管是转动还是移动，都是沿着或者围绕着一个轴进行的，称为有 1 个运动自由度。每一个转动关节提供 1 个转动自由度，每 1 个移动关节提供 1 个移动自由度，关节个数通常即为机器人的自由度数，各关节间以固定杆件相连接。还有一种特殊的关节称为球关节，它有 3 个自由度，一个球关节可以用三个转动关节和一个零长度的连杆来描述。为了确定末端执行器在三维空间中的位姿，机械臂至少需要 6 个关节，刚好对应 6 个自由度，其中 3 个自由度用来确定末端执行器的位置，另外 3 个自由度用来确定末端执行器的姿态。

1. 连杆和变换矩阵

（1）连杆描述　一个连杆两端连接着两个关节，两个关节轴之间的位姿关系可以用该连杆的两个关节轴线之间的距离和角度来描述。描述连杆的参数如图 2-13 所示。

除第一个和最后一个连杆外，每个连杆两端的轴线各有一条法线，分别为前、后相邻连杆的公共法线。对于图 2-13 中的连杆 $(i-1)$，其左边对应的是关节轴 $(i-1)$，右边对应的是关节轴 i，连杆长度 a_{i-1} 是关节轴 $(i-1)$ 和关节轴 i 之间的公共法线段的长度。在三维空间中总是可以找到两条直线之间的公共法线段。如果它们平行，则有无数条公共法线段；如果它们不在一个平面内，则只有一条公共法线段；如果它们相交，公共法线段就是一个点。关节轴线 $(i-1)$ 和关节轴线 i 之间的距离是由连杆 $(i-1)$ 来确定的。

描述连杆两条关节轴线之间的夹角，即连杆转角。对于连杆 $(i-1)$，连杆转角是关节轴 $(i-1)$ 绕着公垂线转动到与关节轴 i 平行时所转过的角度 α_{i-1} [按右手法则转动，公垂线方向定义为从关节轴 $(i-1)$ 指向关节轴 i]。

通常用连杆长度 a_{i-1} 和连杆转角 α_{i-1} 来描述连杆 $(i-1)$ 本身的特征。

相邻的两个连杆之间通过关节进行连接。相邻的连杆 $(i-1)$ 和连杆 i 之间的共同关节轴 i 有两条公垂线（其长度分别为 a_{i-1} 和 a_i ）与它垂直，这两条公垂线之间的距离称为连杆偏距，记为 d_i，它代表连杆 i 相对于连杆 $(i-1)$ 的偏置。同样地，对应于关节轴 i 的两条公垂线之间的夹角称为关节角，记为 θ_i，它反映了两个连杆在关节轴处的夹角。需要注意的是：参数 θ_i 和 d_i 都有正负之分。通过连杆偏距和关节角可以将两个相邻连杆之间的相对位置描述清楚。

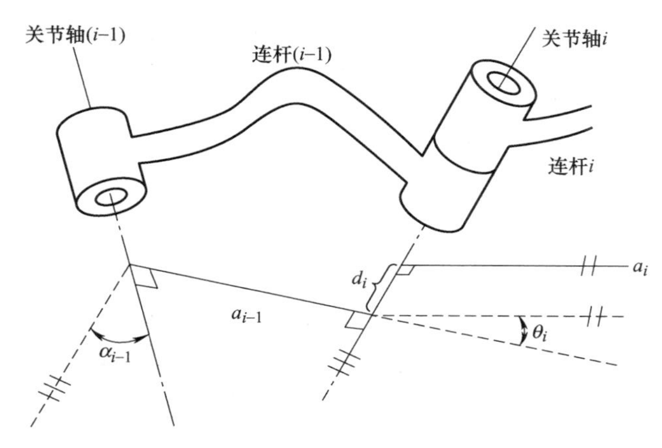

图 2-13　描述连杆的参数

因此，对于一个连接连杆，需要 4 个参数对其进行描述，其中两个参数描述连杆本身的特性，另外两个参数描述相邻连杆之间的相对位置。连杆偏距 d_i 和关节角 θ_i 是由关节设计决定的，反映了关节的运动学特性。如果关节 i 是一个转动关节，那么连杆 $(i-1)$ 和连杆 i 之间沿着关节轴 i 的距离 d_i 就是一个定值，对于任意给定的机器人，该值不会发生变化。而 θ_i 则会改变，因此 θ_i 称为关节变量，即在机器人运动过程中它会发生变化。同样地，如果关节 i 是一个移动关节，那么连杆 $(i-1)$ 和连杆 i 之间的夹角 θ_i 就是一个定值，变化的是两个连杆沿着关节轴线的距离 d_i。此时，d_i 称为关节变量。

（2）D–H 参数法建立连杆坐标系　D–H 参数（Denavit–Hartenberg 参数）是 Denavit 和 Hartenberg 于 1955 年提出的。后来有学者利用 D–H 参数对机器人进行建模，并导出其运动方程。D–H 参数法已成为表示机器人和对机器人运动进行建模的一种标准方法。在标准的 D–H 参数法中，描述机械臂中的每一个连杆需要 4 个运动学参数，分别是连杆长度 a_{i-1}、连杆转角 α_{i-1}、连杆偏距 d_i 和关节角 θ_i。对于每个关节，4 个 D–H 参数中有 3 个为常量，1 个为变量。对于转动关节，θ_i 为变量，其他 3 个为常量；对于移动关节，连杆偏距 d_i 为变量，其他 3 个为常量。

D–H 参数法是为每个关节处的连杆坐标系建立 4×4 齐次变换矩阵来表示此关节处的连杆与前一个连杆坐标系的关系，并通过逐次变换，最终求出用基坐标系表示的末端坐标系的变换矩阵。为了确定各连杆之间的相对运动和位姿关系，需要在每个连杆上固连一个连杆坐标系。

连杆坐标系如图 2-14 所示，其特点是连杆坐标系的轴和原点固连在该连杆的前一个轴线上。连杆 $(i-1)$ 的坐标系原点位于轴 $(i-1)$ 和轴 i 的公共法线与关节 $(i-1)$ 轴线的交点上。如果两相邻连杆的轴线相交于一点，那么原点就在这一交点上；如果两轴线互相平行，那么就选择原点使其对下一连杆（其坐标系原点已确定）的距离 d_i 为 0。连杆 $(i-1)$ 的 z_{i-1} 轴与关节 $(i-1)$ 的轴线在一直线上，而 x_{i-1} 轴则在轴 $(i-1)$ 和轴 i 的公共法线上，其方向从轴 $(i-1)$ 指向轴 i。当两关节轴线相交时，x_{i-1} 轴的方向与两矢量的叉积 $z_{i-1}\times z_i$ 同轴、同向或反向，x_{i-1} 轴的方向总是沿着公共法线从轴 $(i-1)$ 指向轴 i。当 x_{i-1} 轴与 x_i 轴平行且同向时，则第 i 个转动关节的 θ_i 为 0。

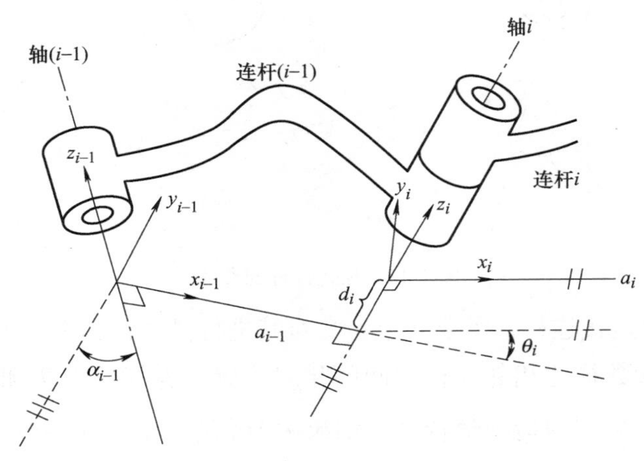

图 2-14　连杆坐标系

在建立机器人连杆坐标系时，首先在连杆 $(i-1)$ 的首关节轴 $(i-1)$ 上，建立坐标轴 z_{i-1}。z_{i-1} 轴正向在两个方向中选一个方向即可，但所有 z 轴的正向应尽量一致。a_{i-1}、α_{i-1}、θ_i 和 d_i 4 个参数中，除了 $a_{i-1}\geqslant 0$ 外，其他三个值皆有正负，因为 α_{i-1}、θ_i 分别是围绕 x_{i-1}、z_i 轴旋转定义的正负根据判定旋转矢量方向的右手法则来确定。d_i 为沿 z_i 轴、由 x_{i-1} 轴垂足到 x_i 轴垂足的距离，距离移动时，与 z_i 轴正向一致则符号取为正。

对于一个机器人，可以按照如下步骤依次建立起所有连杆坐标系：

1）找出各关节轴，并画出这些轴线的延长线。在下面的步骤 2）至步骤 5）中，仅考虑两条相邻的轴线 [关节轴 $(i-1)$ 和关节轴 i]。

2）找出关节轴 $(i-1)$ 和关节轴 i 之间的公垂线，以该公垂线与关节轴 $(i-1)$ 的交点作为连杆坐标系 $\{i-1\}$ 的原点 [当关节轴 $(i-1)$ 和关节轴 i 相交时，以该交点作为坐标系 $\{i-1\}$ 的原点]。

3）规定 z_{i-1} 轴沿关节轴 $(i-1)$ 的方向。

4）规定 x_{i-1} 轴沿公垂线 a_{i-1} 的方向，由关节轴 $(i-1)$ 指向关节轴 i。如果关节轴 $(i-1)$ 和关节轴 i 相交，则规定 x_{i-1} 轴垂直于这两条关节轴所在的平面。

5）按照右手法则确定 y_{i-1} 轴。

6）当第一个关节的变量为0时，规定坐标系 {0} 与坐标系 {1} 重合。对于坐标系 {n}，其原点和 x_n 轴的方向可以任意选取。但在选取时，应尽量使连杆参数为 0。

最后需要说明的是，按照上述方法建立的连杆坐标系并不是唯一的。首先，当选取 z_{i-1} 轴与关节轴 $(i-1)$ 重合时，z_{i-1} 轴的指向可以有两种选择。此外，在关节轴相交的情况下（此时 $a_{i-1}=0$），由于 x_{i-1} 轴垂直于 z_{i-1} 轴与 z_i 轴所在的平面，因此 x_{i-1} 轴的指向也有两种选择。当关节轴 $(i-1)$ 与关节轴 i 平行时，坐标系 { $i-1$ } 的原点位置可以任意选定（通常选取使 $d_{i-1}=0$ 的点）。另外，当关节为平动关节时，坐标系的选取也有一定的任意性。

基座坐标系为 {0}，末端坐标系为 {n}，按照前述坐标系建立规则，{0}、{n} 的 x 轴确定方案有无数多种，一般的选择原则是让更多的系数为 0 和方便观察。中间坐标系的 z 轴确定方案一般有两种，且 z 轴相交时，x 轴也有两种。但只要坐标系 {0}、{n} 的定义是固定的，无论中间定义如何多样，机器人最终的运动学方程都应是一样的。

（3）变换矩阵　在对全部连杆规定坐标系之后，就能够按照下列顺序由两个旋转和两个平移来建立相邻两连杆坐标系 { $i-1$ } 与 {i} 之间的相对关系，如图 2-14 所示。

1）绕 x_{i-1} 轴旋转 α_{i-1} 角，使 z_{i-1} 轴转到 z_R，同 z_i 轴方向一致，使坐标系 { $i-1$ } 过渡到坐标系 { R }。

2）坐标系 { R } 沿 x_{i-1} 轴或 x_R 轴平移一距离 a_{i-1}，把坐标系移到轴 i 上，使坐标系 { R } 过渡到坐标系 { Q }。

3）坐标系 { Q } 绕 z_Q 轴或 z_i 轴转动 θ_i 角，使坐标系 { Q } 过渡到坐标系 { P }。

4）坐标系 { P } 再沿 z_i 轴平移一距离 d_i，使坐标系 { P } 过渡到和连杆 i 的坐标系 { i } 重合。

这种关系可由表示连杆 i 对连杆 $(i-1)$ 相对位置的 4 个齐次变换 $\boldsymbol{T}$ 来描述。根据坐标系变换的链式法则，坐标系 { $i-1$ } 到坐标系 { i } 的变换矩阵可以写成

$$ {}^{i-1}_{i}\boldsymbol{T} = {}^{i-1}_{R}\boldsymbol{T}\,{}^{R}_{Q}\boldsymbol{T}\,{}^{Q}_{P}\boldsymbol{T}\,{}^{P}_{i}\boldsymbol{T} $$

2. 运动学结构

一般的仿人机器人的骨架结构图如图 2-15 所示。仿人机器人的拟人结构为：6 自由度的腿、7 自由度的手臂、2 自由度的躯干和 2 自由度的头部。在真实的仿人机器人中，所有关节都是单自由度旋转的 R 关节。一方面，机器人模型经常使用等效的多自由度关节。在这种情况下，与人体骨骼结构相似，其髋部、肩部和手腕处的 3R 关节组件表示为等效的球关节（3 自由度）。另一方面，其脚踝、躯干和颈部的 2R 关节构成等效的万向节（2 自由度）。假设骨架结构图中的所有机器人连杆都是刚体，然后可以通过以适当方式建立在连杆上的坐标系的位置和方向来计算每个连杆的位置和方向。例如，对于单自由度关节模型、经常使用 D–H 参数法；对于多自由度关节模型，连杆坐标系建立在其中一个连接关节上。

运动链中的一个连杆，即“骨盆”连杆，起着特殊作用。仿人机器人的运动链可以用

树的形式表示，如图 2-16 所示，圆点表示支链的局部根连杆，圆圈表示关节。骨盆连杆是树的全局根连杆，它通过一个虚拟的 6 自由度关节连接到地面。这种连接表达了这样一个事实：机器人有一个“浮动基座”，即基座连杆像自由刚体一样在 3D 空间中移动。然后根连杆分支到两条腿和躯干。躯干本身代表一个局部根连杆，并分支到两个手臂和头部。手臂末端是手，手分支到手指。仿人机器人的生成树，表示的是只有全局根连杆连接到地面的情况。然而，通常的情况是一个或多个其他连杆也可以连接到地面，例如，在安静的站姿时，两只脚通过临时接触关节连接到地面。这样在运动链内就形成了闭环。由于这个原因，仿人机器人的运动链被认为具有结构不断变化的特征。

在图 2-15 中，三个参考坐标系扮演着特殊的角色。参考坐标系 $\{W\}$ 与固定连杆（地面）相连，代表惯性坐标系。参考坐标系 $\{B\}$ 固定在基座（根）连杆上。参考坐标系 $\{T\}$ 连接到躯干连杆上，作为手臂和头部支链的“局部”根。还有另一类具有特殊作用的坐标系，即那些连接到树结构中的末端连杆（终端连杆）的坐标系。实际上，机器人主要通过其末端连杆与环境相互作用。例如，手指需要被控制用来抓取和操作小物体。手被认为是手臂支链的末端连杆，同样需要被控制以抓取、放置小物体并操作较大的物体。然后，控制脚实现运动。最后，控制头部来获得适当的视野。在本书中，主要着眼于脚的运动和手臂的操作，特别强调脚 (F) 和手 (H) 的运动分析及控制。相应的坐标系表示为 $\{e_j\}$，其中，$e \in \{F,H\}$，$j \in \{r,l\}$，r 和 l 代表右侧和左侧。

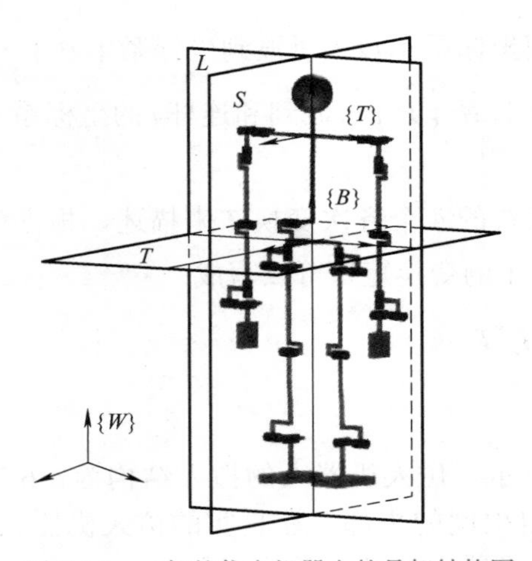

图 2-15　一般的仿人机器人的骨架结构图

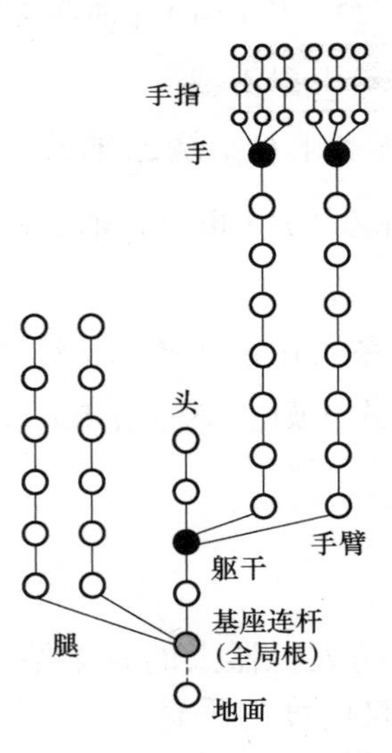

图 2-16　运动链的树形连接图

平面模型在运动分析和运动生成方面非常有用。可将人体解剖学中的三个基本平面用于设计这样的平面模型，如图 2-15 所示。首先，矢状平面（S）是垂直于地面的 xz 平面，它穿过“头部”和“脊椎”并将身体分成左右两部分（左边和右边）。然后，冠状平面（L），也称为正向平面，是垂直于地面的 yz 平面，它将身体分为背部和前部两部分（背部和腹侧部，或后部和前部）。最后，横切平面（T），也称为横截面，是平行于地面的 xy 水平平面，它将头部与脚部（或上部与下部）分开。观察实例可以发现，在行走或平衡以响应外部干扰时，三维运动模式经常被分解成平面内的运动模式。在矢状平面中，所有关节都是 1 自由度旋转的关节。在冠状平面和横切平面中，肘关节和膝关节表示为平移关节，因为手臂和腿的长度似乎在改变。该特性通过简化模型，如倒立线性摆模型，进行运动分析和运动生成。

2.2.2　正运动学

一旦对所有连杆规定坐标系之后，就可以根据建立的关节坐标系，列出各连杆的常量参数。本小节先用基于 D–H 参数法建立的关节坐标系推导出相邻连杆之间的坐标变换，即各连杆间坐标变换的一般形式，然后将这些变换依次相乘，即可得到机械臂的正运动学方程。

对于特定的机器人，可以根据建立好的关节坐标系，按照下列顺序通过两次旋转和两次平移建立起相邻连杆 $(i-1)$ 和 i 的对应关系，即变换矩阵。

1）将坐标系 $\{i-1\}$ 绕 z_{i-1} 轴旋转 θ_i 角，再沿着 z_{i-1} 轴平移一段距离 d_i，使 x_{i-1} 轴与 x_i 轴平行，得到的新坐标系为 $\{i-1'\}$，对应的轴分别为 x'_{i-1} 轴、y'_{i-1} 轴和 z'_{i-1} 轴，对应的坐标原点为 O'_{i-1}。

2）将坐标系 $\{i-1'\}$ 沿 x'_{i-1} 轴平移一段距离 a_{i-1}，使连杆 $(i-1)$ 和连杆 i 的坐标原点 O'_{i-1} 和 O_i 重合；并绕 x'_{i-1} 轴旋转 α_{i-1} 角，使坐标系 $\{i-1'\}$ 和坐标系 $\{i\}$ 的 z 轴重合，即 z'_{i-1} 轴和 z_i 轴重合。

经过上述坐标变换，最终使得坐标系 $\{i-1\}$ 与坐标系 $\{i\}$ 重合，可用表示连杆 i 对连杆 $(i-1)$ 相对位置的 4 个齐次变换矩阵来描述，称为 $\boldsymbol{T}$ 矩阵，也称为连杆变换矩阵，记为 ${}^{i-1}_{i}\boldsymbol{T}$。按照从左到右的原则，可以得到 ${}^{i-1}_{i}\boldsymbol{T}$ 的表达式，即

$$
{}^{i-1}_{i}\boldsymbol{T} = \boldsymbol{R}_z(\theta_i)\boldsymbol{Trans}(0,0,d_i)\boldsymbol{Trans}(0,0,a_{i-1})\boldsymbol{R}_X(\alpha_{i-1}) \tag{2-69}
$$

由式（2-69）可以看出，连杆变换矩阵就是描述连杆坐标系间相对平移和旋转的齐次变换矩阵。对式（2-69）进行展开计算，可得 ${}^{i-1}_{i}\boldsymbol{T}$ 的一般表达式，即

$$
{}^{i-1}_{i}\boldsymbol{T} = \begin{bmatrix} \cos\theta_i & -\sin\theta_i & 0 & a_{i-1} \\ \sin\theta_i\cos\alpha_{i-1} & \cos\theta_i\cos\alpha_{i-1} & -\sin\alpha_{i-1} & -\sin\alpha_{i-1}d_i \\ \sin\theta_i\sin_{\alpha_{i-1}} & \cos\theta_i\sin\alpha_{i-1} & \cos\alpha_{i-1} & \cos\alpha_{i-1}d_i \\ 0 & 0 & 0 & 1 \end{bmatrix} \tag{2-70}
$$

由式（2-70）可知，两相邻坐标系之间的变换矩阵是关于 n 个关节变量 $q_i(i=1、2、\cdots、n)$ 的函数。如果是旋转关节，则关节变量为 θ_i；若为移动关节，则关节变量为 d_i。

已知连杆坐标系和对应的连杆参数，将各相邻连杆之间的变换矩阵分别求出，然后把

各连杆变换矩阵 ${}^{i-1}_{i}\boldsymbol{T}(i=1、2、\cdots、n)$ 顺序相乘，可得末端连杆坐标系 $\{n\}$ 相对于基坐标系 $\{0\}$ 的连杆变换矩阵 ${}^{0}_{n}\boldsymbol{T}$，即正运动学方程

$$
{}^{0}_{n}\boldsymbol{T}={}^{0}_{1}\boldsymbol{T}\,{}^{1}_{2}\boldsymbol{T}\,{}^{2}_{3}\boldsymbol{T}\cdots{}^{n-1}_{n}\boldsymbol{T}={}^{0}_{1}\boldsymbol{T}(\theta_1)\,{}^{1}_{2}\boldsymbol{T}(\theta_2)\,{}^{2}_{3}\boldsymbol{T}(\theta_3)\cdots{}^{n-1}_{n}\boldsymbol{T}(\theta_n)
$$

显然，${}^{i-1}_{i}\boldsymbol{T}$ 是关于关节变量 $q_i(i=1、2、\cdots、n)$ 的函数。在末端坐标系和基坐标系之间关系已知的条件下，如果能够通过传感器测出这些关节变量的值，则机器人末端连杆在笛卡儿坐标系下的位姿（即机器人正向运动学方程）就可以通过 ${}^{0}_{n}\boldsymbol{T}$ 计算得到，即

$$
{}^{0}_{n}\boldsymbol{T}=\begin{bmatrix} r_{11} & r_{12} & r_{13} & p_x \\ r_{21} & r_{22} & r_{23} & p_y \\ r_{31} & r_{32} & r_{33} & p_z \\ 0 & 0 & 0 & 1 \end{bmatrix}=\begin{bmatrix} \boldsymbol{R}_{3\times3} & \boldsymbol{P}_{3\times1} \\ \boldsymbol{0}_{1\times3} & 1 \end{bmatrix} \tag{2-71}
$$

式中，子矩阵 $\boldsymbol{R}_{3\times3}$ 表示从基座到末端执行器的旋转矩阵，从左到右的列分别代表末端执行器描述基坐标系中 x 轴、y 轴和 z 轴方向上的单位矢量，即表示末端执行器基于基坐标系的方向姿态。而 $\boldsymbol{P}_{3\times1}$ 从上往下分别代表末端执行器相对于基坐标系的位置。从而可知，基于 D–H 参数法的齐次转换矩阵 ${}^{0}_{n}\boldsymbol{T}$ 的推导和求解可以很好地分析机器人的正运动学。

2.2.3 逆运动学

为使机器人位于期望的位姿，可通过逆运动学求解，以确定每个关节的角度值。前面已对机器人逆运动学的概念做了简单介绍，本小节主要研究求解逆运动方程的一般步骤。

1. 关节空间与工作空间

对于一个具有 n 个自由度的操作臂来说，它的所有连杆位置可由一组 n 个关节变量来确定。这样的一组变量通常被称为 $n\times1$ 的关节矢量。所有关节矢量组成的空间称为关节空间。

机器人的工作空间是指机器人末端执行器上参考点所能到达的所有空间区域。若位置是在空间相互正交的轴上测量，且姿态是按照空间描述中任意一种规定测量的，则称该空间为笛卡儿空间，有时也称为任务空间或者操作空间。

2. 逆运动学问题的多解性与可解性

机器人正运动学的建模解决了如何从关节空间的关节位置（即关节角度）求出操作空间末端执行器的位姿问题。而机器人的逆运动学问题则是将末端执行器在操作空间的运动变换为在相应的关节空间的运动，因此它的求解更具有重要意义。逆运动学的解是否存在归根结底取决于机器人的工作空间。如前描述，工作空间就是一个机器人的末端执行器所能到达的范围。而求解逆运动学方程可能存在的另外一个问题就是解的多重性问题，具体有以下 3 种情况。

1）解不存在。当所期望的位姿离基坐标系太远，而机械臂不够长时，末端执行器无

法到达该位姿；当机械臂的自由度少于 6 个自由度时，它将不能到达三维空间的所有位姿；此外，对于实际的机械臂，关节角不一定能达到 360°，这使得它不能到达某些位姿。以上情况下，机械臂都不能到达某些给定的位姿，因此不存在解。

2）解唯一。当机械臂只能从一个方向到达期望的位姿时，只存在一组关节角使它能到达这个位姿，即存在唯一的解。

3）存在多个解。当机械臂能从多个方向到达期望的位姿时，存在着多组关节角能使它到达这个位姿，即存在多个解。如对于一个没有机械关节限制的 6 自由度机械臂，通常有 16 个可行解。此时，需要根据一些准则来选择一组最适合的解：①考虑机械从初始位姿移动到期望位姿的关节空间内的最短行程解；②考虑在机械臂移动的过程中是否遇到障碍，若遇到则应选择无障碍的一组解。

某个三连杆机械臂如图 2-17 所示，对于某一给定的位姿，它有两组解，图中实线和虚线各代表一组解，即多解性，这是由解反三角函数方程产生的。应当根据上述多解情况下选择合适解的一般原则来分析问题，并去除多余解，具体过程如下：

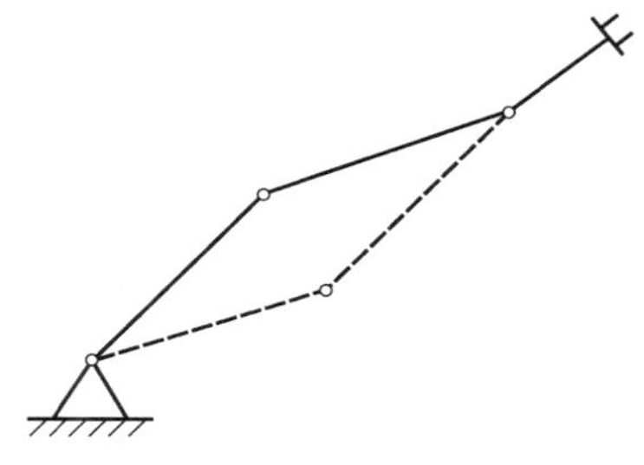

图 2-17　某个三连杆机械臂

1）根据关节运动空间限制选择解。

例如，求得某个关节的两个解分别为

$$\theta_i' = 35^\circ，\quad \theta_i'' = 35^\circ + 180^\circ = 215^\circ$$

已知该关节的运动空间为 $\pm 130^\circ$，这时应该选择 $\theta_i = \theta_i' = 35^\circ$ 作为该关节的角度值。

2）根据最短行程选择最接近的解。

为使机械臂在运动过程中保持连续性与平稳性，当它有多个解时，应该选择距离上一时刻最接近的解，即使每一个运动关节的运动量最小。例如，假设某个关节的两个解依然分别为

$$\theta_i' = 35^\circ，\quad \theta_i'' = 215^\circ$$

若设定该关节的运动空间为 $\pm 260^\circ$，它前一采样时刻 $\theta_i(n-1) = 170^\circ$，则

$$\Delta\theta_i' = \theta_i' - \theta_i(n-1) = 35^\circ - 170^\circ = -135^\circ$$

$$\Delta\theta_i'' = \theta_i'' - \theta_i(n-1) = 215^\circ - 170^\circ = 45^\circ$$

显然，$\Delta\theta_i''$ 更接近前一时刻的解，所以应该选择 $\theta_i = \theta_i'' = 215^\circ$。

3）根据避障原则选择合适的解。

如图 2-18 所示，机械臂处于 A 点，要到达 B 点。根据上述原则，选择使关节运动量最小的接近解。如果没有障碍物，则选择图 2-18 中上面的一条虚线所对应的解；有障碍物时，由于障碍物的存在，使得上面一条虚线

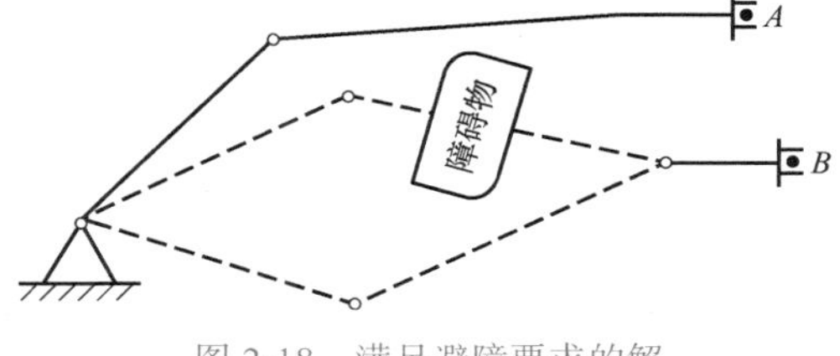

图 2-18　满足避障要求的解

对应的解会使连杆与障碍物发生碰撞，因此应选择下面一条虚线对应的满足避障要求的解。

3. 逆运动学方程的求解

求解逆运动学方程时，可以从 ${}^{0}_{n}\boldsymbol{T}$ 开始求解关节角度。已知 ${}^{0}_{n}\boldsymbol{T}$ 矩阵中各个元素的数值，用 ${}^{0}_{n}\boldsymbol{T}$ 左乘 ${}^{n-1}_{n}\boldsymbol{T}^{-1}$ 矩阵，使方程右边不再包括这个角度，于是可以找到产生角度的正弦值和余弦值的元素，进而求得相应的角度，然后通过移项以及之前推导出的齐次变换矩阵逆矩阵的性质，即可解出逆运动学方程。

假设 ${}^{0}_{n}\boldsymbol{T}$ 中 n=6，具体求解过程为

$$
{}^{0}_{6}\boldsymbol{T}=\begin{bmatrix} r_{11} & r_{12} & r_{13} & p_x \\ r_{21} & r_{22} & r_{23} & p_y \\ r_{31} & r_{32} & r_{33} & p_z \\ 0 & 0 & 0 & 1 \end{bmatrix}={}^{0}_{1}\boldsymbol{T}(\theta_1)\,{}^{1}_{2}\boldsymbol{T}(\theta_2)\,{}^{2}_{3}\boldsymbol{T}(\theta_3)\,{}^{3}_{4}\boldsymbol{T}(\theta_4)\,{}^{4}_{5}\boldsymbol{T}(\theta_5)\,{}^{5}_{6}\boldsymbol{T}(\theta_6)
$$

$$
\begin{aligned}
{}^{0}_{1}\boldsymbol{T}^{-1}\,{}^{0}_{6}\boldsymbol{T} &= {}^{1}_{6}\boldsymbol{T} \\
{}^{1}_{2}\boldsymbol{T}^{-1}\,{}^{0}_{1}\boldsymbol{T}^{-1}\,{}^{0}_{6}\boldsymbol{T} &= {}^{2}_{6}\boldsymbol{T} \\
{}^{2}_{3}\boldsymbol{T}^{-1}\,{}^{1}_{2}\boldsymbol{T}^{-1}\,{}^{0}_{1}\boldsymbol{T}^{-1}\,{}^{0}_{6}\boldsymbol{T} &= {}^{3}_{6}\boldsymbol{T} \\
{}^{3}_{4}\boldsymbol{T}^{-1}\,{}^{2}_{3}\boldsymbol{T}^{-1}\,{}^{1}_{2}\boldsymbol{T}^{-1}\,{}^{0}_{1}\boldsymbol{T}^{-1}\,{}^{0}_{6}\boldsymbol{T} &= {}^{4}_{6}\boldsymbol{T} \\
{}^{4}_{5}\boldsymbol{T}^{-1}\,{}^{3}_{4}\boldsymbol{T}^{-1}\,{}^{2}_{3}\boldsymbol{T}^{-1}\,{}^{1}_{2}\boldsymbol{T}^{-1}\,{}^{0}_{1}\boldsymbol{T}^{-1}\,{}^{0}_{6}\boldsymbol{T} &= {}^{5}_{6}\boldsymbol{T}
\end{aligned}
$$

2.2.4 微分运动学

微分运动学对于瞬时运动分析和运动生成至关重要。由于机器人连杆表示为刚体，因此假设基座连杆的瞬时运动已知，则机器人的瞬时运动由关节的运动速率唯一表示。有关运动速率的信息来自关节中的传感器（如光学编码器）。使用该信息，可以计算任何感兴趣的连杆的瞬时运动，如末端连杆的瞬时运动。正确评估瞬时运动状态对于机器人行走、用手操纵物体或全身重新配置以避免碰撞等活动是必不可少的。此外，微分运动学在控制中也起着重要作用。基于任务空间的运动前馈、反馈控制方案，根据感兴趣的末端连杆的瞬时运动来制定所采用的控制指令，然后通过（逆）微分运动学将这些控制指令转换成关节运动的控制命令。微分运动学是建立动力学模型的基础，其中考虑了一阶（速度级）和二阶（加速度级）关系。

1. 运动旋量、空间速度和空间变换

连杆的瞬时运动完全由特征点（点 P）在连杆上的线速度和角速度表征。这些是众所周知的几何原点的向量，它们需要进行如内积和外积的向量运算。在下文中，$\boldsymbol{v}_{\mathrm{P}}\in\boldsymbol{R}^3$ 和 $\boldsymbol{\omega}\in\boldsymbol{R}^3$ 分别表示线速度和角速度，上述向量运算也将以坐标形式表示。给定两个坐标向量 $\boldsymbol{a},\boldsymbol{b}\in R^3$，它们的内积和外积分别表示为 $\boldsymbol{a}^{\mathrm{T}}\boldsymbol{b}$ 和 $\left[\boldsymbol{a}^{\times}\right]\boldsymbol{b}$。如果 $\boldsymbol{a}=\left[a_x\ \ a_y\ \ a_z\right]^{\mathrm{T}}$，那么

$$\left[\boldsymbol{a}^{\times}\right]=\begin{bmatrix} 0 & -a_z & a_y \\ a_z & 0 & -a_x \\ -a_y & a_x & 0 \end{bmatrix}$$

是相应的外积算子，表示为斜对称矩阵。注意：斜对称矩阵的特征在于关系 $\left[\boldsymbol{a}^{\times}\right]=-\left[\boldsymbol{a}^{\times}\right]^{\mathrm{T}}$。

此外，速度和角速度的斜对称表示 $\left[\boldsymbol{\omega}^{\times}\right]\in SO(3)$ 构成了 $SE(3)$ 的一个元素，即特殊欧几里得群 $SE(3)$ 的无穷小矩阵。该元素可以通过 6D 矢量 $\boldsymbol{\mathcal{V}}\in\boldsymbol{R}^6$ 进行参数化，该矢量由表示速度和角速度矢量的两个分量组成。给定齐次坐标中的 6D 位置 $\boldsymbol{X}$，描述刚体在惯性坐标系中身体的运动，$\boldsymbol{\mathcal{V}}$ 的元素可以从 $\dot{\boldsymbol{X}}\boldsymbol{X}^{-1}$ 或 $\boldsymbol{X}^{-1}\dot{\boldsymbol{X}}$ 中提取出来。在前一种情况下，瞬时运动在惯性坐标系中描述并称为空间速度。在后一种情况下，瞬时运动在刚体坐标系中描述，称为刚体速度。有时，最好以与特征点 P 的特定选择无关的方式表示速度，即以矢量场的形式表示速度。定义为 $\boldsymbol{\mathcal{V}}=\left[\boldsymbol{v}_O^{\mathrm{T}}\quad\boldsymbol{\omega}^{\mathrm{T}}\right]^{\mathrm{T}}\in\boldsymbol{R}^6$。通过这种参数化，$\boldsymbol{v}_O$ 解释为连杆上的某（虚拟）点的速度，该点与任意选择的固定坐标系的原点 O 瞬间重合；$\boldsymbol{\mathcal{V}}$ 可以解释为一个算子，给定连杆上的一个点，提取其在空间坐标系中的速度，即

$$\boldsymbol{\mathcal{V}}(\boldsymbol{P})\equiv\boldsymbol{\mathcal{V}}_P=\left[\boldsymbol{v}_P^{\mathrm{T}}\quad\boldsymbol{\omega}^{\mathrm{T}}\right]^{\mathrm{T}}$$

其中

$$\boldsymbol{v}_P=\boldsymbol{v}_O-\left[\boldsymbol{r}_{\overleftarrow{PO}}^{\times}\right]\boldsymbol{\omega} \tag{2-72}$$

$\boldsymbol{r}_{\overleftarrow{PO}}$ 表示从 O 指向 P 的矢量，正如带上箭头符号的下角标所示。空间速度以及空间变换，空间力和空间惯性等其他“空间”量构成了“空间代数”的要素。由于其简捷性，所以该符号已被广泛接受。在过去，6D 速度和角速度矢量对（也称为双矢量）首次出现在螺旋理论中，并以旋量命名。旋量可以等同于空间速度矢量。此后，这两个术语将可互换使用。需要指出的是，由于双矢量的维数具有不均匀性，基于空间符号的实现需要格外注意。

连杆的瞬时平移和旋转可以用笛卡儿坐标表示。由螺旋理论可知，可以定义构成普吕克坐标系统的 6 个基矢量，$\boldsymbol{\mathcal{V}}_P$ 表示普吕克坐标系下点 P 的连杆空间速度。这种表示法的适用对象为运动中的刚体。例如，相对于基础坐标系，手的空间速度将表示为 ${}^B\boldsymbol{\mathcal{V}}_{H_j}$。此外，为了分析和控制，通常需要表示相对于不同的坐标系（如世界坐标系 $\{W\}$）在给定坐标系（如基础坐标系 $\{B\}$）中表示的给定连杆上的点（如点 P）的空间速度。这是通过一定关系实现的，即

$${}^W\boldsymbol{\mathcal{V}}_P={}^W_B\boldsymbol{\mathcal{R}}\,{}^B\boldsymbol{\mathcal{V}}_P$$

其中

$$ {}_{B}^{W}\mathcal{R}=\begin{bmatrix} {}_{B}^{W}\boldsymbol{R} & \boldsymbol{0}_3 \\ \boldsymbol{0}_3 & {}_{B}^{W}\boldsymbol{R} \end{bmatrix} \in \Re^{6\times 6} \tag{2-73} $$

式中，左上角标表示参考坐标系，符号 $\boldsymbol{0}_3$ 表示 3×3 的零矩阵，${}_{B}^{W}\boldsymbol{R}\in\Re^{3\times 3}$ 表示将矢量从基础坐标系变换到世界坐标系的旋转矩阵，$\mathcal{R}$ 称为空间旋转变换。

另一个经常需要的操作为：给定点 O 处的空间速度，求另一点 P 处的空间速度。为此，可以采用的关系为

$$ {}^{B}\mathcal{V}_P={}^{B}\mathcal{T}_{\overleftarrow{PO}}\,{}^{B}\mathcal{V}_O \tag{2-74} $$

其中

$$ {}^{B}\mathcal{T}_{\overleftarrow{PO}}=\begin{bmatrix} \boldsymbol{E}_3 & -\left[{}^{B}\boldsymbol{r}_{\overleftarrow{PO}}^{\times}\right] \\ \boldsymbol{0}_3 & \boldsymbol{E}_3 \end{bmatrix} \in \Re^{6\times 6} \tag{2-75} $$

式中，$\boldsymbol{E}_3$ 代表 3×3 的单位矩阵。式（2-72）的有效性可以从上述关系中得到证实。$\mathbb{T}$ 称为空间平移变换。该变换的作用是考虑点 P 处在坐标系 $\{B\}$ 下的角速度和线速度的关系。请注意，平移变换不更改坐标系，这一点从式（2-74）中相同的左上角标可以看出。在特定情况下，当所有的量均相对于世界坐标系表达时，左上角标可以省略。

连续空间平移和空间旋转可应用于在给定的坐标系中作用于物体上某一给定点的转动，以获得在不同坐标系中作用在某个不同点处的转动，即

$$ \begin{aligned} {}^{W}\mathcal{V}_P &= {}_{B}^{W}\mathcal{R}\,{}^{B}\mathcal{T}_{\overleftarrow{PO}}\,{}^{B}\mathcal{V}_O \\ &= {}_{B}^{W}\mathcal{X}_{\overline{PO}}\,{}^{B}\mathcal{V}_P \end{aligned} \tag{2-76} $$

组合空间变换 $\mathcal{X}$：$\Re^6\to\Re^6$，在这种情况下表示为

$$ {}_{B}^{W}\mathcal{X}_{\overline{PO}}=\begin{bmatrix} {}_{B}^{W}\boldsymbol{R} & \boldsymbol{0}_3 \\ \boldsymbol{0}_3 & {}_{B}^{W}\boldsymbol{R} \end{bmatrix}\begin{bmatrix} \boldsymbol{E}_3 & -\left[{}^{B}\boldsymbol{r}_{\overleftarrow{PO}}^{\times}\right] \\ \boldsymbol{0}_3 & \boldsymbol{E}_3 \end{bmatrix}=\begin{bmatrix} \boldsymbol{E}_3 & -{}_{B}^{W}\boldsymbol{R}\left[{}^{B}\boldsymbol{r}_{\overleftarrow{PO}}^{\times}\right] \\ \boldsymbol{0}_3 & {}_{B}^{W}\boldsymbol{R} \end{bmatrix} \tag{2-77} $$

这种变换称为与刚体运动 $\boldsymbol{d}\in SE(3)$ 相关的伴随变换，表示为 $\mathbf{Ad}_{\mathcal{X}}$。普吕克（Plücker）变换用于表示与螺旋理论的联系。注意，空间变换的逆

$$ \begin{aligned} \mathcal{X}^{-1} &= \mathcal{T}^{-1}\mathcal{R}^{-1} \\ &= \begin{bmatrix} \boldsymbol{E} & \left[\boldsymbol{r}^{\times}\right] \\ \boldsymbol{0} & \boldsymbol{E} \end{bmatrix}\begin{bmatrix} \boldsymbol{R}^{\mathrm{T}} & \boldsymbol{0} \\ \boldsymbol{0} & \boldsymbol{R}^{\mathrm{T}} \end{bmatrix} \\ &= \begin{bmatrix} \boldsymbol{R}^{\mathrm{T}} & \left[\boldsymbol{r}^{\times}\right]\boldsymbol{R}^{\mathrm{T}} \\ \boldsymbol{0} & \boldsymbol{R}^{\mathrm{T}} \end{bmatrix} \end{aligned} \tag{2-78} $$

可用于变换坐标系。在上面的例子中，${}_{B}^{W}\mathcal{X}^{-1}\equiv{}_{W}^{B}\mathcal{X}$。

2. 正微分运动学

运动链的一个支链（如手臂、腿）的正运动学问题表述为：给定关节角度和运动速率，求末端连杆的空间速度。末端连杆的瞬时运动在相应分支的局部根坐标系中表示。运动取决于每个运动关节的运动速率。

（1）雅可比矩阵　首先，研究一个仅包含单自由度（旋转）关节的实际机器人，为了使符号简单，暂时假设由 n 个关节组成的运动链的“通用”支链（或肢体）。关节角度是矢量的元素 $\boldsymbol{\theta} \in \Re^n$，该矢量说明肢体的构型。对于给定的肢体构型 $\boldsymbol{\theta}$，末端连杆的空间速度由关节运动速度的线性组合 $\dot{\boldsymbol{\theta}}_i$ 确定，即

$$\mathcal{V}_n = \sum_{i=1}^{n} \mathcal{V}_i, \quad \mathcal{V}_i = \mathcal{J}_i(\boldsymbol{\theta})\dot{\theta}_i \tag{2-79}$$

式中，$\mathcal{J}_i(\boldsymbol{\theta})$ 表示当第 i 个关节的关节速度设定为 1rad/s，并且所有其他关节被锁定时的末端连杆空间速度。该矢量可以由以下几何关系确定

$$\mathcal{J}_i(\boldsymbol{\theta}) = \begin{bmatrix} \boldsymbol{e}_i(\boldsymbol{\theta}) \times \Delta \boldsymbol{r}_i(\boldsymbol{\theta}) \\ \boldsymbol{e}_i(\boldsymbol{\theta}) \end{bmatrix} \tag{2-80}$$

式中，$\boldsymbol{e}_i(\boldsymbol{\theta})$ 表示沿关节旋转轴的单位矢量，根据 D–H 参数法，$\Delta \boldsymbol{r}_i(\boldsymbol{\theta}) = \boldsymbol{r}_E(\boldsymbol{\theta}) - \boldsymbol{r}_i(\boldsymbol{\theta})$ 代表相对于所选择的连杆坐标系末端连杆上的特征点的位置矢量。如图 2-19 所示，以示例的方式给出了右臂的第一旋转轴（$i=1$）的上述矢量。末端连杆上特征点的位置 $\boldsymbol{r}_i$ 是相对于参考坐标系 $\{T_R\}$ 的，右臂的躯干参考坐标系 $\{T_R\}$ 通过躯干根坐标系 $\{T\}$ 的平移得到。式（2-79）可用于计算给定支链上的任何连杆的空间速度。注意：计算连杆 k 的空间速度 $\mathcal{V}_k$ 时有两种情况：当 $k<n$ 时，所有空间速度均为 $\mathcal{V}_j$；当 $k<j<n$ 时，空间速度为零。

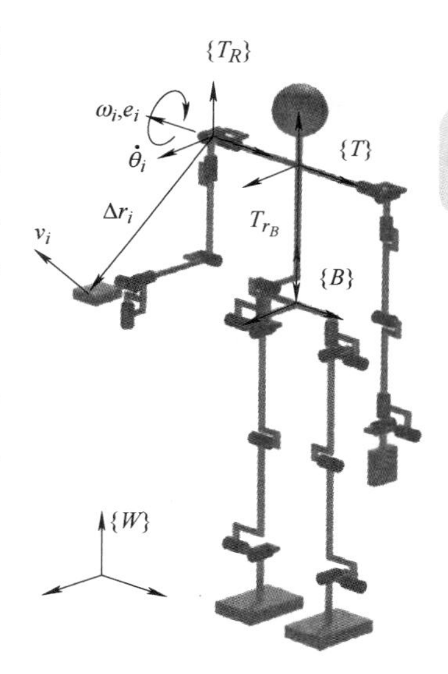

图 2-19　右臂的第一旋转轴的末端连杆空间速度

通常，式（2-79）可以简洁的形式表示为

$$\mathcal{V}_n = \boldsymbol{J}(\boldsymbol{\theta})\dot{\boldsymbol{\theta}} \tag{2-81}$$

式中，矩阵 $\boldsymbol{J}(\boldsymbol{\theta}) = [\mathcal{J}_1 \mathcal{J}_2 \cdots \mathcal{J}_n] \in \Re^{6\times n}$ 表示肢体的雅可比矩阵。

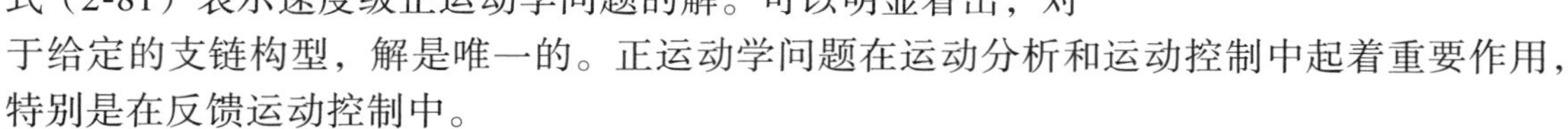

式（2-81）表示速度级正运动学问题的解。可以明显看出，对于给定的支链构型，解是唯一的。正运动学问题在运动分析和运动控制中起着重要作用，特别是在反馈运动控制中。

（2）多自由度关节模型　在运动分析、规划和仿真中，通常使用具有多自由度运动关节的模型，如球形（S）关节、万向（U）关节和连接基座连杆到地面的 6 自由度刚体（RB）关节。然后，为了表示两个相邻连杆 i 及其上一级连杆 $p(i)$ 之间的微分运动关系，

采用多自由度关节模型。由 $\boldsymbol{\vartheta} \in \Re^{\eta_i}$ 表示关节坐标矢量，其中，η_i 是关节自由度数。关节自由度数被确定为 $\eta_i = 6 - c_i$，其中，c_i 是由关节施加的约束的数量。连杆 i 的速度为

$$ {}^{i}\boldsymbol{\mathcal{V}} = {}_{p(i)}^{\ \ i}\boldsymbol{\mathcal{X}}\,{}^{p(i)}\boldsymbol{\mathcal{V}} + {}^{i}\boldsymbol{\mathcal{B}}_m(\boldsymbol{\vartheta}_i)\dot{\boldsymbol{\vartheta}}_i \tag{2-82} $$

式中，${}^{i}\boldsymbol{\mathcal{B}}_m(\boldsymbol{\vartheta}_i) \in \Re^{6\times\eta_i}$ 由确定关节可能运动方向的基矢量组成。通常，基矢量取决于关节构型 $\boldsymbol{\vartheta}_i$。当用连杆 i 坐标表示时，即在上述方程中，$\boldsymbol{\mathcal{B}}_m$ 是常数。对于上面提到的关节，有

$$ {}^{i}\boldsymbol{\mathcal{B}}_m(\boldsymbol{\vartheta}_S) = \begin{bmatrix} 0 & 0 & 0 \\ 0 & 0 & 0 \\ 0 & 0 & 0 \\ 1 & 0 & 0 \\ 0 & 1 & 0 \\ 0 & 0 & 1 \end{bmatrix},\quad {}^{i}\boldsymbol{\mathcal{B}}_m(\boldsymbol{\vartheta}_U) = \begin{bmatrix} 0 & 0 \\ 0 & 0 \\ 0 & 0 \\ 1 & 0 \\ 0 & 1 \\ 0 & 0 \end{bmatrix},\quad {}^{i}\boldsymbol{\mathcal{B}}_m(\boldsymbol{\vartheta}_{RB}) = \begin{bmatrix} 1 & 0 & 0 & 0 & 0 & 0 \\ 0 & 1 & 0 & 0 & 0 & 0 \\ 0 & 0 & 1 & 0 & 0 & 0 \\ 0 & 0 & 0 & 1 & 0 & 0 \\ 0 & 0 & 0 & 0 & 1 & 0 \\ 0 & 0 & 0 & 0 & 0 & 1 \end{bmatrix} \tag{2-83} $$

上述符号表示 3D 中的旋转定义为是相对于（身体）固定轴的。另一种可能性是相对于相对坐标轴旋转。在这种情况下，关节速度变换 $\boldsymbol{\mathcal{B}}(\boldsymbol{\vartheta})$ 不再是常数，并且基础表达式不那么简单。然而，关节模型与物理系统完全匹配，例如，其中等效球面关节运动是通过复合 3R 关节实现的。

利用式（2-82），末端连杆空间速度可以在躯干坐标系中表示为

$$ {}^{T}\boldsymbol{\mathcal{V}} = \sum_{i}^{n}({}_{i}^{T}\boldsymbol{\mathcal{X}}\,{}^{i}\boldsymbol{\mathcal{V}}) $$

（3）瞬时旋转的参数化　为了瞬时运动分析，有时需要将末端连杆空间速度表示为物理意义量的时间导数。注意：空间速度 $\mathcal{V}$ 不符合该要求，因为角速度矢量分量不可积。通过这个将角速度矢量与所选局部 SO（3）参数化的时间微分相关的变换可以解决该问题。例如，相对于惯性坐标系 $\{W\}$，假设采用欧拉角 $(\phi、\theta、\psi)$ 的 ZYX 集进行最小参数化，在此参数化下，角速度表示为

$$ \boldsymbol{\omega} = \boldsymbol{A}_{ZYX}(\phi,\theta)\begin{bmatrix}\dot{\phi} & \dot{\theta} & \dot{\psi}\end{bmatrix}^{\mathrm{T}} \tag{2-84} $$

$$ \boldsymbol{A}_{ZYX}(\phi,\theta) = \begin{bmatrix} 0 & -\sin\phi & \cos\phi\cos\theta \\ 0 & \cos\phi & \sin\phi\cos\theta \\ 1 & 0 & -\sin\phi \end{bmatrix} $$

然后，末端连杆的 6D 位置由 $\boldsymbol{\mathcal{X}} \in \Re^6$ 表示，而其一阶时间微分表示形式为

$$ \dot{\boldsymbol{\mathcal{X}}} = \boldsymbol{\mathcal{X}}_{ZYX}(\phi,\theta)\mathcal{V} = \boldsymbol{\mathcal{X}}_{ZYX}(\phi,\theta)\boldsymbol{J}(\boldsymbol{\theta})\dot{\boldsymbol{\theta}} \tag{2-85} $$

式中，$\boldsymbol{\mathcal{X}}_{ZYX}(\phi,\theta) = \mathrm{diag}\begin{bmatrix}\boldsymbol{E}_3 & \boldsymbol{A}_{ZYX}^{-1}(\phi,\theta)\end{bmatrix} \in \Re^{6\times6}$。需要注意的是，在上述参数化下，有特殊的肢体构型，例如 $\det \boldsymbol{A}_{ZYX} = \cos\theta = 0$。因此，不存在逆变换 $\boldsymbol{A}_{ZYX}^{-1}(\phi,\theta)$。这是通过欧拉角

对 SO（3）的最小参数化所固有的一个众所周知的问题。这个问题可以通过使用另一种类型的参数化来解决，例如欧拉参数（单位四元数）。对于基于相对旋转的球形和刚体关节模型存在同样的问题。

如上所述，通过引入 SO（3）的局部参数化，雅可比矩阵可以表示为正运动方程的偏导数，即

$$\boldsymbol{J}_a(\boldsymbol{\theta}) = \frac{\partial \boldsymbol{\varphi}(\boldsymbol{\theta})}{\partial \boldsymbol{\theta}}$$

式中，$\boldsymbol{J}_a$ 和 $\boldsymbol{J}$ 分别称为解析和几何雅可比矩阵。注意，$\boldsymbol{J}_a \neq \boldsymbol{J}$。例如，在式（2-85）使用的参数化下，$\boldsymbol{J}_a = \boldsymbol{\mathcal{X}}_{ZYX}(\phi,\theta)\boldsymbol{J}$。因此，可以预知，在运动学、运动静力学和动力学分析中使用几何雅可比矩阵可以得到更简单的符号表达。实际上，将 $\boldsymbol{J}$ 称为关节 – 空间速度变换而不是几何雅可比矩阵，更合适。

3. 逆微分运动学

运动学控制经常用于仿人机器人。这种类型的控制是基于正运动学和逆运动学问题的微分运动关系。后者定义为：给定关节角度和末端连杆的空间速度，求各关节的运动速度。为了以简单直接的方式找到解，必须满足以下两个条件：

1）支链构型 $\boldsymbol{\theta}$ 的雅可比矩阵应为满秩。

2）支链的关节数应该等于末端连杆的自由度数。

这些条件表明雅可比矩阵的逆存在。例如，肢体支链（手和脚）的每个末端连杆的最大自由度数是 6。因此，根据上述条件，$r(\boldsymbol{J}(\boldsymbol{\theta})) = 6$ 并且 $n = 6$。对于点接触抓取中使用的手指支链，这个条件意味着 $r(\boldsymbol{J}(\boldsymbol{\theta})) = 3$，因此，$n = 3$。在不失普遍性的情况下，考虑前者的情况。

当满足条件时，求解关节速度的式（2-81）会得到以下逆运动学问题的解，即

$$\dot{\boldsymbol{\theta}} = \boldsymbol{J}(\boldsymbol{\theta})^{-1}\boldsymbol{\mathcal{V}} \tag{2-86}$$

产生满秩雅可比矩阵的支链构型称为非奇异构型。符合第二个条件的具有多个关节的支链称为运动学非冗余支链。

当上述两个条件中的任何一个不能满足时，需要小心处理逆问题。实际上，存在特殊支链构型的 $\boldsymbol{\theta}_s$，其雅可比矩阵不满秩，即 $r(\boldsymbol{J}(\boldsymbol{\theta})) < 6$。这种构型称为奇异构型。无论其关节的数量如何，支链都可以获得奇异构型。此外，当支链包含的关节数多于其末端连杆的自由度（$n > 6$）时，则式（2-81）是欠定的。这意味着关节速率存在无穷多个逆运动学解。在这种情况下，支链称为运动学冗余支链。

通过对式（2-81）进行时间微分来获得正问题的二阶（加速度级）微分运动学，即

$$\dot{\mathcal{V}} = \boldsymbol{J}(\boldsymbol{\theta})\ddot{\boldsymbol{\theta}} + \dot{\boldsymbol{J}}(\boldsymbol{\theta})\dot{\boldsymbol{\theta}} \tag{2-87}$$

然后，相应逆问题的解表示为

$$\ddot{\boldsymbol{\theta}} = \boldsymbol{J}(\boldsymbol{\theta})^{-1}(\dot{\mathcal{V}} - \dot{\boldsymbol{J}}(\boldsymbol{\theta})\dot{\boldsymbol{\theta}}) \tag{2-88}$$

到目前为止，推导的相对于支链局部根坐标系下合适选定坐标系的正微分运动学和微分运动学关系都是通用的。如图 2-19 所示，手的空间速度可以方便地表示为附在躯干上的共用手臂坐标系 $\{T\}$ 中。现在介绍一种依赖于坐标系的一阶微分关系表示法，一方面，有

$$ {}^{T}\mathcal{V}_{H_j} = \boldsymbol{J}(\boldsymbol{\theta}_{H_j})\dot{\boldsymbol{\theta}}_{H_j} \tag{2-89}$$

另一方面，脚的微分运动关系可以更方便地表示在基础坐标系 $\{B\}$ 中，即

$$ {}^{B}\mathcal{V}_{F_j} = \boldsymbol{J}(\boldsymbol{\theta}_{F_j})\dot{\boldsymbol{\theta}}_{F_j} \tag{2-90}$$

此外，正如前面所述，为了分析和控制，通常需要在同一坐标系中表达所有这些关系，例如，在基础坐标系 $\{B\}$ 或惯性坐标系 $\{W\}$ 中，利用旋转算子很容易获得基础坐标系中手的空间速度，即

$$ {}^{B}\mathcal{V}_{H_j} = {}^{B}\mathcal{V}_{T} + {}^{B}_{T}\mathcal{R}\,{}^{T}\mathcal{V}_{H_j} = {}^{B}\mathcal{V}_{T} + {}^{B}_{T}\mathcal{R}\boldsymbol{J}(\boldsymbol{\theta}_{H_j})\dot{\boldsymbol{\theta}}_{H_j} \tag{2-91}$$

式中，${}^{B}\mathcal{V}_{T}$ 代表躯干坐标系的空间速度。该速度是躯干关节中关节角度和速度的函数。同样，可以获得在惯性坐标系中手的空间速度，即

$$ {}^{W}\mathcal{V}_{H_j} = {}^{W}\mathcal{V}_{B} + {}^{W}_{B}\mathcal{R}\,{}^{B}\mathcal{V}_{T} + {}^{W}_{T}\mathcal{R}\,{}^{T}\mathcal{V}_{H_j} = {}^{W}\mathcal{V}_{B} + {}^{W}_{B}\mathcal{R}\,{}^{B}\mathcal{V}_{T} + {}^{W}_{T}\mathcal{R}\boldsymbol{J}(\boldsymbol{\theta}_{H_j})\dot{\boldsymbol{\theta}}_{H_j} \tag{2-92}$$

式中，${}^{W}\mathcal{V}_{B}$ 表示基础坐标系的空间速度。当机器人站立或行走时，该速度可以由腿关节角度和速度得出。在仿人机器人跳跃或奔跑的特殊情况下，两条腿与地面呈暂时接触。如果需要，可以通过机器人的惯性测量单元（IMU）（如陀螺仪）确定基础坐标系的空间速度。

2.3 人形机器人动力学

2.3.1 动力学概述

对于一个机器人，其运动学指的是该机器人的末端执行器所处坐标系的位姿与基座参考坐标系之间的关系，这个过程中涉及各关节的位姿、速度（包括线速度和角速度）等，但从未涉及引起机器人运动的力。本小节将具体研究机器人的动力学方程——由驱动器施加的力矩或者作用在机械臂上的外力使机器人运动的描述。

定义机器人关节角矢量为 $\boldsymbol{q}$，对于众多串联型 6 关节机器人，可以由式（2-93）表示

$$ \boldsymbol{q} = \begin{bmatrix} \theta_1 & \theta_2 & \theta_3 & \theta_4 & \theta_5 & \theta_6 \end{bmatrix} \tag{2-93}$$

对于这种机器人的动力学分析，主要研究期望关节力矩 τ 和已知的轨迹点 $\boldsymbol{q}$ 、$\dot{\boldsymbol{q}}$ 和 $\ddot{\boldsymbol{q}}$ 之间的关系，由这种关系推导出的动力学公式与机器人控制方式紧密相关。相反，当已知施加在关节上的一组力矩 τ 时，计算机械臂的关节角矢量 $\boldsymbol{q}$ 、$\dot{\boldsymbol{q}}$ 和 $\ddot{\boldsymbol{q}}$ ，这对于机器人的仿

真很有帮助。

一般有两种方法用于对机器人动力学模型的构建，一种是基于速度、加速度和力的牛顿－欧拉法，另一种是基于能量的拉格朗日法。由这两种方法得出来的动力学方程都可以对动力学的状态空间方程进行简化。接下来将分别讨论这两种方法。

2.3.2 牛顿－欧拉法

本小节重点讨论基于牛顿－欧拉法建立机器人动力学方程。

1. 机器人刚体的加速度

两个相互独立的坐标系 $\{A\}$ 和 $\{B\}$，坐标系 $\{B\}$ 固连在一个刚体上，刚体有一个相对于坐标系 $\{A\}$ 的运动点 ${}^{B}\boldsymbol{Q}$。如图 2-20 所示，假设坐标系 $\{A\}$ 是固定的，坐标系 $\{B\}$ 相对于坐标系 $\{A\}$ 的位置可以用位置矢量 ${}^{A}\boldsymbol{P}_{\mathrm{BORG}}$ 和旋转矩阵 ${}^{A}_{B}\boldsymbol{R}$ 来描述。则 Q 点在坐标系 $\{A\}$ 中的线速度可以表示为

$$ {}^{A}\boldsymbol{V}_{Q} = {}^{A}\boldsymbol{P}_{\mathrm{BORG}} + {}^{A}_{B}\boldsymbol{R}\,{}^{B}\boldsymbol{V}_{Q} \tag{2-94} $$

注意：式（2-94）成立的前提是坐标系 $\{A\}$ 和 $\{B\}$ 的相对方位保持一定。

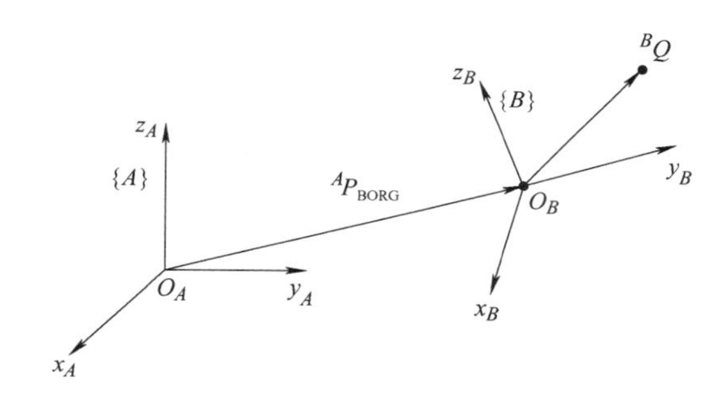

图 2-20 坐标系 $\{B\}$ 相对于坐标系 $\{A\}$

普通情况下，机器人转动关节时，Q 点在坐标系 $\{B\}$ 中的位置固定，即 ${}^{B}\boldsymbol{Q}$ 为常量。关节转动时，坐标系 $\{B\}$ 相对于坐标系 $\{A\}$ 旋转的角速度为 ${}^{A}\boldsymbol{\Omega}_{B}$。经过推导和计算，得到机器人的线加速度的表达式为

$$ {}^{A}\dot{\boldsymbol{V}}_{Q} = {}^{A}\dot{\boldsymbol{V}}_{\mathrm{BORG}} + {}^{A}\boldsymbol{\Omega}_{B} \times ({}^{A}\boldsymbol{\Omega}_{B} \times {}^{A}_{B}\boldsymbol{R}\,{}^{B}\boldsymbol{Q}) + {}^{A}\dot{\boldsymbol{\Omega}}_{B} \times {}^{A}_{B}\boldsymbol{R}\,{}^{B}\boldsymbol{Q} \tag{2-95} $$

通常情况下，式（2-95）用于计算转动关节机械臂连杆的线加速度。

同上假设，关节转动时，坐标系 $\{B\}$ 相对于坐标系 $\{A\}$ 旋转的角速度为 ${}^{A}\boldsymbol{\Omega}_{B}$，而坐标系 $\{C\}$ 相对于坐标系 $\{B\}$ 旋转的角速度为 ${}^{B}\boldsymbol{\Omega}_{C}$，则坐标系 $\{C\}$ 相对于坐标系 $\{A\}$ 旋转的角速度为

$$ {}^{A}\boldsymbol{\Omega}_{C} = {}^{A}\boldsymbol{\Omega}_{B} + {}^{A}_{B}\boldsymbol{R}\,{}^{B}\boldsymbol{\Omega}_{C} \tag{2-96} $$

对其求导，最终得到

$$ {}^{A}\dot{\boldsymbol{\Omega}}_{C} = {}^{A}\dot{\boldsymbol{\Omega}}_{B} + {}_{B}^{A}\boldsymbol{R}\,{}^{B}\dot{\boldsymbol{\Omega}}_{C} + {}^{A}\boldsymbol{\Omega}_{B} \times {}_{B}^{A}\boldsymbol{R}\,{}^{B}\boldsymbol{\Omega}_{C} \tag{2-97} $$

即可计算机械臂连杆的角加速度。

2. 机器人刚体的质量分布

分析机器人动力学时，还应考虑机器人刚体的质量分布。对于转动关节机械臂（定轴转动），在一个刚体绕任意轴做旋转运动的时候，用惯性张量表示机器人刚体的质量分布。坐标系 $\{A\}$ 中的惯性张量如图 2-21 所示，在刚体上建立一个坐标系 $\{A\}$，并用左上角标表示惯性张量所在的参考坐标系，则坐标系 $\{A\}$ 中的惯性张量可表示为一个 3×3 的矩阵，即

$$ {}^{A}\boldsymbol{I} = \begin{bmatrix} I_{xx} & -I_{xy} & -I_{xz} \\ -I_{xy} & I_{yy} & -I_{yz} \\ -I_{xz} & -I_{yz} & I_{zz} \end{bmatrix} \tag{2-98} $$

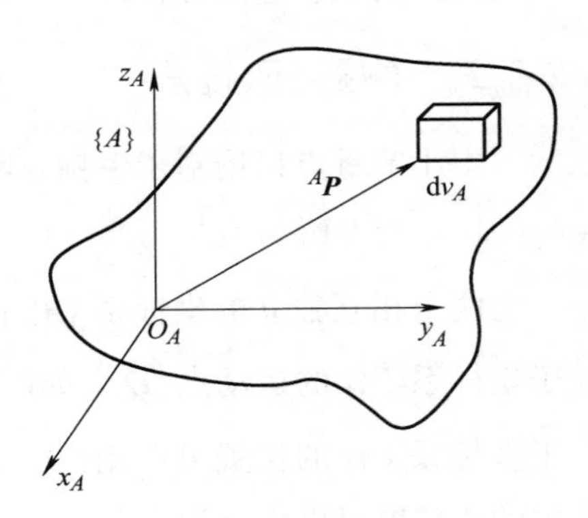

图 2-21　坐标系 $\{A\}$ 中的惯性张量
（图中 ${}^{A}\boldsymbol{P}$ 表示单元体 $\mathrm{d}v_A$ 的位置矢量）

其中的各元素分别为

$$ I_{xx} = \iiint_V (y^2 + z^2)\rho \mathrm{d}v \tag{2-99} $$

$$ I_{yy} = \iiint_V (x^2 + z^2)\rho \mathrm{d}v \tag{2-100} $$

$$ I_{zz} = \iiint_V (x^2 + y^2)\rho \mathrm{d}v \tag{2-101} $$

$$ I_{xy} = \iiint_V xy\rho \mathrm{d}v \tag{2-102} $$

$$ I_{xz} = \iiint_V xz\rho \mathrm{d}v \tag{2-103} $$

$$ I_{yz} = \iiint_V yz\rho \mathrm{d}v \tag{2-104} $$

式中，机器人刚体由微分体积 dv 组成，其密度是 ρ，其中每个微分体的位置由其坐标确定，而上面 6 个相互独立的元素的大小取决于所在坐标系的位姿。其中，I_{xx}、I_{yy} 和 I_{zz} 称为惯量矩，其余 3 个称为惯量积，参考坐标系的轴称为主轴，对应的惯量矩则称为主惯量矩。

3. 用牛顿 – 欧拉法递推动力学方程

将机器人上的连杆看作刚体，首先确定机器人每个连杆的质量分布，包括质心位置和惯性张量。使连杆运动的前提是可以对连杆进行减速和加速，即连杆运动所需的驱动力是关于连杆的期望加速度和质量分布的函数。而牛顿 – 欧拉方程就是描述了力或力矩与惯量、加速度等之间的关系。

根据牛顿第二定律，即物体加速度的大小与作用力成正比、与物体的质量成反比，可以得到机器人中连杆质心上的作用力 F 与相对应的刚体加速度的关系式，即

$$F = m\dot{v}_c \tag{2-105}$$

式中，m 是刚体的总质量。

而对于一个转动的刚体，还要分析引起刚体转动的力矩 N。欧拉方程用来表示作用在刚体上的力矩与刚体转动的角速度和角加速度的关系，即

$$N = {}^{C}\boldsymbol{I}\dot{\omega} + \omega \times {}^{C}\boldsymbol{I}\omega \tag{2-106}$$

式中，${}^{C}\boldsymbol{I}$ 指刚体在坐标系 $\{C\}$ 中的惯性张量。注意：刚体的质心的位置（位于坐标系原点）。

有了上面两个方程，可以进一步得到基于机械臂给定运动轨迹求解驱动力或力矩的方法，即已知关节的位姿、速度和加速度分别为 $\boldsymbol{q}$ 、$\dot{\boldsymbol{q}}$ 和 $\ddot{\boldsymbol{q}}$ ，可以进一步得出机器人运动的驱动力。

这种计算方法可分为如下两步：

第一步，在已知连杆位置 $\boldsymbol{q}$ 的情况下，从连杆 1 到连杆 n 向外递推计算连杆的速度 $\dot{\boldsymbol{q}}$ 和加速度 $\ddot{\boldsymbol{q}}$ ，然后进一步对机器人的所有连杆使用牛顿 – 欧拉方程，得到作用在连杆质心上的力和力矩。对于转动关节，递推求解的具体过程为

$${}^{i+1}\boldsymbol{\omega}_{i+1} = {}^{i+1}_{i}\boldsymbol{R}\,{}^{i}\boldsymbol{\omega}_i + \dot{\theta}_{i+1}\,{}^{i+1}\boldsymbol{Z}_{i+1} \tag{2-107}$$

$${}^{i+1}\dot{\boldsymbol{\omega}}_{i+1} = {}^{i+1}_{i}\boldsymbol{R}\,{}^{i}\dot{\boldsymbol{\omega}}_i + {}^{i+1}_{i}\boldsymbol{R}\,{}^{i}\boldsymbol{\omega}_i \times \dot{\theta}_{i+1}\,{}^{i+1}\hat{\boldsymbol{Z}}_{i+1} + \ddot{\theta}_{i+1}\,{}^{i+1}\hat{\boldsymbol{Z}}_{i+1} \tag{2-108}$$

$${}^{i+1}\dot{\boldsymbol{v}}_{i+1} = {}^{i+1}_{i}\boldsymbol{R}\left[{}^{i}\dot{\boldsymbol{\omega}}_i \times {}^{i}\boldsymbol{P}_{i+1} + {}^{i}\boldsymbol{\omega}_i \times ({}^{i}\boldsymbol{\omega}_i \times {}^{i}\boldsymbol{P}_{i+1}) + {}^{i}\dot{\boldsymbol{v}}_i\right] \tag{2-109}$$

$${}^{i+1}\dot{\boldsymbol{v}}_{C_{i+1}} = {}^{i+1}_{i}\boldsymbol{R}\left[{}^{i+1}\dot{\boldsymbol{\omega}}_{i+1} \times {}^{i}\boldsymbol{P}_{C_{i+1}} + {}^{i+1}\boldsymbol{\omega}_{i+1} \times ({}^{i+1}\boldsymbol{\omega}_{i+1} \times {}^{i+1}\boldsymbol{P}_{C_{i+1}}) + {}^{i+1}\dot{\boldsymbol{v}}_{i+1}\right] \tag{2-110}$$

$${}^{i+1}\boldsymbol{F}_{i+1} = m_{i+1}\,{}^{i+1}\dot{\boldsymbol{v}}_{C_{i+1}} \tag{2-111}$$

$${}^{i+1}\boldsymbol{N}_{i+1} = {}^{C_{i+1}}\boldsymbol{I}_{i+1}\,{}^{i+1}\dot{\boldsymbol{\omega}}_{i+1} + {}^{i+1}\boldsymbol{\omega}_{i+1} \times {}^{C_{i+1}}\boldsymbol{I}_{i+1}\,{}^{i+1}\boldsymbol{\omega}_{i+1} \tag{2-112}$$

式（2-107）～式（2-112）中，i=0、1、2、3、4、5。对于 6 个关节都是转动关节的机器人，通过式（2-107）～式（2-112）可以求解出作用在每个连杆上的力和力矩。

第二步，计算关节力矩。实际上，这些关节力矩是施加在连杆上的力和力矩，即动力学要得出的驱动器施加在机器人上的力矩或作用在机器人上使其运动的外力。而这种求解需要使用向内递推的方法，具体过程为

$${}^{i}\boldsymbol{f}_i = {}^{i}_{i+1}\boldsymbol{R}\,{}^{i+1}\boldsymbol{f}_{i+1} + {}^{i}\boldsymbol{F}_i \tag{2-113}$$

$${}^{i}\boldsymbol{n}_i = {}^{i}\boldsymbol{N}_i + {}^{i}_{i+1}\boldsymbol{R}\,{}^{i+1}\boldsymbol{n}_{i+1} + {}^{i}\boldsymbol{P}_{C_i} \times {}^{i}\boldsymbol{F}_i + {}^{i}\boldsymbol{P}_{i+1} \times {}^{i}_{i+1}\boldsymbol{R}\,{}^{i+1}\boldsymbol{f}_{i+1} \tag{2-114}$$

$$\boldsymbol{\tau}_i = {}^i\boldsymbol{n}_i^{\mathrm{T}}\,{}^i\hat{\boldsymbol{Z}}_i \tag{2-115}$$

式中，i=6、5、4、3、2、1。式（2-113）～式（2-115）即为通过牛顿 – 欧拉递推法推导得出的机器人动力学方程。

在分析机器人动力学的过程中，还有一个因素不能忽视，即重力因素。需要将各连杆的重力加入到动力学方程中。由于在递推过程中，计算力的时候使用到了连杆的质量和加速度，所以可以假设机器人正以 1g 的加速度向上做加速运动，这和连杆上的重力作用是等效的。所以，可以让线加速度的初始值与重力加速度大小相等、方向相反。这样，不需要进行其他附加的运算就可以把重力的影响加入到动力学方程中。

运用牛顿 – 欧拉递推法通过机器人的运动轨迹（即位姿、速度和加速度）得到机器人的期望驱动力矩。其中，角速度、角加速度和线加速度的初始值分别是

$${}^0\boldsymbol{\omega}_0 = \begin{bmatrix}0\\0\\0\end{bmatrix},\quad {}^0\dot{\boldsymbol{\omega}}_0 = \begin{bmatrix}0\\0\\0\end{bmatrix},\quad {}^0\dot{\boldsymbol{v}}_0 = \begin{bmatrix}-g\\0\\0\end{bmatrix} \tag{2-116}$$

2.3.3 拉格朗日法

上一小节讨论了基于牛顿 – 欧拉法建立机器人动力学模型，本小节将讨论另一种建立机器人动力学模型的方法，即拉格朗日法。

1. 状态空间方程

如果能够对方程进行归纳和分类，然后进一步简化，就可以很简便地表示机器人的动力学方程。其中有一种就是用状态空间方程表示动力学方程。不考虑一切摩擦因素，其具体形式为

$$\tau = \boldsymbol{M}(q)\ddot{\boldsymbol{q}} + \boldsymbol{V}(q,\dot{q}) + \boldsymbol{G}(q) \tag{2-117}$$

式（2-117）适用于前文经常分析的 6 关节（均是转动关节）机器人，$\boldsymbol{M}(q)$ 是机械臂的 6×6 惯性矩阵，该矩阵是一个角对称矩阵，在这个 6×6 矩阵中，非零元素的大小取决于机器人中各关节角 q（θ_1，θ_2，θ_3，θ_4，θ_5 和 θ_6）的大小。$\boldsymbol{M}(q)$ 表示机械臂受到的惯性力的大小。$\boldsymbol{V}(q,\dot{q})$ 为 6×1 的离心力和科里奥利（科氏力）矩阵，该矩阵中非零元素的大小取决于两个因素，即机器人中各关节的关节角 q 及其关节角速度 $\dot{q}$。$\boldsymbol{G}(q)$ 是 6×1 的重力矩阵，即机械臂上各连杆的重力因素，表示了这个机器人受到重力的大小。$\boldsymbol{G}(q)$ 中非零元素的大小与机器人各关节的关节角 q 有关。这里说的理想情况是不考虑关节之间的摩擦问题等其他因素。

由于离心力和科氏力矩阵 $\boldsymbol{V}(q,\dot{q})$ 分别取决于机械臂各关节连杆的位置和速度，所以将这个方程式称为状态空间方程。

2. 用拉格朗日法递推动力学方程

牛顿 – 欧拉法是通过牛顿定律和欧拉方程推导出作用在连杆上的力和力矩的方法，进

而得到机器人动力学方程。而拉格朗日法则是基于能量的角度来分析机器人的动力学。对于同一个机器人，两者得到的动力学方程是相同的。

首先从分析动能开始进行能量分析，对于机器人的第 i 个连杆，其动能可以表示为

$$k_i=\frac{1}{2}m_i\boldsymbol{v}_{C_i}^{\mathrm{T}}\boldsymbol{v}_{C_i}+\frac{1}{2}{}^i\boldsymbol{\omega}_i^{\mathrm{T}}\,{}^{C_i}\boldsymbol{I}_i\,{}^i\boldsymbol{\omega}_i \tag{2-118}$$

式中，等号右侧的两项分别代表由连杆的线速度（质心处）引起的动能和由连杆的角速度（同为质心处）引起的动能。整个机械臂的动能是所有连杆的动能之和，即

$$k=\sum_{i=1}^{n}k_i \tag{2-119}$$

而机器人的动能又可以与之前的惯性矩阵 $\boldsymbol{M}(q)$ 建立等式。对于 6 关节机器人，6 连杆的动能可以由 6×6 矩阵 $\boldsymbol{M}(q)$ 与关节角速度建立关系式，即

$$k(q,\dot{q})=\frac{1}{2}\dot{\boldsymbol{q}}^{\mathrm{T}}\boldsymbol{M}(q)\dot{q} \tag{2-120}$$

从物理力学可知，物体的总动能总是为正值，所以惯性矩阵 $\boldsymbol{M}(q)$ 为正定矩阵。

然后研究机器人的势能。对于机器人的第 i 个连杆，其势能可以表示为

$$u_i=-m_i\,{}^0\boldsymbol{g}^{\mathrm{T}}\,{}^0\boldsymbol{P}_{C_i}+u_{\mathrm{ref}_i} \tag{2-121}$$

上式中的 ${}^0\boldsymbol{g}$ 是 3×1 的重力加速度矢量，${}^0\boldsymbol{P}_{C_i}$ 则是第 i 个连杆的质心的相对位置矢量。为了使势能最小为 0，取一常数为 u_{ref_i}。则整个机械臂的势能是所有连杆的势能之和，即

$$u=\sum_{i=1}^{n}u_i \tag{2-122}$$

因为 ${}^0\boldsymbol{P}_{C_i}$ 是第 i 个连杆的质心的相对位置矢量，则 ${}^0\boldsymbol{P}_{C_i}$ 应该是关节角的函数。机械臂的整体势能可以表示为 $u(q)$，它是各关节位置的标量函数。

当得到机器人的动能和势能后，进一步推导、计算，得到拉格朗日函数，即

$$L(q,\dot{q})=k(q,\dot{q})-u(q) \tag{2-123}$$

通过拉格朗日函数得到机器人的驱动力矩，即

$$\frac{\mathrm{d}}{\mathrm{d}t}\frac{\partial L}{\partial\dot{q}}-\frac{\partial L}{\partial q}=\tau \tag{2-124}$$

对于机械臂，该方程式也可以表示为

$$\frac{\mathrm{d}}{\mathrm{d}t}\frac{\partial k}{\partial\dot{q}}-\frac{\partial k}{\partial q}+\frac{\partial u}{\partial q}=\tau \tag{2-125}$$

综上所述，通过计算机器人的动能和势能，再代入拉格朗日函数中整理，可得机器人的动力学方程，这就是由拉格朗日法推导机器人的动力学方程。

思考题与习题

1. 证明两点之间的距离不随旋转而改变，也就是$\|p_1-p_2\|=\|\boldsymbol{R}p_1-\boldsymbol{R}p_2\|$，其中$p_1$和$p_2$为两个点的坐标，$\boldsymbol{R}$为旋转矩阵。

2. 如果矩阵$\boldsymbol{R}$满足$\boldsymbol{R}^{\mathrm{T}}\boldsymbol{R}=\boldsymbol{I}$，证明$\boldsymbol{R}$的列向量具有单位长度并且相互垂直。

3. 如果矩阵$\boldsymbol{R}$满足$\boldsymbol{R}^{\mathrm{T}}\boldsymbol{R}=\boldsymbol{I}$，证明

1） $\det\boldsymbol{R}=\pm1$。

2）局限于右手坐标系时，$\det\boldsymbol{R}=1$。

4. 证明式（2-4）～式（2-6）。

5. 推导式（2-7）和式（2-8）。

6. 考虑下列旋转操作并写出其对应的最终旋转矩阵的矩阵乘积形式（不用计算矩阵乘积的最终结果）。

1）关于世界坐标系的x轴旋转ϕ角度。

2）关于当前坐标系的z轴旋转θ角度。

3）关于世界坐标系的y轴旋转ψ角度。

7. 考虑下列旋转操作并写出其对应的最终旋转矩阵的矩阵乘积形式（不用计算矩阵乘积的最终结果）。

1）关于世界坐标系的x轴旋转ϕ角度。

2）关于当前坐标系的z轴旋转θ角度。

3）关于当前坐标系的x轴旋转ψ角度。

4）关于世界坐标系的z轴旋转α角度。

8. 假设坐标系{1}是由坐标系{0}通过操作得到的，即首先绕x轴旋转$\pi/2$，然后绕固定坐标系的y轴旋转$\pi/2$，最后找出旋转矩阵$\boldsymbol{R}$来表示变换的叠加，请画出起始和最终坐标系。

9. 假设给定三个坐标系{1}、{2}和{3}，同时假设

$$
{}_2^1\boldsymbol{R}=\begin{bmatrix}1 & 0 & 0\\ 0 & \dfrac{1}{2} & -\dfrac{\sqrt{3}}{2}\\ 0 & \dfrac{\sqrt{3}}{2} & \dfrac{1}{2}\end{bmatrix},\quad {}_3^1\boldsymbol{R}=\begin{bmatrix}0 & 0 & -1\\ 0 & 1 & 0\\ 1 & 0 & 0\end{bmatrix}
$$

请计算矩阵${}_3^2\boldsymbol{R}$。

10. 请验证式（2-61）。

11. 计算代表后面的操作所对应的齐次变换：首先沿x轴平移3个单位，然后绕当前z轴转动$\pi/2$，最后沿固定y轴平移1个单位。请画出坐标系，并计算原点O_1相对于初始

坐标系的坐标。

12. 图 2-22 所示为平面三连杆机械臂，其中 3 个关节均为转动关节，也称为 RRR（或者 3R）机构，请建立该机构的连杆坐标系，并写出对应的 D–H 参数。

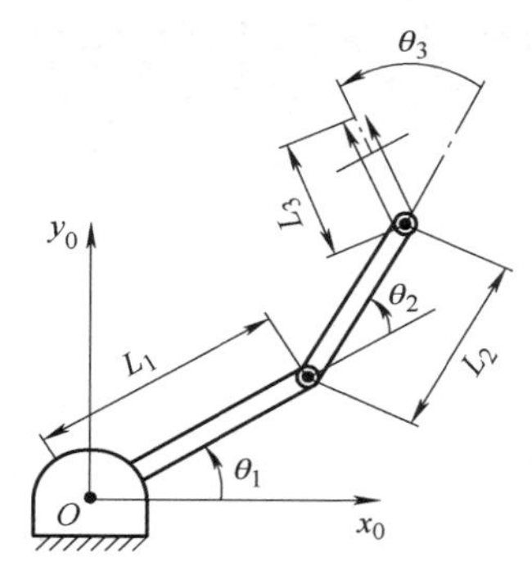

图 2-22　平面三连杆机械臂（一）

13. 请根据表 2-1 中的平面三连杆机械臂 D–H 参数，计算 RRR 机构的运动学方程。

表 2-1　平面三连杆机械臂 D–H 参数

连杆	α_{i-1}	a_{i-1}	d_i	θ_i
1	0	0	0	θ_1
2	0	L_1	0	θ_2
3	0	L_2	0	θ_3

14. 平面三连杆机械臂如图 2-23 所示，已知其正运动学方程为

$$
{}_3^0\boldsymbol{T}=\begin{bmatrix}\cos(\theta_1+\theta_2+\theta_3) & -\sin(\theta_1+\theta_2+\theta_3) & 0 & l_1\cos\theta_1+l_2\cos(\theta_1+\theta_2)+l_3\cos(\theta_1+\theta_2+\theta_3)\\ \sin(\theta_1+\theta_2+\theta_3) & \cos(\theta_1+\theta_2+\theta_3) & 0 & l_1\sin\theta_1+l_2\sin(\theta_1+\theta_2)+l_3\sin(\theta_1+\theta_2+\theta_3)\\ 0 & 1 & 1 & 0\\ 0 & 0 & 0 & 1\end{bmatrix}
$$

请求其雅可比矩阵。

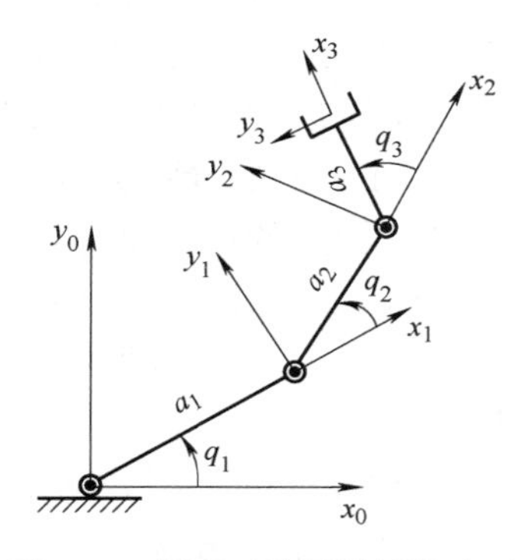

图 2-23　平面三连杆机械臂（二）

15. 请简述机器人动力学建模的基本概念和方法。

第 3 章 人形机器人行走控制基础

导读

人形机器人行走控制是其最基本的技能之一。本章首先进行人形机器人稳定性分析，包括 ZMP 稳定性判据及其他重要的稳定性判别方法，然后介绍典型的人形机器人倒立摆模型，以及 ZMP 等步态规划方法，最后介绍混合零动力学、模型预测控制以及全身控制等经典的行走控制方法。

本章知识点

- ZMP 稳定性分析
- ZMP 步态规划
- 模型预测控制

3.1 概述

行走的稳定性是人形机器人研究的核心问题之一。人形机器人与地面的接触面积较小，保持稳定性的难度较大。如何让机器人实现稳定的行走，进而在较高的能量效率和较大的行走速度下保持稳定性是人形机器人领域的研究者一直努力探索的问题。因此，为人形机器人建立有效的稳定性判据至关重要。零力矩点（Zero Moment Point，ZMP）稳定性判据是在人形机器人中应用非常广泛的一种判据。ZMP 是指地面上的一点，机器人的惯性力和重力关于这点的力矩在水平方向上的分量为 0。若 ZMP 落在支撑脚与地面接触形成的凸多边形支撑区域内，则人形机器人的运动是稳定的，否则就不稳定。在机器人保持平衡时，ZMP 与压力中心点（Center of Pressure，CoP）是等价的。ZMP 稳定性判据只适用于具有平脚结构的全驱动人形机器人，点脚机器人或圆脚机器人与地面的接触面积很小，ZMP 稳定性判据不再适用。

人形机器人的步态规划是完成各种任务的基础。基于 ZMP 稳定性判据设计运动轨迹是常用的运动规划方法之一。其中有两类基本方法：一类预先设定 ZMP 轨迹，另一类不预先设定 ZMP 轨迹。预先设定 ZMP 轨迹方法的基本思路是首先设定期望的 ZMP 轨迹，然后依据某种简化模型计算出人形机器人质心的轨迹，再结合机器人和地面的约束条件得到机器人的足部轨迹，最后通过逆运动学计算腿部各关节的轨迹。不预先设定 ZMP 轨迹方法的思路是按某种算法给定一系列的机器人关节轨迹（如腰部和足部轨迹）作为备选，求解这些轨迹对应的 ZMP 轨迹，从中遴选出 ZMP 轨迹稳定性裕度最大的备选轨迹作为人形机器人的最终关节轨迹。除基于 ZMP 稳定性判据的步态规划方法外，还有一些其他步态规划方法在人形机器人中得到了应用。一种常用的方法是基于落脚点或捕获性来规划轨迹，这种方法一般先根据运动状态计算期望的落脚点位置，再根据落脚点位置规划关节轨迹。

人形机器人在实际环境中运动时，可能出现人形机器人运动环境与规划假定环境不同或产生未知情况，如遭受外力干扰、地面状况变化、伺服控制误差等。如果此时机器人仍然机械地按照预先规划好的轨迹执行，不对所规划的轨迹进行实时调节，机器人很可能会倾倒。因此，必须根据人形机器人当前状态和环境信息，对规划轨迹或驱动力或力矩进行实时调节，使机器人能保持稳定并完成期望的运动目标，这就是人形机器人的运动控制。人形机器人的运动控制对机器人的稳定性、抵抗扰动能力和适应复杂环境能力具有重要意义。

3.2　稳定性分析

由于人形机器人具有单双脚支撑阶段交替出现、质心高的特点，所以如果人形机器人的运动规划或运动控制不合理，在行走过程中就很容易跌倒。稳定性是保证人形机器人顺利行走的前提，稳定性判别是人形机器人运动研究中的一个重要课题。

人形机器人行走中的稳定性一般是指人形机器人运动过程中不跌倒，在遇到扰动后回到原状态的能力。人形机器人受到的扰动既包括内部的扰动，如驱动误差、机械结构的微小变化等，又包括外部环境的扰动，如崎岖的地面、与其他物体的接触等。理想的机器人在遇到扰动后应能使身体保持平衡、不跌倒，并逐渐恢复到扰动前的平稳行走步态。但是根据人形机器人的机械结构限制与控制方法，人形机器人能克服的扰动有一定的限度。当扰动过大时，人形机器人便会跌倒。稳定性判据是判断机器人在扰动下是否能够保持稳定行走、不跌倒的依据，既是衡量稳定性的重要依据，也是人形机器人步态规划和行走控制设计的准则，在人形机器人运动研究中具有重要作用。

3.2.1　ZMP 稳定性判据

1. ZMP 的定义

零力矩点（ZMP）是一个理论上的点，在这个点上，人形机器人与地面接触的垂直力产生的力矩与地面相关的所有外力和力矩之和为 0。这个点通常位于人形机器人足部的底部投影内。ZMP 的位置反映了人形机器人质量分布和运动状态的平衡，是评估其稳定性的关键指标。

2. ZMP 的数学表达及计算

ZMP 的位置可以通过动力学方程和人形机器人的运动学参数来计算。其基本公式为

$$P_{\text{ZMP}} = \frac{\sum(z_i \times F_{xi}) - \sum(x_i \times F_{zi})}{\sum F_{zi}} \tag{3-1}$$

式中，P_{ZMP} 是 ZMP 的位置，x_i 和 z_i 分别是接触点的水平和竖直坐标，F_{xi} 和 F_{zi} 分别是相应方向上的力。

将人形机器人的各段肢体视为刚体，整个人形机器人便由 n 段刚体组成。令 O 为固定参考坐标系原点，C_i 为人形机器人第 i 部分的质心 ($i=1$、2、…、n)，G_i 和 F_i 分别为作用在第 i 部分的重力和等效惯性力，H_i 为第 i 部分的动量矩，地面对人形机器人足底的作用力等效为作用点在 ZMP 的作用力 R 和力矩 M。图 3-1 所示为人形机器人 ZMP 示意图。由 ZMP 的定义可知，M 在水平方向的分量为 0。根据达朗贝尔原理（D'Alembert's Principle），在参考坐标系中，得到人形机器人此时的受力平衡方程和对作用点 ZMP 的力矩平衡方程，即

$$R + \sum_{i=1}^{n} G_i + \sum_{i=1}^{n} F_i = 0 \tag{3-2}$$

$$OZ \times R + \sum_{i=1}^{n} OC_i \times (G_i + F_i) + M + \sum_{i=1}^{n} \dot{H}_i = 0 \tag{3-3}$$

$$OC_i = OZ + ZC_i \tag{3-4}$$

将式（3-2）和式（3-4）代入式（3-3），可得

$$\sum_{i=1}^{n} ZC_i \times (G_i + F_i) + M + \sum_{i=1}^{n} \dot{H}_i = 0 \tag{3-5}$$

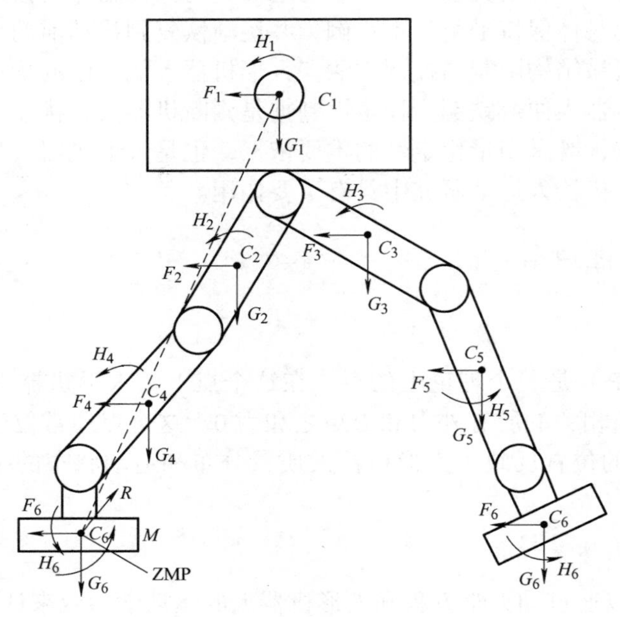

图 3-1　人形机器人 ZMP 示意图

考虑到M在水平方向的分量为 0，式（3-5）在水平方向上的表达式为

$$\left[\sum_{i=1}^{n} ZC_i \times (G_i + F_i) + \sum_{i=1}^{n} \dot{H}_i\right]_h = 0 \tag{3-6}$$

式中，下角标h代表水平分量。坐标系$\{r\}$的方向为：x轴水平向右，y轴水平向前，z轴竖直向上，式（3-6）给出了 ZMP 的数学表达，并且提供了在水平地面上计算 ZMP 坐标的公式。将式（3-6）变形可得其标量计算公式为

$$x_{\text{ZMP}} = \frac{\sum_{i}^{n} m_i\left(\ddot{z}_i + g\right)x_i - \sum_{i}^{n} m_i \ddot{x}_i z_i - \sum_{i}^{n} I_{iy}\ddot{\Omega}_{iy}}{\sum_{i}^{n} m_i\left(\ddot{z}_i + g\right)} \tag{3-7}$$

$$y_{\text{ZMP}} = \frac{\sum_{i}^{n} m_i\left(\ddot{z}_i + g\right)y_i - \sum_{i}^{n} m_i \ddot{y}_i z_i - \sum_{i}^{n} I_{ix}\ddot{\Omega}_{ix}}{\sum_{i}^{n} m_i\left(\ddot{z}_i + g\right)} \tag{3-8}$$

式中，m_i为机器人第i部分的质量，g为重力加速度，I_{ix}和I_{iy}分别为机器人第i部分沿x轴和y轴的转动惯量，$\ddot{\Omega}_{ix}$和$\ddot{\Omega}_{iy}$分别为机器人的第i部分质心绕x轴和y轴的绝对角位移，（x_i, y_i, z_i）为机器人第i部分的质心在固定坐标系中的坐标，（$x_{\text{zmp}}, y_{\text{zmp}}$）为 ZMP 在固定坐标系中的坐标。

在具备以下条件的情况下可以计算得到 ZMP 的位置：

1）人形机器人足部安装的力或力矩传感器能检测到支撑反作用力的大小、方向和作用位置。

2）已知人形机器人身体各部分的转动惯量、加速度及角加速度（人形机器人处于动态平衡时）。

3）人形机器人的脚踝装有六维力或力矩传感器。

第一种情况可以直接通过检测的反作用力的信息计算出竖直方向等效作用力的作用点，即 ZMP 的位置；第二、三种情况可以应用式（3-7）来计算 ZMP 的位置。

3. ZMP 稳定性判据的应用

当地面对人形机器人的作用力沿足底区域基本均匀分布时，ZMP 位于支撑多边形的中央。当地面作用力向足底的前端或后端偏移时，ZMP 也向相应的区域移动。在极端情况下，当所有的地面作用力都由脚尖或脚跟承受时，ZMP 就位于支撑多边形的边界上，此时一个微小的扰动就可以使机器人绕脚尖转动，机器人的稳定性很差。为了增强机器人抵抗扰动的能力，降低人形机器人跌倒的风险，应该尽量使 ZMP 保持在支撑多边形内部，且离其边界越远越好。

稳定区域（Stable Region）是支撑腿的足部与地面接触形成的凸多边形支撑区域。稳定性裕度（Stability Margin）是人形机器人行走稳定程度的一种量化描述，其量化参数是 ZMP 与稳定区域边界的最短距离，如图 3-2 所示。

ZMP 越靠近稳定区域的中心，与稳定区域边界的最短距离就越大，即稳定性裕度越大，人形机器人此时的姿态也就越稳定。对于凸多边形的稳定区域，最稳定的子区域是一条直线或者一个点。如果想要使人形机器人时刻都保持其 ZMP 在最稳定的子区域上，人形机器人的运动必将受到限制，因为人形机器人的稳定程度是与其步行速度、肢体运动范围、能量消耗等因素密切相关的。单纯地追求高稳定性，势必造成人形机器人的行动迟缓或肢体运动幅度过大等负面效果。这就要求人形机器人既能有一个相对较高的稳定性，又不对运动造成太大限制，于是就产生了人形机器人行走稳定性的另一个量化概念，有效稳定区域。

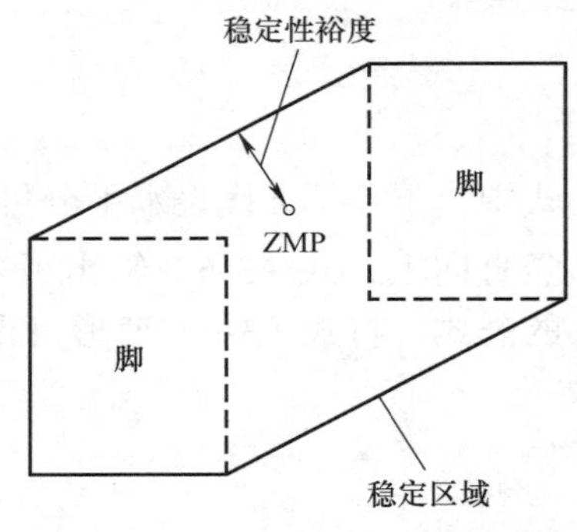

图 3-2　稳定区域和稳定性裕度

有效稳定区域是指稳定区域内的一个子区域，处于该子区域内的所有 ZMP 对应的稳定性裕度大于外界环境干扰导致的该 ZMP 位置的变化量。有效稳定区域可以用数学表达式描述，即

$$\Omega=\{(x_{\mathrm{zmp}},y_{\mathrm{zmp}})\,|\,d_s(x_{\mathrm{zmp}})\geqslant d_v(x_{\mathrm{zmp}}),d_s(y_{\mathrm{zmp}})\geqslant d_v(y_{\mathrm{zmp}})\}\tag{3-9}$$

式中，$d_s(x_{\mathrm{zmp}})$、$d_s(y_{\mathrm{zmp}})$ 分别表示 ZMP 坐标系中 x 方向和 y 方向的稳定性裕度；$d_v(x_{\mathrm{zmp}})$、$d_v(y_{\mathrm{zmp}})$ 分别表示干扰造成的 ZMP 位置在 x 方向和 y 方向的变化量，如图 3-3 所示。

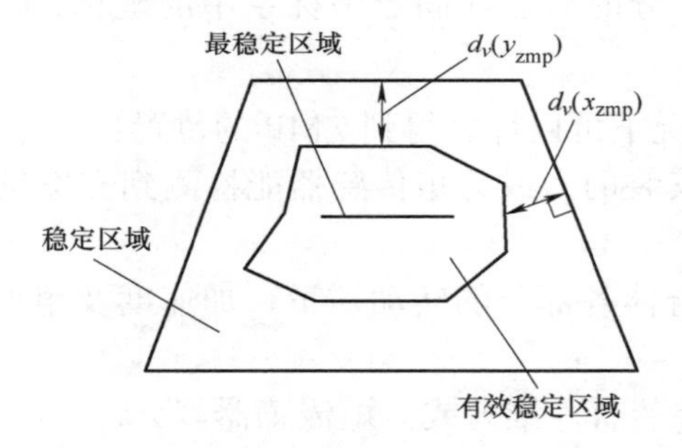

图 3-3　稳定区域和有效稳定区域

记 T_i 为人形机器人第 i 部分受到的干扰外力，S_i 为原点到外力 T_i 作用点的向量，N_i 为人形机器人第 i 部分受到的干扰外力矩，可以得到 $d_v(x_{\mathrm{zmp}})$、$d_v(y_{\mathrm{zmp}})$ 的表达式为

$$d_v(x_{\mathrm{zmp}})=\frac{\sum\limits_i(S_{iz}\times T_{ix}-S_{ix}\times T_{iz})+\sum\limits_i N_{iy}}{\sum\limits_i m_i\left(\ddot{z}_i+g\right)+\sum\limits_i T_{iz}}\tag{3-10}$$

$$d_v(y_{\mathrm{zmp}})=\frac{\sum\limits_i(S_{iz}\times T_{iy}-S_{iy}\times T_{iz})+\sum\limits_i N_{ix}}{\sum\limits_i m_i\left(\ddot{z}_i+g\right)+\sum\limits_i T_{iz}}\tag{3-11}$$

式中，下角标中的 x 、y 分别代表该向量在 x 方向、y 方向的分量。

当人形机器人可能遇到的最大扰动幅度已知时，就能得到对应的有效稳定区域。此时，若 ZMP 落在有效稳定区域内，即使受到外界环境的干扰，也无须进行姿态稳定性调整，人形机器人还能够保持自身姿态稳定并维持行走；当 ZMP 落在稳定区域内，但在有效稳定区域外时，人形机器人在没有外界环境干扰时仍是稳定的，如果受到外界环境干扰，就可能变得不稳定，需要进行姿态稳定性调整；当 ZMP 落在稳定区域外时，人形机器人将变得不稳定，随时可能倾覆，需要立即对人形机器人姿态进行调整，使 ZMP 尽快回到稳定区域，甚至有效稳定区域内。

4. ZMP 稳定性判据的注意事项和局限

ZMP 稳定性判据在概念上容易出现一些误解，应用上也有一些局限。

1）ZMP 只能出现在支撑多边形内，不可能出现在支撑多边形外。

类似于“当 ZMP 位于支撑多边形之外时，人形机器人是不稳定的”这种说法是不准确的。ZMP 概念的提出本就是为了描述动态平衡的，ZMP 的概念与动态平衡的概念是不能分开的。ZMP 只在人形机器人保持动态平衡（脚掌没有相对地面转动）的状态下存在，当人形机器人不处于动态平衡时，ZMP 也就不存在了。

如果 ZMP 已经到了支撑多边形的边缘，而继续有外力导致脚面抬起，地面等效作用力的作用点还继续在支撑多边形的边缘，但是由于地面作用力已经不足以平衡外力，所以当前这个地面作用点就不是 ZMP 了。因此，严格地说，计算 ZMP 的位置时，在得到计算结果后还需要将计算得到的 ZMP 与支撑多边形的位置进行比较。如果计算得到的 ZMP 的位置在支撑多边形之外，那么实际的地面作用力的作用点仍在支撑多边形的边缘，且系统将绕着支撑多边形的边缘转动。

2）ZMP 与压力中心（CoP）的联系和区别。

在动态平衡的情况下，CoP 和 ZMP 的位置是一致的。当人形机器人处于非动态平衡状态时，ZMP 不存在，而 CoP 处于支撑多边形的边缘。由此可见，ZMP 可以用来表征系统的动态平衡，而 CoP 则不行。

3）ZMP 稳定性判据应用的局限。

需要注意的是，ZMP 稳定性判据在以下几种情况下将不再适用：

① 人形机器人脚掌与地面的接触面积很小。由于 ZMP 稳定性判据的目标是防止机器人脚掌与地面发生相对转动，所以应用条件是人形机器人的脚掌有一定的面积。如果脚掌与地面接触面积很小，如点脚机器人，则 ZMP 稳定性判据就不再适用。

② 允许人形机器人支撑腿脚部相对地面转动。如果人形机器人的期望步态是允许发生支撑腿脚掌相对地面转动的，如某些欠驱动机器人，在摆动腿落地前，支撑腿的脚掌就抬起，并且可以形成周期性的行走步态，则 ZMP 稳定性判据也是不适用的。

③ 需要判断人形机器人脚底与地面是否有相对滑动时。ZMP 稳定性判据是针对足底相对于地面翻转的失稳状况，而无法判断足底相对于地面平移和旋转的情况。当人形机器人足底与地面的接触摩擦力有限，需要考虑足底接触的相对滑动时，ZMP 稳定性判据不再适用。

除以上情况外，当人形机器人在不平坦的地面上行走，以及人形机器人的肢体与外界环境有接触时，ZMP 稳定性判据也不再适用。

3.2.2 其他稳定性判据

1. 李雅普诺夫稳定性

李雅普诺夫稳定性（Lyapunov Stability）是一种广泛用于控制理论和系统动力学中的方法，用于分析系统在某个平衡点或轨迹附近的稳定性。这种方法特别适用于人形机器人等复杂系统的稳定性分析，因为它可以提供系统是否会在初始扰动后返回到其原始状态或平衡点的数学证明。

（1）判据定义　李雅普诺夫稳定性是基于系统的状态方程和所谓的李雅普诺夫函数（一个特定设计的能量函数）来分析系统的稳定性。如果存在一个李雅普诺夫函数，使得在系统的所有状态下该函数都是非增的（通常是正定的并随时间衰减），那么系统被认为是稳定的。

李雅普诺夫函数是一个标量函数，通常是系统状态变量的函数，用于评估系统从初始状态偏离的程度。

1）正定性：李雅普诺夫函数需要在除平衡点以外的局部区域内正定。

2）能量耗散：函数随时间的导数应小于或等于零，表明系统不会随时间增加能量。

（2）计算方法

1）确定系统的动力学方程：首先明确系统的状态方程，描述系统如何从一个状态过渡到另一个状态。

2）选择或构造李雅普诺夫函数：基于系统的物理特性和动力学行为设计李雅普诺夫函数。

3）分析函数的导数：计算李雅普诺夫函数相对于时间的导数，并证明其在所有相关状态下非正。

2. 基于落脚点的稳定性判据

落脚点（Foot Placement Estimator，FPE）是 Wight 等人提出的一种评价稳定性的方法，该方法计算摆动腿在什么位置着地能够获得稳定步态。FPE 的一个基本前提假设是系统的角动量在摆动腿与地面碰撞前后是不变的，基本思想是让人形机器人摆动腿与地面碰撞后，系统的机械能等于其最大势能（即质心到达最高点时的势能），这也就意味着系统在质心达到最高点时动能为 0，达到静止状态。这种静态平衡的运动方式与常见的人形机器人的行走步态有一定差别，似乎不能直接应用于双足行走运动的分析。但是当 FPE 处于人形机器人脚掌与地面的接触区域内时，可以通过调整人形机器人质心的位置让人形机器人的运动停下来，避免摔倒。

下面介绍 FPE 的计算方法。方程的推导基于一个简单的双足行走模型，如图 3-4 所示。该模型的质心集中在髋关节，腿建模为刚性无质量的杆，脚处理为一个点。记该模型的质量为 m，腿长为 L，相对于质心的转动惯量为 I。摆动腿与地面碰撞前的时刻，质心的线速度为 v_1，在水平和竖直方向的线速度分别为 v_x、v_y，系统相对质心的角速度为 $\dot{\theta}_1$。摆动腿与地面碰撞后，质心的线速度为 v_2，系统相对质心的角速度为 $\dot{\theta}_2$。摆动腿触地时与竖直方向的夹角为 φ。人形机器人质心距离地面的高度为 h。根据系统在碰撞前后相对于摆动腿触地点的角动量守恒，有

$$mL(v_x \cos\varphi + v_y \sin\varphi) + I\dot{\theta}_1 = (mL^2 + I)\dot{\theta}_2 \tag{3-12}$$

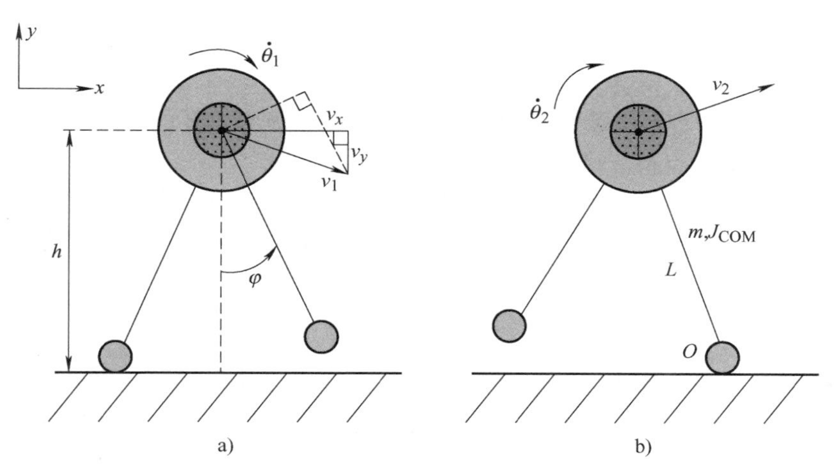

图 3-4　简单的双足行走模型

由式（3-12），同时考虑到 $L = h / \cos\varphi$，可以得到碰撞后角速度的表达式为

$$\dot{\theta}_2 = \frac{mh(v_x \cos\varphi + v_y \sin\varphi)\cos\varphi + I\dot{\theta}_1 \cos^2\varphi}{mh^2 + I\cos^2\varphi} \tag{3-13}$$

假定摆动腿触地时的角度 φ 满足系统碰撞后的机械能等于最大势能，则有

$$\frac{1}{2}(mL^2 + I)\dot{\theta}_2^{\,2} + mgL\cos\varphi = mgL \tag{3-14}$$

将式（3-13）代入式（3-14），即可得到关于摆动腿触地时摆动腿角度 φ 的方程为

$$\frac{\left[mg(v_x \cos\varphi + v_y \sin\varphi)\cos\varphi + I\dot{\theta}_1 \cos^2\varphi\right]^2}{mh^2 + I\cos^2\varphi} + 2mgh\cos\varphi(\cos\varphi - 1) = 0 \tag{3-15}$$

根据几何关系，可以得到摆动腿落地点在地面上相对于质心的位置为

$$\mathrm{FPE}(\varphi) = h\tan\varphi \tag{3-16}$$

当摆动腿落地点在 FPE 前方，系统在不需要主动减速的情况下，在接下来的一步内达到静止站立。如果摆动腿落地点在 FPE 后方，则需要多步才能达到静止站立。将腿落地点的位置与 FPE 计算出的位置相比较，可以作为判断步态稳定性的指标。

FPE 稳定性判据可用于分析稳定的步态，但是需要满足一些前提：摆动脚与地面接触前、后系统的角动量守恒；机器人的腿长、转动惯量、机械能是不变的。

Koolen 等人在 FPE 方法的基础上，结合生存理论（Viability Theory）对足式系统如何避免跌倒的分析，提出了双足运动中捕获点（Capture Point）的概念及基于它的判定方法。该方法将 FPE 进行基于捕获性的分析扩展，得到了针对双足运动系统到达静止状态的能力，以及双足机器人稳定性的更完整、更实用的理论。

3.3 步态规划

3.3.1 倒立摆模型

在人形机器人的研究和开发中，倒立摆模型是一个极为重要的工具，用于模拟和分析机器人的动态平衡及其控制策略。

倒立摆模型是一个典型的动态系统模型，用来描述一个或多个自由度的摆动系统如何在受力作用下保持平衡。在人形机器人领域，这个模型被用来象征人形机器人身体在一个或多个关节（如踝关节）上的动态稳定性。

1. 模型原理

倒立摆模型包括一个质点（倒立摆的质心）和一个无质量的杆（连接质点和旋转轴），杆固定在一个可移动的基座上。当施加力或转矩时，质点的运动轨迹需要通过控制策略来稳定。

2. 数学描述

倒立摆的运动可以通过牛顿第二定律来描述，即

$$ml^2\ddot{\theta} = mgl\sin\theta + u \tag{3-17}$$

式中，m 是摆的质量；l 是杆的长度；θ 是摆杆与垂直线的夹角；g 是重力加速度；u 是控制输入（通常是底部的转矩）。

3.3.2 ZMP 步态规划

1. ZMP 步态规划概述

在人形机器人的步态规划中，ZMP 理论是核心技术之一，它帮助确保人形机器人在行走和执行任务时的动态稳定性。

根据期望的 ZMP 轨迹生成人形机器人行走步态的方法的基本思路是：根据人形机器人期望的步长、周期等信息确定人形机器人期望的 ZMP 轨迹，再根据期望的 ZMP 轨迹得到人形机器人质心的运动轨迹，从而得到人形机器人各个关节的轨迹。预观控制方法是 Sheridan 等在 20 世纪 60 年代提出的一种控制器设计方法，最早应用在线性二次最优伺服控制器的设计上，后来通过离散化，应用到人形机器人的步态规划中。

ZMP 步态规划是指利用零力矩点理论来设计人形机器人的行走步态，确保其在移动过程中的稳定性。通过控制 ZMP 轨迹使其始终位于支撑脚的底部投影内，可以有效避免人形机器人在行走过程中的摇摆和倒下。

2. ZMP 轨迹的生成方法

ZMP 轨迹反映了人形机器人与地面交互的动态稳定点的路径。理想的 ZMP 轨迹应当始终位于人形机器人的支撑面内，通常是两脚之间或单脚的底部区域。轨迹的生成依赖于

人形机器人的运动学参数和动力学响应。

ZMP 轨迹的生成是步态规划中的关键步骤，它涉及以下几个方面：

（1）参考轨迹设计　理想的 ZMP 轨迹通常是一条平滑的曲线，确保它穿过或接近支撑脚的几何中心。

（2）轨迹优化　通过优化算法调整 ZMP 轨迹，以减少峰值转矩和力的需求，提高能量效率。

用预观控制法进行人形机器人步态规划的主要思想是根据未来的 ZMP 参考轨迹得到当前的质心轨迹，使得到的质心轨迹对应的 ZMP 轨迹能较好地跟踪期望的 ZMP 轨迹，从而使 ZMP 始终处于支撑范围内，得到稳定的运动。该方法的理论分析最初是在倒立摆模型上完成的。如图 3-5 所示的三维空间中的倒立摆模型，倒立摆由一个无质量的杆和一个质量为 m 的质心组成。杆的一端连接在坐标系的原点，质心的坐标为 (x,y,z)。在该模型上施加一个约束，使得质心只能在高度为 z_c 的平面内运动，即保持 $z=z_c$。该系统的动力学方程为

$$\ddot{y}=\frac{g}{z_c}y-\frac{1}{mz_c}\tau_x \tag{3-18}$$

$$\ddot{x}=\frac{g}{z_c}x+\frac{1}{mz_c}\tau_y \tag{3-19}$$

式中，g 为重力加速度，τ_x、τ_y 分别为作用在系统上的相对于 x 轴和相对于 y 轴的力矩。

对于这种三维倒立摆模型，系统 ZMP 坐标 (p_x,p_y) 的表达式为

$$p_x=\frac{\tau_y}{mg} \tag{3-20}$$

$$P_y=\frac{\tau_x}{mg} \tag{3-21}$$

将式（3-20）、式（3-21）代入式（3-18）、式（3-19），消去 τ_x、τ_y，可以得到

$$\ddot{y}=\frac{g}{z_c}(y-p_y) \tag{3-22}$$

$$\ddot{x}=\frac{g}{z_c}(x-p_x) \tag{3-23}$$

式（3-22）、式（3-23）可以写为

$$p_x=x-\frac{z_c}{g}\ddot{x} \tag{3-24}$$

$$p_y=y-\frac{z_c}{g}\ddot{y} \tag{3-25}$$

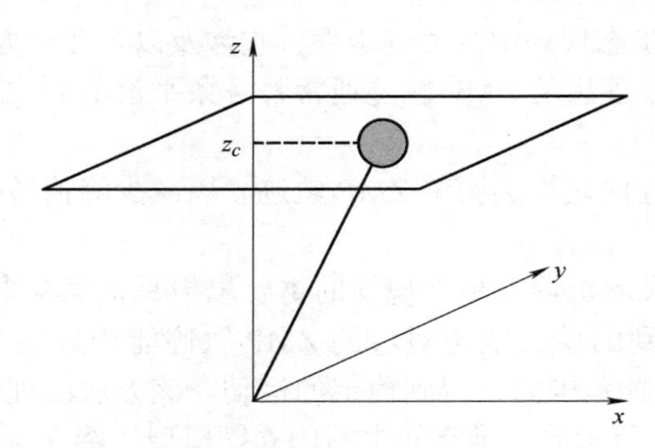

图 3-5　三维空间中的倒立摆模型

式（3-24）、式（3-25）给出了通过系统的质心轨迹计算 ZMP 位置的表达式。如果将人形机器人表达为类似的倒立摆模型，则在得到人形机器人质心的运动轨迹之后，就可以利用这个方程计算其 ZMP 的位置。

3. 质心轨迹的计算方法

为了将式（3-23）、式（3-24）写成控制系统状态方程的形式，定义质心在水平方向的加速度对时间的导数 u_x、u_y 为

$$u_x = \frac{\mathrm{d}}{\mathrm{d}t}\ddot{x} \tag{3-26}$$

$$u_y = \frac{\mathrm{d}}{\mathrm{d}t}\ddot{y} \tag{3-27}$$

则式（3-23）、式（3-24）可以写成以下形式

$$\frac{\mathrm{d}}{\mathrm{d}t}\begin{bmatrix} x \\ \dot{x} \\ \ddot{x} \end{bmatrix} = \begin{bmatrix} 0 & 1 & 0 \\ 0 & 0 & 1 \\ 0 & 0 & 0 \end{bmatrix}\begin{bmatrix} x \\ \dot{x} \\ \ddot{x} \end{bmatrix} + \begin{bmatrix} 0 \\ 0 \\ 1 \end{bmatrix} u_x \tag{3-28}$$

$$\frac{\mathrm{d}}{\mathrm{d}t}\begin{bmatrix} y \\ \dot{y} \\ \ddot{y} \end{bmatrix} = \begin{bmatrix} 0 & 1 & 0 \\ 0 & 0 & 1 \\ 0 & 0 & 0 \end{bmatrix}\begin{bmatrix} y \\ \dot{y} \\ \ddot{y} \end{bmatrix} + \begin{bmatrix} 0 \\ 0 \\ 1 \end{bmatrix} u_y \tag{3-29}$$

$$\boldsymbol{p}_x = \begin{bmatrix} 1 & 0 & -\frac{z_c}{g} \end{bmatrix}\begin{bmatrix} x \\ \dot{x} \\ \ddot{x} \end{bmatrix} \tag{3-30}$$

$$\boldsymbol{p}_y = \begin{bmatrix} 1 & 0 & -\frac{z_c}{g} \end{bmatrix}\begin{bmatrix} y \\ \dot{y} \\ \ddot{y} \end{bmatrix} \tag{3-31}$$

式（3-28）～式（3-31）描述的系统以质心的加速度的导数作为输入，以 ZMP 的位置作为输出，可以作为跟踪参考 ZMP 轨迹的步态生成器。

需要注意的是，在人形机器人行走的过程中，当支撑腿变化时，ZMP 的位置往往会有一个阶跃变化。而正常情况下，质心的位置需要在 ZMP 阶跃变化之前就开始逐渐变化。也就是说，在计算质心轨迹时，需要提前考虑未来 ZMP 的变化趋势。根据未来的 ZMP 的变化趋势计算当前质心的轨迹，这就是预观控制生成轨迹的基本思想，如图 3-6 所示。

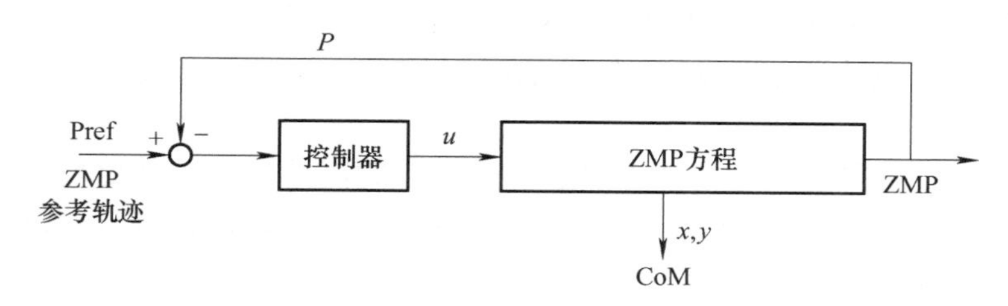

图 3-6　通过 ZMP 跟踪控制实现步态生成的流程图

将式（3-28）和式（3-30）进行离散化，假定采样时间为 T，则得到 x 方向的系统方程为

$$\boldsymbol{x}(k+1)=\boldsymbol{A}\boldsymbol{x}(k)+\boldsymbol{B}u_x(k) \tag{3-32}$$

$$\boldsymbol{p}_x(k+1)=\boldsymbol{C}\boldsymbol{p}_x(k) \tag{3-33}$$

式中，$\boldsymbol{x}(k)=\begin{bmatrix}\boldsymbol{x}(kT)\\\dot{\boldsymbol{x}}(kT)\\\ddot{\boldsymbol{x}}(kT)\end{bmatrix}, u_x(k)=u_x(kT), \boldsymbol{p}_x(k)=\boldsymbol{p}_x(kT)$；$k$ 为正整数；$\boldsymbol{A}=\begin{bmatrix}1 & T & T^2/2\\0 & 1 & T\\0 & 0 & 1\end{bmatrix}$；$\boldsymbol{B}=\begin{bmatrix}T^3/6\\T^2/2\\T\end{bmatrix}$；$\boldsymbol{C}=\begin{bmatrix}1 & 0 & -\dfrac{z_c}{g}\end{bmatrix}$。

y 方向的系统方程具有类似的形式。

按照预观控制理论，衡量跟踪指标的表达式为

$$\boldsymbol{J}=\sum_{i=k}^{\infty}[\boldsymbol{Q}_e\boldsymbol{e}(i)^2+\Delta\boldsymbol{x}^T(i)\boldsymbol{Q}_x\Delta\boldsymbol{x}(i)+\boldsymbol{R}\Delta u_x^2(i)] \tag{3-34}$$

式中，$\boldsymbol{e}(i)=\boldsymbol{p}_x(i)-\boldsymbol{p}_x^{ref}(i)$ 为 ZMP 的跟踪误差，$\boldsymbol{p}_x^{ref}(i)$ 为 i 时刻期望的 ZMP 位置的 x 坐标；$\Delta x(i)=x(i)-x(i-1)$ 为状态向量增量；$\Delta u_x(i)=u_x(i)-u_x(i-1)$ 为输入增量；$\boldsymbol{Q}_e$、$\boldsymbol{R}$ 是大于零的系数，$\boldsymbol{Q}_x$ 是 3×3 的非负定矩阵。

假定在每个采样时刻，可以预观未来 N_L 步的 ZMP 参考轨迹，则可以使式（3-34）中

的指标$\boldsymbol{J}$最小的最优控制器的表达式为

$$u_x(k) = -G_i\sum_{i=0}^{k}e(k) - G_x x(k) - \sum_{j=1}^{N_k}G_p(j)p_x^{ref}(k+j) \tag{3-35}$$

式中，G_i、G_x、G_p为增益系数，由$\boldsymbol{Q}_e$、$\boldsymbol{Q}_x$、$\boldsymbol{R}$以及式（3-32）、式（3-33）中的系数求得。

基于预观控制规划人形机器人的行走步态的基本步骤如下：

1）根据期望的行走步长、周期确定期望的 ZMP 轨迹；

2）确定衡量 ZMP 跟踪指标$\boldsymbol{J}$的表达式中的各部分系数；

3）确定可以预观的期望的 ZMP 轨迹的时间长度，并计算出最优控制器的表达式中的系数。

4）根据最优控制器的表达式计算质心加速度对时间的导数，并更新质心轨迹。根据质心轨迹和踝关节轨迹计算出各个关节的轨迹，更新 ZMP 轨迹，重复此过程，实现人形机器人的运动。人形机器人 HRP-2 中应用了基于预观控制的方法，得到了平滑的质心轨迹，且生成的 ZMP 轨迹能够很好地跟踪期望的 ZMP 轨迹。

3.3.3 其他步态规划

在人形机器人的步态规划中，除了零力矩点方法之外，还有多种其他的步态规划方法，这些方法各有其优势和应用场景。

1. 基于稳定性裕度的步态规划方法

与设定理想 ZMP 轨迹从而确定各关节的运动轨迹的方法不同，基于稳定性裕度的步态规划方法的基本思想是先根据地面环境（路面的凸凹和障碍物等）设定足部轨迹，在可变参数的有效范围内找出具有最大稳定性裕度的躯干轨迹作为最后的规划结果。本方法根据机器人上体位移和步长、步速等信息，采用三次样条插值法得到人形机器人各关节的运动。再由人形机器人各关节的运动求得人形机器人各组成部分（如躯干、大腿、小腿等）的运动速度、加速度等，从而求得 ZMP 轨迹，并根据 ZMP 稳定性判据判断该运动轨迹是否满足稳定性要求。通过改变参数的值可以得到不同的人形机器人运动轨迹以及相应的 ZMP 轨迹，并比较各轨迹的稳定性，从而筛选出稳定性最好，即稳定性裕度最大的轨迹作为最后的运动轨迹。

本方法使用的人形机器人模型及坐标系设置如图 3-7 所示，人形机器人右侧方向为 x 轴正方向，机器人前进方向为 y 轴正方向，z 轴正方向垂直于地面向上。

人形机器人每只脚的轨迹可以用向量 $\boldsymbol{X_a}=[x_a(t), y_a(t), z_a(t), \theta_a(t)]^{\mathrm{T}}$ 表示，其中 $[x_a(t), y_a(t), z_a(t)]$ 是踝关节的位置坐标，$\theta_a(t)$ 是脚面的倾角。髋关节的轨迹可以用 $\boldsymbol{X}_h=[x_h(t), y_h(t), z_h(t), \theta_h(t)]^{\mathrm{T}}$ 表示，其中 $[x_h(t), y_h(t), z_h(t)]$ 表示髋关节的位置坐标，$\theta_h(t)$ 表示躯干的倾斜角。为了使人形机器人适应不同的地面条件，首先要明确两只脚的运动轨迹，尤其是踝关节的运动轨迹，然后确定髋关节的运动轨迹。人形机器人踝关节和髋关节的运动如图 3-8 所示。

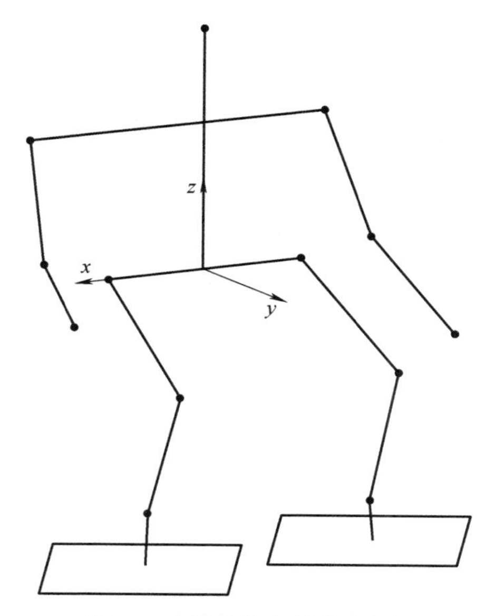

图 3-7　人形机器人模型及坐标

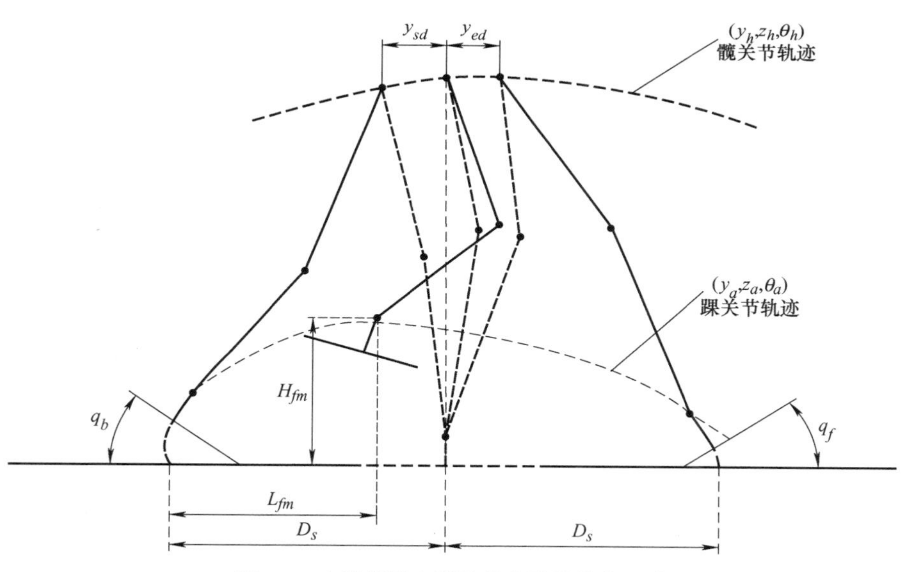

图 3-8　人形机器人踝关节和髋关节的运动

（1）三次样条插值　本方法在规划人形机器人髋关节和踝关节轨迹时，先确定关键时刻（一般为一步运动的初始和终止时刻）的状态，然后使用插值法得到整条轨迹。由于要保证人形机器人的关节轨迹以及速度在运动过程中是连续的，如果采用多项式插值，要满足这些条件就会使多项式的次数很高，而且用多项式插值计算也比较困难，因此此处采用了三次样条插值法。这里简单介绍一下这种插值法。三次样条插值函数 $S(t)$ 是在 $a=t_0<t_1<\cdots<t_n=b$ 的区间 $[a,b]$ 上满足下列条件的函数：

1）在区间 $[a,b]$ 上，$S(t)$ 有连续的一阶和二阶导数。

2）在每个子区间$\left[t_j,t_{j+1}\right](j=0、1、\cdots、n-1)$上，$S(t)$是次数≤3的多项式。

3）对于各节点的函数值$f_j=f(t_j)(j=0、1、\cdots、n),S(t)$满足

$$S(t_j)=f_j(j=0、1、\cdots、n) \tag{3-36}$$

因为要满足运动步态的连续性，所以$S(t)$还应该满足

$$\begin{cases} S_{j-1}(t_j)=S_j(t_j) \\ S'_{j-1}(t_j)=S'_j(t_j) \\ S''_{j-1}(t_j)=S''_j(t_j) \end{cases} \tag{3-37}$$

由于$S(t)$在$[t_j,t_{j+1}]$上是三次多项式，即具有以下形式，即

$$S(t)=S_j(t)=a_j+b_jt+c_jt^2+d_jt^3,t\in\left[t_j,t_j\right](j=0、1、\cdots、n-1) \tag{3-38}$$

式中，共有4n个待定系数a_j、b_j、c_j、d_j。因此要确定$S(t)$，也就是要确定满足式（3-36）、式（3-37）的这4n个系数。

式（3-36）、式（3-37）共有$4n-2$个条件，要唯一确定$S(t)$还必须附加边界条件。常用的三次样条插值函数的边界条件有以下三种类型：

第一种边界条件：给定$y=f(t)$在端点的一阶导数，要求$S(t)$满足

$$\dot{S}(t_0)=\dot{f}_0，\ \dot{S}(t_n)=\dot{f}_n \tag{3-39}$$

第二种边界条件：给定$y=f(t)$在端点的二阶导数，要求$S(t)$满足

$$\ddot{S}(t_0)=\ddot{f}_0，\ \ddot{S}(t_n)=\ddot{f}_n \tag{3-40}$$

其特殊情况为$\ddot{S}(t_0)=0$，$\ddot{S}(t_n)=0$，称为自然边界条件。

第三种边界条件：当$y=f(t)$为周期函数时，自然也要求$S(t)$也是周期函数，即满足

$$S^{(j)}(t_0)=S^{(j)}(t_n)(j=0、1、2、\cdots) \tag{3-41}$$

由这种边界条件确定的$S(t)$称为周期性样条函数。

记$h_j=t_{j+1}-t_j$，则三次样条插值函数$S(t)$可以用多项式表示为

$$S(t)=\frac{M_j}{6h_j}(t_{j+1}-t)^3+\frac{M_{j+1}}{6h_j}(t-t_j)^3+\left(f_j-\frac{M_jh_j^2}{6}\right)\frac{t_{j+1}-t}{6}+\left(f_{j+1}-\frac{M_{j+1}h_j^2}{6}\right)\frac{t-t_j}{6} \tag{3-42}$$

M_j是式（3-43）的解：

$$\begin{cases} 2M_1+b_1M_2=d_1 \\ \dfrac{h_{j-1}}{6}M_{j-1}+\dfrac{h_j+h_{j-1}}{3}M_j+\dfrac{h_j}{6}M_{j+1}=\dfrac{f_{j+1}-f_j}{h_j}-\dfrac{f_j-f_{j-1}}{h_{j-1}} \\ (j=1、2、\cdots、n-1) \\ \alpha_nM_{n-1}+2M_n=d_n \end{cases} \tag{3-43}$$

式中

$$\begin{cases} a_j = \dfrac{h_{j-1}}{h_j + h_{j-1}}(j=1、2、\cdots、n-1) \\ b_j = 1 - a_j(j=1、2、\cdots、n-1) \\ c_j = \dfrac{f_{i+1} - f_i}{h_j}(j=0、1、\cdots、n-1) \\ d_j = \dfrac{6(c_j - c_{j-1})}{h_j + h_{j-1}}(j=1、2、\cdots、n-1) \end{cases} \tag{3-44}$$

对于人形机器人的运动轨迹，由于在起始位置及结束位置人形机器人的运动速度为 0，因此可以按照给定第一种边界条件的情况来得到三次样条函数。初始边界条件及结束时的边界条件分别为 $\dot{S}(t_0)=0$，$\dot{S}(t_n)=0$，可以得到如下形式的解，即

$$\begin{cases} b_1 = a_n = 1 \\ d_1 = \dfrac{6(f_2 - f_1)}{h_1} \\ d_n = -\dfrac{6(f_n - f_{n-1})}{h_{n-1}} \end{cases} \tag{3-45}$$

（2）足部轨迹规划　人形机器人的足部轨迹是根据地面环境来设定的，如在地面凹凸不平或者有障碍物等情况下，应该根据地面约束条件来设定足部轨迹。

假设行走一步的周期是 T_c，第 K 步运动的时间为 $KT_c \sim (K+1)T_c$ $(K=1、2、\cdots)$。为便于分析，本小节只讨论右脚运动轨迹的产生，左脚的情况与此相同，只是相差一个 T_c 的延迟。一步的运动指从左脚跟接触地面开始，到右脚跟下一次接触地面的过程，如图 3-9 所示。其中 T_d 为双脚同时支撑的时间，即从一步开始到右脚尖离地的时间。

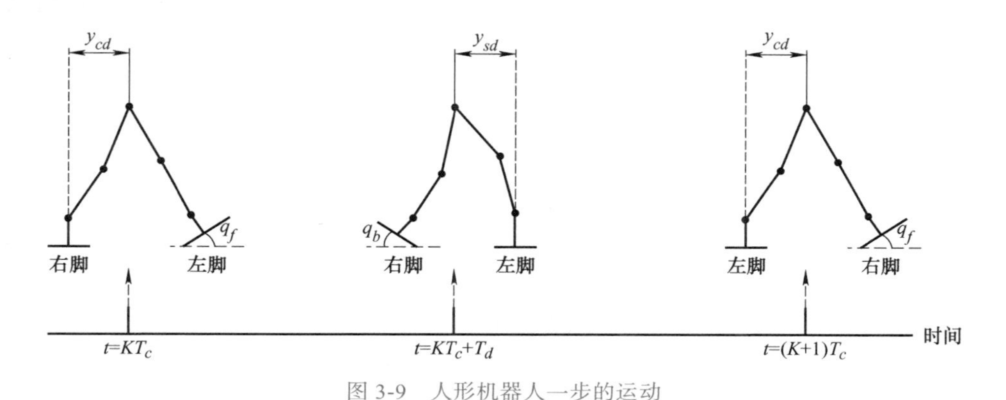

图 3-9　人形机器人一步的运动

令 q_b 和 q_f 分别为右脚离地和落地时的倾角，由于右脚底在 $t=KT_c$ 和 $t=(K+1)T_c$ 时与地面接触，右脚方向的约束条件为

$$\theta_a(t)=\begin{cases}q_s(K),t=KT_c\\q_b,t=KT_c+T_d\\q_f,t=KT_c+T_c\\q_e(K),t=(K+1)T_c+T_d\end{cases} \tag{3-46}$$

由此可以得到右脚踝关节的约束条件为

$$y_a(t)=\begin{cases}KD_s,t=KT_c\\KD_s+l_{af}(1-\cos q_b)+l_{an}\sin q_b,t=KT_c+T_d\\KD_s+L_{fm},t=KT_c+T_m\\(K+2)D_s-l_{ab}(1-\cos q_f)-l_{an}\sin q_f,t=KT_c+T_c\\(K+2)D_s,t=(K+1)T_c+T_d\end{cases} \tag{3-47}$$

$$z_a(t)=\begin{cases}h_{gs}(K)+l_{an},t=KT_c\\h_{gs}(K)+l_{an}\cos q_b+l_{aj}\sin q_b,t=KT_c+T_d\\H_{fm},t=KT_c+T_m\\h_{gc}(K)+l_{an}\cos q_f+l_{ab}\sin q_f,t=KT_c+T_c\\h_{ge}(K)+l_{an},t=(K+1)T_c+T_d\end{cases} \tag{3-48}$$

式中，KT_c+T_m 为右脚在最高点的时刻；$q_s(K)$ 和 $q_e(K)$ 为机器人支撑脚面的倾角，在水平的地面上，$q_s(K)=q_e(K)=0$。在粗糙的地面上或者有障碍物的环境下，机器人必须把脚抬得足够高才能避开障碍物。设（L_{fm},H_{fm}）为摆动脚在最高点的坐标，D_s 是一步的长度，l_{an} 是足底与踝关节之间的高度，l_{af} 是踝关节到脚尖的长度，l_{ab} 是踝关节到脚后跟的长度。另外，h_{gs} 和 h_{ge} 为每步开始和结束点的高度，在水平地面上这两个角度都为 0。

由于在 $t=KT_c$ 及 $t=(K+1)T_c+T_d$ 时，右脚整个脚底都与地面接触，由此可以得到约束条件为

$$\begin{cases}\dot{\theta}_a(KT_c)=0\\\dot{\theta}_a((K+1)T_c+T_d)=0\end{cases} \tag{3-49}$$

$$\begin{cases}\dot{y}_a(KT_c)=0\\\dot{y}_a((K+1)T_c+T_d)=0\end{cases} \tag{3-50}$$

$$\begin{cases}\dot{z}_a(KT_c)=0\\\dot{z}_a((K+1)T_c+T_d)=0\end{cases} \tag{3-51}$$

根据式（3-47）～式（3-51），采用三次样条插值法可以得到踝关节的运动轨迹，这样，$y_a(t)$、$z_a(t)$ 和 $\theta_a(t)$ 都可以用三次多项式表达。通过设置不同的 q_b、q_f、$q_s(K)$、$q_e(K)$、L_{fm} 和 D_s 的值，可以产生不同的足部运动轨迹。

如果人形机器人处于不平整的地面上，如上台阶时，在确定脚部位置约束条件时，还应该考虑脚是否会碰到台阶。下面以左脚为例，简单介绍上台阶时脚部运动轨迹的规划过程，人形机器人脚部的各个参数与前面定义的一致。为了简化条件，假定人形机器人的脚面与地面平行，即 $\theta_a(t)=0$ 。在足部轨迹的规划中，必须同时考虑方向及方向的位置以避免碰到台阶。人形机器人上台阶时的运动参数如图 3-10 所示，人形机器人脚部位置应该满足下面的约束条件，即

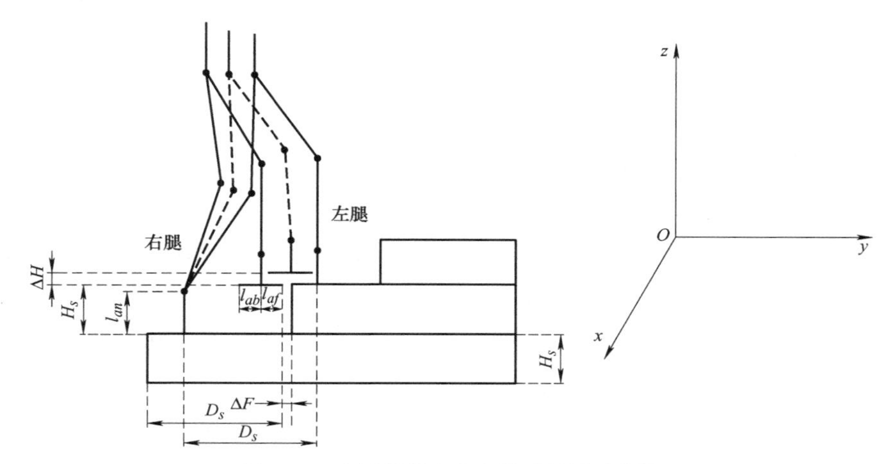

图 3-10　人形机器人上台阶时的运动参数

$$y_a(t)=\begin{cases}KD_s, t=KT_c\\KD_s+D_s-l_{ab}-l_{af}-\Delta F, t=KT_c+T_s\\KD_s+D_s-l_{ab}, t=KT_c+T_m\\(K+1)D_s, t=(K+1)T_c\end{cases}\tag{3-52}$$

$$\begin{cases}l_{an}, t=KT_c\\l_{an}+H_s, t=KT_c+T_s\\l_{an}+H_s+\Delta H, t=KT_c+T_m\\l_{an}+H_s, t=(K+1)T_c\end{cases}\tag{3-53}$$

式中，l_{ab}、l_{af}分别为y方向踝关节到脚后跟和脚尖的距离，l_{an}是足底到踝关节的高度，H_s是台阶的高度，D_s为步长，也是台阶的宽度。为了避免碰到台阶，当人形机器人的足部快要接近台阶时，应该让脚尖离开台阶一定距离，并让足底的高度超过台阶的高度。因此规定在T_s时刻，机器人的足部在y方向离台阶的距离为ΔF，此时人形机器人的足部在z方向离台阶的高度为ΔH。通过给ΔF、ΔH等指定不同的值，可以得到不同的足部轨迹。

（3）腰部轨迹规划　本方法中所指的人形机器人的腰部是指两髋关节连线的中点。从稳定性角度出发，可以假定 $\theta_h(t)$ 为常数，当人形机器人上身保持直立状态时，$\theta_h(t)=0.5\pi$ 。$z_h(t)$ 对 ZMP 值的影响较小，也就是说它对稳定性的影响不大，因此可以指定 $z_h(t)$ 为常数或在一个固定的范围内变化。假设 $H_{h\max}$ 是髋关节在单脚支撑中间时刻的位

置，$H_{h\min}$ 是髋关节在双脚支撑中间时刻的位置，则 $z_h(t)$ 的约束条件为

$$z_h(t)=\begin{cases}H_{h\min},t=KT_c+0.5T_d\\H_{h\max},t=KT_c+0.5(T_c-T_d)\\H_{h\min},t=(K+1)T_c+0.5T_d\end{cases}\tag{3-54}$$

同样，可以由三次样条插值法，得到满足式（3-53）并且二阶导数连续的轨迹。

人形机器人行走时，前进方向的运动 $y_h(t)$ 是影响稳定性的主要因素之一。与从期望的 ZMP 轨迹出发得到 $y_h(t)$ 的方法不同，本小节使用如下的轨迹规划方法：

1）生成一系列平滑的 $y_h(t)$。

2）选择具有最大稳定性裕度的 $y_h(t)$ 作为最后的轨迹。

一个行走周期可以分为三个阶段：①起始阶段，人形机器人的运动速度由 0 加速到期望的速度；②稳定行走阶段，人形机器人以期望的速度行走；③结束阶段，人形机器人从期望的速度减速行走至速度为 0。

在稳定行走阶段的一个步行周期中，$y_h(t)$ 可以分为单脚支撑和双脚支撑两个阶段。设 y_{sd} 和 y_{ed} 分别代表单脚支撑阶段开始和结束时髋关节到支撑脚的踝关节在 y 方向的距离，于是可以得到

$$y_h(t)=\begin{cases}(K+1)D_s-y_{sd},t=KT_c+T_d\\(K+1)D_s+y_{ed},t=(K+1)T_e\\(K+2)D_s-y_{ed},t=(K+1)T_c+T_d\end{cases}\tag{3-55}$$

为了得到周期性的平滑躯干轨迹，还必须满足约束条件，即

$$\begin{cases}\dot{y}_h(KT_c)=\dot{y}_h((K+1)T_c)\\\ddot{y}_h(KT_c)=\ddot{y}_h((K+1)T_c)\end{cases}\tag{3-56}$$

通过三次样条插值，可以得到满足式（3-55）、式（3-56）的 $y_h(t)$，即

$$y_h(t)=\begin{cases}KD_s+\dfrac{D_s-y_{ed}-y_{sd}}{T_d^2(T_c-T_d)}[(T_d+KT_c-t)^3-(t-KT_c)^3-\\T_d^2(T_d+KT_c-t)+T_d^2(t-KT_c)]+\dfrac{y_{ed}}{T_d}(T_d+KT_c-t)+\\\dfrac{D_s-y_{sd}}{T_d}(t-KT_c),t\in(KT_c,KT_c+T_d)\\KD_s+\dfrac{D_s-y_{ed}-y_{sd}}{T_d(T_c-T_d)^2}[(t-KT_c-T_d)^3-(T_c+KT_c-t)^3-\\(T_c-T_d)^2(T_c+KT_c-t)-(T_c-T_d)^2(t-KT_c-T_d)]+\\\dfrac{D_s-y_{sd}}{T_c-T_d}(T_c+KT_c-t)+\dfrac{D_s+y_{ed}}{T_c-T_d}(t-KT_c-T_d),\\t\in(KT_c+T_d,(K+1)T_c)\end{cases}\tag{3-57}$$

通过给 y_{sd}、y_{ed} 指定不同的值，根据式（3-57）可以得到一系列光滑的 $y_h(t)$。让 y_{sd}、y_{ed} 在一个给定的范围内变化，如

$$\begin{cases}0 < y_{sd} < 0.5D_s \\ 0 < y_{ed} < 0.5D_s\end{cases} \tag{3-58}$$

根据式（3-57）、式（3-58），可以得到满足以下约束条件的 $y_h(t)$ 轨迹，即

$$\max\begin{cases}d_{yzmp}(y_{sd},\ y_{ed}) \\ y_{sd} \in (0,\ 0.5D_s),\ y_{ed} \in (0,\ 0.5D_s)\end{cases} \tag{3-59}$$

式中，$d_{yzmp}(y_{sd}, y_{ed})$ 表示 y 方向的稳定性裕度。这里，计算 y 方向的稳定性裕度时只考虑了 y 方向的运动，是因为从 ZMP 的计算公式可以看出，x 方向的运动影响很小。由于只有两个参数 y_{sd} 和 y_{ed}，通过穷举搜索算法很容易得到满足式（3-59）的 y_{sd} 和 y_{ed}。另外，根据起始时刻及结束时刻人形机器人的速度为 0，可以得到以下边界条件，即

$$\begin{cases}\dot{y}_h(t_0) = 0 \\ \dot{y}_h(t_e) = 0\end{cases} \tag{3-60}$$

式中，$\dot{y}_h(t_0)$ 和 $\dot{y}_h(t_e)$ 分别表示人形机器人在起始时刻和终止时刻的运动速度。通过三次样条插值即可得到 $y_h(t)$ 轨迹。

腰部在左右方向即 x 方向的运动轨迹可以按照同样的方法得到，在进行稳定性计算时，应该以 x 方向的稳定性裕度最大为选择轨迹的标准之一。

另外，从 ZMP 的计算公式可以看到，人形机器人在两个相互垂直的方向（即 x、y 方向）的 ZMP 可以认为是相互独立、互不影响的，因此腰部的 x、y 方向的运动轨迹可以独立规划。也就是说，可以先规划好 y 方向的轨迹，再规划 x 方向的轨迹。

根据前面提到的方法，可以得到步态生成方法的流程：首先，根据地面环境规划出满足地面约束条件的脚部轨迹；然后，根据 ZMP 稳定性判据准则，规划出具有高稳定性的腰部轨迹。在选择腰部轨迹时，除了考虑稳定性因素外，还要考虑关节范围等运动约束条件。脚部及腰部轨迹确定之后，再通过逆运动学计算，即可得到各关节的运动轨迹。基于 ZMP 稳定性裕度的步态生成流程如图 3-11 所示。

2. 基于机器学习的步态规划

基于机器学习的步态规划是人形机器人领域中的一种前沿技术，它利用数据驱动的方法来生成或优化人形机器人的步态。这种方法特别适合于处理复杂、多变的环境和任务。

（1）机器学习在步态规划中的应用　机器学习方法可以自动从大量数据中提取模式，用于预测和优化步态，无需人为地详细编程每一步的动作。这些方法包括但不限于以下三种：

1）监督学习。使用带标签的数据（如从传感器收集的步态数据与相应的效果）来训练模型，以预测在特定条件下的最佳步态。

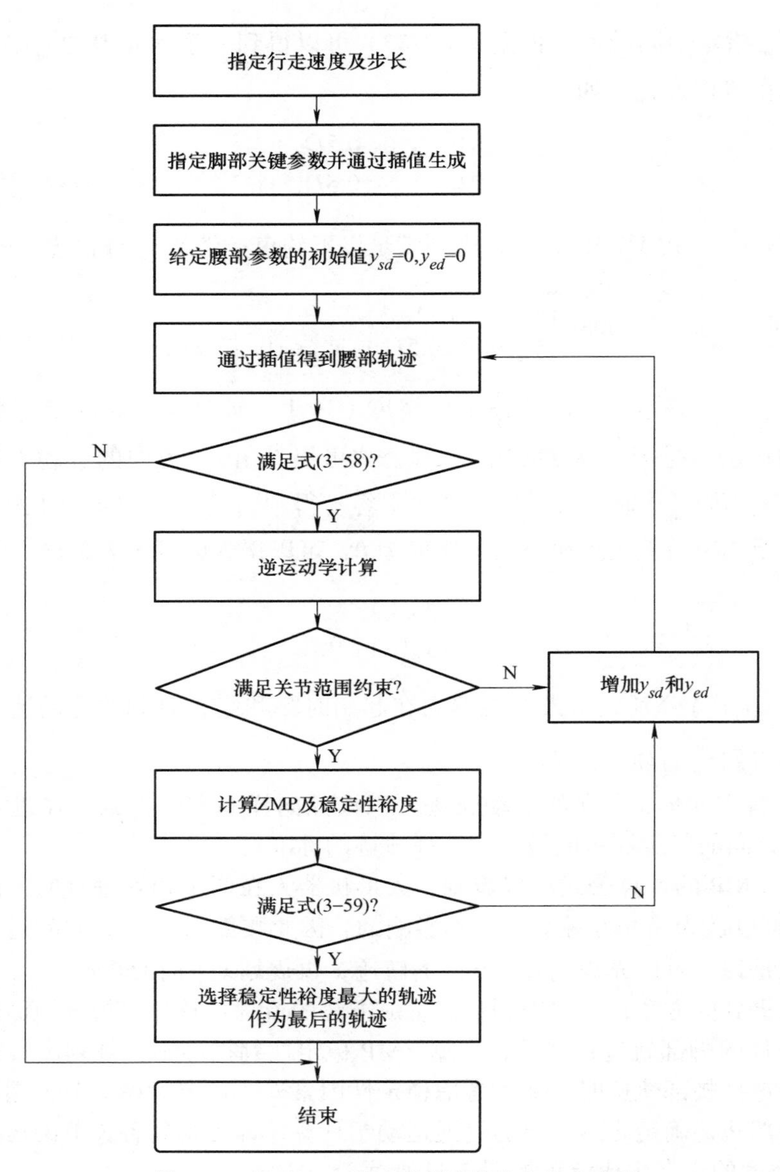

图 3-11　基于 ZMP 稳定性裕度的步态生成流程

2）强化学习。通过与环境的交互来学习步态策略，人形机器人试图通过试错来发现优化其行为的策略，以最大化某种形式的累积奖励。

3）无监督学习。从未标记的数据中学习步态模式，通常用于聚类或降维，帮助理解步态数据的内在结构。

（2）技术实现　先收集大量的人形机器人运动数据，可能包括视频数据、传感器数据（如 IMU、力矩传感器等）和环境反馈；之后从原始数据中提取有用的特征，这些特征能够表达人形机器人的运动状态和环境条件；然后使用机器学习算法（如神经网络、决策树等）来训练步态生成模型；最后进行模型评估与优化，在实际环境中测试模型的效果，并根据实验结果调整和优化模型。

基于机器学习的步态规划为人形机器人提供了一种强大的途径，以适应多样化的任务和环境。通过不断的学习和适应，人形机器人的行为可以变得更加智能和高效。然而，确保模型的泛化能力和处理大量数据的能力是实现这一目标的关键挑战。

3.4 行走控制

3.4.1 模型预测控制

人形机器人作为机器人的最理想的通用形式，一直以来受到众多研究者青睐。但人形机器人具有高维、非线性、欠驱动等特点，实现其动态的、稳定的行走控制具有较大的技术难度。目前，人形机器人传统控制方法主要有 ZMP 控制、基于弹簧倒立摆（Spring-Loaded Inverted Pendulum，SLIP）模型控制以及模型预测控制（Model Predictive Control，MPC）。ZMP 控制和 SLIP 模型控制都可以实现人形机器人的稳定运动，但是对于工厂或户外等对人形机器人稳定性、灵活性有更高需求的非结构化场景，具有较大的局限性。相对于 ZMP 控制和 SLIP 模型控制，模型预测控制可以处理多变量控制问题，可以显式地考虑输入和状态的约束，通过滚动优化能够更好地处理系统的不确定性和抗外部干扰。

1. 模型预测控制简介

如图 3-12 所示，模型预测控制本质上是采用优化方法来解决问题的，其主要思想是根据系统当前状态，利用模型预测系统未来的发展 y_k，并选择一个最优的控制输入 u_k。对于控制，这里的模型可以是利用物理规律推导的机理模型，也可以是基于数据驱动得到的经验模型。

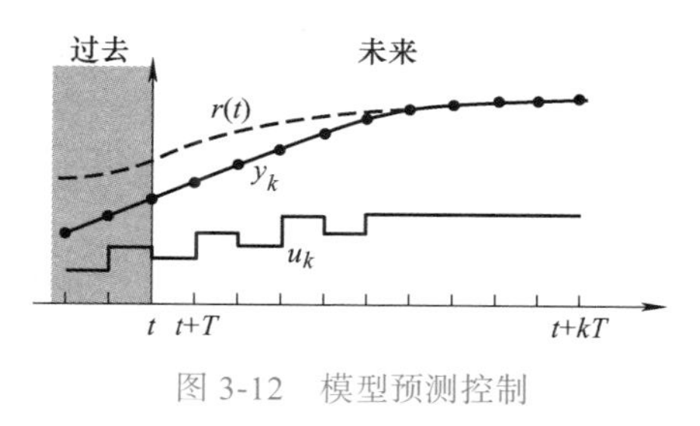

图 3-12　模型预测控制

在生活中经常应用这类算法，如下棋，无论是下象棋还是下围棋，都有它自身的规则，在过去、现在还是未来，都遵循一样的游戏规则，规则就可以看作 MPC 中的预测模型。当需要走下一步时，往往不是只看当下的这一步，而是会根据游戏规则，想到后续的几步，然后确定当前最好的一步棋，这便是 MPC 的思想。

2. 单刚体模型

考虑到人形机器人系统具有高维、非线性特点，如果预测模型采用较复杂的动力学模型，优化求解对硬件算力要求高，一般的硬件平台很难满足控制实时性的要求，且在实际应用时对模型结构参数更为敏感。因此，需要对系统模型进行合理的简化，并且使简化模型能够充分反映系统动力学特征。考虑到一般的人形机器人系统具有腿的质量相对于躯干较小的特点，腿部带来的非线性力影响可忽略不计。本书采用一种单刚体模型来描述系统模型，可以大大降低模型复杂程度和减少后续优化求解耗时。人形机器人的理想单刚体模型是将整个机器人假设为一个刚体，通过两个足端与环境交互，它通过受到的外力和外力矩作用来改变自身运动状态。相对于复杂系统模型，基于单刚体模型的模型预测控制能够在实现人形机器人稳定行走的同时，降低硬件平台算力要求。

如图 3-13 所示，根据刚体的质心动力学，单刚体模型的数学形式见式（3-61）、式（3-62）、式（3-63），式中所有物理量均在世界坐标系中表示。m 为机器人质量；$\boldsymbol{I}$ 为机器人转动惯量矩阵；$\boldsymbol{g}=\left[0\ 0\ 9.81\right]^{\mathrm{T}}$ 为重力加速度矢量；$\boldsymbol{\omega}\in\boldsymbol{R}^3$ 为机器人角速度；$\boldsymbol{p}_c\in\boldsymbol{R}^3$ 为机器人质心位置；$\boldsymbol{p}_i\in\boldsymbol{R}^3$ 为机器人小腿与足底连接点位置；$\boldsymbol{f}_i\in\boldsymbol{R}^3$ 为机器人足端受到环境的合外力，作用点在小腿与足底连接点；$\boldsymbol{\tau}_i\in\boldsymbol{R}^3$ 为机器人足端受到环境的合外力矩。$\boldsymbol{\tau}_i$ 的维数会根据机器人足底类型变化，常见类型有三种：足底接触面积极小，可近似为点接触，此时合外力矩可忽略不计；足底接触面积比较窄，可近似为线接触，此时无法产生滚转的力矩，$\boldsymbol{\tau}_i\in\boldsymbol{R}^2$；当足底接触面积足够大时，为面接触，可产生三维合力矩，$\boldsymbol{\tau}_i\in\boldsymbol{R}^3$。$\hat{\boldsymbol{\omega}}$ 表示 $\boldsymbol{\omega}$ 的斜对称矩阵。

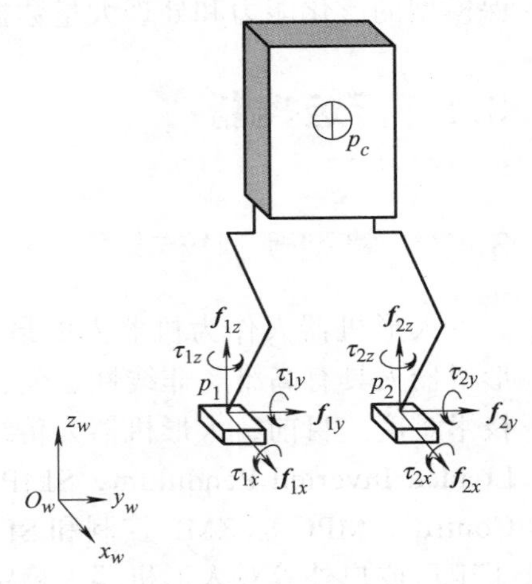

图 3-13　单刚体模型

$$\ddot{\boldsymbol{p}}_c=\frac{\sum_{i=1}^{n}\boldsymbol{f}_i}{m}-\boldsymbol{g} \tag{3-61}$$

$$\frac{\mathrm{d}}{\mathrm{d}t}(\boldsymbol{I}\boldsymbol{\omega})=\sum_{i=1}^{n}\left[(\boldsymbol{p}_i-\boldsymbol{p}_c)\times\boldsymbol{f}_i+\boldsymbol{\tau}_i\right] \tag{3-62}$$

$$\dot{\boldsymbol{R}}=\hat{\boldsymbol{\omega}}\boldsymbol{R} \tag{3-63}$$

根据欧拉有限旋转定理，刚体在空间中的旋转可以通过欧拉角描述。$\boldsymbol{\Theta}=\left[\phi\theta\psi\right]^{\mathrm{T}}$ 常用于机器人应用中的欧拉角表示，分别为横滚角、俯仰角和偏航角。旋转变换矩阵与欧拉角的关系为

$$\boldsymbol{R}=\boldsymbol{R}_z(\psi)\boldsymbol{R}_z(\theta)\boldsymbol{R}_z(\phi) \tag{3-64}$$

根据式（3-63）和式（3-64）可以得到世界坐标系下机身角速度与欧拉角导数的关系为

$$\boldsymbol{\omega}=\begin{bmatrix}\cos(\theta)\cos(\psi) & -\sin(\psi) & 0\\ \cos(\theta)\sin(\psi) & \cos(\psi) & 0\\ -\sin(\theta) & 0 & 1\end{bmatrix}\begin{bmatrix}\dot{\phi}\\ \dot{\theta}\\ \dot{\psi}\end{bmatrix} \tag{3-65}$$

人形机器人在平稳行走过程中，横滚角 ϕ 以及俯仰角 θ 的数值很小，基本在 0 附近波动，即 $\phi\approx 0$、$\theta\approx 0$，可以得到式（3-66），还可以写成式（3-67）的形式。

$$\begin{bmatrix}\dot{\phi}\\ \dot{\theta}\\ \dot{\psi}\end{bmatrix}\approx\begin{bmatrix}\cos(\psi) & \sin(\psi) & 0\\ -\sin(\psi) & \cos(\psi) & 0\\ 0 & 0 & 1\end{bmatrix}\boldsymbol{\omega} \tag{3-66}$$

$$\begin{bmatrix}\dot{\phi}\\ \dot{\theta}\\ \dot{\psi}\end{bmatrix}\approx\boldsymbol{R}_z(\boldsymbol{\psi})^{\mathrm{T}}\boldsymbol{\omega} \tag{3-67}$$

根据式（3-67），在横滚角 ϕ 以及俯仰角 θ 在 0 附近波动的情况下，$\boldsymbol{\omega}$ 与 $\boldsymbol{I\omega}$ 基本同向，因此可以得到式（3-68），即

$$\boldsymbol{I\omega}=\boldsymbol{I\dot{\omega}}+\boldsymbol{\omega}\times\boldsymbol{I\omega}\approx\boldsymbol{I\dot{\omega}} \tag{3-68}$$

在 $\phi\approx0$ 和 $\theta\approx0$ 的近似条件下，可以将单刚体动力学模型进行简化，得到式（3-69）所示的状态方程。系统输入 $\boldsymbol{u}=[\boldsymbol{f}_1\ \boldsymbol{f}_2\ \boldsymbol{\tau}_1\ \boldsymbol{\tau}_2]^{\mathrm{T}}$，状态矩阵 A 见式（3-70），输入矩阵 B 见式（3-71）。

$$\frac{\mathrm{d}}{\mathrm{d}t}\begin{bmatrix}\boldsymbol{\Theta}\\ \boldsymbol{p}_c\\ \boldsymbol{\omega}\\ \dot{\boldsymbol{p}}_c\end{bmatrix}=A\begin{bmatrix}\boldsymbol{\Theta}\\ \boldsymbol{p}_c\\ \boldsymbol{\omega}\\ \dot{\boldsymbol{p}}_c\end{bmatrix}+Bu+\begin{bmatrix}0_{3\times1}\\ 0_{3\times1}\\ 0_{3\times1}\\ \boldsymbol{g}\end{bmatrix} \tag{3-69}$$

$$A=\begin{bmatrix}0_{3\times3} & 0_{3\times3} & R_z(\psi)^{\mathrm{T}} & 0_{3\times3}\\ 0_{3\times3} & 0_{3\times3} & 0_{3\times3} & 1_{3\times3}\\ 0_{3\times3} & 0_{3\times3} & 0_{3\times3} & 0_{3\times3}\\ 0_{3\times3} & 0_{3\times3} & 0_{3\times3} & 0_{3\times3}\end{bmatrix} \tag{3-70}$$

$$\boldsymbol{B}=\begin{bmatrix}0_{3\times3} & 0_{3\times3} & 0_{3\times3} & 0_{3\times3}\\ 0_{3\times3} & 0_{3\times3} & 0_{3\times3} & 0_{3\times3}\\ \boldsymbol{I}^{-1}(\boldsymbol{p}_1-\boldsymbol{p}_c) & \boldsymbol{I}^{-1}(\boldsymbol{p}_2-\boldsymbol{p}_c) & \boldsymbol{I}^{-1} & \boldsymbol{I}^{-1}\\ \dfrac{1_{3\times3}}{m} & \dfrac{1_{3\times3}}{m} & 0_{3\times3} & 0_{3\times3}\end{bmatrix} \tag{3-71}$$

在横滚角和俯仰角基本为 0 的情况下，可以简化世界坐标系中转动惯量矩阵 $\boldsymbol{I}$ 与机身坐标系中转动惯量矩阵 $\boldsymbol{I}_B$ 的关系为

$$\boldsymbol{I}=\boldsymbol{R}_z(\boldsymbol{\psi})\boldsymbol{I}_B\boldsymbol{R}_z(\boldsymbol{\psi})^{\mathrm{T}} \tag{3-72}$$

将式（3-69）中重力加速度矢量作为一个单独的状态相，定义系统状态为 $\boldsymbol{x}=[\boldsymbol{\Theta}\ \boldsymbol{p}_c\ \ \boldsymbol{\omega}\,\dot{\boldsymbol{p}}_c\ \ \boldsymbol{g}]^{\mathrm{T}}$，得到连续时间线性状态方程，即

$$\dot{\boldsymbol{x}}=\boldsymbol{A}_c\boldsymbol{x}+\boldsymbol{B}_c\boldsymbol{u} \tag{3-73}$$

将式（3-73）经过前向欧拉法进行离散，得到离散时间线性状态方程为

$$\boldsymbol{x}_{i+1} = \boldsymbol{A}_{d,i}\boldsymbol{x}_i + \boldsymbol{B}_{d,i}\boldsymbol{u}_i \tag{3-74}$$

$$\boldsymbol{A}_d = \mathrm{e}^{\boldsymbol{A}_c T} \approx \boldsymbol{I} + T\boldsymbol{A}_c \tag{3-75}$$

$$\boldsymbol{B}_d = \int_0^T \mathrm{e}^{\boldsymbol{A}_c T}\mathrm{d}t\boldsymbol{B}_c \approx T\boldsymbol{B}_c \tag{3-76}$$

3. 模型预测控制问题构造与求解

通过近似离散能得到离散时间线性状态方程，其中状态矩阵和输入矩阵只取决于偏航角、支撑腿相对于机身的位置。因此，可以通过当前系统测量值计算状态矩阵和输入矩阵，得到当前时刻的预测模型。根据当前状态、预测模型和未来输入可以预测参考轨迹范围内的系统状态，这样就可以在显式约束系统状态和输入的同时，对系统输入进行优化。人形机器人模型预测控制问题由代价函数、预测模型和约束三部分组成，具体的数学形式见式（3-77），其中 k 为预测时域。

$$\begin{gathered}
\min_{\boldsymbol{x},\boldsymbol{u}} \sum_{i=0}^{k-1} (x_{i+1} - x_{i+1,r})^{\mathrm{T}} \boldsymbol{Q}_i (x_{i+1} - x_{i+1,r}) + \boldsymbol{u}_i^{\mathrm{T}} \boldsymbol{R}_i \boldsymbol{u}_i \\
s.t. x_{i+1} = \boldsymbol{A}_{d,i} x_i + \boldsymbol{B}_{d,i} \boldsymbol{u}_i (i = 0、\cdots、k-1) \\
c_i^- \leqslant \boldsymbol{C}_i \boldsymbol{u}_i \leqslant c_i^+ (i = 0、\cdots、k-1) \\
\boldsymbol{D}_i \boldsymbol{u}_i = 0 (i = 0、\cdots、k-1)
\end{gathered} \tag{3-77}$$

模型预测控制问题的优化目标是在满足约束的前提下，最小化代价函数。代价函数主要由两项组成：第一项为主，为减小轨迹跟踪误差；第二项为辅，为系统输入大小的量化，避免较大的输入。实际应用时，两项的权重 $\boldsymbol{Q}_i$ 和 $\boldsymbol{R}_i$ 需要根据输入和状态的大小尺度、具体任务进行针对性调整。约束包括等式和不等式约束。人形机器人运动控制任务中，等式约束主要是根据步态规划，将摆动腿的足端力和力矩置为 0。不等式约束针对支撑腿，见式（3-78）和式（3-79），包括法向力、力矩最小最大值约束，以避免较大的足端力和力矩导致关节力矩超限，用足端摩擦锥约束，可避免打滑。

$$\begin{gathered}
0 \leqslant F_{\min} \leqslant F_{iz} \leqslant F_{\max} \\
\tau_{x\min} \leqslant \tau_{ix} \leqslant \tau_{x\max} \\
\tau_{y\min} \leqslant \tau_{iy} \leqslant \tau_{y\max} \\
\tau_{z\min} \leqslant \tau_{iz} \leqslant \tau_{z\max}
\end{gathered} \tag{3-78}$$

$$\begin{gathered}
-\mu F_{iz} \leqslant F_{iz} \leqslant \mu F_{iz} \\
-\mu F_{iz} \leqslant F_{iy} \leqslant \mu F_{iz}
\end{gathered} \tag{3-79}$$

在实际求解过程中，该优化问题可以转化为一个标准的二次规划问题，利用求解器进行求解。在本小节构造的模型预测控制问题中，预测模型描述了离散时间的系统动力学。通过递推的方式，可以将未来状态整理成一个向量 $\boldsymbol{X} = [\boldsymbol{x}_1^{\mathrm{T}} \quad \boldsymbol{x}_2^{\mathrm{T}} \quad \cdots \quad \boldsymbol{x}_k^{\mathrm{T}}]^{\mathrm{T}} \in \boldsymbol{R}^{13k}$，将系统

输入整理成一个向量 $\boldsymbol{U}=[\boldsymbol{u}_1^{\mathrm{T}} \quad \boldsymbol{u}_2^{\mathrm{T}} \quad \cdots \quad \boldsymbol{u}_k^{\mathrm{T}}]^{\mathrm{T}} \in \boldsymbol{R}^{6nk}$，可以得到状态转移方程。其中 x_0 是系统当前实际状态，矩阵 A_{qp} 与 $A_{d,i}$ 有关，矩阵 B_{qp} 与 $A_{d,i}$ 和 $B_{d,i}$ 有关。

$$\boldsymbol{X}=\boldsymbol{A}_{qp}\boldsymbol{x}_0+\boldsymbol{B}_{qp}\boldsymbol{U} \tag{3-80}$$

将式（3-80）代入代价函数进行计算，可以得到式（3-81）。其中 y 为参考轨迹，Q 与 R_i 是与状态权重 Q_i 和输入权重 R_i 相关的参数矩阵。

$$\begin{aligned}
\boldsymbol{J}&=\sum_{i=0}^{k-1}(\boldsymbol{x}_{i+1}-\boldsymbol{x}_{i+1,7})^{\mathrm{T}}\boldsymbol{Q}_i(\boldsymbol{x}_{i+1}-\boldsymbol{x}_{i+1,7})+\boldsymbol{u}_i^{\mathrm{T}}\boldsymbol{R}_i\boldsymbol{u}_i\\
&=\boldsymbol{X}^{\mathrm{T}}\boldsymbol{Q}\boldsymbol{X}+\boldsymbol{U}^{\mathrm{T}}\boldsymbol{R}\boldsymbol{U}\\
&=(\boldsymbol{A}_{qp}\boldsymbol{x}_0+\boldsymbol{B}_{qp}\boldsymbol{U}-\boldsymbol{y})^{\mathrm{T}}\boldsymbol{Q}(\boldsymbol{A}_{qp}\boldsymbol{x}_0+\boldsymbol{B}_{qp}\boldsymbol{U}-\boldsymbol{y})+\boldsymbol{U}^{\mathrm{T}}\boldsymbol{R}\boldsymbol{U}\\
&=\boldsymbol{U}^{\mathrm{T}}(\boldsymbol{B}_{qp}^{\mathrm{T}}\boldsymbol{Q}\boldsymbol{B}_{qp}+\boldsymbol{R})\boldsymbol{U}+2(\boldsymbol{A}_{qp}\boldsymbol{x}_0-\boldsymbol{y})^{\mathrm{T}}\boldsymbol{Q}\boldsymbol{B}_{qp}\boldsymbol{U}+\\
&\quad(\boldsymbol{A}_{qp}\boldsymbol{x}_0-\boldsymbol{y})^{\mathrm{T}}\boldsymbol{Q}(\boldsymbol{A}_{qp}\boldsymbol{x}_0-\boldsymbol{y})
\end{aligned} \tag{3-81}$$

式（3-81）中，第三项为常数，因此代价函数主要受前两项影响。二次规划问题的标准数学形式为

$$\begin{aligned}
&\min_{z}\frac{1}{2}\boldsymbol{z}^{\mathrm{T}}\boldsymbol{H}\boldsymbol{z}+\boldsymbol{g}^{\mathrm{T}}\boldsymbol{z}\\
&s.t.\quad \boldsymbol{A}_{neq}\boldsymbol{z}\leqslant\boldsymbol{b}_{neq}\\
&\qquad\quad \boldsymbol{c}\leqslant\boldsymbol{z}\leqslant\boldsymbol{d}
\end{aligned} \tag{3-82}$$

将式（3-81）与式（3-82）对应，将模型预测控制问题转化为标准形式，可以得到式（3-83）、式（3-84）。约束部分式（3-78）和式（3-79）转化为标准形式相对容易，可自行推导。

$$\boldsymbol{H}=2(\boldsymbol{B}_{qp}^{\mathrm{T}}\boldsymbol{Q}\boldsymbol{B}_{qp}+\boldsymbol{R}) \tag{3-83}$$

$$\boldsymbol{g}=2\boldsymbol{B}_{qp}^{\mathrm{T}}\boldsymbol{Q}(\boldsymbol{A}_{qp}\boldsymbol{x}_0-\boldsymbol{y}) \tag{3-84}$$

至此，完成了将人形机器人模型预测控制问题构造转化为二次规划问题的标准形式。实际求解时，可以借助 OSQP、OOQP 等开源的求解器进行求解。注意：每个求解器数学形式相似，但是代码中的数据结构不同。在求解完该模型预测控制问题后，一般将第一个周期的输入作为后续部分使用。

3.4.2　全身控制

1. 全身控制的基本原理

在设计人形机器人控制系统时，有时会发现末端执行器的位置要比方向更重要。例如，在焊接、激光切割等工作中，必须尽可能保证末端执行器的位置精度，因为这

些任务要求精确定位以确保工艺质量和效率。然而，有时末端执行器的方向要比位置更为重要。比如，当机械臂的末端是一台天文望远镜，观测非常远的天文现象时，机械臂的位置误差可能影响不大，但方向上稍有误差，就可能无法对准观测目标，导致观测失败。

机器人全身控制（Whole Body Control，WBC）通过控制机器人的所有可驱动关节来优化机器人的整体行为。通常，一个综合的机器人控制任务可以依据不同的意义分解成多个子任务，并根据重要程度划分优先级。高优先级任务（如保持平衡和关键点的精确定位）必须优先执行，而低优先级任务（如调整姿态以达到美观效果）则不应影响高优先级任务的执行。例如，在一个双足机器人的行走控制中，保持身体平衡和步伐稳定是首要任务，而摆动手臂以保持动态平衡或进行交互则是次要任务。在这种情况下，WBC 方法能够通过任务优先级的设定，确保关键的高优先级任务得到优先执行，同时也能灵活处理次要任务，使机器人能够在复杂环境中高效、稳定地运行。通过这种方式，机器人不仅能在任务中保持高精度的执行能力，还能在面对多任务场景时展示出高度的灵活性和适应性，因此目前被广泛应用于四足机器人和双足机器人。

根据前面的运动学知识，可以知道机器人的任务空间向量 $\boldsymbol{x}$ 与关节空间向量 $\boldsymbol{q}$ 存在一个非线性映射关系，同时工作空间速度 $\dot{\boldsymbol{x}}$ 与关节空间速度 $\dot{\boldsymbol{q}}$ 之间存在一个线性映射关系，其中 $\boldsymbol{J}$ 称为雅可比矩阵，是关节空间 $\boldsymbol{q}$ 的函数。雅可比矩阵 $\boldsymbol{J}$ 是关节空间速度到工作空间速度的映射。当工作空间维度较少而关节空间维度较多时，对于某些工作空间速度 $\dot{\boldsymbol{x}}$，可以算出多个甚至无数个 $\dot{\boldsymbol{q}}$，则称这种机器人为冗余机器人。有

$$\begin{aligned}\boldsymbol{x} &= f(\boldsymbol{q}) \\ \dot{\boldsymbol{x}} &= \boldsymbol{J}\dot{\boldsymbol{q}}\end{aligned} \tag{3-85}$$

结合运动学来给出一个更实际的例子来阐述机器人全身控制的必要性。图 3-14 所示是一个平面 3 自由度机械臂的简化示意图，这个机械臂共有 3 个关节自由度，即 $\boldsymbol{q} \in \boldsymbol{R}^3$。假设当前的任务是控制机械臂末端跟踪期望平面位置轨迹（x，y），任务空间维度也即 $\boldsymbol{x} \in \boldsymbol{R}^2$。由于机械臂有 3 个自由度，大于任务空间维度，在机械臂工作空间范围内可以很好地完成末端控制任务。现在引入第二个任务，期望机械臂的第一个关节角 $\boldsymbol{q}_1$ 保持固定大小。机械臂末端位置的跟踪和关节角的跟踪有可能会互相冲突，出现冲突时无法求解控制任务。可以引入机器人全身控制的思想，对控制任务进行分层，这里将末端位置控制任务作为第一优先级，关节角控制任务作为第二优先级。在优先完成高优先级控制任务的前提条件下，尽可能完成低优先级控制任务；换句话说，当末端位置跟踪任务和关节角控制任务不互相冲突时，全身控制器能够同时处理这两个控制任务；当关节角控制任务影响到了平面位置跟踪时，则优先保证末端位置的控制效果。接下来给出全身控制的具体数学实现方法。

为了描述这种冗余特性，定 $\boldsymbol{J}(N)$ 为雅可比矩阵 $\boldsymbol{J}$ 的零空间投影矩阵，简称为零空间矩阵，$\boldsymbol{J}(N)$ 与 $\boldsymbol{J}$ 满足特性

$$\boldsymbol{J}(N)=0 \tag{3-86}$$

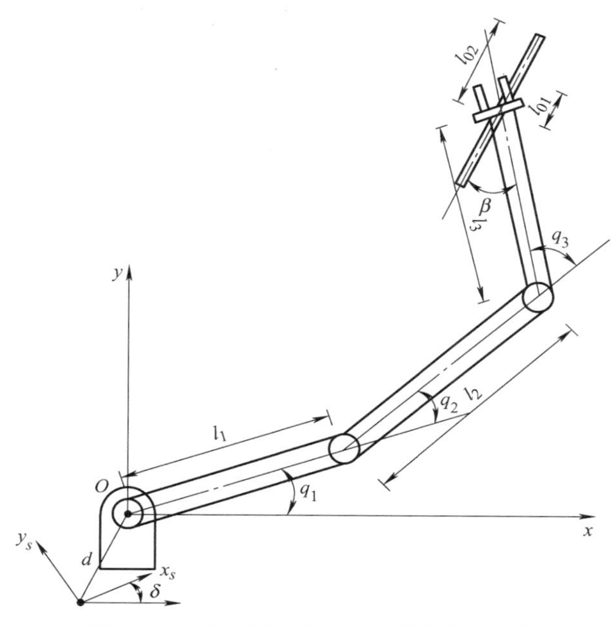

图 3-14　平面三自由度机械臂的简化示意图

零空间矩阵 $\boldsymbol{J}(\boldsymbol{N})$ 存在对雅可比矩阵 $\boldsymbol{J}$ 的依赖性，也就是说 $\boldsymbol{J}(\boldsymbol{N})$ 可以通过 J 计算得出。这里定义 $\boldsymbol{J}^{\dagger}$ 为 $\boldsymbol{J}$ 的右逆矩阵，也即满足 $\boldsymbol{J}^{\dagger}\boldsymbol{J}=\boldsymbol{I}$。一个常用的零空间矩阵可以通过右逆矩阵 $\boldsymbol{J}^{\dagger}$ 来构造，通常按如下公式求解，即

$$\begin{aligned}\boldsymbol{N}&=\boldsymbol{I}-\boldsymbol{J}^{\dagger}\boldsymbol{J}\\ \boldsymbol{J}^{\dagger}&=\boldsymbol{J}^{\mathrm{T}}(\boldsymbol{J}\boldsymbol{J}^{\mathrm{T}})^{-1}\end{aligned} \tag{3-87}$$

借助零空间矩阵，可以计算任务空间速度到关节空间速度的映射关系，即

$$\dot{\boldsymbol{q}}=\boldsymbol{J}^{\dagger}\overline{\boldsymbol{x}}+\boldsymbol{N}\dot{\boldsymbol{q}}_{\forall} \tag{3-88}$$

这里的 $\dot{\boldsymbol{q}}_{\forall}$ 为任意的关节空间速度向量。

将式（3-88）等号两边同时乘以雅可比矩阵 $\boldsymbol{J}$，可以验证该公式的正确性，即

$$\begin{aligned}\boldsymbol{J}\dot{\boldsymbol{q}}&=\boldsymbol{J}\boldsymbol{J}^{\dagger}\dot{\boldsymbol{x}}+\boldsymbol{J}\boldsymbol{N}\dot{\boldsymbol{q}}_{\forall}\\ &=\boldsymbol{I}\dot{\boldsymbol{x}}+0\dot{\boldsymbol{q}}_{\forall}\\ &=\dot{\boldsymbol{x}}\end{aligned} \tag{3-89}$$

根据以上结果，通过借助雅可比矩阵 $\boldsymbol{J}$ 构造零空间矩阵 $\boldsymbol{N}$，能够在尽可能保证工作空间任务 $\dot{\boldsymbol{x}}$ 完成的前提下，使关节可以按照 $\dot{\boldsymbol{q}}_{\forall}$ 的速度任意运动，以此来实现其他额外的低优先级任务。这种充分利用关节冗余特性，同时保证多个控制任务的控制方法即为机器人全身控制。

2. 带优先级的多任务全身控制

假设现在有 $\boldsymbol{n}_t$ 个控制任务，将第 i 个任务的工作空间位置用 $\boldsymbol{x}_i$ 表示，假设其雅可比矩

阵与零空间矩阵可分别表示为 $\boldsymbol{J}_i$ 和 $\boldsymbol{N}_i$。数字 i 越小代表此任务的优先级越高。假设 $\dot{\boldsymbol{q}}_\forall$ 为按优先级实现前 i 个任务的关节空间速度。当考虑第 i 个任务时，可以将前 $i-1$ 个任务组合成一个总的任务矩阵 $\boldsymbol{A}_{i-1}$，即

$$\begin{bmatrix} \dot{\boldsymbol{x}}_1 \\ \dot{\boldsymbol{x}}_2 \\ \vdots \\ \dot{\boldsymbol{x}}_{i-1} \end{bmatrix} = \begin{bmatrix} \boldsymbol{J}_1 \\ \boldsymbol{J}_2 \\ \vdots \\ \boldsymbol{J}_{i-1} \end{bmatrix} \dot{\boldsymbol{q}}_{i-1} \tag{3-90}$$

可以简写为

$$\dot{\boldsymbol{\chi}}_{i-1}^A = \boldsymbol{J}_{i-1}^A \dot{\boldsymbol{q}}_{i-1} \tag{3-91}$$

类似地，利用前 $i-1$ 个任务的雅克比矩阵可以构造得到前 $i-1$ 个任务的零空间矩阵 $\boldsymbol{N}_{i-1}^A$，即

$$\boldsymbol{N}_{i-1}^A = \boldsymbol{I} - (\boldsymbol{J}_{i-1}^A)^\dagger \boldsymbol{J}_{i-1}^A \tag{3-92}$$

假设此时已经求解得到按优先级实现前 $i-1$ 个任务的关节空间速度 $\dot{\boldsymbol{q}}_{i-1}$，借助前 $i-1$ 个任务的零空间矩阵可以迭代求解，得到按优先级实现前 i 个任务的关节空间速度 $\dot{\boldsymbol{q}}_i$ 的操作与此类似，将等号两边同时左乘雅可比矩阵，可以验证该公式的正确性，即

$$\dot{\boldsymbol{q}}_i = \dot{\boldsymbol{q}}_{i-1} + \boldsymbol{N}_{i-1}^A \dot{\boldsymbol{q}}_\forall \tag{3-93}$$

求解 $\dot{\boldsymbol{q}}_\forall$，让 $\dot{\boldsymbol{q}}_i$ 实现对第 i 个任务空间 $\dot{\boldsymbol{x}}_i$ 的控制，即

$$\begin{aligned} \dot{\boldsymbol{x}}_i &= \boldsymbol{J}_i \dot{\boldsymbol{q}}_i \\ &= \boldsymbol{J}_i (\dot{\boldsymbol{q}}_{i-1} + \boldsymbol{N}_{i-1}^A \dot{\boldsymbol{q}}_\forall) \end{aligned}$$

$$\dot{\boldsymbol{q}}_\forall = (\boldsymbol{J}_i \boldsymbol{N}_{i-1}^A)^\dagger (\dot{\boldsymbol{x}}_i - \boldsymbol{J}_i \dot{\boldsymbol{q}}_{i-1}) \tag{3-94}$$

通过将 $\dot{\boldsymbol{q}}_\forall$ 代入之前的公式，可得到如下递推公式

$$\begin{aligned} \dot{\boldsymbol{q}}_i &= \dot{\boldsymbol{q}}_{i-1} + \boldsymbol{N}_{i-1}^A \dot{\boldsymbol{q}}_\forall \\ &= \dot{\boldsymbol{q}}_{i-1} + \boldsymbol{N}_{i-1}^A (\boldsymbol{J}_i \boldsymbol{N}_{i-1}^A)^\dagger (\dot{\boldsymbol{x}}_i - \boldsymbol{J}_i \dot{\boldsymbol{q}}_{i-1}) \\ &= \dot{\boldsymbol{q}}_{i-1} + (\boldsymbol{J}_i \boldsymbol{N}_{i-1}^A)^\dagger (\dot{\boldsymbol{x}}_i - \boldsymbol{J}_i \dot{\boldsymbol{q}}_{i-1}) \end{aligned} \tag{3-95}$$

注意： 这里可以利用 $\boldsymbol{N}(\boldsymbol{JN})^+ = (\boldsymbol{JN})^+$ 来进一步简化该递推公式。通过该递推公式，即可从第 1 个任务开始到第 n 个任务结束进行递推计算，得到满足所有任务的关节空间速度 $\dot{\boldsymbol{q}}_n$，并且保证 n 个任务之间的优先级关系。

以上描述的全身控制算法是速度级全身控制，任务空间 $\dot{\boldsymbol{x}}$ 和关节空间 $\dot{\boldsymbol{q}}$ 都是通过一阶微分，即速度来进行描述的。通常足式机器人的运动都是高度动态的，仅使用速度级别的控制是不足够的，因此需要考虑加速度层面的控制，这也就是接下来要讨论加速度级全身控制的原因。通过对 $\dot{\boldsymbol{x}} = \boldsymbol{J}\dot{\boldsymbol{q}}$（$\dot{\boldsymbol{q}}$ 是通过关节传感器读取的反馈结果，作为已知量参与计

算）进行微分可以得到关节空间加速度与工作空间加速度的关系为

$$\ddot{\boldsymbol{x}}=\dot{\boldsymbol{J}}\ddot{\boldsymbol{q}}+\boldsymbol{J}\ddot{\boldsymbol{q}} \tag{3-96}$$

该式重点描述的是两个加速度 $\ddot{\boldsymbol{x}}$ 与 $\ddot{\boldsymbol{q}}$ 之间的映射关系。

类似于速度级多任务全身控制的处理，将前 $i-1$ 个任务组合成一个大任务 $\boldsymbol{A}_{i-1}$，假设已经求解得到了实现前 $i-1$ 个工作空间加速度任务的关节空间加速度 $\ddot{\boldsymbol{q}}_{i-1}$，则依照速度级多任务全身控制的思想，借助前 $i-1$ 个任务的零空间矩阵可以迭代求解，得到按优先级实现前 i 个任务的关节空间加速度 $\ddot{q}$。与前文的操作类似，将等号两边同时左乘雅可比矩阵，再在等式两边同时加上 $\boldsymbol{J}_{i-1}\dot{\boldsymbol{q}}$，可以验证 $\ddot{\boldsymbol{q}}_i$ 和 $\ddot{\boldsymbol{q}}_{i-1}$ 在任务 A_i-1 所在的任务工作空间中效果相同。

$$\ddot{\boldsymbol{q}}_i=\ddot{\boldsymbol{q}}_{i-1}+\boldsymbol{N}_{i-1}^{A}\ddot{\boldsymbol{q}}_{\forall} \tag{3-97}$$

求解 $\ddot{q}_{\forall}$，让 $\ddot{q}_i$ 实现对第 i 个任务空间加速度 $\ddot{x}_i$ 的控制，即

$$\begin{aligned}\ddot{\boldsymbol{x}}_i&=\dot{\boldsymbol{J}}_i\dot{\boldsymbol{q}}+\boldsymbol{J}_i\ddot{\boldsymbol{q}}_i\\&=\dot{\boldsymbol{J}}_i\dot{\boldsymbol{q}}+\boldsymbol{J}_i\left(\ddot{\boldsymbol{q}}_{i-1}+\boldsymbol{N}_{i-1}^{A}\ddot{\boldsymbol{q}}_{\forall}\right)\end{aligned}$$

$$\ddot{\boldsymbol{q}}_{\forall}=(\boldsymbol{J}_i\boldsymbol{N}_{i-1}^{A})^{\dagger}\left(\ddot{\boldsymbol{x}}_i-\dot{\boldsymbol{J}}_i\dot{\boldsymbol{q}}-\boldsymbol{J}_i\ddot{\boldsymbol{q}}_{i-1}\right) \tag{3-98}$$

至此，可得到加速度级全身控制的递推公式。注意：这里同样可以利用等式 $\boldsymbol{N}(\boldsymbol{J}\boldsymbol{N})^{+}=(\boldsymbol{J}\boldsymbol{N})^{+}$ 来进一步简化该递推公式。通过该递推公式，即可进行递推计算，得到满足所有 n 个任务的关节空间加速度 $\ddot{q}_n$，并且保证 n 个任务之间的优先级关系。

$$\begin{aligned}\ddot{\boldsymbol{q}}_i&=\ddot{\boldsymbol{q}}_{i-1}+\boldsymbol{N}_{i-1}^{A}\ddot{\boldsymbol{q}}_{\forall}\\&=\ddot{\boldsymbol{q}}_{i-1}+\boldsymbol{N}_{i-1}^{A}(\boldsymbol{J}_i\boldsymbol{N}_{i-1}^{A})^{\dagger}\left(\ddot{\boldsymbol{x}}_i-\dot{\boldsymbol{J}}_i\dot{\boldsymbol{q}}-\boldsymbol{J}_i\ddot{\boldsymbol{q}}_{i-1}\right)\\&=\ddot{\boldsymbol{q}}_{i-1}+(\boldsymbol{J}_i\boldsymbol{N}_{i-1}^{A})^{\dagger}\left(\ddot{\boldsymbol{x}}_i-\boldsymbol{J}_i\dot{\boldsymbol{q}}-\boldsymbol{J}_i\ddot{\boldsymbol{q}}_{i-1}\right)\end{aligned} \tag{3-99}$$

人形机器人的控制任务极其复杂，通常涉及多个层次和多种类型的控制问题。想象一个人形机器人正在一个工厂车间工作，它需要在一个狭窄的工作台上进行精细的焊接操作。在这个任务中，人形机器人不仅要保持自身的平衡，还要精确控制焊接工具的位置和方向，以确保焊接质量。在这个过程中，人形机器人需要同时处理多个优先级不同的任务：最高优先级任务是保持平衡，这是一切任务的基础；焊接操作是主要任务，而手臂动作的自然平滑程度是次要任务。例如，如果人形机器人在焊接过程中失去平衡，不仅会导致焊接质量问题，还可能损坏焊件或工具。在某些极端工况下，人形机器人可以牺牲手臂控制的平滑程度来保证焊接工作的质量。

还有一个更加实际的控制例子，即控制人形机器人的行走任务。对于行走，可以将整体控制任务分为 4 个小任务，按照任务的优先级从高到低分别为：支撑腿不打滑任务、机身转动控制任务、机身平动控制任务、摆动腿轨迹跟随任务。由于人形机器人支撑腿与地面建立稳定可靠的接触是整个控制算法的前提条件，因此支撑腿不打滑任务被设定为最

高优先级。在行走过程中，机身保持平稳是一个重要的控制目标，因此机身转动控制任务与机身平动控制任务分别排在第二和第三优先级。人形机器人与外界接触主要依赖于支撑腿，因此摆动腿轨迹跟随任务相对来说并不太重要，可以放在最低优先级。当确定了行走任务的 4 个小任务的优先级之后，就可以应用带优先级的多任务全身控制来递推计算最终的控制指令。

3. 基于最小二乘的全身控制

根据上一小节的内容，已经知道人形机器人的控制往往需要同时控制不同任务空间的目标，这些任务目标涉及在特定位置的运动（如末端执行器、机体重心等）、期望的接触力或关节转矩等。接下来介绍另外一种更加全面、更加通用的思想来完成人形机器人全身控制任务，即将操作空间控制问题转化为线性目标的最小二乘优化问题。首先给出如下的线性方程组，它由 n 个线性方程组成，x 为优化变量。

$$\boldsymbol{A}_i\boldsymbol{x}=\boldsymbol{b}_i \tag{3-100}$$

与上一小节中的任务优先级定义类似，i 代表任务的优先级，$i=1$ 代表最高优先级任务。对于所有第 i 层级别的任务，被统一堆叠表示在任务矩阵 $\boldsymbol{A}_i$ 和任务向量 $\boldsymbol{b}_i$ 之中，后文会具体给出如何将运动任务、关节转矩任务以及接触力任务或其他任务等统一转换为 $\boldsymbol{A}_i\boldsymbol{x}=\boldsymbol{b}_i$ 的线性形式。对于这样的标准线性方程组，可以给出其对应的标准最小二乘优化问题，即在最小二乘意义下求解待优化变量 $\boldsymbol{x}$。

$$\min_{x}\|\boldsymbol{A}_i\boldsymbol{x}-\boldsymbol{b}_i\|_2 \tag{3-101}$$

类似于在带优先级的多任务全身控制中的处理，将前 $i-1$ 个任务各自的矩阵 $\boldsymbol{A}$ 和向量 $\boldsymbol{b}$ 堆叠到一起，并且假设已经求解得到了实现前 $i-1$ 个工作空间任务的优化变量，可以通过式（3-102）计算得到前 $i-1$ 个任务的误差向量，即

$$\boldsymbol{c}_{i-1}^{*}=\begin{bmatrix}\boldsymbol{A}_1\\ \vdots\\ \boldsymbol{A}_{i-1}\end{bmatrix}\boldsymbol{x}_{i-1}^{*}-\begin{bmatrix}\boldsymbol{b}_1\\ \vdots\\ \boldsymbol{b}_{i-1}\end{bmatrix} \tag{3-102}$$

误差向量 $\boldsymbol{c}_{i-1}^{*}$ 代表前 $i-1$ 个任务的完成程度。如果该向量对应第 k 个任务的元素数值为 0，则说明第 k 个优先级任务能够被完全完成；如果该数值不为 0，则说明对应优先级任务无法被完全完成，原因可能是与高优先级任务冲突，全身控制器优先于执行更重要优先级的任务并且牺牲该层级任务的效果。

借助堆叠的前 $i-1$ 个任务矩阵 $\boldsymbol{A}$ 和任务向量 $\boldsymbol{b}$ 和计算得到的 $i-1$ 个任务的误差向量，可以构造带等式约束的最小二乘优化问题。这个优化问题对应的含义是在保证前 $i-1$ 个任务的完成效果不变的前提条件下，尽可能在最小二乘意义下最小化第 i 个任务的执行误差。换句话说，通过等式约束来保证更高优先级的任务控制效果不变，通过代价函数来尽可能提高当前优先级任务控制效果，即

$$\min_{x}\|\boldsymbol{A}_i\boldsymbol{x}-\boldsymbol{b}_i\|_2 \tag{3-103}$$

$$s.t.\begin{bmatrix} \boldsymbol{A}_1 \\ \vdots \\ \boldsymbol{A}_{i-1} \end{bmatrix}\boldsymbol{x}_{i-1}^* - \begin{bmatrix} \boldsymbol{b}_1 \\ \vdots \\ \boldsymbol{b}_{i-1} \end{bmatrix} = \boldsymbol{c}_{i-1}^* \tag{3-104}$$

基于最小二乘的全身控制需要求解一个序列二次规划问题，共 n 个优化问题，与任务含有的优先级层数相同。序列二次规划问题之间通过等式约束来保证高优先级任务的控制效果不会受到低优先级任务的影响，这种方法更加直观、全面，目前在足式机器人领域得到广泛应用。这类最小二乘优化问题本质上可以归类为二次规划问题，通常可以使用标准二次规划求解器来快速准确地求解这一类优化问题。接下来具体描述如何将机器人的复杂任务书写成 $\boldsymbol{A}_i\boldsymbol{x} = \boldsymbol{b}_i$ 的线性形式，也即如何根据任务空间来确定任务矩阵 $\boldsymbol{A}$ 和任务向量 $\boldsymbol{b}$。首先需要确定优化变量 $\boldsymbol{x}$，受机器人动力学方程启发，可以将优化变量 x 选取为方程中的三个变量，即关节广义加速度 $\ddot{\boldsymbol{q}}$ 、接触力堆叠向量 $\boldsymbol{f}_c$ 和驱动关节力矩 τ。

$$\boldsymbol{x} = \begin{bmatrix} \ddot{q} \\ f_c \\ \tau \end{bmatrix} \tag{3-105}$$

借助优化变量 x，机器人动力学方程可以方便地写成线性最小二乘形式。注意：此任务在实际求解人形机器人控制问题中基本处于最高优先级任务，因为总是需要保证求解得到的数值尽可能符合机器人动力学。上角标帽子符号代表此参数基于实际反馈计算，在优化问题中作为固定值。

$$\boldsymbol{H}\ddot{\boldsymbol{q}} + \boldsymbol{c} = \boldsymbol{S}^{\dagger}\boldsymbol{\tau} + \boldsymbol{J}_c^{\dagger}\boldsymbol{f}_c \tag{3-106}$$

$$\boldsymbol{A} = \begin{bmatrix} \hat{\boldsymbol{H}} & -\hat{\boldsymbol{J}}_c^{\mathrm{T}} & -\boldsymbol{S}^{\mathrm{T}} \end{bmatrix}^{\mathrm{T}} \boldsymbol{b} = -\hat{\boldsymbol{c}} \tag{3-107}$$

如果想要跟踪机器人上某点的加速度轨迹 $\ddot{w}_i^*$，可以使用二阶任务空间与关节空间的映射关系来将此任务表示成如下的线性最小二乘形式，即

$$\ddot{\boldsymbol{w}}_i^* = \boldsymbol{J}_i\ddot{\boldsymbol{q}} + \dot{\boldsymbol{J}}_i\dot{\boldsymbol{q}} \tag{3-108}$$

$$\boldsymbol{A} = \begin{bmatrix} \hat{\boldsymbol{J}}_i & 0 & 0 \end{bmatrix}^{\mathrm{T}} \boldsymbol{b} = \ddot{\boldsymbol{w}}_i^* - \hat{\dot{\boldsymbol{J}}}_i\dot{\boldsymbol{q}} \tag{3-109}$$

如果想在机器人的某个位置施加特定的作用力 $\boldsymbol{f}_i^*$，可以使用如下的线性最小二乘形式。

$$\boldsymbol{f}_i = \boldsymbol{f}_i^* \tag{3-110}$$

$$\boldsymbol{A} = \begin{bmatrix} 0 & \boldsymbol{I} & 0 \end{bmatrix} \boldsymbol{b} = \boldsymbol{f}_i \tag{3-111}$$

不仅如此，还可以利用线性最小二乘形式来描述各种正则化任务，例如如下的任务矩阵 A 和任务向量 b 可以用于描述最小化总驱动关节力矩这一任务。

$$A=\begin{bmatrix}0 & I & 0\end{bmatrix} b=0 \tag{3-112}$$

思考题与习题

1. 阐述零力矩点（ZMP）稳定性判据的适用范围。

2. 如何理解稳定性裕度？

3. 零力矩点（ZMP）越靠近稳定区域的中心，人形机器人姿态越稳定吗？

4. 解释零力矩点（ZMP）方法在人形机器人步态控制中的作用，并举例说明其应用。

5. 在不规则地形上行走时，如何结合 ZMP 方法和机器学习方法提高人形机器人的稳定性？

6. 讨论倒立摆模型在人形机器人平衡控制中的应用，并分析其局限性。

7. 比较静态稳定性和动态稳定性在人形机器人步态控制中的应用，并列举其各自的优缺点。

8. 探讨步态生成过程中需要考虑的关键参数，并解释这些参数如何影响人形机器人的行走性能。

9. 人形机器人在行走过程中，其质量为 50kg，重心在步态周期中的一个点处于位置（x，y）=（0.2m，0.1m）。计算该点的 ZMP 位置。

10. 检测到一个人形机器人在行走过程中重心的轨迹方程为 $x(t)=0.2\sin(2\pi t)$ m，$y(t)=0.1\cos(2\pi t)$ m，t 为时间，单位为 s，计算 1s 内人形机器人重心的最大速度和加速度。

第 4 章　人形机器人学习控制

导读

本章将介绍基于深度强化学习（Deep Reinforcement Learning，DRL）的人形机器人运动控制方法。与传统控制方法不同，DRL 方法需要获取大量数据用于策略优化，因此整个学习与控制过程将围绕高效学习与获取可靠数据进行。本章将从 DRL 基础算法开始，首先介绍几种代表性 DRL 方法，了解其结构与特点；之后将结合具体的人形机器人与任务场景，介绍常见场景下 DRL 观察值、动作空间与奖励的设计思路；最后，将针对 DRL 特点，介绍其仿真时的注意事项，并基于具体情境建立仿真模型与场景，介绍构建一套完整的 DRL 人形机器人的运动控制方法。

本章知识点

- 深度强化学习的基本概念
- 深度强化学习算法
- 运动控制算法设计
- 动力学仿真配置与优化

4.1　强化学习基础

强化学习也被称为再励学习或者增强学习，是受人类学习行为启发而创建出的一类机器学习方法。近些年来，随着计算机技术的迭代更新，计算速度、存储容量不断提升，人工智能技术也随之迅猛发展。机器学习作为人工智能的分支，是实现人工智能的一种途径，它强调使机器通过“学习”来获得某种能力，而强化学习则是实现机器学习的一类重要技术。机器学习技术还包括监督学习、无监督学习以及深度学习等，这些技术在发展过程中交叉融合，发展出了深度强化学习方法。强化学习技术在围棋、游戏、自动驾驶、机器人控制、工业生产等领域取得了成功，改变了人类的生产与生活方式。

4.1.1　强化学习的基本概念

强化学习（Reinforcement Learning，RL）讨论的问题是智能体（Agent）如何在复杂、不确定的环境（Environment）中最大化它能获得的奖励。如图 4-1 所示，强化学习由两部分组成：智能体和环境。在强化学习过程中，智能体与环境一直在交互。智能体在环境中获取某个状态后，它会利用该状态输出一个动作（Action），这个动作也被称为决策（Decision）。然后，这个动作会在环境中被执行，环境会根据智能体采取的动作，输出下一个状态以及当前这个动作带来的奖励。智能体的目的就是尽可能多地从环境中获取奖励。与监督学习不同，监督学习中智能体通过人工标记过的数据集来学习，而强化学习则以从环境中获得的经验数据作为学习对象。

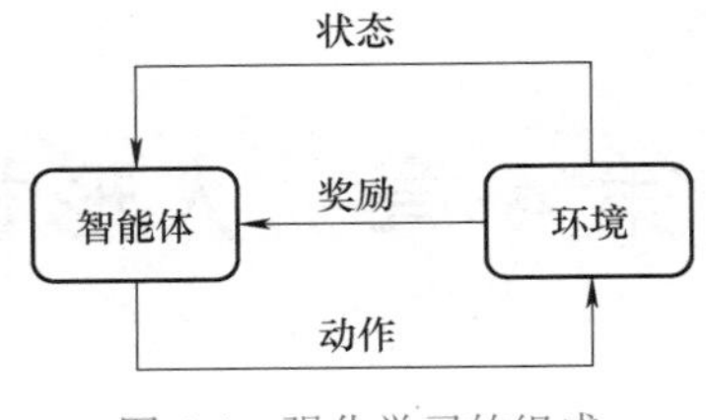

图 4-1　强化学习的组成

1. 马尔可夫决策过程

强化学习研究的问题是智能体与环境交互的问题。在强化学习中，环境是智能体在行动过程中与其发生交互的场所，这里的环境不仅仅指自然界具体的环境，而是高度抽象的，与具体的任务相关。图 4-1 左边的机器人（智能体）一直在与图 4-1 右边的环境进行交互，这个过程可以描述为一个序列决策（Sequential Decision Making）过程。智能体把它的动作输出给环境，环境取得这个动作后会进行下一步，把下一步观测到的状态与这个动作带来的奖励返还给智能体。其中，状态指智能体当前在环境中所处的状况。强化学习是一个动态的、不断进行的过程，智能体执行动作会导致所处的环境以及自身状况不断地改变，状态是环境与状况的抽象。而动作是智能体面对特定状态时所能做出的行动，这个行动会改变智能体所处的环境，使智能体从前一个状态转移到另一个状态。这样的交互会产生很多观测，智能体的目的是从这些观测之中学到能最大化奖励的策略。这个交互过程可以通过马尔可夫决策过程（Markov Decision Process，MDP）来表示，即在控制过程中，其未来状态的条件概率仅依赖于当前状态与所采取的动作。目前，基于学习的人形机器人控制方法多以马尔可夫决策过程作为基础框架。

马尔可夫决策过程可以用状态转移概率表达为

$$p(s_{i+1}|s_i,a_i,\cdots,s_0,a_0)=p(s_{i+1}|s_i,a_i) \tag{4-1}$$

其中，$S=\{s_0、\cdots、s_i\}$ 为状态空间，其中的每个状态都是对对应时刻世界的完整描述。$A=\{a_0、\cdots、a_i\}$ 为动作空间，表示各个时刻所选取动作的集合。$t=\{0、\cdots、i\}$ 为时间步。通俗理解中，马尔可夫决策过程表示了未来发生的事情仅由当前的状态以及现在和未来所做出的动作决定。也可以理解为当前的状态信息中已经包含了足够的过去的信息，未来发生的事情已经不受过去影响了。在这种基础假设下，就可以根据当前的机器人状态进行控制，以使机器人未来实施期望的动作。值得注意的是，状态是对世界的完整描述，不会隐藏世界的信息。观测是对状态的部分描述，可能会遗漏一些信息。在深度强化学习中，几乎总是用实值的向量、矩阵或者更高阶的张量来表示状态和观测。

为描述期望的运动，引入了奖励（Reward）的概念。通常认为奖励是由环境给的一种反馈信号，这种信号可显示智能体在某一步采取某个策略的表现如何。强化学习的目的就是最大化智能体可以获得的奖励，智能体在环境中存在的目的就是选取一系列的动作来最大化它的累积奖励的期望。

2. 贝尔曼方程和值函数

深度强化学习算法中通常包含了策略（Policy），大多数算法中也包含了值函数，又称价值函数（Value Function）。其中策略表达了智能体会如何选取下一步的动作。而值函数用于对状态进行评估，即评估智能体进入某个状态后，可以对后面的奖励带来多大的影响。值函数值越大，说明智能体进入这个状态越有利。

策略是智能体执行动作的依据。强化学习算法的最终目标就是获得最优的策略。当智能体依此策略行事时，能够获得最高的累积奖励。策略的本质是状态 s_t 到动作 a_t 的映射，它决定了智能体的动作。它其实是一个函数，用于把输入的状态变成动作，策略可表示为 $\pi(a|s)$。

强化学习算法需要使用累积奖励值 G_t 来衡量一个策略的优劣，其定义式为

$$G_t = r_{t+1} + \gamma r_{t+2} + \cdots = \sum_{k=0}^{\infty} \gamma^k r_{t+k+1} \tag{4-2}$$

式中，$\{r_{t+1}, r_{t+2}, r_{t+3}, \cdots\}$ 是一轮学习过程的立即奖励值序列；γ 为折扣因子（Discount Factor），在 0 ~ 1 范围内取值，用来调整未来奖励在当前的重要程度。

值函数的值是对未来奖励的预测，可用来评估状态的好坏。为了在尽可能短的时间内得到尽可能多的奖励，也要把折扣因子放到值函数的定义中，值函数的定义为

$$V_\pi(s) = E_\pi\left[\sum_{t=0}^{\infty} \gamma^t r_{t+1} | \ s_t = s\right] \tag{4-3}$$

式中，π 表示该值函数在使用策略 π 时成立，γ 为折扣因子，同样为 0 ～ 1 的实数，表示未来的奖励在当前要产生折扣，而获得奖励的时间越晚，γ 指数越高，奖励折扣越大，体现了对短时间内所获取奖励的重视。该值函数表示了策略 π 在状态 s 下，未来所能获取总和奖励的期望，反映了状态 s 的好坏。

值得注意的是，式（4-2）可进一步推导为

$$\begin{aligned} V_\pi(s) &= E_\pi\left[\sum_{t=0}^{\infty} \gamma^t r_{t+1} | \ s_t = s\right] \\ &= E_\pi\left[r_1 | \ s_t = s\right] + E_\pi\left[\sum_{t=1}^{\infty} \gamma^t r_{t+1} | \ s_t = s\right] \\ &= R(s) + \gamma E_\pi\left[\sum_{t=0}^{\infty} \gamma^t r_{t+2} | \ s_t = s\right] \\ &= R(s) + \gamma E_\pi\left[\ V_\pi(s+1) | \ s_t = s\right] \\ &= R(s) + \gamma \sum p(s_{t+1} | \ s_t) V_\pi(s+1) \end{aligned} \tag{4-4}$$

式（4-4）就是常见的贝尔曼方程，其中 $p(s_{t+1} | \ s_t)$ 为策略 π 下的状态转移概率。贝尔

曼方程可以理解为当前状态与未来状态的迭代关系，表示当前状态的值函数可以通过下个状态的价值函数来计算。

另外一种值函数：Q 函数。Q 函数中包含两个变量：状态和动作。其定义为

$$Q_{\pi}(s,a)=E_{\pi}\left[\sum_{t=0}^{\infty}\gamma^{t}r_{t+1}|\ s_{t}=s,a_{t}=a\right] \tag{4-5}$$

Q 函数表示了未来可以获得奖励的期望同时取决于当前的状态和当前的动作。Q 函数也是强化学习算法中要学习的一个函数。因为当得到 Q 函数后，进入某个状态要采取的最优动作可以通过 Q 函数得到。

基于上述描述，可以概括一个强化学习过程为：根据当前时刻为 t，智能体通过对环境的观察获得当前状态 s_t（$s_t \in S$，S 是包含了所有可能状态的状态空间）。根据 s_t，智能体基于当前的行动策略做出反应，采取某种行动 a_t（$a_t \in A$，A 是人为设计的包含所有动作的动作空间）。行动结束后的 $t+1$ 时刻，智能体所处的环境状态发生改变，获得新的 s_{t+1} 和立即奖励值 r_{t+1}，r_{t+1} 是对于上一步行动 a_t 的反馈，然后智能体基于事前确定的规则调整行动策略。这一过程不断执行，直到达成既定的学习次数或者学习目标。

4.1.2 深度强化学习算法

深度强化学习沿用强化学习中的理论，通过使用深度学习算法计算传统强化学习中的策略、值函数等，替代了传统强化学习中提取智能体状态特征，再依据特征进行决策的过程，利用深度学习形成从状态到动作或状态到评价的直接映射。

1. 深度 Q 网络算法

深度 Q 网络（Deep Q Network，DQN）是一种融合了深度神经网络（Deep Neural Network，DNN）和 Q 学习（Q–Learning）的算法，是一种典型的基于价值估计的深度强化学习算法。

基于价值估计的算法往往会为环境中的所有状态 s 或者是状态动作对 (s,a) 给出其价值，用以评价其好坏程度，再根据其价值执行对应于高价值的动作。Q 学习就是这样一种强化学习算法，其建立了一个 Q 表用于查询每个状态所对应的最好的动作。在探索阶段中采用 ε 贪心算法选择动作执行，即除了选择高价值动作外，还会以一定概率执行随机动作，以保证探索能力。随着探索工作的逐渐完成，其执行随机动作的概率逐渐降低，直到验证过程中不再选择随机动作。

当状态空间很大时，如有上百万的状态时，Q 学习中所需的 Q 表会很大，建立表格和更新表格就很低效。在 DQN 算法中不会建立 Q 表，但是会建立一个深度神经网络来计算每个状态中每个动作的近似 Q 值 [$Q(s,a)$，状态 – 行为值函数]，这样也可以找到最优决策。

图 4-2 展示了 Q 学习算法和 DQN 算法在表示状态 – 行为值函数时的区别：

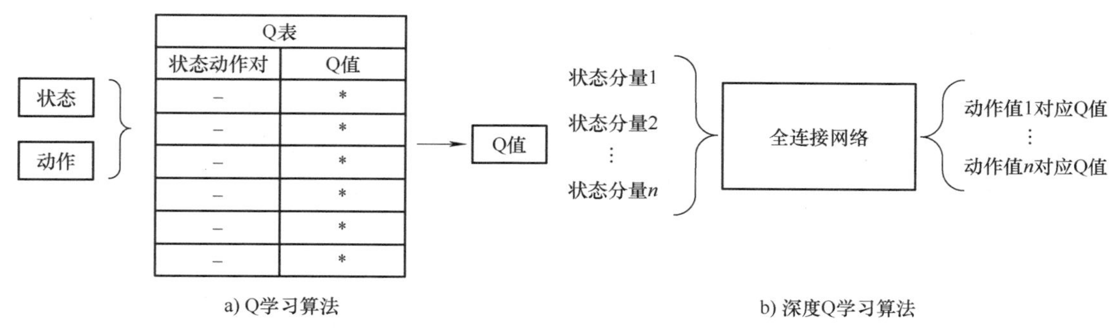

图 4-2　Q 学习算法与 DQN 算法在表示状态 – 行为值函数时的区别

DQN 算法利用了深度神经网络来代替 Q 学习算法中的 Q 表，而不再需要在表格中查询当前状态对应的所有动作的 Q 值，只需要将当前各个状态分量输入神经网络，即可获得当前所有可采取动作的 Q 值用于动作决策。

与 Q 学习需要查表类似，DQN 算法将利用神经网络进行查询，神经网络输出相应的状态下所有动作对应的 Q 值。深度神经网络训练需要足够的数据以支持梯度下降，DQN 算法使用记忆池来保存需要的数据，即每走一步都将一个五元组（$\boldsymbol{s}_j$，a_j，r_j，$\boldsymbol{s}_{j+1}$，is_end_j）添加到经验池中。这些五元组之后将用来更新 Q 网络参数，在这里状态 $\boldsymbol{s}_j$ 和 $\boldsymbol{s}_{j+1}$ 都是向量的形式，动作 a 和奖励 r 是标量，is_end 是布尔值，用于标识本轮交互是否结束。记忆库的大小有限，数据满了之后，下一个数据会覆盖记忆库中的第一个数据。后续每次 DQN 算法更新时，都会随机抽取一些之前的经历进行学习。该过程类似于监督学习中的采样一小批数据进行训练的过程。此外，随机抽取这种做法也打乱了训练数据之间的相关性，有利于深度学习学习技能。

上面提到了打乱训练数据之间的相关性，有利于强化学习学习技能，主要原因在于相邻时间段内强化学习的探索活动往往会局限在一个小范围内，收集到的数据相似与相关性过大，采集连续的数据进行训练容易使神经网络时刻向各自时间段的数据方向过拟合，导致无法完成训练。随机抽取数据可以缓解这一问题，但由于深度强化学习训练所需的数据来源于神经网络选择的动作，即使采用了打乱数据顺序与 ε 贪心算法的以一定概率选择随机动作来探索，强化学习算法仍然容易陷入局部最优解中无法脱离。为解决此类问题，深度 Q 算法也使用了固定目标网络的方法。

固定目标网络指在 DQN 算法中使用两个结构相同但参数不同的神经网络，评估网络具备最新的参数，而目标网络使用的参数则是一段时间以前的。目标网络也会定期更新参数，其更新方式就是直接将评估网络的参数复制过来。训练完毕后，使用目标网络作为状态 – 动作值函数进行预测。这样，目标网络与评估网络就有了差别，其中评估网络用于探索，参与 ε 贪心算法生成不同状态动作对的 Q 值，目标网络用于状态的估计。当评估网络的参数未进行同步时，其探索的动作与评估所使用的策略不同，进一步降低了探索过程中数据的相关程度。

起初，Q 网络对于每个状态下到底要采取什么动作并不清楚，它各层的参数都是随机初始化的，所以它的预测动作也是具有随机性的。为使预测的动作越来越准确，需要利用记忆池中存储的数据对神经网络进行更新，求出网络更新所需的Loss函数。考虑到在DQN中神经网络的作用是生成各种状态动作对的Q值，也就是各种状态动作对能获得的当前及未来能获得的奖励的最大值的总和。又考虑到不能花费过长时间去获取奖励，因此引入折扣因子γ来对未来的奖励进行惩罚。又因为未来无限长时间内的奖励值难以获取，所以DQN用下一时刻最大的Q值代替未来能获得的奖励的最大值的总和。最终，得到了神经网络目标为

$$y_j = \begin{cases} r_j & \text{当周期在下一状态步终止时} \\ r_j + \gamma \max_{a'} \hat{Q}(\phi_{j+1}, a'; \theta^-) & \text{其他情况} \end{cases} \tag{4-6}$$

式中，当周期在下一状态步终止时，没有未来的奖励，其当前Q值就应为奖励值；在其他情况下，其Q值应为当前获取的奖励以及表示“未来最好情况下能获得的奖励”，即$\max_{a'} \hat{Q}(\phi_{j+1}, a'; \theta^-)$。注意：这里使用了目标网络的参数而非评估网络参数进一步打断了学习过程的数据相关性。那么，此时训练评估网络的一条样本就有了，即（$\boldsymbol{s}_j$，a_j，r_j，$\boldsymbol{s}_{j+1}$，y_j），这样的样本被不断地加入经验池中，后面的工作就是监督学习的范畴了，即不断从经验池中取数据，采用最小化时序差分（Temporal Difference，TD）误差方法，优化y与评估预测值之间的损失函数，即

$$Loss = [y_j - Q(s, a; \theta)]^2 \tag{4-7}$$

优化目标为让深度神经网络能够准确地估计所有状态动作对的Q值，在使用中应用评估网络评估所用状态动作对的Q值，从中选取Q值最高的动作即可在任务中获取最多的奖励。

2. 策略梯度算法

可以看到，以上算法使用深度神经网络将当前状态所有的动作对应的Q值生成出来，再从中选取Q值最高的动作执行，通常将这类算法称为基于值的算法。这类算法通常有两个问题：①更适合应用于离散动作输出的任务，对于连续动作运动来说，同时生成所有可能的动作Q值是不现实的；②不适合用于生成需要随机策略的任务，因为神经网络生成的Q值中，总会有一个动作的Q值是最大的，但在类似划拳游戏的任务中，最优策略不是生成石头剪刀布中的某种动作，而是以1/3的概率随机生成三种动作。

在策略梯度（Policy Gradient，PG）算法中，动作不再根据该状态动作对的Q值来挑选，而是由一个单独的神经网络来生成，该神经网络通常被称为动作网络或策略网络。它根据自身参数与当前状态输出动作的概率分布。考虑到非确定性环境中状态转移概率的存在（即固定的状态与动作导致的下一时刻的状态不是确定的，而是呈一定概率分布），这种策略使得在执行任务中一个周期内的动作序列τ的发生概率为

$$\begin{aligned} p_\theta(\tau) &= p(s_1) p_\theta(a_1 | s_1) p(s_2 | a_1, s_1) p_\theta(a_2 | s_2) p(s_3 | a_2, s_2) \cdots \\ &= p(s_1) \prod_{t=1}^{T} p_\theta(a_t | s_t) p(s_{t+1} | a_t, s_t) \end{aligned} \tag{4-8}$$

对于一个完整的τ序列，在整个游戏期间获得的总的奖励用$R(\tau)$来表示。对于给定参

数 θ 的策略，评估其应该获得的每局中的总奖励的标准是每个采样得到的 τ 序列（即每一局）的加权和，即

$$\overline{R_\theta}=\sum_\tau R(\tau)p_\theta(\tau)=E_{\tau\sim p_\theta(\tau)}\left[R(\tau)\right] \tag{4-9}$$

因此，对于一个任务，通过调整策略参数 θ，得到的 $\overline{R_\theta}$ 越大越好，因为这意味着被选用的策略参数能获得更多奖励。为此，需要用期望的每局奖励对 θ 求导，即

$$\nabla\overline{R_\theta}=\sum_\tau R(\tau)\nabla p_\theta(\tau)=\sum_\tau R(\tau)p_\theta(\tau)\frac{\nabla p_\theta(\tau)}{p_\theta(\tau)} \tag{4-10}$$

$$=\sum_\tau R(\tau)p_\theta(\tau)\nabla\log p_\theta(\tau)=E_{\tau\sim p_\theta(\tau)}\left[R(\tau)\nabla\log p_\theta(\tau)\right] \tag{4-11}$$

$$\approx\frac{1}{N}\sum_{n=1}^{N}R(\tau^n)\nabla\log p_\theta(\tau^n) \tag{4-12}$$

$$=\frac{1}{N}\sum_{n=1}^{N}R(\tau^n)\left[\sum_{t=1}^{T_n}\nabla\log p_\theta(a_t^n|\ s_t^n)\right] \tag{4-13}$$

式（4-10）为梯度的变换；式（4-11）将求和转化成期望的形式；式（4-12）将期望利用采集到的数据序列进行近似；式（4-13）将每一个数据序列展开成每个数据点上的形式。简单解释式（4-13）就是：每一条采样到的数据序列都会希望 θ 向着自己的方向进行更新。总体上，使用更加靠近奖励比较大的那条序列效果更好，因此用每条序列的奖励来加权平均它们的更新方向。例如，当第 n 条数据的奖励很大时，通过上述公式更新后的策略，使得 $p_\theta(a_t^n|\ s_t^n)$ 发生的概率更大，以后再遇到 s_t^n 这个状态时，就更倾向于采取 a_t^n 这个动作，或者说以后遇到的状态和第 n 条序列中的状态相同时，更倾向于采取第 n 条序列曾经采用过的策略。

在实际使用中，往往需要在奖励上增加一个基线（Baseline），公式为

$$\nabla\overline{R_\theta}\approx\frac{1}{N}\sum_{n=1}^{N}(R(\tau^n)-b)\left[\sum_{t=1}^{T_n}\nabla\log p_\theta(a_t^n|\ s_t^n)\right] \tag{4-14}$$

在正常训练动作网络与评价网络的过程中，很容易出现一类奖励函数一直保持正数的情况，这对于那些没有采样到的动作就不再鼓励出现，容易导致没被采样到的更好的动作产生的概率就越来越小，使得最后好的动作反而都被舍弃了。为此可引入一个基线，让奖励函数有正有负，一般增加基线的方式是 $b=V_\pi(\mathrm{s})$，也可以在策略梯度更新所需的奖励函数中减去一段时间内奖励函数的均值作为更新的内容。

3. 演员评论家算法

在强化学习领域，DQN 和策略梯度算法是两种经典且广泛应用的算法。然而，这两种算法都存在一定的缺陷。DQN 算法通过构建一个 Q 函数来估计每个状态动作对的价值，从而选择最优动作。然而，当动作空间维度较高或动作是连续的情况下，DQN 的表现往

往不尽如人意，其原因在于 Q 函数的估计在高维空间中会变得极其复杂且不稳定。此外，由于 DQN 依赖于 Q 值的最大化操作，容易出现过估计（Overestimation）的问题，这进一步导致了策略的波动性和收敛速度的降低。具体来说，DQN 在处理高维状态空间问题时，需要大量的训练数据和计算资源，才能学到准确的 Q 值函数。此外，DQN 算法在训练过程中需要对经验回放进行大量的采样，这在一定程度上增加了算法的复杂性和计算成本。尽管 DQN 通过引入目标网络和经验回放缓解了这些问题，但在实际应用中，仍然面临着许多挑战。

相比之下，策略梯度算法直接优化策略函数，使得它们在处理高维和连续动作空间时更加自然和灵活。策略梯度算法通过最大化预期奖励来更新策略参数，其核心思想是通过计算策略的梯度来逐步改进策略。然而，纯策略梯度算法的一个主要缺陷是它们的梯度估计具有高方差，这导致了学习过程中的不稳定性和样本效率低下的问题。具体而言，策略梯度算法在估计梯度时，往往需要大量的样本来获得准确的梯度估计，这在实际应用中可能导致训练过程非常缓慢。此外，策略梯度算法在处理长时程的任务时，容易出现梯度消失或梯度爆炸的问题，从而影响学习效果。

为了解决这些挑战，演员评论家（Actor–Critic，AC）算法应运而生。演员评论家算法结合了价值方法和策略算法的优点，通过同时学习策略和值函数来实现更高效和稳定的策略优化。具体来说，演员评论家算法包含两个主要部分：演员（Actor）和评论家（Critic）。演员负责根据当前策略选择动作，而评论家则评估演员选择的动作质量，通常通过估计状态 – 动作值函数（Q 函数）或状态值函数（V 函数）来实现。演员根据策略 p_θ 选择动作 a，评论家计算状态值函数 V_φ 或优势函数 $A_\varphi(s,a)=Q_\varphi(s,a)-V_\varphi(s)$ 来评估该动作，并将反馈提供给演员。演员再根据评论家的反馈更新策略参数 θ，以实现策略的优化。在数学上，演员评论家算法的策略梯度可以表示为

$$\nabla_\theta J(\theta)=\mathbb{E}_{p_\theta}\left[\nabla_\theta \log p_\theta(a \mid s) Q^{p_\theta}(s,a)\right] \tag{4-15}$$

式中，p_θ 是以 θ 参数化的策略；$Q^{p_\theta}(s,a)$ 是对应策略下的状态 – 动作值函数。与式（4-9）相比，该梯度无需依赖整条轨迹 τ，并且整条轨迹的奖励和 $R(\tau)$ 也替换为值函数 $Q^{p_\theta}(s,a)$。值函数 $Q^{p_\theta}(s,a)$ 的存在降低了对整条轨迹所有奖励求和带来的高方差，也解除了必须获取整条轨迹奖励后才能开始参数更新的限制，提升了动作网络策略训练的效率。

评论家则通过最小化时序差分误差来更新值函数参数 φ，即

$$\mathcal{L}(\varphi)=\mathbb{E}\left[\left(r+\gamma V_\varphi(s')-V_\varphi(s)\right)^2\right] \tag{4-16}$$

式中，V_φ 是以 V_φ 参数化的值函数，r 是奖励，γ 是折扣因子，s' 是下一状态。通过这种方式，演员和评论家可以在相互作用中不断优化，达到更稳定和高效的学习效果。

演员评论家算法有很多显著的优势。第一，通过使用评论家来估计值函数，演员评论家算法有效地减少了策略梯度估计的方差，从而实现了更稳定的学习过程。这解决了纯策略梯度算法中常见的高方差问题。第二，演员能够自然处理连续动作空间，使得该算法在各种应用中都具有很强的适应性。相比于 DQN，演员评论家算法在高维和连续动作空间

中表现得更加优异。第三，评论家的值函数为演员提供了更为详细的反馈信息，提高了样本效率，较纯策略梯度算法有更高的学习效率。第四，演员评论家算法的结构也为进一步的发展和改进奠定了良好的基础。

4. 近端策略优化算法

以上算法仍然有一个问题，即完成一个轨迹并利用它的数据进行更新后，这个数据就没有用处了，需要丢掉，这严重浪费了探索过程中获得的经验。因此近端策略优化算法（Proximal Policy Optimization Algorithms，PPO）采取了许多改进方法来提高学习效率与稳定性。

将数据存储下来进行训练是最好的，但有一个问题，在上面的推导过程中使用了一步近似，见式（4-13），该步近似利用了辛钦大数定律，其前提条件为估计期望所需的采样数据的分布需要与期望本身的分布相同，即需要以 p_θ 的分布进行采样才行。当将数据存储下来用于数据更新时，一旦进行更新，分布即变为新分布 $p_{\theta'}$，就无法用之前 p_θ 时采集的数据更新 $p_{\theta'}$ 的策略了。为解决这一问题，需要进行重要性采样，即将原始期望进行一步变换，考虑到

$$E_{\tau\sim p_\theta(\tau)}\left[f(\tau)\right]=\int f(\tau)p_\theta(\tau)\mathrm{d}\tau=\int f(\tau)\frac{p_\theta(\tau)}{p_{\theta'}(\tau)}p_{\theta'}(\tau)\mathrm{d}\tau=E_{\tau\sim p_{\theta'}(\tau)}\left[f(\tau)\frac{p_\theta(\tau)}{p_{\theta'}(\tau)}\right] \tag{4-17}$$

可以得到

$$\nabla\overline{R_\theta}=E_{\tau\sim p_\theta(\tau)}\left[R(\tau)\nabla\log p_\theta(\tau)\right] \tag{4-18}$$

$$=E_{\tau\sim p_{\theta'}(\tau)}\left[\frac{p_\theta(\tau)}{p_{\theta'}(\tau)}R(\tau)\nabla\log p_\theta(\tau)\right] \tag{4-19}$$

这样就将原始分布的期望转化为了新分布的期望。与原始期望相比，相差了一个 $\frac{p_\theta(\tau)}{p_{\theta'}(\tau)}$，被称为重要性权重，最终得到新的更新梯度为

$$J(\theta)=\sum\left[\frac{p_\theta(a_t|\ s_t)}{p_{\theta'}(a_t|\ s_t)}A^{\theta'}(s_t,a_t)\right] \tag{4-20}$$

至此，不再需要完整地跑完整条轨迹后一起更新，可以随时利用过去的信息进行更新。

同时，对于重要性采样来说，p_θ 和 $p_{\theta'}$ 不能差别过大，否则会导致方差的剧烈变化，不利于梯度的稳定更新，可以使用 KL 散度来惩罚二者之间的分布偏差，所以就得到了

$$J(\theta)=\sum\left[\frac{p_\theta(a_t|\ s_t)}{p_{\theta'}(a_t|\ s_t)}A^{\theta'}(s_t,a_t)\right]-\lambda KL\left[\theta,\theta'\right] \tag{4-21}$$

式中，λ 为 KL 散度权重，该权重也可以自适应变化。当 KL 过大时，增大 λ 的值来增加惩罚力度；当 KL 过小时，减小 λ 值来降低惩罚力度。即

$$\text{如果}\quad KL(\theta,\theta')>KL_{\min}，\text{则增加 }\lambda \tag{4-22}$$

$$\text{如果}\quad KL(\theta,\theta')<KL_{\min}，\text{则减小 }\lambda \tag{4-23}$$

此外，为了梯度更新的稳定，PPO 还对重要性权重进行了裁剪，即

$$J(\theta)=\sum_{(s_t,a_t)}\min\left[\frac{p_\theta(a_t|\ s_t)}{p_{\theta'}(a_t|\ s_t)}A^{\theta'}(s_t,a_t),clip\left(\frac{p_\theta(a_t|\ s_t)}{p_{\theta'}(a_t|\ s_t)},1-\epsilon,1+\epsilon\right)\cdot A^{\theta'}(s_t,a_t)\right] \tag{4-24}$$

这进一步保证了梯度的稳定更新。

4.1.3 机器人的强化学习控制框架

机器人控制当中需要控制算法时刻根据机器人自身所处状态做出决策，控制机器人执行特定动作以完成预计任务。无人车需要根据当前路况决定节气门与方向盘控制指令，机械臂需要根据工况控制关节完成对目标物体的各种操作。而对于人形机器人来说，需要通过各类本体与外部感受器在同时维持自身姿态的情况下控制各类执行器完成指定任务。基于强化学习的机器人控制方法更关注机器人与环境的互动过程以及在这个工程中汲取知识的准确性与速度。

在图 4-1 中，智能体根据当前状态选取一个动作执行，该行为作用于整个环境，环境发生改变后返回下一个时刻的状态用于对下一个动作进行决策，同时产生一个奖励值用于策略优化，策略优化将鼓励未来行为获取最多的奖励。由于动作选择方式的不同以及训练方式的差异，各种强化学习算法之间有较大差异。典型人形机器人基于深度强化学习的运动控制算法框架如图 4-3 所示。

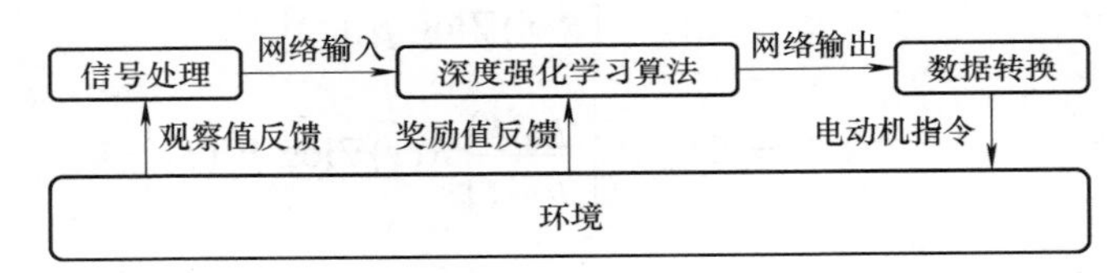

图 4-3 典型人形机器人基于深度强化学习的运动控制算法框架

与传统控制方法类似，基于深度强化学习的运动控制算法框架也是一种反馈控制结构，其中奖励值反馈为算法参数更新所需，控制过程中无需奖励值反馈。信号处理过程、深度强化学习算法以及数据转换过程共同组成了运动框架中的反馈模块，利用观察值反馈生成理想电动机指令。与图 4-1 相比，这里主要增加了信号处理与数据转换过程，此外由于学习与测试的场景不同，互动环境接收的动作值、反馈的观察值与奖励值也不尽相同。无模型的深度强化学习方法不需要机器人的结构、物理性质等信息，任务信息完全由观察值、动作值以及奖励值来体现。因此，从应用方法上来看，各类强化学习算法的应用方式几乎没有差别，但考虑到实际控制效果与应用范围，现在用于机器人运动控制的强化学习方法多为结合基于值估计与基于策略优化的深度强化学习方法。

4.2 人形机器人运动控制算法设计

由于目前人形机器人中基于深度强化学习的运动控制算法仍以无模型算法为主，不同运动控制任务的区别往往体现在观察值空间、动作值空间与奖励函数的区别当中，因此不同的算法与任务，其观察值、动作值与奖励函数设计各不相同，即使使用相同的强化学习

算法与数据采集过程，不同的空间与函数设计也会引导出完成不同任务的策略。本节将以小车倒立摆任务为例介绍强化学习任务信息设计，并展示一些常见腿足机器人控制算法特性，介绍其算法设计思路，同时对不同任务与算法框架下机器人状态与动作的选择与优化进行展示，并对任务中常见的奖励函数设计与特性进行讲解。在了解任务的空间与函数特性后，选择合适的形式搭建人形机器人运动控制算法。

4.2.1　基础强化学习任务示例

强化学习是一个理论与实践相结合的机器学习分支，不仅要理解其算法背后的数学原理，还要通过实践来验证算法。在很多任务中去探索算法能不能得到预期效果也是一个非常重要的过程。之前的内容只是简单地将很多信息笼统地概括为状态、观察值、动作、奖励以及终止信号等，在实际应用中这些信息都需要与具体任务信息进行对应。在介绍人形机器人基本信息之前，先介绍一种比较简单的强化学习开源工具包——OpenAI Gym。

OpenAI Gym 是由 OpenAI 于 2016 年发布的一个用于开发和比较强化学习算法的开源工具包。它起源于应对标准化和易用强化学习任务的需求，旨在为研究者和开发者提供一个统一的平台，以便在不同算法和任务之间进行公平的比较和测试。OpenAI Gym 自发布以来迅速发展，不断增加新的任务和功能，从经典控制问题到复杂的机器人模拟任务。它已经成为强化学习研究和应用的标准工具，广泛应用于学术研究、工业实践和教育培训中，通过其标准化接口和多样化的任务，大大简化了算法开发、调试和评估的过程。OpenAI Gym 包含了多种不同类型的任务，这些任务被分为多个类别，包括经典控制、算法和数据结构、对弈游戏与视频游戏等，还可以与 MuJoCo 等仿真环境共同构建更复杂的任务类型。下面以经典控制任务中的倒立摆问题为例，介绍实际任务中这些信息与深度强化学习算法对应的实例。

在 OpenAI Gym 中，CartPole 任务是小车倒立摆任务的具体实现之一，它模拟了一个简单的倒立摆系统。CartPole 任务由一个质点小车和一个连接在小车上的摆杆组成。小车可以在一维水平轨道上左右移动，而摆杆可以绕小车的连接点自由旋转。任务的目标是通过施加水平力（向左或向右），使摆杆保持直立且小车不脱离轨道。小车倒立摆效果如图 4-4 所示。

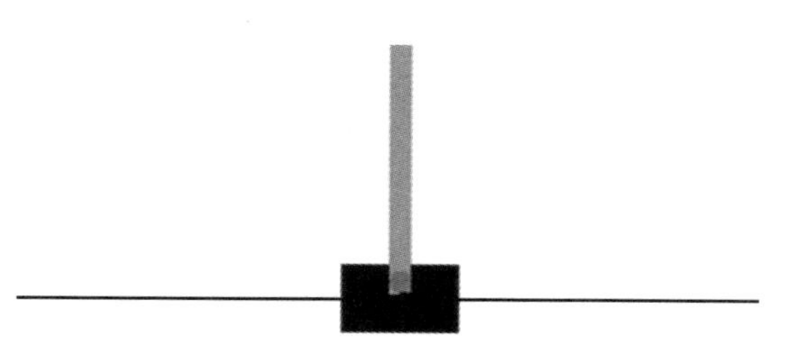

图 4-4　小车倒立摆效果

该任务的状态空间由以下四个变量组成：

1）小车的位置，即小车在水平轨道上的位置。

2）小车的速度，即小车在水平轨道上的速度。

3）摆杆的角度，即摆杆相对于竖直方向的角度。

4）摆杆的角速度，即摆杆绕连接点的旋转速度。

该任务的动作空间是离散的，有以下两个可能的动作：

1）向左施加力，即向小车施加一个固定的左向力。

2）向右施加力，即向小车施加一个固定的右向力。

该任务的奖励函数表示为：在每一个时间步，如果摆杆仍然保持直立且小车没有脱离轨道，环境会给予一个奖励值 1。任务的目标是将累积奖励最大化，即在尽可能多的时间步内保持摆杆的直立状态。该任务的终止条件为以下三种情况：

1）摆杆角度超过一定阈值。如果摆杆的角度超过 $\pm 12°$，任务终止。

2）小车位置超过一定阈值。如果小车的位置超过轨道边界（ ± 2.4 单位），任务终止。

3）若小车倒立摆没有发生任何一种以上情况，达到 200 时间步后任务也会终止。

因此，对应小车倒立摆任务中，状态值 $\boldsymbol{s}$ 为一个四元浮点向量，包含了状态空间的四个浮点变量。动作 $\boldsymbol{a}$ 为一元整形数据，环境根据其为 0 或 1 选取动作。奖励值为存活时间步，存活时间越长，奖励值越大。而任务的终止条件为小车跑远或倒立摆倾覆，此外考虑到数据多样性与操作可行性的需求，任务时长过长也会触发任务终止，将任务终止标志位设为真并重置任务环境。将以上数据传入深度强化学习训练框架中即可完成小车倒立摆任务的训练，智能体能够逐渐学习到如何控制小车运动，以保持摆杆直立，从而实现优化的控制策略。

但以上任务信息的设置方式并不唯一。以奖励值为例，鼓励倒立摆保持竖直以及鼓励小车维持原始位置都可以更好地训练控制策略。因此，对于复杂任务来说，精心设计的任务信息可以显著提升策略的训练效率与最终性能。

4.2.2 人形机器人观察值空间设计

根据机器人硬件结构、佩戴传感器的不同，机器人所获取的原始数据信息各不相同。最简单的基于强化学习的双足机器人运动控制方法为盲眼运动，即不使用相机、雷达或其他感知外部信息的传感器，仅使用关节编码器、IMU，部分算法加入了执行器末端的接触传感器。仅使用关节的角度、角速度、躯干的姿态、躯干角速度以及部分末端接触信息进行状态估计与运动控制。其他算法加入了相机、雷达以及 GPS 等外部传感器以获取外部信息，使得学习算法所输入的状态信息的数据类型与数据维度都发生了巨大的变化，这也对数据处理方式与网络结构都有了新的要求，处理手段也各不相同。

基础的深度强化学习算法可以将传感器原始数据直接作为状态观察值输入网络，经网络处理后输出下一步指令动作。但在实际操作过程中，该方法往往无法完成训练任务。原因之一在于多种传感器传回的数据信号幅值不同，不同任务之间的信号敏感区间也不同。所以首先需要处理的就是对状态观测值进行归一化处理，目的在于将所需处理的信号统一到同一数据范围内，便于后期采用同样的数据处理手段处理数据。常见数据归一化方法主要有以下几种：

1）最小值最大值归一化，即

$$x' = \frac{x - \min(x)}{\max(x) - \min(x)} \tag{4-25}$$

归一化后的数据范围为 [0，1]，其中，x 为原始数据样本，$\min(x)$、$\max(x)$ 分别表示求样本数据的最小值和最大值，x' 为归一化后的数据。

2）平均值归一化，即

$$x' = \frac{x - \text{mean}(x)}{\max(x) - \min(x)} \tag{4-26}$$

式中，$\text{mean}(x)$ 为样本数据平均值。

3）Z 归一化，即

$$x' = \frac{x - \mu}{\sigma} \tag{4-27}$$

归一化后的数据范围为实数集，其中，μ、σ 分别为样本数据的均值和标准差。

4）对数归一化，即

$$x' = \frac{\lg x}{\lg \max(x)} \tag{4-28}$$

5）反正切函数归一化，即

$$x' = \arctan(x)\frac{2}{\pi} \tag{4-29}$$

归一化后的数据范围为 [−1，1]。

6）小数定标标准化，即

$$x' = \frac{x}{10^j} \tag{4-30}$$

归一化后的数据范围为 [−1，1]，j 为使 $\max(|x'| < 1)$ 的最小整数。

最小值最大值归一化和平均值归一化适合在最大值最小值明确不变的情况下使用。在最大值最小值不明确时，每当有新数据加入，都可能会改变最大值或最小值，导致归一化结果不稳定，后续使用效果也不稳定。同时，数据需要相对稳定，如果有过大或过小的异常值存在，最小值最大值归一化和平均值归一化的效果也不会很好。但如果对处理后的数据范围有严格要求，也应使用最小值最大值归一化和平均值归一化。Z 归一化处理后的数据呈均值为 0、标准差为 1 的分布。在数据存在异常值、最大最小值不固定的情况下，可以使用 Z 归一化。Z 归一化会改变数据的状态分布，但不会改变分布的种类。方法 4）～ 6）为代表的非线性归一化通常被用在数据分化程度较大的场景，有时需要通过一些数学函数对原始值进行映射，如对数、反正切等。

对于关节信息来说，通常机器人生产完成后关节角度上下限就已确定，而由于物理条件的限制，关节角速度上下限也是确定的，所以通常情况下对于盲眼运动来说，数据归一化方法为对传感器数据进行上下限截断后，使用最小值最大值归一化。接入摄像头等其他外部传感器或更换任务类型后，多种数据类型不同，数据归一化方法往往根据实际数据特征进行调整，但往往都会将数据变化最为明显、影响最大的部分归一化为（−1，1）或（0，1）的范围。

数据归一化之后，基础的端到端运动控制方法可以选择将处理后的数据作为状态观察值输入网络进行训练。由于这些数据类型多为标量或一维矢量，所以这类数据往往使用全连接层进行处理。也可以对原始数据进行进一步处理以获取更具有代表性的状态观察值，如利用已有关节数据与躯干姿态数据，构建状态观测器，估计机器人运动速度与位置；将期望指令与实际响应相减，放大重要信息，如图 4-5 所示；加入算法关键参数，如周期运动的运动相位以及频率等。总之，需要使控制算法所需的信息尽可能直观且提高其差异度，这有助于深度强化学习网络提取关键信息，以便将更多的算力集中于生成理想的控制指令而不是用于信息提取。一种典型的状态观察值设计与网络结构如图 4-6 所示。

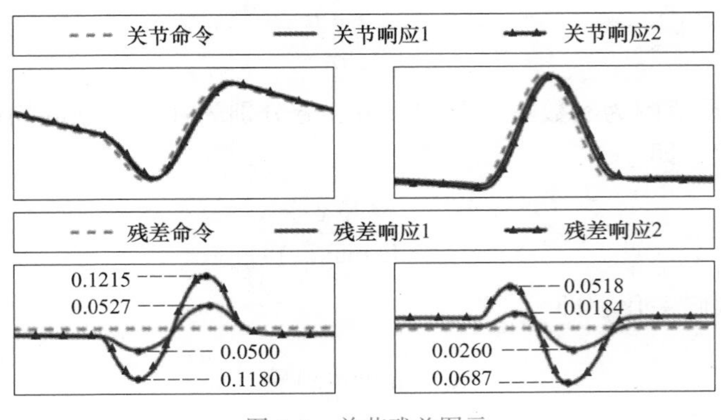

图 4-5　关节残差图示

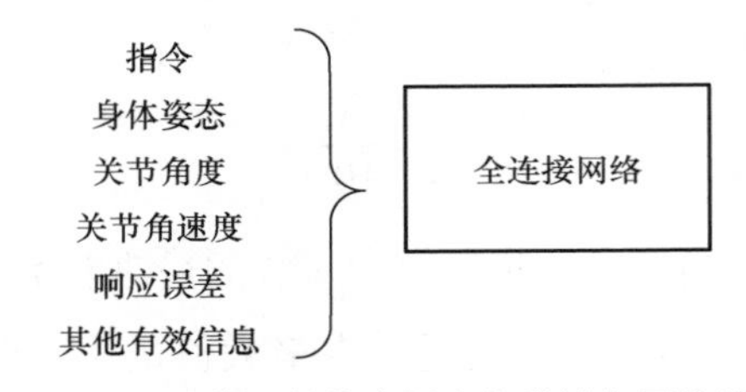

图 4-6　一种典型的状态观察值设计与网络结构

在图 4-5 中，残差命令、残差响应 1 与残差响应 2 分别表示关节命令、关节响应 1 与关节响应 2 对关节命令作差的数值，虽然在原始关节命令与关节响应的情境下，神经网络输入可以说隐含了残差响应，但通过图 4-5 可以看出，将关节响应转化为残差响应可以在多种信号中显著提高响应 1 与响应 2 之间的差别，这有利于将更具有代表性的信息传递给神经网络，进而提高神经网络学习效率，降低其学习难度。

将关节响应转化为残差输入并非是必须的，只要可以将神经网络所需的信息传递给神经网络学习，理论上即可完成训练，但考虑到训练时间、现实条件等约束，探索原始信号的各类变换形式，寻找神经网络更易接受的信号特征仍然是必要的。

对于图像、点云等高维度信息，使用全连接网络往往难以完全发挥深度神经网络的作用。而卷积神经网络能够有效地将大数据量的图片降维成小数据量，可以有效地保留图片特征，符合图片处理的原则。研究表明，在涉及图像处理的应用场合，卷积神经网络模型能够带来出色的结果和超高的计算效率。因此在涉及图像或类似数据结构时，往往使用卷积神经网络进行图像特征提取，再将提取到的已降维特征连接基础状态观察值送入全连接神经网络进行推理。一种典型的带有卷积神经网络的状态观察值设计与网络结构如图 4-7 所示。

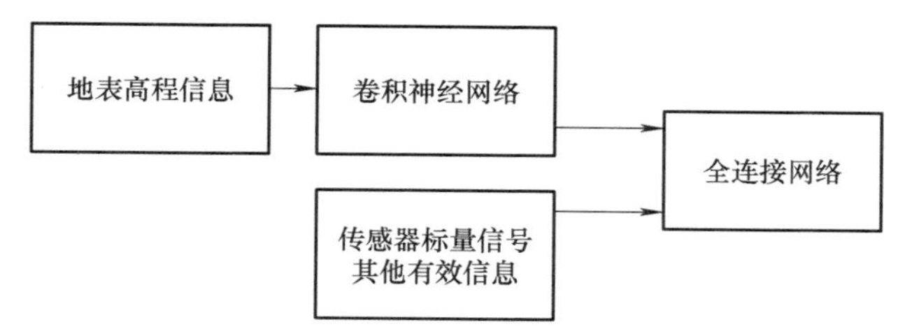

图 4-7　一种典型的带有卷积神经网络的状态观察值设计与网络结构

即使有完整的传感器感知数据，很多情况下也难以真实、准确地描述机器人所处的真实状态，如状态估计算法的不成熟、传感器的噪声影响、真实机器人的设计限制以及周围环境干扰物过多等，都会使机器人对自身所处状态估计不准。很多情况下，这种误差会导致学习效率大幅降低或无法习得所需技能。有一种缓解这类问题的算法，即分阶段训练。

在第一阶段，使用仿真器中能够获得的完备特权信息训练一个老师策略。由于该策略在使用完备信息的情况下进行训练，故而能够在很短的时间内达到一个很好的水平。然而，该策略并不能用于真实环境，原因是真实环境下无法获得这些完备的特权信息。这些信息包括了腿足机器人周围的地面高度图、接触信息和本体信息等。老师策略使用正常强化学习算法进行训练。

在第二阶段，使用老师策略训练一个学生策略，其中学生策略只能获得机器人在实际中使用的可获得观测。在相同状态下，学生策略往往使用非完备但是包含历史信息的输入，而对应的老师策略使用完备特权信息作为输入；学生策略学习的损失函数设定为模仿老师策略的动作，使用监督学习的方法进行训练。

学生策略可使用时序卷积网络或其他包含时间信息的深度神经网络。利用这些网络对历史信息进行处理，可以利用更长时间的历史信息，并从历史信息中推断肢体接触与滑动的有关信息。两阶段训练如图 4-8 所示。

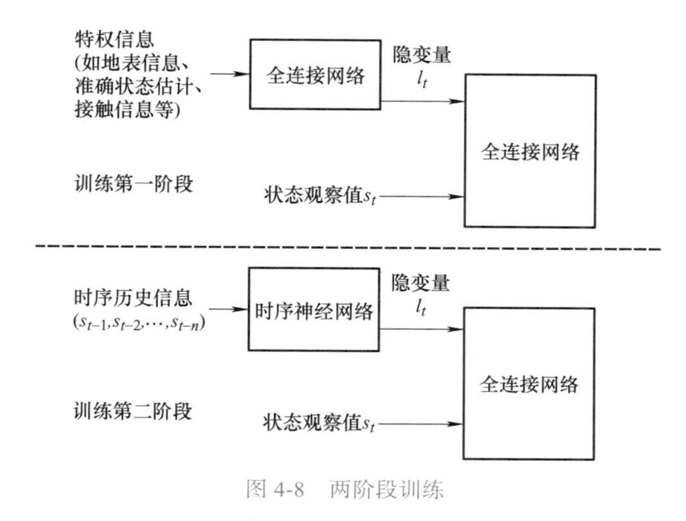

图 4-8　两阶段训练

在图 4-8 中，每一阶段包含了两种神经网络。其中，左边的为编码网络，起到老师策略的作用，在第一阶段中编码网络为全连接网络，在第二阶段中编码网络为时序神经网络，起到学生策略的作用，该网络可以为循环神经网络、长短期记忆网络或其他可处理时序信息的神经网络，极端情况下仍为全连接网络也是可以的，只要其可以完成处理时序信息、输出与第一阶段编码网络相同的隐变量即可；右边的网络为动作网络，接受由左边的编码网络输出的隐变量与常规状态观察值。该动作网络在两阶段学习中参与训练，网络参数训练第二阶段不进行更新。

两阶段训练法通过第一阶段学习策略、第二阶段蒸馏策略，降低了任务的学习难度。在部署实际机器人时，只需要部署经过知识蒸馏的学生网络和强化学习的全连接网络，这样，学生网络就可以根据现实可行的传感器信息推理隐变量，再结合当前时刻的状态观测值，即可生成下一时刻的运动控制指令。

还有一些算法直接对具体物理参数进行编码。对于难以测定或时刻变化的物理参数，可以采用域随机化或添加随机噪声的方式提高策略的鲁棒性，但这类方法严重降低了算法的学习效率，提高了学习难度，很多时候会导致学习无法完成。在这种情况下，对其进行编码也是一种解决方案。其中一部分算法可由基本策略模块和自适应模块组成。基本策略是在 RL 模拟中学习的，使用不同环境的信息（如摩擦量以及有效载荷的重量和形状）鼓励机器人学习在不同条件下的正确控制，编码器将这些变量的信息编码为隐变量。总体来说，基本策略模块探测环境，并实际控制机器人的步态。自适应模块负责分析基本策略模块给的数据，然后告诉基本策略模块如何调整步态。两者协同工作，以便在多样化的环境中实现实时适应。其网络结构如图 4-9 所示。

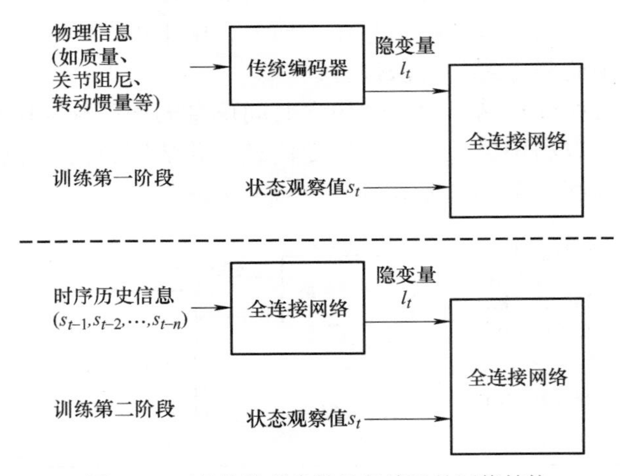

图 4-9 对具体物理参数进行编码的网络结构

该训练过程与图 4-8 所示两阶段训练类似，不过编码内容与编码方式都发生了较大的变化，该方法引入了传统编码手段执行类似于传统控制算法中系统辨识的功能。实际上，尽管本书采取传统控制方法与基于学习的控制方法相并列的介绍形式，但在实际应用中，两种方法往往结合使用，可根据任务要求选取可靠性高、性能优秀的模块搭建算法。

在部署时，仍然只需要部署经过第二阶段的学生网络和强化学习的全连接网络，通过自适应网络实时计算物理参数编码，基本策略可以实现多种物理参数下的运动控制。

也有部分算法结合机器人自身结构，构建轨迹生成器约束机器人底层运动，这些方法构建分层运动控制框架，利用底层非学习方法将机器人运动约束到一定范围内，高层学习算法对底层策略进行控制而非直接生成具体动作，因此此类方法往往无需获取完整的传感器及时信息或完整的动作过程，仅需要用于判断底层控制策略执行状态的融合信息，如控制周期内的响应误差的累积和、底层策略关键参数、稳定性裕度等。这些信息可用于检测机器人运动的整体状态而非瞬时状态，因此控制频率往往较底层算法更低，更加节约计算资源。结合轨迹生成器的网络结构如图 4-10 所示。

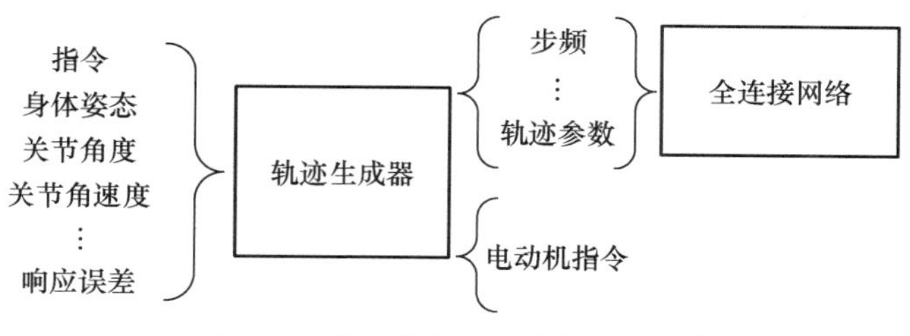

图 4-10　结合轨迹生成器的网络结构

在图 4-10 中，虽然轨迹生成器产生的电动机指令与轨迹参数等分别传到了神经网络与电动机，但实际上该传输过程可能为非同步的，电动机指令需要时刻传输，而轨迹生成器的轨迹参数传输可根据实际需求与任务形式以较低频率传输。

基于学习的人形机器人运动控制方法中，观察值空间设计并没有固定的设计方法，但在实际应用中往往更关注三个要点：①对于学习算法所需要控制的运动或算法，观察值空间应包含能够完全支持理想指令的全部信息，即输入的数据能够推理出期望的动作；②尽可能将最显著的数据特征输入网络；③尽可能降低信息的维度与无用信息的含量占比，以提高学习效率。

4.2.3　人形机器人动作值空间设计

现有人形机器人多使用旋转关节作为关节类型，基于深度强化学习算法的人形机器人控制目前也仅在电动机驱动的人形机器人平台上进行了验证，因此本小节将以电动机驱动的旋转关节人形机器人为例介绍几种常见的动作值空间设计方法。

目前，市场上常见的伺服电动机都提供多种驱动方式，较为常见的方式主要为位置控制、速度控制与力矩控制。顾名思义，即通过控制电动机的角度（位置）、角速度或电动机力矩来控制电动机的运动状态，也可以同时联合三者控制电动机。由于机器人的物理结构限制，运动过程中各关节往往都在一个固定区间内做往返运动，因此速度控制很少被用于完成人形机器人运动控制。由于机器人物理结构固定，电动机选型确定，所以关节角度区间与电动机力矩上下限也是确定的。考虑到深度神经网络输出层输出区间往往为（–1，1），对应实际控制指令还要经过对应的数据处理以实现真实控制，这些限位数据可以用于动作空间输出的数据转换。

基础端到端的强化学习机器人运动控制方法神经网络输出可经数据变换后直接控制机器人电动机。表 4-1 为一种典型机器人关节限位与电动机力矩上下限。

表 4-1　典型机器人关节限位与电动机力矩上下限

关节名称	限位角度 / rad	限位力矩 / N・m
右腿偏航关节	−0.43 ~ 0.43	−200 ~ 200
右腿滚动关节	−0.43 ~ 0.43	−200 ~ 200
⋮	⋮	⋮
左手肘关节	−1.25 ~ 2.61	−40 ~ 40

与观察值空间数据归一化类似，动作值空间需进行“逆归一化”。考虑到角度与力矩上下限确定，故常采用最小值最大值归一化的方法进行逆操作，即

$$x' = x\left[\max(x) - \min(x)\right] + \min(x) \tag{4-31}$$

处理后的数据可直接发给下级驱动器，也可以继续进行后续处理。在端到端的强化学习机器人控制中，网络输出可直接输出给电动机作为指令，其网络结构如图 4-11 所示。

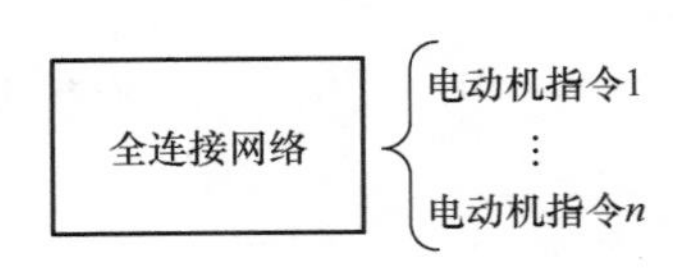

图 4-11　直接输出网络的结构

值得注意的是，尽管时常使用角度、力矩等作为神经网络的输出，但电动机实际上以电流作为最终的驱动方式。市场上现有的伺服电动机均有配套的控制算法，电流与力矩之间的映射往往较为精准，但位置控制与电流之间的转换往往并不统一，在应用于人形机器人学习控制时，需要进一步处理。但其优势在于，在训练的初期，如果指令是一个恒定的关节角度，则机器人不容易倾覆；反之，如果指令是一个恒定的力矩，那么机器人很容易不平衡。较为常见的方式有利用 PD 控制器将位置指令转化为力矩指令，公式为

$$f = K_p(\hat{p} - p) + K_d(\hat{\dot{p}} - \dot{p}) \tag{4-32}$$

式中，f 为关节力矩；p 为关节角度；$\hat{p}$ 为关节期望角度；$\dot{p}$ 为关节角速度；$\hat{\dot{p}}$ 为关节期望角速度；K_p、K_d 为自定义参数。在实际应用中，关节期望角速度通常为 0。K_d 表现为阻尼。K_p 为比例系数，若 K_p 过大，则易发生振荡现象，效果如图 4-12 所示。

除 PD 算法外，仍有许多方式可以将电动机角度映射为电动机力矩，如利用神经网络模拟电动机响应等。该过程往往是纯粹的监督学习过程，在此不做赘述。

除直接将全连接网络输出作为电动机指令外，根据算法的不同，很多网络输出维度可以起到不同的作用。例如，许多算法采用增量式位置控制模式，神经网络输出并不直接作为电动机指令使用，而是与上一时刻电动机目标角度叠加作为新的电动机驱动指令。这种方法很多时候可以加快学习速度并使电动机指令更为平滑，因为通常增量式的强化学习算法输出的指令范围相对要小很多，与目标角度叠加后的数值相比于在整个关节限位空间内输出目标角度来说，波动要小得多，这对部署更加友好，也降低了实际机器人的机械磨损。增量式网络输出的结构如图 4-13 所示。

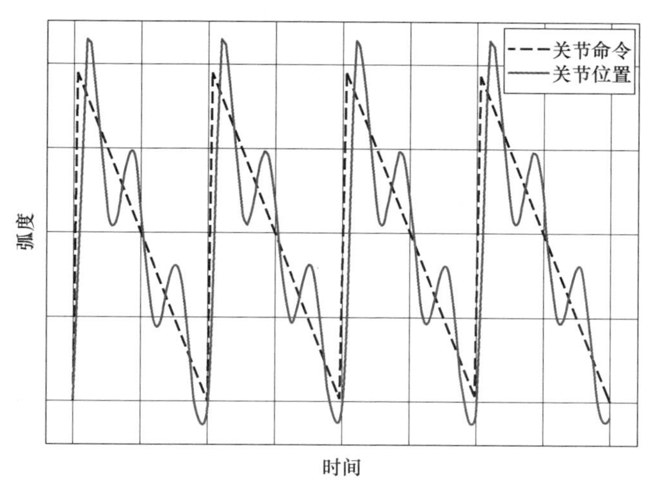

图 4-12　振荡曲线图示

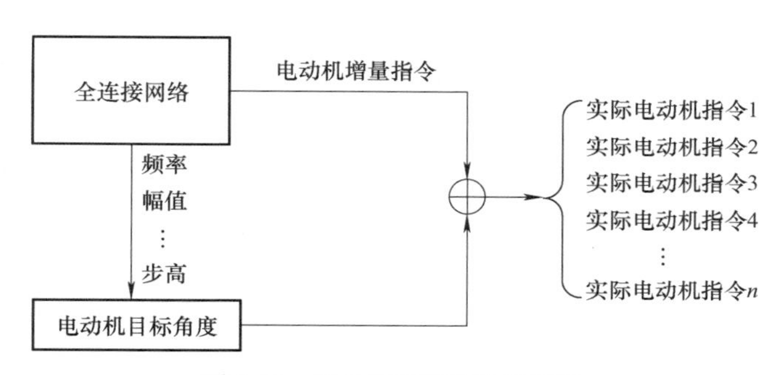

图 4-13　增量式网络输出的结构

部分利用轨迹生成器的算法除输出关节最终位置外，还会输出特殊指令用于调节轨迹的频率、幅值、步高等轨迹参数，也可以直接调控关节角度。策略优化轨迹生成器输出的结构如图 4-14 所示。

在图 4-14 中，全连接网络同时输出轨迹生成器所需轨迹参数与关节轨迹修正，表明最终的实际电动机指令由神经网络与轨迹生成器共同得出。在实际应用中，若轨迹生成器足够可靠且任务较为简单，也可以将关节轨迹修正删除，仅留轨迹生成器的输出作为最终电动机指令。该操作可降低学习难度、减少机器人计算量消耗，但也会受限于轨迹生成器性能，降低算法可能性上限。

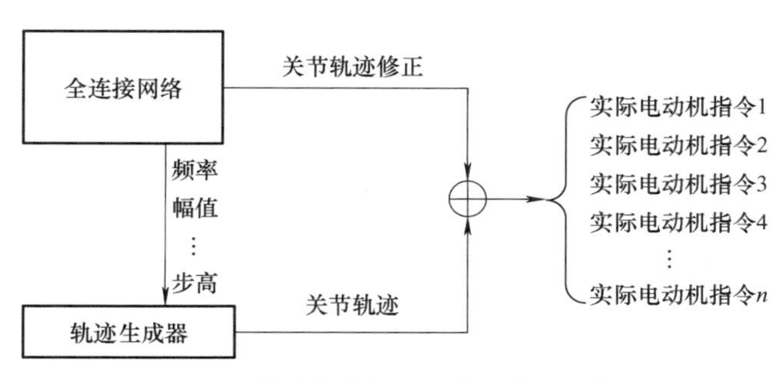

图 4-14　策略优化轨迹生成器输出的结构

总之，动作值空间也需要结合任务类型和控制算法等特点进行设计。通常而言，动作值空间越大，学习越困难，反之则学习更为容易；完成任务所需序列更长，则学习更为缓慢，有时无法完成学习，反之学习迅速。在一些任务与算法难以确定是否能够达成要求时，可以尝试降低学习难度、缩短任务长度，以验证可行性。在检验算法框架无误后，可以逐渐扩大动作空间并扩展任务长度，进行对算法的精确调整。

4.2.4 人形机器人奖励值设计

强化学习的奖励值设计一直是整个强化学习运动控制算法的重点与难点。作为描述整个策略优劣与计算神经网络梯度最为重要的数据，强化学习算法奖励值的设定直接影响算法的学习成功率以及最终习得策略的表现好坏。但令人失望的是，目前仍然缺乏一种能够针对各种任务自如设定任务奖励的方法。目前，基于深度强化学习的人形机器人运动控制算法中的奖励值设计仍然依赖研究人员的设计经验以及各类启发式的设计方法。本小节将介绍一些常见的奖励函数设计形式与注意事项，在具体应用中仍然需要根据任务形式与需求构建合理的任务奖励。

最基础的奖励设置方法是为一个任务设计一个最终奖励。在机器人完成任务后获取这份总奖励，在任务执行过程中不获得奖励。这样虽然可以在理论上通过Q值不断衰减获取每个时间步的Q值，但在实际任务中，这种方案无法使机器人习得一个复杂的任务。由于奖励过于稀疏，机器人通常在学习过程中无法完成任何一个任务，无法获取任何奖励或奖励过少不足以更新网络参数，最终导致学习失败。因此，在实际任务中，会尽量避免奖励稀疏的问题，往往会采取奖励形式的设计修改、外界信息引入、任务分解等手段缓解此类问题。

通过设计合理的奖励形式，对整个任务执行过程中的状态进行奖励设计是一种常见的方式。在这个过程中，可以对机器人的姿态、速度、关节角度、步高、步频以及其他可以在任务中评价任务完成情况或效果好坏的指标进行评价。不过值得注意的是，相较于关节空间上下限位而言，通过对任务指标进行奖惩也可以对这些指标进行约束，但由于这些约束更类似于鼓励，因此难以保证绝对地完成约束条件，在涉及安全性的问题时需格外注意并进行对应处理。

常见的奖励函数的形式主要有以下几种：

（1）各级范数　范数（Norm）是数学中的一种基本概念。它常被用来度量某个向量空间（或矩阵）中的每个向量的长度或大小。这里以 C^n 空间为例，R^n 空间类似。最常用的范数就是 p– 范数。在 $\boldsymbol{x}=\left[x_1, x_2, \cdots, x_n\right]^{\mathrm{T}}$ 情况下，则有

$$\|\boldsymbol{x}\|_p=(|x_1|^p+|x_2|^p+\cdots+|x_n|^p)^{\frac{1}{p}} \tag{4-33}$$

在 p 不同时，二元函数范数等高线如图 4-15 所示。

各级范数以 0.0 为基本对称中心。当需要修改对称中心时，只需将公式做相应修改即可。

（2）指数函数　指数函数尤以自然指数函数的使用最为广泛。指数函数图例如图 4-16 所示。

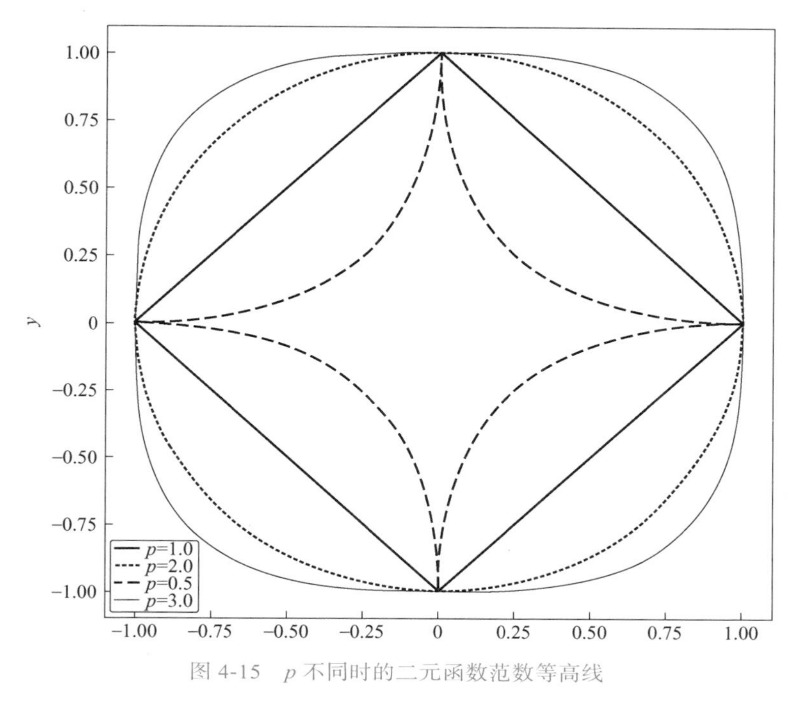

图 4-15　p 不同时的二元函数范数等高线

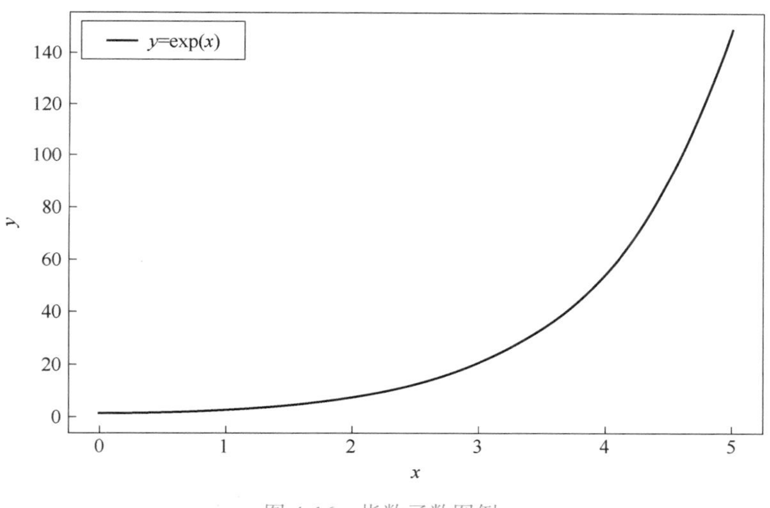

图 4-16　指数函数图例

使用过程中偶尔也会搭配各级取负后的范数组成各类奖励函数。

（3）反三角函数　反三角函数包括反正弦函数、反余弦函数、反正切函数等。反正切函数图例如图 4-17 所示。

（4）其他奖励函数类型　通常来说，在设计奖励函数时，会尽量控制奖励函数衡量任务指标时保持连续且可导的状态，并且期望在任务指标更为敏感的区域，对应奖励函数的导数也更大。这有利于学习策略关注于奖励波动与影响更大的部分，利于学习策略的训练。

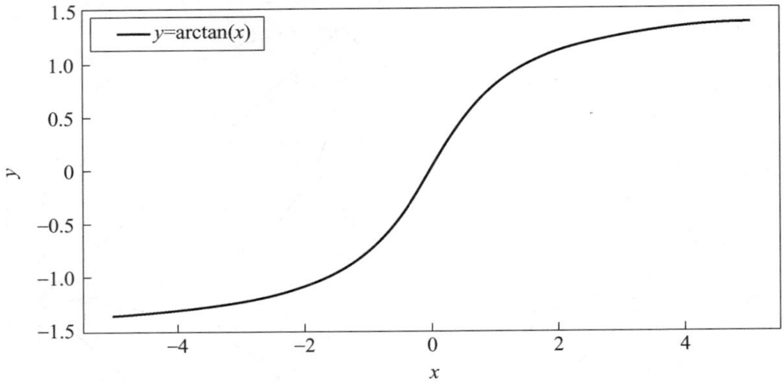

图 4-17　反正切函数图例

部分算法将模仿学习等方法引入强化学习训练中，通过引入外界专家策略，对比策略输出与专家策略的相似程度作为参考奖励值设计。该类方法的奖励通常由两部分组成，分别为参考动作的片段匹配奖励以及用于衡量实际任务完成程度的任务目标奖励。其中参考动作的片段匹配奖励可以由机器人的关节转矩、连杆位置、速度或机器人末端执行器状态等信息组成，学习策略与专家策略越接近则奖励越高。任务目标奖励则与任务目标强相关，以避免学习策略因完全模仿专家策略而无法执行新的任务。

还有一种方案是对任务进行分解，可以将大型任务分解为多个较小的子任务。每个子任务都会有相对较均衡的奖励信号，从而减轻奖励稀疏问题对整体学习的影响。例如，在一个复杂的任务中，可以将高级目标（如摔倒恢复）分解成更具体的子目标（如翻身、坐起、站立等），并分别在子任务上进行学习。也可以将任务进行抽象层面的分解，这种方法将任务分解为抽象的状态和动作空间，从而降低了问题的复杂性。例如，将机器人导航任务分解成规划路径和执行路径两个子任务，分别进行学习。

4.2.5　人形机器人重置方法

对于循环技能，任务可以建模为无限长度的马尔可夫决策过程。但在训练过程中，每周期都是在有限的范围内模拟的。任务往往在一段固定的时间后终止，或者当某些终止条件被触发时终止，终止后会对机器人以及环境进行重置。对于运动控制任务，提前终止的常见条件有检测到跌倒、倾覆以及自碰撞等。跌倒的特征通常是机器人的躯干或四肢（不包括足底）与地面接触。倾覆的特征则是身体姿态发生不合预期的巨大变化或某些连杆低于高度阈值。自碰撞则是防止机器人在自由探索过程中四肢打结卡死无法继续学习，其特征往往是预期任务中不会接触的两个或多个连杆间发生了碰撞。一旦提前终止被触发，机器人会直接重置。这种提前终止提供了另一种塑造奖励函数以阻止不良行为的方法。提前终止的另一个好处是，它可以作为一种管理机制，使数据分布偏向于可能与任务更相关的样本。在行走和翻转等技能的例子中，一旦角色摔倒，就很难恢复并回到其理想轨迹。如果不提前终止，在训练早期阶段收集的数据将被徒劳地在地面上挣扎的任务样本所主导，网络的大部分能力将用于模拟这种徒劳的状态。这种现象类似于监督学习中遇到的类别不平衡问题。通过在遇到这种故障状态时终止事件，可以减轻这种不平衡。图 4-18 所示为常见的机器人终止条件。其中，图 4-18a 展示了两上臂自碰撞的场景，图 4-18b 所示则为机器人倾覆的场景，图 4-18c 所示为机器人腿部接触地面的跌倒行为。

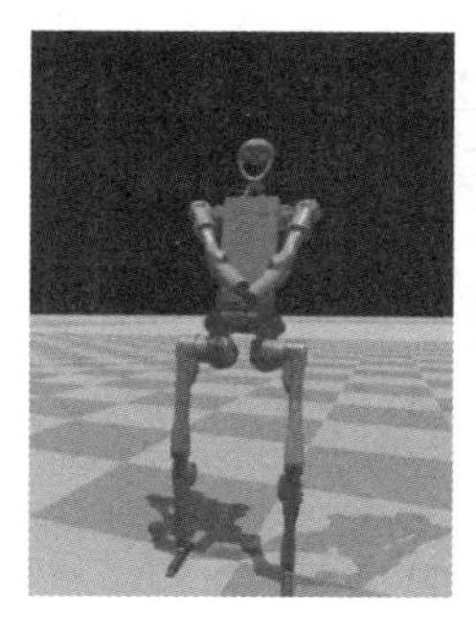
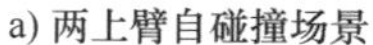
a) 两上臂自碰撞场景

b) 机器人倾覆场景

c) 机器人跌倒行为

图 4-18　常见的机器人终止条件示例

根据仿真环境、任务类型、网络结构以及学习算法的不同，重置的方法与内容也各不相同。现有常用的仿真环境都有着面向基于强化学习的机器人运动控制方法的特定接口，便于机器人进行重置，但对于个别仿真环境来说，强化学习重置过程需要手动编写。对于运动控制任务来说，重置需要对机器人各连杆的位置、姿态、速度、角速度进行重置，且往往需要对惯性进行处理，以防止重置后仍沿重置前的运动趋势进行运动。根据所附加传感器的不同，传感器数据需要置零或填入目标数据。存在记忆缓存的算法，需要对缓存进行清除或存储。具有记忆功能的网络结构也需要对该部分网络参数进行处理，以避免不同周期之间的数据之间产生污染。

初始状态分布决定了机器人在每周期开始时的状态。对于初始状态分布，通常的选择是始终将机器人置于固定状态。对于具有参考动作的强化学习运动控制而言，可将期望动作加入重置过程中。一个简单的策略是将角色初始化为实际应用中动作的开始状态，并允许它在一个周期的过程中自行演绎直到结束。通过这种设计，策略必须以顺序的方式学习运动，首先学习运动的早期阶段，然后逐步向后期阶段发展。在掌握前面的阶段之前，后面的阶段几乎没有进展。这在后空翻等动作中可能会遇到困难，因为学习落地是角色从跳跃中获得高奖励的先决条件。如果机器人不能成功着陆，跳跃实际上会带来更糟糕的奖励。固定初始状态的另一个缺点是由此带来的探索挑战。该策略只有在访问到某个状态后才会获得回顾性奖励。因此，在访问高奖励状态之前，策略无法了解到该状态是有利的。这两个缺点都可以通过修改初始状态分布来弥补。

对于许多强化学习任务，固定的初始状态可能更方便，因为初始化机器人使其获得有价值的初始状态分布往往十分具有挑战性。然而，对于运动模仿任务，参考运动提供了信息丰富的状态分布，可以用来指导智能体在训练过程中学习合适的策略。在每一周期的开始，一个状态可以从参考运动中采样，并用于初始化机器人的状态。此策略被称为引用状态初始化。通过从参考运动中采样初始状态，可以使策略在达到理想状态所需的熟练程度之前就能遇到这些状态。例如，学习后空翻的任务，在固定的初始状态下，为了让角色发现在半空中执行完整的旋转将获取高奖励，它必须首先学会完成协调的跳跃动作。然而，为了激励机器人执行这种跳跃，它必须意识到跳跃将获取更高的奖励。但由于运动对起飞时的初始条件高度敏感，许多策略都会导致失败。因此，智能体不太可能遇到成功置空的状态，也永远不会发现动作可以获得高的奖励状态。对于引用状态初始化，智能体在训练的早期阶段就会立即遇到这种有希望的状态。与仅通过奖励函数从参考运动中获取信息不同，引用状态初始化可以被解释为一个额外的通道，通过该通道，机器人可以以更有信息的初始状态分布的形式从参考运动中获取信息。重置参考动作如图 4-19 所示。

图 4-19　重置参考动作

除空翻外，其他许多高难度动作都可以通过引用状态初始化来增加任务学习的成功率，如跳跃、翻滚等。即使对于难度稍低的任务类型，如摔倒恢复、协调地行走等，利用参考动作进行初始化也可以大大提升学习效率与学习效果。

4.3　动力学仿真配置与优化

传统控制算法往往出于计算成本、优化方法等因素使用简化后的模型进行控制，这限制了传统控制算法的理论上限也限制了机器人的运动模式。基于深度强化学习的人形机器人控制方法往往不需要对机器人物理模型结构做巨大的修改，训练过程中机器人的四肢往往都会参与到训练中。但考虑到强化学习训练过程需要采集大量数据，这些数据往往又需要在仿真环境中采集，这与传统控制算法在仿真环境中进行效果验证的目的不同。因此，需要在仿真环境中搭建机器人模型与工作环境，强化学习将针对该模型与环境优化控制策略。完成训练后，控制策略可以很好地适应该模型与模拟环境，但不一定能够很好地适应真实机器人与实际工作环境。为缓解该类问题，需要对机器人模型参数与仿真环境进行进一步处理。

4.3.1　机器人参数设置

使用深度强化学习方法需要机器人在仿真环境中与环境不停地进行互动，对于单一机器人而言，从零开始学习一个任务的数据收集过程往往需要持续数千小时甚至更久，这需要多种手段来加速这个过程。目前采用的方法多为在仿真中进行训练的同时对仿真环境进行加速以及同时使用多台机器人同时采集数据，以缩短数据采集时间。由于基于深度强化学习的机器人控制多集中于运动控制策略，在训练过程中仿真环境往往也更为关注机器人模型的物理与碰撞属性，因此可靠的物理属性与碰撞边界是强化学习训练过程所不可缺少的。但精准的碰撞边界会大幅增加仿真器的计算难度并延长训练时间，因此如何平衡学习过程中的训练效率与模型的精准度是需要格外关注的，往往需要根据实际情况与控制效果在机器人模型各类参数的精准程度与模型简化带来的效率提升之间进行取舍。

为提高训练速度，强化学习训练时往往利用简化后的机器人碰撞模型进行数据收集工作。与准确的机器人模型相比，简化后的机器人碰撞模型常采用仿真环境所提供的标准几何体组合而成。常用的标准几何体包括长方体、球体、圆柱体、圆锥体以及胶囊形状的几何体等，不同仿真器可能会略有差别。相比于复杂的三角网格图，对这些标准几何体的模拟会快速且节约资源得多。因此，对于较少与外部接触或碰撞的机器人连杆会以这些基础几何体构成，而对于需要时刻与外部互动的机器人连杆，如足端等，就需要使用三角网格图或较为精准的几何体。以某人形机器人为例，其简化前与简化后的模型如图 4-20 所示（机器人视觉特征与碰撞属性一致）。

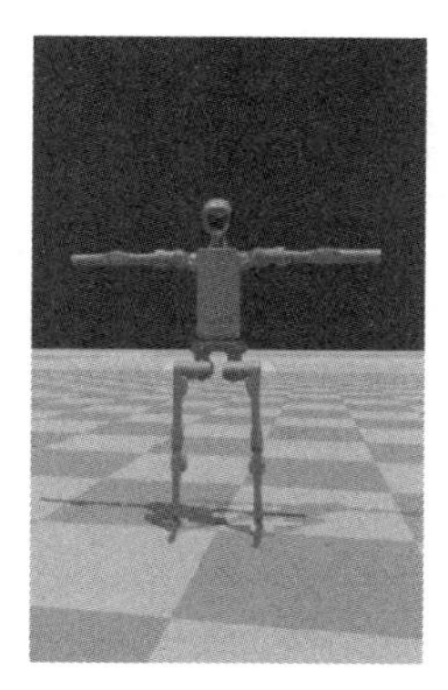

a) 未简化模型

b) 简化模型

图 4-20　机器人碰撞模型

可以看到，使用精准视觉贴图的机器人模型更为真实，其细节、纹理更为丰富。而经简化的机器人模型看上去较为怪异，连杆与连杆之间甚至会出现空隙。虽然机器人模型简化方式并不统一，但除特定任务需求外，对于机器人碰撞模型通常不要求所有连杆组成的模型没有空隙，在对学习后的效果没有影响的情况下，碰撞模型往往是越简洁越好，这样仿真器模拟的难度更低、效率更高。

除碰撞属性外，机器人关节的物理属性也需要确定。由于其数据难以提前确定，所以实际工作中往往在选取目标机器人之后采集实际中的关节响应数据进行对比，通过在仿真中与现实中发出相同的控制指令，对比仿真中的指令响应曲线与现实中的指令响应曲线的区别，估计实际机器人关节的物理属性。

实际操作中，往往采取阶跃脉冲响应和正、余弦信号响应，以及一些特殊任务需求的一些轨迹作为参考指令。图 4-21 展示了典型信号在 PD 控制器下的响应曲线。

由于延迟的存在，以及许多物理属性的限制，响应曲线与目标指令无法完全重合，根据实际情况的不同，机器人关节响应的延迟、超调、稳态误差以及是否振荡等特性都会有所不同。通过对现实响应曲线的采集与对比，可以显著减小仿真环境与现实环境的不同，利于学习策略的真机部署。

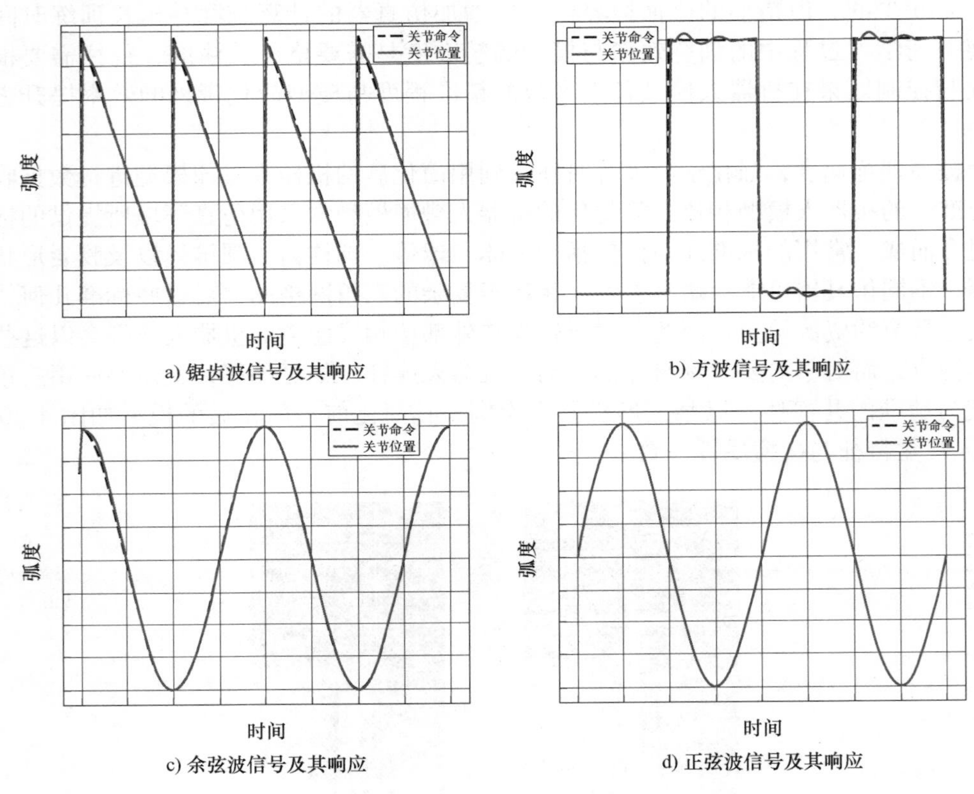

a) 锯齿波信号及其响应　b) 方波信号及其响应　c) 余弦波信号及其响应　d) 正弦波信号及其响应

图 4-21　典型信号响应

关节阻尼往往会影响关节的动态响应速度，关节阻尼过大或过小往往会影响关节响应速度与滞后相位。图 4-22 所示为关节阻尼不合理时的信号响应曲线。

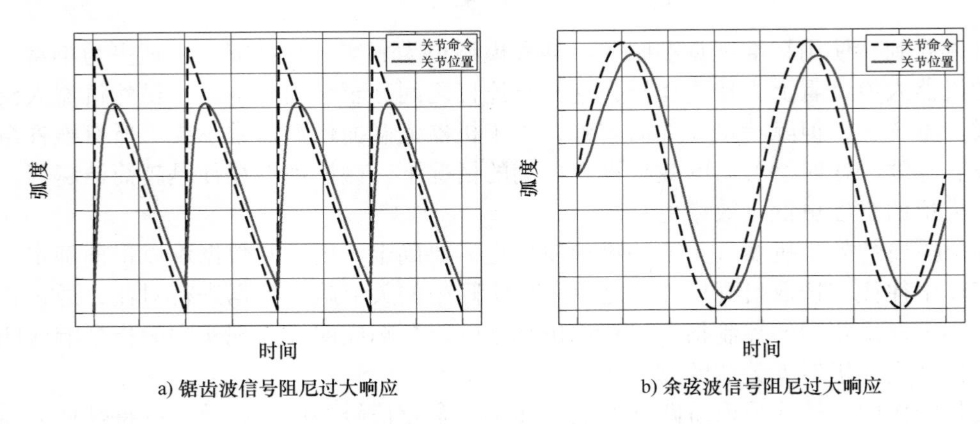

a) 锯齿波信号阻尼过大响应　b) 余弦波信号阻尼过大响应

图 4-22　关节阻尼不合理时的信号响应曲线

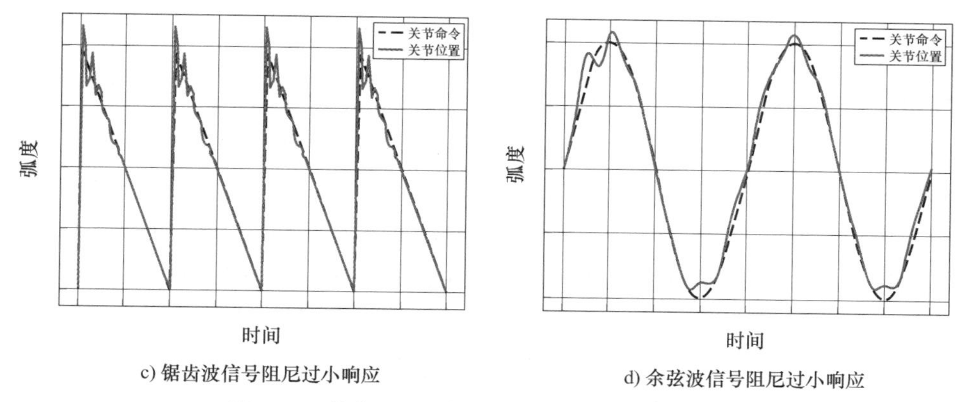

c) 锯齿波信号阻尼过小响应　　d) 余弦波信号阻尼过小响应

图 4-22　关节阻尼不合理时的信号响应曲线（续）

关节阻尼过大往往会导致响应速度慢或欠调等现象。与之相反的是，关节阻尼过小则容易出现巨大的超调以及振荡等现象。

静摩擦力除影响关节动态响应外，还会影响关节响应的稳态误差，图 4-23 所示为静摩擦力过大时的信号响应曲线。

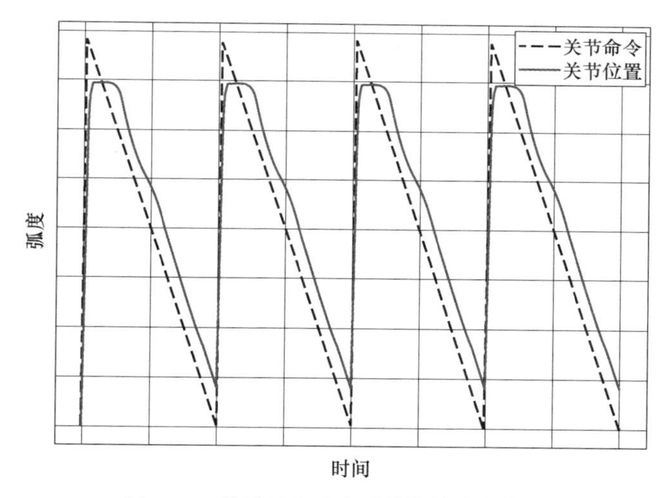

图 4-23　静摩擦力过大时的信号响应曲线

可以看到，静摩擦力直接影响关节响应的稳态误差。在不考虑重力的情况下，关节稳态误差几乎正比于关节静摩擦力。

除手动调节以上这些参数外，也可以通过采集现实中的响应数据，再利用神经网络拟合响应曲线以跳过此类参数的调整过程，也可以采用传统系统辨识方法对以上参数进行辨识。

4.3.2　环境参数随机化

通过对现实中的机器人进行建模，再在仿真环境中进行训练，可以有效学习到机器人在现实世界中所需的各类技能。但由于现实中的传感器噪声、环境的变化以及许多机器人参数的误差导致了仿真中训练的各种策略难以直接部署在现实环境中。为此，需要提高策略的鲁棒性，以应对这类问题。

最为常见的解决方法为环境参数的随机化，其中包含了机器人物理参数的域随机化，还有传感器参数、外界干扰以及外界环境的随机化模拟。

域随机化是当前环节仿真到现实跨越的常用方法之一。能够完全访问的环境（即仿真环境）为源领域，状态转移方程为 $p^*(s_{t+1} \mid s_t, a_t)$，将模型转移的目标环境称为目标领域（即现实环境），状态转移方程为 $\hat{p}(s_{t+1} \mid s_t, a_t) \approx p^*(s_{t+1} \mid s_t, a_t)$。由于建模和其他形式的校准误差，在模拟中成功完成任务的行为一旦部署到现实世界中就可能不成功了。此外，深度强化学习方法容易利用模拟器的特性来实现在现实世界中不可行的行为。因此，解决方案之一是不在一个特定的动态模型下训练策略，而是训练一个可以在各种不同的动态模型下执行任务的策略。首先，可引入一组动力学参数 μ 来参数化仿真的动力学特性 $p(s_t \mid a_t, s_t, \mu)$，然后将目标修改为最大化动态模型分布 ρ_μ 的期望奖励，即

$$E_{\mu \sim \rho_\mu}\left[E_{\tau \sim p(\tau \mid \pi, \mu)}\left[\sum_{t=0}^{T-1} r(s_t, a_t)\right]\right] \tag{4-34}$$

通过训练策略以适应环境动态中的可变性，所得到的策略可能会更好地推广到现实世界的动态中。

在人形机器人运动控制中，主要对仿真环境的物理参数进行随机化。研究表明，递归策略可以适应不同的物理动力学。一组物理动力学特性包括但不限于：物体的质量和尺寸、机器人身体的质量和尺寸、关节的阻尼、摩擦、PID 控制器的增益（P 项）、关节限制、动作延迟。部分涉及视频及图像处理的任务，也会对物体的位置、形状和颜色、材料纹理、光照条件、图像中添加的随机噪声，以及模拟器中相机的位置、方向和视场等进行随机化。

域随机化的方法主要在于扩大策略的适应范围，提高其策略鲁棒性。当现实环境参数范围能够被域随机化的范围覆盖时，在仿真中训练的策略理论上可以直接在现实中进行部署，域随机化的示意图如图 4-24 所示。

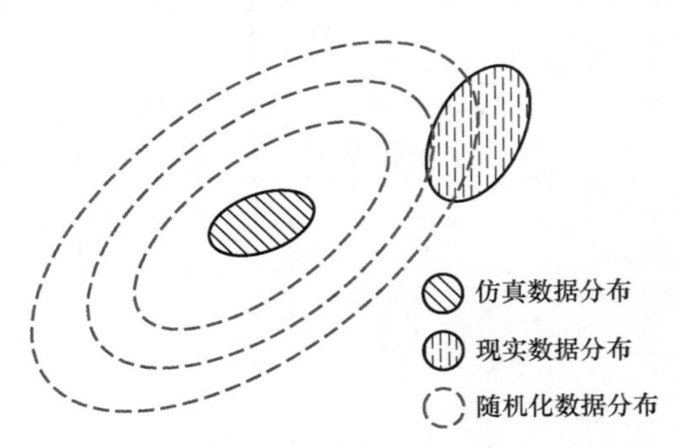

图 4-24 域随机化的示意图

仿真数据分布往往与真实数据分布并不重合，学习算法却常常通过仿真数据获取各类技能。为使这类技能也可以在现实环境中应用，可以使策略在随机化后的环境中训练，随机化后的数据分布往往可以覆盖到部分真实的数据分布，这也使得学习策略在适应随机环境后也可以在真实场景中进行应用。

除以上域随机化的参数外，部分算法也将观察值噪声作为随机化的重要部分，但与上述物理参数随机化不同。物理参数随机化后通常在一个训练周期内保持不变，使策略在新的周期内适应恒定不变的参数改变，而观察值噪声则模拟了机器人各类传感器本身的高频噪声，这类噪声带来的干扰在一个周期内的每个时间步上各不相同。图 4-25 所示为一种典型传感器的随机噪声示例，无论是编码器还是 IMU，其噪声往往呈高斯分布并伴有一定程度的漂移，根据传感器精度与工作环境的不同，其表现形式会略有不同，可根据机器人实际状况添加噪声。

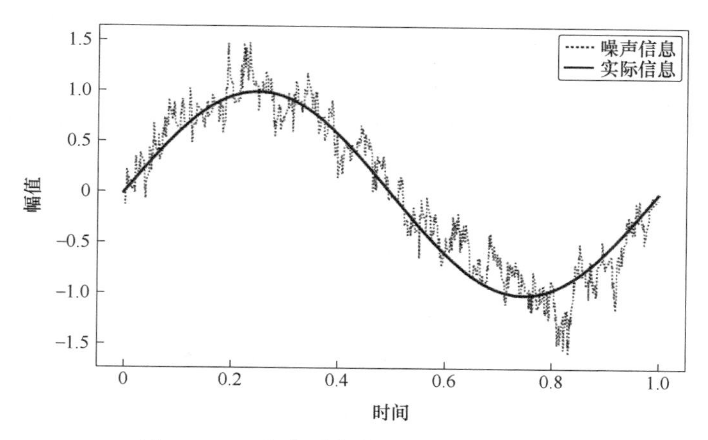

图 4-25　一种典型传感器的随机噪声示例

可以看到，传感器回传数据较仿真环境有很大波动，为使学习策略适应这类状况，通常在仿真环境训练时也对此类状况进行模拟，在传感器传回真实值的情况下在数据上加入针对性的噪声以模拟真实情况。编码器、IMU 等传感器往往加入高斯噪声，噪声的均值与方差根据机器人实际状况估计。此外，根据任务需求，各类外部干扰，如外界推动等，也会在周期中随机产生，以增加算法收集到的数据的多样性。

在人形机器人行走任务中，行走地形的不同往往对学习任务有着巨大的影响，现有强化学习方法往往采用课程学习的方式逐渐提升算法性能，与之对应的地形类型与难度也会相应改变。因此，常采用各地形类型以训练机器人。

随机地形的图示如图 4-26 所示，常见地形往往包含凹陷、楼梯、台阶、斜坡以及起伏地形。随着难度提高，各类地形的起伏程度也会不断加大。此外，根据任务要求不同，也可以设计许多其他地形或组合地形用于机器人训练。

图 4-26　随机地形的图示

4.4　人形机器人运动控制实例

已经了解的基于深度强化学习的运动控制方法的基本内容，可以构建一些基本的强化学习运动框架以验证基础算法的有效性。

本节将以人形机器人站立与行走作为两种典型运动控制任务，介绍其在仿真环境中的学习与测试过程。

1. 站立任务

站立任务较为简单，其主要目的为维持机器人单一状态不变。在站立任务中，基础运动框架主要包含以下几部分：

1）机器人模型：机器人标准模型，初始化姿态为正常站姿。

2）训练场景：在平地进行训练。

3）周期终止条件：①站立时长达到 10s；②躯干滚转或俯仰角超过 0.5rad；③机器人模型连杆发生自碰撞；④机器人跌倒，脚以外的连杆接触地面。以上 4 条任一事件发生即终止该周期并重置机器人。

4）机器人重置状态：不同偏航角的正常站姿。

5）观察值空间设计：①躯干姿态；②躯干角速度；③上一时刻的关节指令；④关节残差；⑤关节角速度。以上观察值均采取最小值最大值归一化。

6）动作值空间设计：由神经网络输出放缩为各关节角度。

7）奖励设计：① $r_1=\exp[-k_1(\widehat{h_c}-h_c)^2]$；② $r_2=\exp(-k_2 v_c^2)$；③ $r_3=\exp(-k_3\omega_c^2)$；④ $r_4=\exp(-k_4\theta_c^2)$；⑤ $r_5=-\left\|\omega_j\right\|_2$；⑥ $r_6=-\left\|\theta_{\text{now}}-\theta_{\text{last}}\right\|_2$；⑦ $r_7=-\left\|\text{error}_a\right\|_2$；⑧ $r_8=-\left\|\theta_{\text{now}}\right\|_2$；⑨ $r_9=-\left\|\theta_{\text{foot}}\right\|_2$；⑩ $r_{10}=-\left\|\text{abs}(p_{\text{foot},l,y}-p_{\text{foot},r,y})-\widehat{p_{\text{foot},y}}\right\|_2$。最终奖励值为：$r=\sum_{n=1}^{n=10}\alpha_n r_n$。其中，$\widehat{h_c}$ 为机器人期望躯干重心高度，h_c 为实际躯干重心高度；v_c 为机器人躯干速度；ω_c 为机器人躯干角速度；θ_c 为机器人躯干除偏航角外的姿态；ω_j 为机器人关节角速度；θ_{now} 为机器人当前关节指令；θ_{last} 为机器人上一时刻关节指令；θ_{foot} 为机器人脚除偏航角外的姿态；$p_{\text{foot},l,y}$ 与 $p_{\text{foot},r,y}$ 分别为左脚、右脚在侧向上的位置；$\widehat{p_{\text{foot},y}}$ 为双脚期望距离；α、k 为比例超参数。可以看到，该奖励鼓励机器人原地不动，维持姿态与速度不变，关节指令尽量输出为 0（站立姿态），且不发生突变。

2. 行走任务

行走任务则复杂了一些，其主要目的为维持机器人沿某一方向平移或旋转，并且在运动过程中维持机器人运动协调与稳定，因此这里引入了虚拟相位与虚拟频率的概念，采用 $\phi=\phi+2\pi f\Delta t$ 计算虚拟相位，由神经网络输出虚拟频率，相位与频率均可由神经网络观察并在奖励函数中鼓励机器人按照相位产生周期运动。在行走任务中，基础运动框架主要包含以下几部分：

1）机器人模型：机器人标准模型，初始化姿态为正常站姿。

2）训练场景：在平地进行训练。

3）周期终止条件：①行走时长达到 10s；②躯干滚转或俯仰角超过 0.5rad；③机器人模型连杆发生自碰撞；④机器人跌倒，脚以外的连杆接触地面。以上 4 条任一事件发生即终止该周期并重置机器人。

4）机器人重置状态：不同偏航角的正常站姿。

5）观察值空间设计：①运动指令；②躯干姿态；③躯干角速度；④上一时刻的关节指令；⑤关节残差；⑥关节角速度；⑦运动虚拟相位；⑧运动虚拟频率。以上观察值均采取最小值最大值归一化。

6）动作值空间设计：由神经网络输出放缩为各关节角度以及运动虚拟频率。

7）奖励设计：① $r_1=\exp\left[-k_1(\widehat{h_c}-h_c)^2\right]$；② $r_2=\exp\left[-k_2(\widehat{v_c}-v_c)^2\right]$；③ $r_3=\exp\left[-k_3(\widehat{\omega_c}-\omega_c)^2\right]$；④ $r_4=\exp(-k_4\theta_c^2)$；⑤ $r_5=-\|\omega_j\|_2$；⑥ $r_6=-\|\theta_{\text{now}}-\theta_{\text{last}}\|_2$；⑦ $r_7=-\|\text{error}_a\|_2$；⑧ $r_8=-\|\theta_{\text{now}}\|_2$；⑨ $r_9=-\|\theta_{\text{foot}}\|_2$；⑩ $r_{10}=-\left\|\text{abs}(p_{\text{foot},l,y}-p_{\text{foot},r,y})-\widehat{p_{\text{foot},y}}\right\|_2$。与站立任务类似，$\widehat{h_c}$ 为机器人期望躯干重心高度；h_c 为实际躯干重心高度；v_c 为机器人躯干速度，$\widehat{v_c}$ 为机器人躯干期望速度；ω_c 为机器人躯干角速度，$\widehat{\omega_c}$ 为机器人躯干期望角速度；θ_c 为机器人躯干除偏航角外的姿态；ω_j 为机器人关节角速度；θ_{now} 为机器人当前关节指令；θ_{last} 为机器人上一时刻关节指令；θ_{foot} 为机器人脚除偏航角外的姿态；$p_{\text{foot},l,y}$ 与 $p_{\text{foot},r,y}$ 分别为左脚、右脚在侧向上的位置；$\widehat{p_{\text{foot},y}}$ 为双脚期望距离；α、k 为比例超参数。以上为鼓励机器人运动的基础奖励，但仅凭借以上奖励难以完成机器人的可靠协调行走，需配合其他奖励工作：① $r_{11}=\sum\left[h_{\text{support,stance}}\right]$；② $r_{12}=\sum\left[h_{\text{swing}}>\widehat{h_{\text{swing}}}\right]$；③ $r_{13}=-\|v_{\text{foot},y}\|_2$；④ $r_{14}=\|v_{\text{foot},x,\text{swing}}\|_2$；⑤ $r_9=-\|f\|_2$。其中，$h_{\text{support,stance}}$ 为符合虚拟相位的计数，即位于支撑相时确实触地；h_{swing} 为摆动相脚的高度，$\widehat{h_{\text{swing}}}$ 为摆动相脚的期望高度；$v_{\text{foot},y}$ 为脚在侧向上的速度；$v_{\text{foot},x,\text{swing}}$ 为摆动相脚在前向上的速度；f 为运动虚拟频率。最终奖励值为 $r=\sum_{n=1}^{n=14}\alpha_n r_n$。可以看到，奖励除鼓励机器人平稳移动外，还鼓励机器人协调、稳健地移动双足。

思考题与习题

1. 强化学习中环境、状态、动作、奖励与策略都是什么？在不同的任务中，它们有哪些不同？
2. 为什么存在两种值函数？它们的应用范围有什么区别？
3. 本章介绍了几种深度强化学习算法？它们各自有什么特点？为什么要引入基于策略的方法？
4. 为何要将训练数据反复使用？ PPO 为将数据反复使用做出了哪些努力？
5. 数据归一化有许多种方法，请举出其中三种并介绍其应用范围与注意事项。
6. 有许多种神经网络结构，在应用时应如何选择？
7. 深度强化学习方法奖励值常用各级范数表示，请画出各级范数及其导数图像。
8. 模型参数会显著影响系统响应，请自行调节模型参数，以了解参数对控制效果的影响。
9. 基于强化学习的人形机器人运动控制方法多在仿真中进行，仿真模型应如何搭建？请自行搭建仿真模型以验证各参数性能。
10. 仿真环境可以设置大量不同地形以丰富采集的数据，除文中所列地形外，还有哪些地形可供测试？请自行设置并进行训练。

第5章　人形机器人导航

导读

人形机器人导航涉及同时定位与建图（Simultaneous Localization and Mapping，SLAM）、定位技术和路径规划技术，使人形机器人能够在未知或动态环境中生成地图、确定自身位置，并规划出最优路径，从而实现导航控制。本章首先介绍SLAM的基本原理和算法，并通过具体实例展示SLAM在人形机器人导航中的应用，接着介绍全局路径规划和局部路径规划的不同策略及其实现方法，最后通过多个实际应用实例，介绍人形机器人导航技术在不同场景下的具体应用。

本章知识点

- 人形机器人导航概述
- 同时定位与建图
- 人形机器人路径规划
- 人形机器人导航应用实例

5.1　概述

人形机器人导航是人形机器人研究中的一个核心问题，涉及如何在已知或未知环境中从起点移动到目标点。经典导航方法包括启发式导航、端到端导航及其他常见方法等。启发式导航方法基于图搜索和启发式函数，适用于静态环境中的路径规划；端到端导航方法则利用深度学习和强化学习技术，直接从传感器输入生成控制输出；其他常见方法包括基于贝叶斯理论的定位和行为学方法，它们在特定场景下表现优异。通过深入理解这些导航方法，可以掌握人形机器人在不同环境中实现自主导航的基本策略和技术。人形机器人在现实环境中必须拥有导航能力，因此对经典导航方法的了解是非常必要的。

移动机器人实现自主导航涉及Durrant-Whyte和Leonard提出的三个基本问题：定位、地图构建和路径规划。定位指的是精确测量人形机器人在当前环境中的位置和姿态；地图构建是将通过各种传感器感知到的局部环境信息整合成一个统一且一致的地图；路径规划是在已知地图的基础上计算出一条最优路径，使人形机器人能够到达目标点。

最初，机器人的定位和地图构建是独立研究的。后来研究人员发现这两个问题是相互依赖的。在进行地图构建之前，机器人需要知道自己的位置，在没有地图的情况下，机器人很难确定自己当前的位置。为了解决这个问题，研究人员提出了同时定位与建图（SLAM）理论。SLAM 被形象地描述为“鸡和蛋”的问题：机器人需要准确的自身位姿来构建良好的地图，而地图构建又是机器人获得相对距离等位姿信息的关键。图 5-1 展示了导航的三个关键步骤及其之间的关系，定位和地图构建相互融合形成 SLAM 理论，而 SLAM 理论和路径规划相融合形成主动 SLAM 理论。

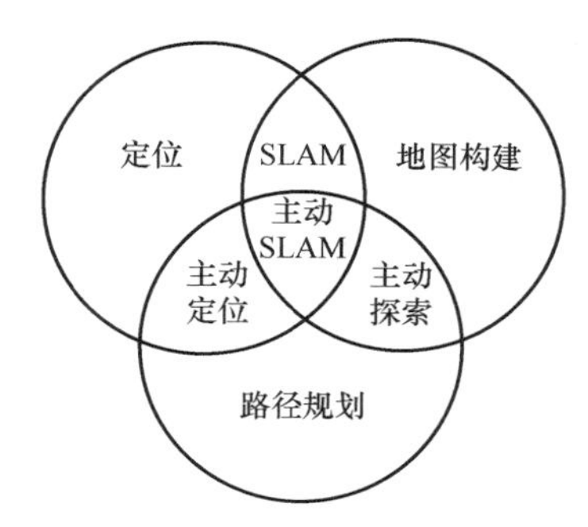

图 5-1　导航的三个关键步骤及其之间的关系

移动机器人自主导航是指机器人依靠自身携带的或环境中的各种传感器，在特定环境中根据路径最短、时间最优或能耗最低等准则实现从起始位置移动至目标位置的技术。根据使用的传感器和应用场景的不同，导航方式可以分为以下几类：

（1）惯性导航　惯性导航是早期应用广泛的一种导航方式。它依靠搭载的加速度计和陀螺仪等惯性传感器测量载体的加速度和角速度，通过解算得到位置和速度等信息。惯性导航具有自主性和不受外界环境影响的优点，可以用于军工、航天等领域，在导弹、航天器等的三维空间定位中发挥着重要作用。然而，由于制造误差和温度漂移等因素，惯性导航单独使用会存在累积误差，因此常结合其他传感器如 GPS 和里程计等进行使用。

（2）卫星定位导航　卫星定位系统（如 GPS）是目前应用最广泛的导航方式之一。GPS 通过卫星发射的信号，实现对地面点的定位，提供高精度的三维坐标信息。然而，GPS 定位在动态环境中容易丢失信号，在建筑物内信号弱且难以应用，且无法满足实时控制的要求。在此基础上，我国的北斗卫星导航系统不断完善，它具备局部定位的功能，并在陆地、海洋和航空航天等领域得到广泛应用。

（3）光学导航和磁感导航　光学导航和磁感导航是早期用于自动导引车（AGV）的导航方式。通过在地面上铺设特殊的发光或易反光材料、带电导线或预设磁场的磁带，利用机器人下方安装的光传感器或电磁传感器来检测两边传感器的偏差，从而纠正机器人的运动方向误差。

（4）激光导航　激光导航利用激光测距原理，通过测量激光的速度和发射与接收时间来确定物体的位置。激光雷达传感器能够快速、精确地获取目标的三维坐标位置，具有抗干扰能力强、精度高和稳定性好等优点。它在交通通信、资源探测、防震减灾等领域得到广泛应用，但受天气影响较大且价格相对较高。

（5）视觉导航　视觉导航是通过摄像机实时拍摄周围环境，根据图像信息确定机器人的位置和导航参数。早期的视觉导航主要依靠识别人工设定的、简单易识别的标志或路标，具有设备简单、成本低的优点。然而，在复杂、不确定的环境中，其导航精度较低，定位效果不理想。

5.1.1　同时定位与建图理论

同时定位与建图理论描述了在未知环境中，机器人能否同时确定自身的位置并逐步构建与之一致的环境地图。解决 SLAM 问题被认为是移动机器人领域的关键，因为它为机器人提供了真正实现自主导航的手段，并成为研究的热点。

在导航过程中，许多场景无法预先拥有环境地图，即使室内环境有建筑平面图，由于摆设和家具的存在，地图与平面图之间仍存在差异。构建各个场景的地图可使机器人具备环境适应性，因此地图构建是自主机器人的重要组成部分。然而，准确构建地图受到多个因素的制约，主要包括以下几个方面：

（1）定位与地图构建同时进行　机器人移动时，其里程计会逐渐积累误差，导致位置的不确定性增加，最终可能丢失自身的位置信息。构建地图的同时，还需要确定机器人相对于地图的位置，而在没有初始地图和精确姿态信息的情况下，同时实现这两个目标是非常困难的。

（2）多维度空间　地图在连续的空间中定义，因此具有无限多个维度。即使在离散逼近的情况下，如网格逼近，地图也可能具有高达 10^5 甚至更多变量的超高维空间。这种高维空间使得计算完整的后验概率变得非常具有挑战性。

（3）大范围建图　相对于机器人的感知范围来说，环境范围越大，地图构建越困难。

（4）传感器和执行器噪声　噪声会增大误差，因此噪声越大，地图构建越困难。如果机器人的传感器和执行器没有噪声，则地图构建将变得相对简单。

（5）感知模糊　机器人是通过传感器感知世界的，在一些非常相似的地方，传感器数据可能非常接近，导致机器人很难判断自身是否在运动。

（6）闭环检测　构建具有闭环的环境地图非常困难。当机器人完成一个闭环并返回起点时，由于里程计的误差，构建的地图很可能不闭合，从而导致闭环误差与地图的不一致。

5.1.2　定位技术

定位是确定机器人相对于给定环境地图的姿态的问题，常被称为位置估计。定位技术是机器人感知中最基本的问题，几乎所有的机器人任务都需要知道自身的位姿。

移动机器人的定位可以看作是一个坐标变换问题。地图是在全局坐标系下描述的，而机器人自身的坐标系与之无关。因此，定位问题可以描述为建立全局坐标系与机器人自身坐标系之间的对应关系。通过这种坐标变换，机器人可以在自身坐标系下描述周围环境的位置，这是导航任务的前提。

由于传感器不可能无噪声地进行测量，机器人的位姿必须通过充满噪声的数据进行推测。此外，单一传感器通常无法准确确定机器人的位姿，如激光雷达很难识别走廊环境。

根据初始位姿是否已知以及周围环境的性质可以将定位问题分为四个维度：

（1）局部定位与全局定位　已知初始位姿的定位问题被称为“位姿跟踪”，其不确定性仅限于运动过程中产生的误差，局限于机器人真实位姿附近的区域。初始位姿未知的问题被称为“全局定位”，机器人需要进行位姿跟踪并确定相对于地图的初始位姿。机器人在运动过程中可能面临“绑架问题”，即突然被带到其他位置，导致机器人可能误认为自己位于错误的位置。“绑架问题”常被用来评估定位算法在全局定位失败时的恢复能力。

（2）静态环境与动态环境下的定位　静态环境表示除了机器人以外没有其他动态物体存在。动态环境则表示除了机器人自身运动外还存在许多其他变化，如人、可移动家具或门等。在动态环境中的定位更加复杂。

（3）主动与被动定位　被动定位中的机器人的运动由其他模块控制，定位模块仅通过观察周围环境来确定自身位姿。主动定位中的定位模块通过控制机器人的运动方式来主动地降低定位误差和定位成本。

（4）单一或多个机器人定位　单一机器人定位是最普遍的情况，定位过程只需要机器人获取传感器数据即可完成。多个机器人定位不仅包括单一机器人定位，还需要考虑多个机器人之间的交流和彼此的定位。

这四个维度描述了机器人定位问题的四个最重要特征，当然还有其他特性会使定位问题变得更加复杂，如对称环境中的定位。定位可以采用多种方式进行，包括 GPS、航位推算、基于测距传感器（如超声波、声呐、激光雷达等）的定位、基于视觉的定位、基于射频技术（如 RFID、蓝牙和 Wi-Fi 等）的定位等。

5.1.3　路径规划技术

路径规划是移动机器人导航中的关键问题，其目标是计算出一条满足机器人运动学约束、避免与障碍物碰撞的最佳路径。在路径规划过程中，考虑到地图的准确性和完整性问题，根据对环境信息的把握程度可把路径规划划分为基于先验完全信息的全局路径规划和基于传感器信息的局部路径规划。其中，从获取障碍物信息是静态或是动态的角度看，全局路径规划属于静态规划，局部路径规划属于动态规划。

全局路径规划需要掌握所有的环境信息，根据环境地图的所有信息进行路径规划。在全局路径规划中，主要有以下几种常用的方法：

（1）Dijkstra 算法　Dijkstra 算法是一种经典的最短路径算法，通过以起始点为中心，逐层向外扩展的方式，不断更新节点之间的最短路径，从而找到起始点到目标点的最短路径。该算法可以找到最优路径，但搜索空间较大，时间复杂度高。

（2）A* 算法　A* 算法是一种启发式搜索算法，综合考虑实际距离和启发式估计距离，能够高效地搜索出起始点到目标点的最短路径。A* 算法通过定义一个启发式评价函数，根据该函数计算出每个节点的估计代价，从而进行有导向性的搜索。相比于 Dijkstra 算法，A* 算法在搜索时间和空间复杂度上更为高效。

局部路径规划只需要由传感器实时采集环境信息，了解环境地图信息，然后确定所在地图的位置及其局部的障碍物分布情况，从而可以选出从当前结点到某一子目标节点的最优路径。常用的局部路径规划算法如下：

（1）动态窗口法（DWA）　DWA 将机器人的速度和加速度限制在一个搜索窗口范围内，通过对每个速度和加速度进行评分，选择得分最高的组合来确定机器人的下一步移动。该算法能够实时避免与障碍物的碰撞并生成安全可靠的路径。

（2）人工势场法　人工势场法基于引力和斥力原理，在机器人与障碍物之间设置人造的引力场和斥力场，通过调节这些场的参数，使机器人在避开障碍物的同时朝目标点移动。然而，人工势场法可能存在局部最小问题和在狭窄通道中摆动的缺点。

除了传统的路径规划算法，还有一些新颖的智能算法被引入到机器人导航中，如蚁群算法、神经网络等。这些算法通过模拟自然界的行为和使用机器学习等技术，可以更好地适应复杂环境的导航需求。

5.2 SLAM

有了对人形机器人导航技术初步的认识，本节会对 SLAM 相关内容进行较为详细的展示。机器人定位、导航与建图是现代机器人技术中不可或缺的核心组成部分。它们共同为人形机器人提供了在未知或复杂环境中自主运动与完成任务的能力。为了更好地理解这三项技术，可以通过一个实际案例来深入探讨。

以智能仓储机器人为例，它需要在仓库内自主完成货物的搬运和存储任务。在这个过程中，定位与建图技术起到了关键作用。智能仓储机器人通过搭载激光雷达等传感器，能够实时感知周围环境，并根据感知到的数据构建出仓库的地图。这张地图不仅包含了仓库的几何结构，还包含了货物的摆放位置等信息。有了这张地图，机器人就能够精确地定位自身位置，并规划出最优的行驶路径，实现高效的货物搬运。

SLAM 系统的框架图如图 5-2 所示。以视觉 SLAM 为例，系统的开始是通过相机收集图像数据。然后，视觉里程计利用连续帧之间的特征匹配，来估计相机的位置和姿态，从而实现对局部区域的地图构建。这一步是局部导航和探索的基础，但由于各种原因（如传感器误差和环境变化），仅靠视觉里程计得到的数据可能会有误差。为了提高定位和地图精度，SLAM 系统引入了后端优化。后端优化通过调整测量到的位置和姿态信息，对地图进行更新和优化，以减少累积误差并提高系统的整体准确性。同时，建图模块负责维护和更新全局地图，这对于机器人进行长期导航和环境理解至关重要。SLAM 的数学建模是其核心，主要分为基于滤波器的方法和基于非线性优化的方法。最初，基于滤波器的模型（如卡尔曼滤波）在 SLAM 领域占据主导地位，因为它们能有效地处理传感器噪声和估计不确定性。然而，随着技术的进步和对更高精度需求的增加，基于非线性优化的方法开始受到更多青睐。这种方法通过优化所有观测数据的整体一致性来提高系统的精确度和鲁棒性。SLAM 系统的另一个关键组成部分是回环检测，它使得系统能够识别之前已经访问过的地方。通过识别这种“回环”，SLAM 系统可以形成闭环轨迹，对累积的定位误差进行校正。这是减少长期导航中轨迹漂移的有效方法，保证了地图的一致性和准确性。

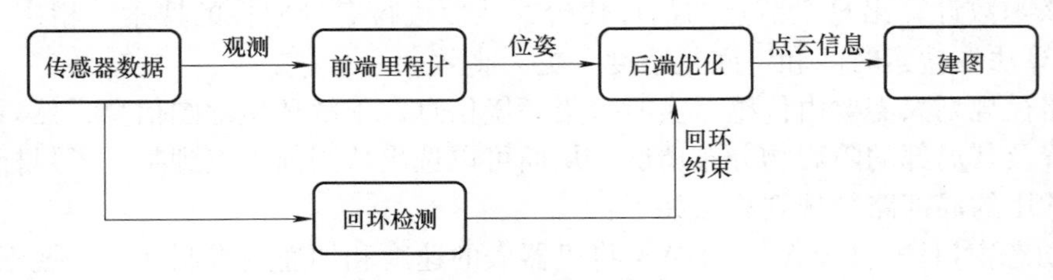

图 5-2 SLAM 系统的框架图

5.2.1 SLAM 的基础知识

SLAM 指机器人或自主移动系统在未知环境中同时完成自身定位和地图构建的过程。SLAM 是机器人领域中的一个重要问题，也是实现自主导航和环境感知的关键技术之一。

简单来说，SLAM 的目标是使机器人在未知的环境中实现自主移动，同时实时获取自身的位置信息，并构建出周围环境的地图。这个过程可以分为两个主要部分：

（1）定位（Localization） 定位指机器人确定自身在已知地图中的位置的过程。机器人使用传感器（如激光雷达、相机、惯性测量单元等）数据来估计自身的位置，并将其与已知地图进行匹配，从而确定当前位置。

（2）建图（Mapping） 建图指机器人根据摄像头或者激光雷达等传感器的数据，在未知环境中构建地图的过程。机器人通过观测周围环境，利用 SLAM 算法将这些观测数据整合起来，逐步生成环境的地图。

在自主移动机器人、无人驾驶车辆、无人机等领域，SLAM 技术有着广泛的应用，为这些系统在复杂环境中实现自主导航和感知提供了重要支持。根据所用传感器的不同，SLAM 方法可以大概划分为激光 SLAM 和视觉 SLAM 两种。这两种不同的 SLAM 方法各有优缺点和对应的应用场景。

激光 SLAM 主要利用激光雷达传感器进行环境感知和地图构建。激光雷达通过发射激光束并接收反射的激光测量到物体的距离，从而获取周围环境的三维点云数据。激光 SLAM 的核心是利用这些点云数据进行定位和建图，其整个过程大致可以划分为以下几步：

1）数据采集：激光雷达扫描周围环境，获取高精度的距离信息，生成点云数据。

2）特征提取与匹配：从点云中提取特征点，并在连续的扫描中进行匹配，以估计机器人相对于环境的运动。

3）位姿估计：通过匹配的特征点，使用 ICP（Iterative Closest Point，最近点迭代算法）等算法来计算机器人的位姿。

4）地图构建：将每次扫描的数据合并，逐步构建出二维或三维的环境地图。

5）闭环检测与优化：检测机器人是否回到之前的位置，并通过图优化算法来修正累积误差，优化整个地图和轨迹。

得益于激光雷达能够提供高精度的距离测量，激光 SLAM 具有精度高的优点，另外激光雷达一般不会受到光照条件的影响，因此激光 SLAM 在不同光照条件的环境中都具有较好的鲁棒性。随着相关技术的不断进步，激光雷达的市场价格也在不断降低，激光 SLAM 这一技术方案的所需成本也在逐渐降低。因此，目前不少成熟的移动机器人产品都采用了激光 SLAM 作为主要的定位与建图方案，如常见的室内扫地机器人、仓储机器人等。

视觉 SLAM 利用摄像头获取环境的视觉信息，进行定位和建图。它通常使用单目、双目或 RGB-D 摄像头，通过图像处理和计算机视觉技术，提取和跟踪特征点，实现位姿估计和地图构建。其整个过程大致可以划分为以下几步：

1）数据采集：摄像头捕捉环境图像，获取视觉信息。

2）特征提取与匹配：使用 ORB（Oriented FAST and Rotated BRIEF）等特征提取算法从图像中提取特征点，并在连续的图像中进行匹配。

3）位姿估计：通过匹配的特征点，使用 PnP（Perspective-n-Point）算法或 VO（Visual Odometry，视觉里程计）估计相机的位姿变化。

4）地图构建：将位姿估计结果和特征点结合，逐步构建环境的稀疏或稠密点云地图。

5）闭环检测与优化：检测相机是否回到之前的位置，并使用图优化算法来修正累积误差，优化整个地图和轨迹。

由于主要使用摄像头传感器，视觉 SLAM 在成本方面有着天然的优势，而且图像当中包含丰富的纹理和颜色等信息，非常有助于进一步的语义理解和场景识别，因此视觉 SLAM 成为近期 SLAM 领域中的一大研究热点，并且一些低成本场景的应用可开始尝试引入视觉 SLAM 方案。但视觉 SLAM 的缺点同样也很明显，如摄像头受到光照变化、动态物体以及纹理缺失的影响非常大，导致在这些情况下视觉 SLAM 的性能可能会大幅下滑，降低了视觉 SLAM 方案的鲁棒性。

5.2.2 SLAM 算法

在未知环境中描述机器人的运动和观测状态时，首当其冲的是对机器人的运动建立适当的数学模型。如果一个携带相机传感器的机器人在未知环境里移动，它的相机按照固定频率对周围环境进行图像捕捉。在离散时域，可以将机器人的连续运动分割为离散时间，记为 $t=1$、2、3、…、k，在每个时间点 t 上，机器人的位置分别表示为 x_1、x_2、x_3、…、x_k。因此，机器人从时间 $k-1$ 到 k 的位置变化可表示为 $\Delta x = x_k - x_{k-1}$。机器人携带的传感器可以提供位置差、加速度、角速度等运动信息并且以此推断机器人的运动状态。机器人的运动模型可以表述为它在传感器数据和外部命令影响下的位置和姿态变化。

在 SLAM 的数学模型中，机器人在时间点 k 的位置 x_k 可以通过一个运动方程来预测，这个方程考虑了前一时刻的位置 x_{k-1}、控制输入 u_k（如传感器读数）以及噪声 w_k，即

$$x_k = f(x_{k-1}, u_k) + w_k \tag{5-1}$$

式中，f是运动模型，描述了基于前一时刻的状态和当前控制输入如何预测当前状态。假设机器人环境中存在多个路标，机器人的观测过程可以表示为观测到这些路标点的集合 $\{y_1, y_2, y_3, \cdots, y_m\}$。在时刻 $t=k$ 和位置 x_k 下对路标 y_i 的观测可以用观测方程表示为

$$z_{k,i} = h(y_i, x_k) + v_{k,i} \tag{5-2}$$

式中，$z_{k,i}$ 是观测数据，$h(y_i, x_k)$ 是观测模型，它描述了如何从机器人的当前位置和地图上的路标位置预测观测值，而 $v_{k,i}$ 代表观测过程中的噪声。整合式（5-1）、式（5-2）可得 SLAM 过程的联合公式，即

$$\begin{cases} x_k = f(x_{k-1}, u_k, w_k) \\ z_{k,i} = h(y_i, x_k, v_{k,i}) \end{cases} \tag{5-3}$$

因此，SLAM 问题可以表述为在给定传感器数据 z 和运动测量 u 的条件下，估计机器人的路径 x_k 和地图 y_i。这个问题可以模型化为状态估计问题，其中解决方案依赖于观测模型的特性和噪声分布。早期的解决方法主要是基于扩展卡尔曼滤波器（EKF），而现在，基于图优化的方法已经成了主流的解决 SLAM 优化问题的方法。

视觉里程计阶段主要依靠连续帧间的特征匹配来估计摄像机的瞬时位姿，从而生成短

期轨迹和地图。然而，这种估计通常存在误差，随时间积累会导致显著的偏差。为了提高系统的准确性，引入后端优化成为关键步骤，它有助于修正这些误差，保证长期定位和映射的准确性。

后端优化的核心是集束调整（Bundle Adjustment，BA），包括局部 BA 和全局 BA 两种形式。局部 BA 专注于最近获取的一组关键帧及其观测到的地图点，目的是快速优化这些最新元素的位姿和结构信息，以便及时纠正轨迹。全局 BA 则是针对全局信息进行优化，它涉及所有关键帧和地图点，以实现全局一致性的优化。尽管全局 BA 能够提供最优的位姿估计和地图精度，但由于其计算复杂度较高，通常只在检测到回环时或需要全局地图校准时才执行。位姿图优化是另一种后端优化策略，它通过简化问题为仅优化关键帧位姿而非整个地图来减少计算负担。在位姿图优化中，关键帧被视为图中的节点，它们之间的相对运动作为边来表示。这种方法虽然牺牲了一些精度，但能显著提高计算效率，特别适用于实时应用和大规模环境中的 SLAM 系统。

1. BA 优化

BA 本质上是一种优化过程，期望通过调整相机位姿和特征点的空间位置来最小化误差，以获得最优的 3D 模型和相机参数。在 SLAM 系统中，全局 BA 针对所有关键帧的位姿和路标点进行优化，而局部 BA 在建图后针对当前关键帧及与之共视的关键帧的位姿和路标点进行优化。求解 BA 的代价函数，步骤如下：

1）空间点 $\boldsymbol{P}$ 通过相机位姿 $(\boldsymbol{R},\boldsymbol{t})$ 转换到相机坐标系点 $\boldsymbol{P}'$

$$\boldsymbol{P}' = \boldsymbol{RP} + t = \left[\boldsymbol{X}'\,\boldsymbol{Y}'\,\boldsymbol{Z}'\right]^{\mathrm{T}} \tag{5-4}$$

2）将 $\boldsymbol{P}'$ 转换为归一化坐标，便于后续处理，即

$$\boldsymbol{P}_c = \left[\boldsymbol{u}_c \boldsymbol{v}_c 1\right]^T = \left[\frac{X'}{Z'}\,\frac{Y'}{Z'}\,1\right]^{\mathrm{T}} \tag{5-5}$$

3）考虑到畸变参数 (k_1,k_2)，对归一化坐标进行畸变校正，即

$$\begin{cases} u_c' = u_c(1 + k_1 r_c^2 + k_2 r_c^4) \\ v_c' = v_c(1 + k_1 r_c^2 + k_2 r_c^4) \end{cases} \tag{5-6}$$

4）使用相机内参将归一化坐标转换为像素坐标，即

$$\begin{cases} u_s = f_x u_c' + c_x \\ v_s = f_y u_c' + c_y \end{cases} \tag{5-7}$$

5）式（5-4）～式（5-7）展示了如何从世界坐标系转换到像素坐标系，这个过程可以抽象表示为

$$\boldsymbol{z} = h(\boldsymbol{x}, \boldsymbol{y}) \tag{5-8}$$

在式（5-8）表示的观测方程中，$\boldsymbol{z}$ 是实际观测值，$\boldsymbol{x}$ 为相机的位姿，即变换的平移 $\boldsymbol{t}$ 和旋转 $\boldsymbol{R}$，用李群 $\boldsymbol{T}$ 表示，空间中的三维点 P 用 $\boldsymbol{y}$ 表示。重投影误差计算为实际观测值与通过相机模型计算的投影值之差，可表示为

$$e = z - h(T, P) \tag{5-9}$$

然后加入其他时刻观测到的误差，得到整体的代价函数为

$$\frac{1}{2}\sum_{i=1}^{m}\sum_{j=1}^{n}\left\|e_{i,j}\right\|^2 = \frac{1}{2}\sum_{i=1}^{m}\sum_{j=1}^{n}\left\|z_{i,j} - h(T_i, P_j)\right\|^2 \tag{5-10}$$

式中，$z_{i,j}$ 表示在位姿 T_i 时观测的路标 P_j 所产生的数据，旨在对所有位姿和路标点同时进行优化，而优化过程的关键就是通过寻找使目标函数梯度下降的方向来获得最优解。为此，给所有自变量引入一个增量 Δx，将目标函数转化为一个可以通过迭代方法求解的形式，即

$$\frac{1}{2}\left\|f(x+\Delta x)\right\|^2 \approx \frac{1}{2}\sum_{i=1}^{m}\sum_{j=1}^{n}\left\|e_{i,j} + F_{ij}\Delta\xi_i + E_{ij}\Delta P_j\right\|^2 \tag{5-11}$$

在式（5-11）中，ξ 为机器人的李代数位姿表示；F_{ij} 和 E_{ij} 分别代表当前状态下代价函数相对于机器人和路标点的偏导数。将机器人位姿变量 $\left[\xi_1\xi_2\cdots\xi_m\right]^{\mathrm{T}} \in \boldsymbol{R}^{6n}$ 定义为 x_c，路标点变量 $\left[P_1P_2\cdots P_m\right]^{T} \in \boldsymbol{R}^{3n}$ 定义为 x_p，则上述公式可以简化为

$$\frac{1}{2}\left\|f(x+\Delta x)\right\|^2 = \frac{1}{2}\left\|e + F\Delta x_c + E\Delta x_p\right\|^2 \tag{5-12}$$

这里，E 和 F 表示整体变量在目标函数下由每个误差项 F_{ij} 和 E_{ij} 组成的雅可比矩阵。解式（5-12）时通常采用高斯 – 牛顿方法，这涉及解线性增量方程，即

$$H\Delta x = g \tag{5-13}$$

矩阵 H 因包含所有位姿和路标点，维度庞大，直接求逆计算量巨大。但考虑到 H 的稀疏性质，可采用稀疏矩阵技术进行高效求解，即

$$H = J^{\mathrm{T}}J = \begin{bmatrix} F^{\mathrm{T}}F & F^{\mathrm{T}}E \\ E^{\mathrm{T}}F & E^{\mathrm{T}}E \end{bmatrix} \tag{5-14}$$

利用稀疏性稀疏结构特点优化计算过程，避免了全矩阵的昂贵计算代价，加快了整个优化过程。

2. 位姿图优化

在 SLAM 系统中，尽管对相机位姿和地图点的联合优化（即 BA 优化）是提高定位与建图精度的关键，但大规模的 BA 优化过程却很耗时。在优化过程中，大部分时间消耗在特征点位置的调整上，但当系统接近收敛时，这些特征点的位置变化微小。此时，可以简化问题，专注于关键帧位姿的调整，通过构建位姿图来优化。在位姿图中，节点 T_1、T_2、…、T_n 表示相机位姿，如果 T_i 和 T_j 之间存在运动关系，则该运动可以用李代数形式表达为

$$\Delta\xi_{ij} = \xi_i^{-1} \circ \xi_j = \ln(T_i^{-1}T_j)^{\vee} \tag{5-15}$$

式中，$\boldsymbol{\xi}_i$ 和 $\boldsymbol{\xi}_j$ 是李群中的元素，$\circ$ 表示李群中的群乘法，上式也可表示为

$$\boldsymbol{T}_{ij} = \boldsymbol{T}_i^{-1}\boldsymbol{T}_j \tag{5-16}$$

运动过程中的误差可以表示为

$$e_{ij} = \Delta\xi_{ij} - \ln(\boldsymbol{T}_{ij}^{-1}\boldsymbol{T}_i^{-1}\boldsymbol{T}_j)^{\vee} \tag{5-17}$$

为了最小化误差，通过对 ξ_i 和 ξ_j 进行优化。采用扰动模型，分别对这两个变量添加左扰动 $\delta\xi_i$ 和 $\delta\xi_j$，误差函数变为

$$\hat{e}_{ij} = \ln\{\boldsymbol{T}_{ij}^{-1}\boldsymbol{T}_i^{-1}\exp[(-\delta\xi_i)^{\wedge}]\exp(\delta\xi_i{}^{\wedge})\boldsymbol{T}_j\}^{\vee} \tag{5-18}$$

根据伴随的性质可得

$$\exp(\xi^{\wedge})\boldsymbol{T} = T\exp\{[\boldsymbol{Ad}(\boldsymbol{T}^{-1})\xi]^{\wedge}\} \tag{5-19}$$

通过将扰动移到最右侧的方式得出右乘形式的雅可比矩阵，即

$$\begin{aligned}
\hat{e}_{ij} &= \ln\{\boldsymbol{T}_{ij}^{-1}\boldsymbol{T}_i^{-1}\exp[(-\delta\xi_i)^{\wedge}]\exp(\delta\xi_i{}^{\wedge})\boldsymbol{T}_j\}^{\vee} \\
&= \ln(\boldsymbol{T}_{ij}^{-1}\boldsymbol{T}_i^{-1}\boldsymbol{T}_j\exp\{[-\boldsymbol{Ad}(\boldsymbol{T}_j^{-1})\delta\xi_j]^{\wedge}\}\exp[\boldsymbol{Ad}(\boldsymbol{T}_j^{-1})\ \delta\xi_i{}^{\wedge}])^{\vee} \\
&\approx \ln(\boldsymbol{T}_{ij}^{-1}\boldsymbol{T}_i^{-1}\boldsymbol{T}_j\{I - [\boldsymbol{Ad}(\boldsymbol{T}_j^{-1})\delta\xi_j]^{\wedge} + \boldsymbol{Ad}(\boldsymbol{T}_j^{-1})\ \delta\xi_i{}^{\wedge}\})^{\vee} \\
&\approx e_{ij} + \frac{\partial e_{ij}}{\partial\delta\xi_i}\delta\xi_i + \frac{\partial e_{ij}}{\partial\delta\xi_j}\delta\xi_j
\end{aligned} \tag{5-20}$$

利用李代数的求解法则进行求解，可得 $\boldsymbol{T}_i$ 和 $\boldsymbol{T}_j$ 的雅可比矩阵分别表示为

$$\begin{cases}
\dfrac{\partial e_{ij}}{\partial\delta\xi_i} = -j_r^{-1}(e_{ij})\boldsymbol{Ad}(\boldsymbol{T}_j^{-1}) \\
\dfrac{\partial e_{ij}}{\partial\delta\xi_j} = j_r^{-1}(e_{ij})\boldsymbol{Ad}(\boldsymbol{T}_j^{-1})
\end{cases} \tag{5-21}$$

在完成雅可比矩阵的计算之后，优化问题简化为图优化。在这个图模型中，节点代表相机的位姿，边表示不同位姿之间的运动关系。优化的目标是调整所有位姿节点，使得整个系统的误差最小。图优化的目标函数可以形式化为

$$\min\frac{1}{2}\sum_{(i,j)\in\varepsilon} e_{ij}^{\mathrm{T}}\boldsymbol{\Sigma}_{i,j}^{-1}e_{ij} \tag{5-22}$$

这里，e_{ij} 是边 (i,j) 上的误差向量，$\boldsymbol{\Sigma}^{-1}$ 是该误差的逆协方差矩阵，而 ε 代表图中所有边的集合。优化的过程涉及调整位姿节点以最小化误差函数，通常使用图优化库（如 g2o 或 Ceres）来执行此任务。这些库利用图的稀疏性质，以高效的方式完成大规模优化，来提高 SLAM 系统的性能和精度。

5.2.3 SLAM 实例

随着多传感器融合技术的进步，近些年来激光 SLAM 和视觉 SLAM 的融合也成为趋势。由于这种多传感器融合 SLAM 方案具备多种传感器信息输入，结合优秀的融合算法可以让不同的信息输入之间相互弥补，为复杂、动态场景下的 SLAM 应用带来了巨大的潜力。在激光 SLAM 和视觉 SLAM 中分别有很多经典的算法框架，下面简单介绍 Cartographer 和 ORB–SLAM3 这两个不同 SLAM 方案中的经典方法。

1. Cartographer

Cartographer 是由谷歌公司开发的一套基于图优化的激光 SLAM 系统，旨在实现移动机器人的实时定位和建图。它同时支持 2D 和 3D 的激光 SLAM，可以跨平台使用，并且支持激光雷达、IMU、里程计、GPS、路标等多种不同的传感器配置，是目前落地应用最广泛的激光 SLAM 算法之一，已经被广泛应用到清洁机器人、仓储机器人等服务机器人上。

图 5-3 展示了 Cartographer SLAM 流程图。它基于利用子图构建全局地图的思想，将地图划分为小的区域，并对每个区域进行建模和优化，这样能够有效地避免建图过程中环境里移动物体的干扰。在建图过程中，前端先借助激光雷达等传感器信息构建附近区域的子图，后端优化负责将这些子图统一优化形成一张完整可用的地图。Cartographer 在室内环境中构建的地图如图 5-4 所示。

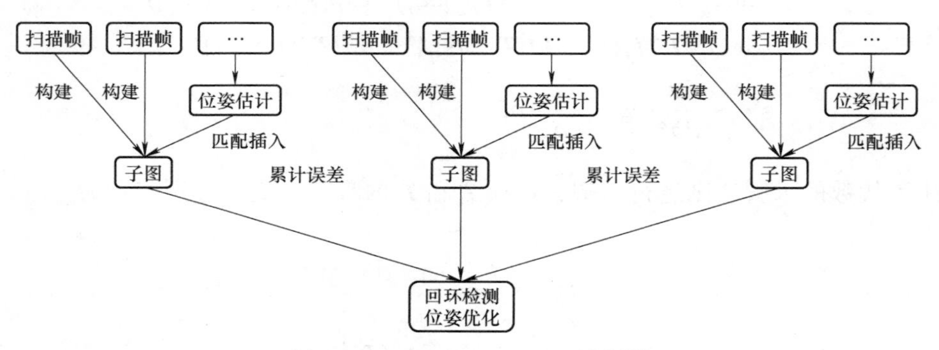

图 5-3 Cartographer SLAM 流程图

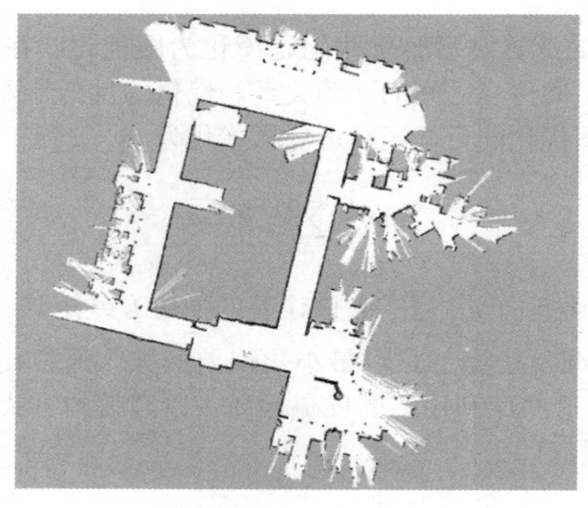

图 5-4 Cartographer 在室内环境中构建的地图

Cartographer 具有以下几个优势：

1）高精度：Cartographer 使用先进的定位和建图算法，能够在各种复杂环境中实现高精度的定位和建图。

2）实时性：Cartographer 能够实现实时的定位和建图，适用于移动机器人在动态环境中的应用。

3）开放源代码：Cartographer 是一个开源项目，用户可以自由获取源代码并根据需要进行修改和定制。

总体来说，Cartographer 作为激光 SLAM 领域的经典方法，为移动机器人在实际应用中的定位和建图问题提供了一种高效、可靠的解决方案，对于推动 SLAM 技术的发展和应用具有重要意义。

2. ORB-SLAM3

ORB-SLAM3 是西班牙萨拉戈萨大学开源的一款经典的视觉 SLAM 系统，其系统框架图如图 5-5 所示。它是 ORB-SLAM 系列的第三个版本，在前两个版本的基础上进行了改进和优化，以提供更好的定位和建图性能。该系统是能够使用单目、立体、RGB-D 相机，兼容针孔以及鱼眼相机模型进行视觉、“视觉 + 惯性导航”和多地图的综合性 SLAM 方案。

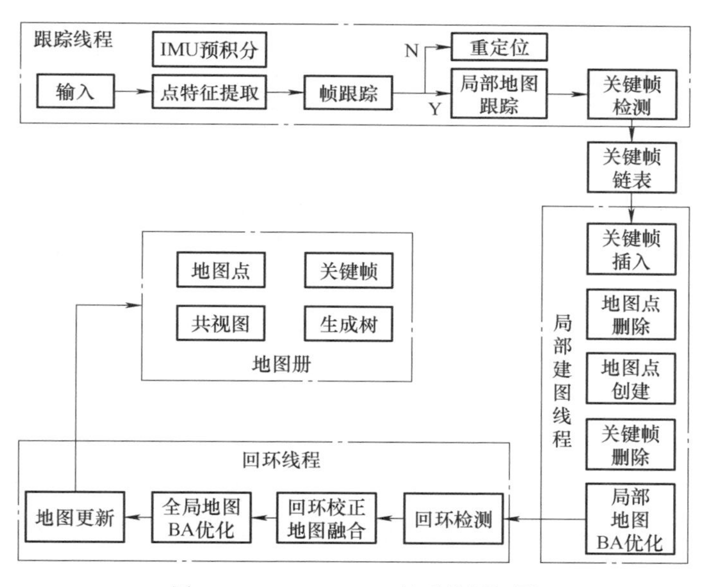

图 5-5　ORB-SLAM3 的系统框架图

ORB-SLAM3 主要基于特征点的视觉定位和建图技术，采用了一种称为 ORB（Oriented FAST and Rotated BRIEF）的特征描述子，具有旋转不变性和计算速度快的优势。系统通过在图像中检测和匹配 ORB 特征点，以及使用光流估计等技术，实现了对相机姿态和环境地图的实时估计。

在 ORB-SLAM3 问世之前，已经发布了两个版本，与前两个版本相比，ORB-SLAM3 在几个方面进行了改进和增强。首先，它采用了一种全新的闭环检测算法，能够更准确地检测和闭合轨迹中的环路。其次，ORB-SLAM3 引入了一种增量式优化方法，能够实时更新地图和优化相机轨迹，从而提高了系统的实时性和稳健性。此外，ORB-SLAM3 还支持多相机系统，并提供了更灵活的配置选项和更友好的用户界面。图 5-6 所示为其特征点提取与建图界面。

a) 特征点提取界面

b) 点云地图构建界面

图 5-6　ORB-SLAM3 的特征点提取与建图界面

总体来说，ORB-SLAM3 作为视觉 SLAM 领域的经典工作，具有高效、稳健和易用的特点，适用于各种室内和室外环境中的定位和建图任务。它为移动机器人和增强现实等领域的应用提供了一种强大的解决方案，对推动 SLAM 技术的发展和应用具有重要意义。

5.3　机器人路径规划

机器人路径规划是机器人导航系统中的关键组成部分，旨在确定机器人从起点到目标点的最优路径。在这一节中，将深入探讨路径规划的基本概念和方法。首先，提供一个总体概述，并解释路径规划的重要性和应用场景。随后，详细讨论两种主要的路径规划方法：全局路径规划和局部路径规划。全局路径规划关注在已知环境中找到一条最优路径，通常利用环境的完整信息进行规划；而局部路径规划则在动态和未知环境中实时调整机器人路径，确保其避开障碍物并朝向目标前进。在机器人系统中，路径规划是一个非常关键的环节，它直接关系到机器人的安全行驶。路径规划的目标是让机器人能够从一个位置移动到另一个位置，同时避免迷路和与其他物体碰撞。一台理想的自动导航车需要具备处理实时环境不确定性的能力，以避免碰撞并找到最优路径。机器人必须成功地完成四个基本步骤来实现路径规划：感知（收集环境信息）、定位（跟踪位置）、避障（确保无碰撞路径）和路径规划优化（优化到达目的地的路径）。

在现实生活中，环境可以是静态的也可以是动态的。在部分已知或完全未知的环境中，动态路径规划被认为是自动导航车最具挑战性的方面。动态障碍物是环境的一部分，但由于其物理外观、运动行为以及有计划和无计划的扰动，绘制地图变得更加困难。解决这一具有挑战性的问题能够展示机器人系统对动态环境的适应能力，因此成为自动导航车领域的热门研究课题。地面车辆需要能够检测移动的障碍物，并估计其运动模式以预测其未来位置，并规划避障路径。

路径规划的主要组成部分是地图建模和算法实现。这两个组件是相互关联的，会影响系统决定最佳路径的能力。为了简化路径规划问题并确保安全导航，地图建模环境必须与应用的算法相匹配。此外，算法的复杂度和执行时间也是影响算法选择的因素。因此，在解决特定问题时选择一个有效的算法非常重要。

全局路径规划通过使用已知的静态地图来规划从起始点到目标点的最佳可行路径。局部路径规划则需要根据实时传感器采集的环境信息获取动态的地图，并规划从当前节点到下一个节点的安全路径。全局路径规划和局部路径规划本质上都是寻找最佳路径的过程，但局部路径规划更容易受到实时环境的影响，包括动态障碍物和未知障碍物的影响。全局路径规划的算法可以经过一定改进用于局部路径规划，同时局部路径规划的算法也可以用于实现全局路径规划。

5.3.1　全局路径规划

全局路径规划算法需要机器人获取当前环境中的全部信息，本质是需要有已知环境的代价地图。代价地图基于预先建成的二维占用栅格地图（Occupancy Grid Map）生成，得到大致的可通行区域，并根据传感器的感知信息不断更新其可通行信息。此外，还需要根据机器人的尺寸大小生成膨胀区域，以避免规划出的路径可能会穿过机器人无法通过的狭窄缝隙。图搜索是指在一个由节点和边构成的图（Graph）中，通过遍历和搜索来查找特定节点或路径的过程，可以被用于多种应用场景。机器人的全局路径规划所用的代价地图是一种特殊的图结构，因此图搜索也被广泛应用于这一领域。下面分别从代价地图和常见的图搜索算法两个方面介绍全局路径规划的相关理论知识。

代价地图是基于占用栅格地图的一种空间通行性的描述形式，因此在介绍代价地图之前需要先介绍占用栅格地图的表示形式。图 5-7 a 展示了一个在 Gazebo 仿真平台中搭建的仿真环境，机器人位于几面墙围成的不规则形状的房屋内；图 5-7b 所示为对应该仿真环境的占用栅格地图。在该地图中，黑色代表该栅格被占用，即存在物体，浅灰色代表该栅格未被占用，机器人可以通过，深灰色区域则为未知区域。占用栅格地图将每个栅格描述为被占用、未被占用和未知三种信息，而代价地图则将占用栅格地图中的每个位置再关联一个代价值，用于描述机器人在该位置移动的难易程度。代价地图的生成可分为三个部分：添加静态层、添加障碍物层和设置膨胀层。

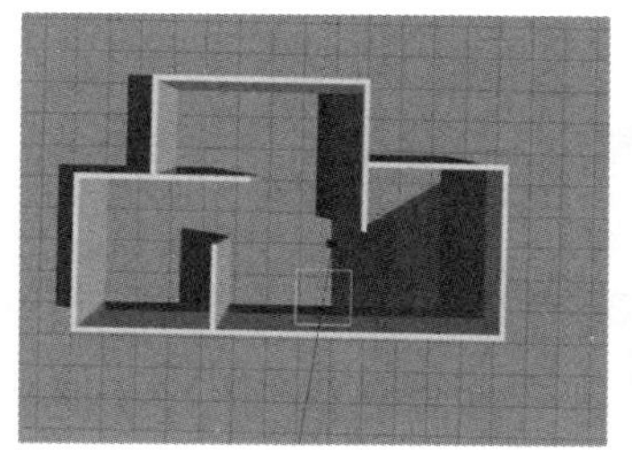

a) Cazebo仿真环境

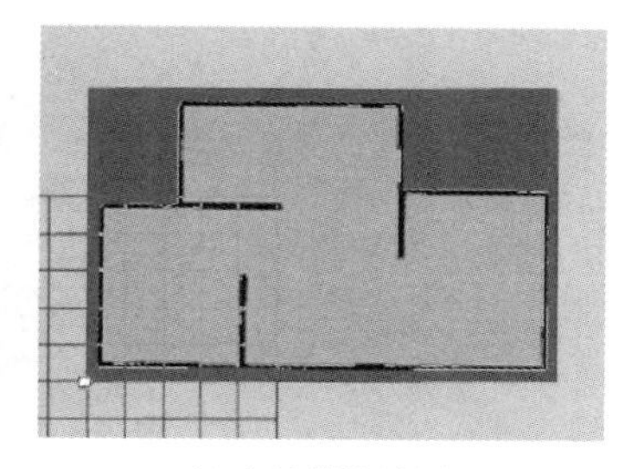

b) 占用栅格地图

图 5-7　仿真环境与占用栅格地图

第一步，根据占用栅格地图的信息初始化代价地图。在代价地图中，占用栅格地图所提供的信息又被称为静态层（Static Layer），如图 5-8 所示。代价地图将占用栅格地图中黑色的部分即被占用的部分转为紫色，即占有最高的代价，表示不可通过，并且从图中可以看出，右边重叠的点是机器人搭载的单线激光雷达捕获的激光数据，但代价地图的左侧部分并没有因为缺少激光传感数据而缺失，而是从占用栅格地图中获取信息。

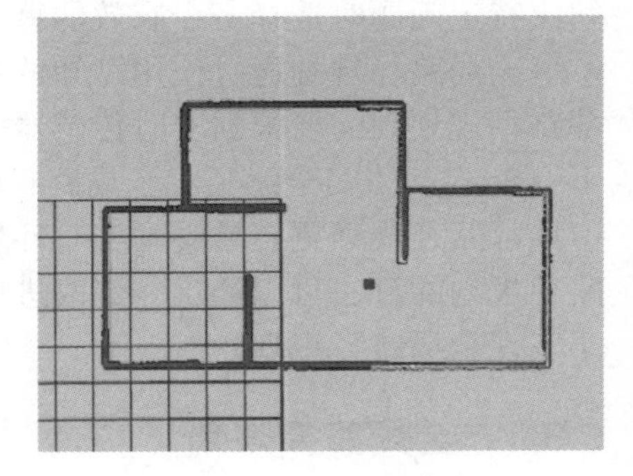

图 5-8　代价地图的静态层

第二步，添加障碍物层，将传感器的信息添加到代价地图中。如图 5-9a 所示，在仿真环境中添加一圆柱体障碍物后，在图 5-9b 所示的代价地图中会多出一块弧形区域，这是障碍物层的效果。如图 5-9c 所示，去掉静态层后，代价地图将只保留传感器的信息，即障碍物层的效果。完整的代价地图的信息应为图 5-8 所示静态层与图 5-9c 所示障碍物层叠加后的效果，如图 5-9b 所示。

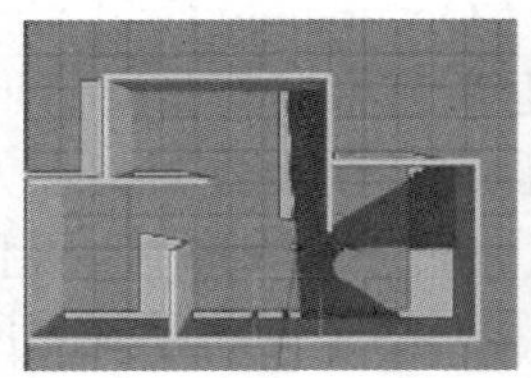

a) 添加一圆柱体障碍物

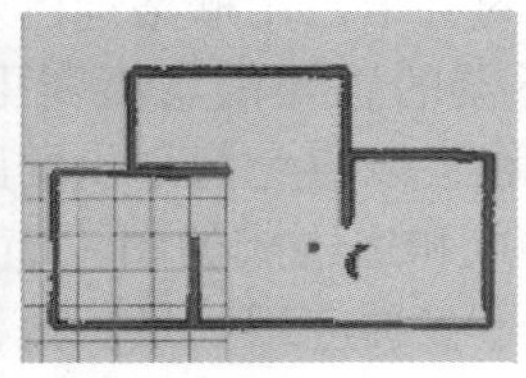

b) 代价地图中的变化

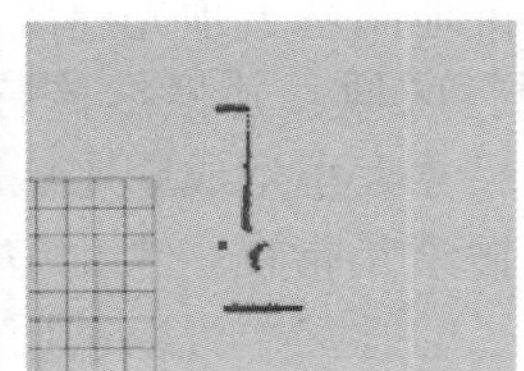

c) 障碍物层的效果

图 5-9　添加障碍物层

第三步，基于静态层和障碍物层，在代价地图上设置膨胀层。设置膨胀层的原因有两个：一方面，激光雷达获取的激光点是稀疏的，可能会出现障碍物间存在缝隙的现象，导致规划出的路径可能会从缝隙内穿过，而实际上机器人是无法通行的；另一方面若没有膨胀层，路径规划会紧贴障碍物的边缘，这会给下游的局部路径规划带来一些麻烦。膨胀层的设置有三个主要参数：机器人半径、膨胀半径和代价衰减系数。带有膨胀层的代价地图如图 5-10 所示，图中机器人半径均设置为 0.2m，而膨胀半径和代价衰减系数分别与图示对应。膨胀半径决定了膨胀层的最大范围，即便膨胀层的代价值没有衰减至最小值也会被截断。代价衰减系数决定了膨胀层代价值的衰减速度。

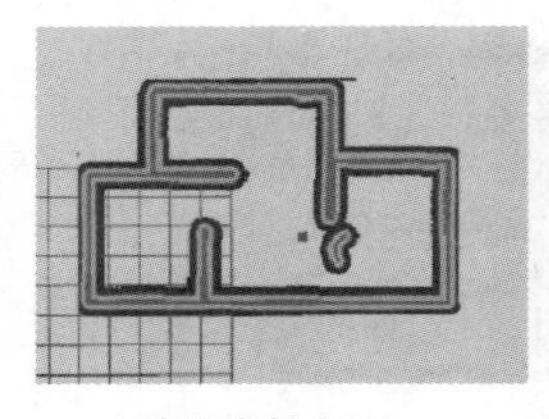

a) 膨胀半径为0.4m，
代价衰减系数为10.0

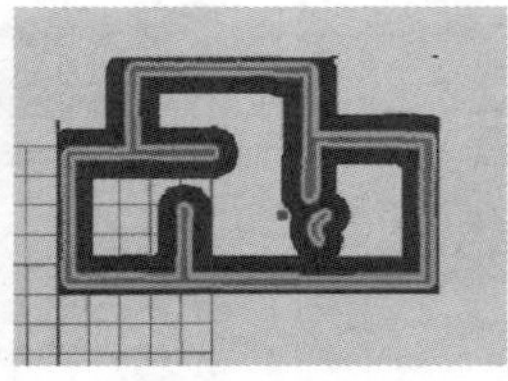

b) 膨胀半径为1.0m，
代价衰减系数为10.0

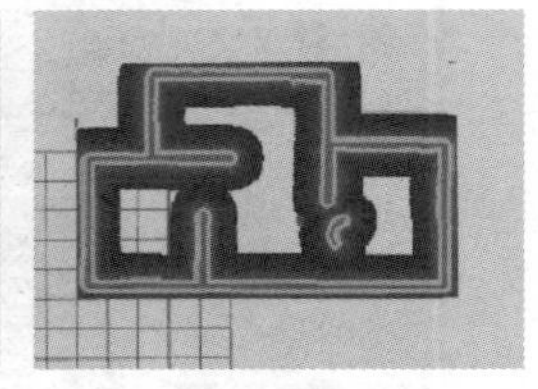

c) 膨胀半径为1.0m，
代价衰减系数为2.0

图 5-10　带有膨胀层的代价地图

有了代价地图的概念之后，再结合图搜索算法就形成了全局路径规划算法。目前，常用的全局路径规划算法有遗传算法、快速搜索随机树算法、Dijkstra 算法和 A* 算法等，接下来对其进行简要介绍。

1. 遗传算法

遗传算法是较为常用的随机化全局路径规划算法，在 1975 年由美国的 J.Holland 教授初次提出。遗传算法是受到进化论思想的启发，对遗传和自然选择时发生交叉、变异等情况进行分析和仿真，同时结合了优胜劣汰的思想，根据每一层的结果选择出每一层的候选解，并对候选解进行比对，最终能够从得到的候选解中选出最优解。遗传算法是将全部群体中的个体设置为对象并编码，随机对编码进行空间搜索。遗传算法的核心操作为选择、交叉、变异。遗传算法的关键内容为对参数进行编码、设定初始群体、设计控制参数、设定遗传操作。遗传算法是比较新颖的全局路径规划算法，优点是在实现自身迭代的同时能够很好地与其他算法进行有机结合，在搜索过程中能够很好地搜索到最佳路径，从而保证了路径实现全局最优。遗传算法的实现较为简单，不容易受外界的影响。但遗传算法同样存在缺陷，如遗传算法的效率较为低下，规划时间较长，且算法在运行的过程中存在早熟的情况，不能用来进行在线规划。遗传算法流程图如图 5-11 所示。

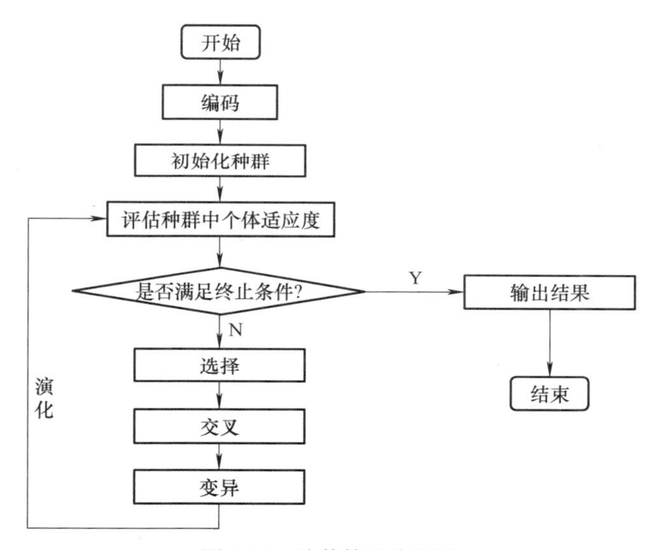

图 5-11　遗传算法流程图

2. 快速搜索随机树算法

快速搜索随机树（Rapidly-exploring Random Trees，RRT）算法是 1998 年由 LaValle 提出的一种非常经典的全局路径规划算法。该算法是根据采样进行搜索，不仅适用于平面，而且在高维空间中搜索路径时同样适用。在无人机、机械臂等领域，快速搜索随机树算法有广泛的应用空间，如在机器人操作系统（Robot Operating System，ROS）中 OMPL（Open Motion Planning Library）包含 RRT 算法。快速搜索随机树算法大概率可以规划出路径，但是规划时间可能会较长，规划出的路径一般来说不是最优，因为树的分支和扩展是随机的，路径会有跳跃的情况出现。RRT 算法的步骤如下：

1）初始化。首先获得整个地图，使随机树能够获取路径规划的环境，并且获取相应的移动的起点和终点，即对整个环境信息有清晰的认知。

2）采样。自行设定随机树，使随机树朝向不同的方向随机生长，即设定移动方向。

3）选择路径。在目标点和起始点之外的空间中随机产生种子，在生长的随机树中找到一个距离这个点的最近点，在此随机点和随机树上的点中间生成路径。此时，对路径进行判定，如果路径中间不存在障碍物，则说明此路径可行，并将路径加入随机树；如果路径经过障碍物，则需要找新的随机点进行生长。

4）找到路径。在寻找路径时，首先设置步长，最后一步的距离不能保证刚好到达目标点，因此距离目标点一定距离就可以判定为到达目标点。在路径规划的过程中到达一定的次数时，结束搜索。在许多路径规划中都有这种迭代次数设定。

因为快速搜索随机树的随机性比较大，因此做了较多改进，经典的改进是双向快速扩展随机树（RRT-Connect），在起点和目标点同时生长随机树，能够大大提升寻找路径效率。RRT-Connect 算法相较于 RRT 算法有了较大的改进。RRT 算法的设计原理是在起点生长种子，快速扩展类似树的路径，填充空间的大部分研究区域，并在填充的区域中找到一条可行的路径。RRT-Connect 是在起点和目标点共同生长种子，并迅速扩展随机树以搜索当前空间，当起点与目标点的生长树相连接时，完成当前搜索。两种算法的二维空间搜索路径对比如图 5-12 所示。

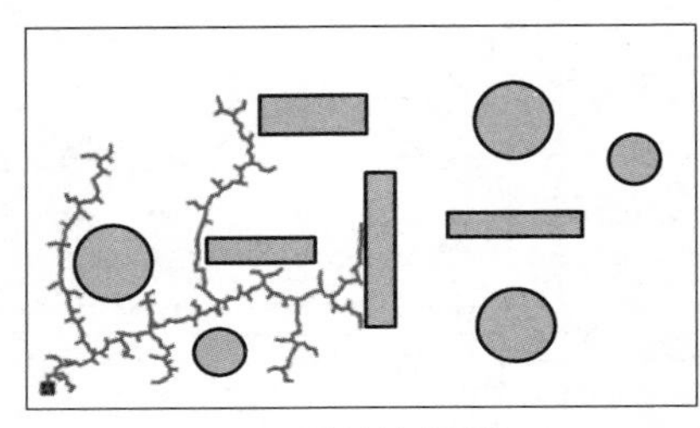

a) RRT算法搜索路径

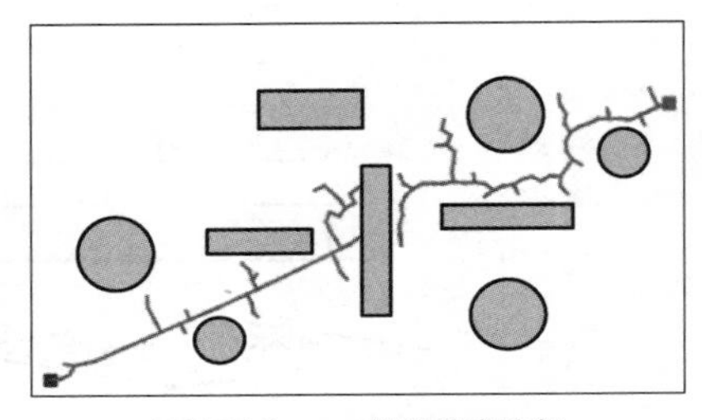

b) RRT-Connect算法搜索路径

图 5-12　RRT 算法和 RRT-Connect 算法的二维空间搜索路径对比

3. Dijkstra 算法

Dijkstra 算法是一种经典的最短路径算法，可以用来找出有向图中两个节点之间的最短路径。该算法是以起始节点为中心向外进行搜索，选择下一个距离最短的子节点进行遍历，并不断更新所有节点的最短路径，直到到达终点节点为止。

这个算法可以使用在栅格地图导航等应用中。在栅格地图中，通常终点位置是已知的，而 Dijkstra 算法的主要原理如下：

1）如图 5-13 所示，假设有一个带权有向图，其中包含两个集合 S 和 U。集合 S 只包含起始节点 A，而集合 U 包含除 A 以外的所有节点。

2）从集合 U 中选择与起始节点 A 距离最短的节点 B，并将节点 B 添加到集合 S 中。此时，选择的距离就是起始节点 A 到节点 B 的最短路径。

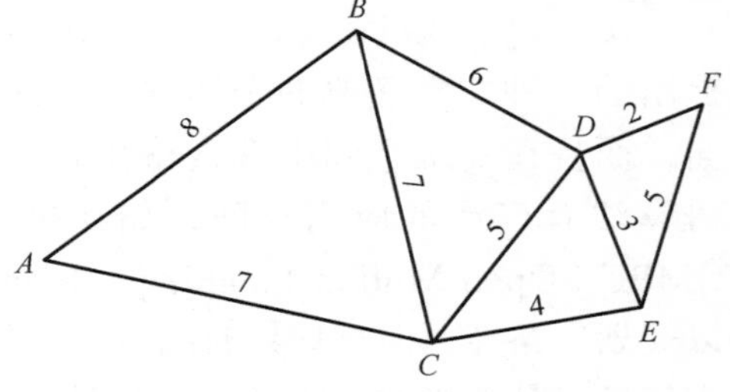

图 5-13　带权有向图

3）将节点 B 作为中间节点，更新其与集合 U 中所有节点的距离。如果待更新的节点 C 的距离大于从节点 A 经过节点 B 再到达节点 C 的距离时，则更新节点 C 的最短路径为从节点 A 到节点 C 的距离值。

4）重复执行步骤 2）和步骤 3），直到集合 S 中包含所有节点。

Dijkstra 算法会在整个栅格地图中进行无向的遍历，其最大的时间复杂度是 $O(n^2)$，因此在计算过程中会耗费大量时间和内存资源，所以效率相对较低。特别是在嵌入式开发等对处理器性能要求较高的场景下，Dijkstra 算法可能无法满足需求。

4. A* 算法

A* 算法（A–star Algorithm）是一种基于状态空间的启发式搜索算法，用于求解栅格地图中的最短路径。其核心思想是在搜索过程中引入启发函数，并结合起始节点到当前节点的实际距离和当前节点到目标节点的估计距离，通过建立启发式搜索规则，优先向目标点方向进行搜索，从而提高搜索效率。

A* 算法的代价函数包含三个因素：当前节点到起始节点的实际距离代价 $g(n)$、当前节点到目标节点的估计距离代价 $h(n)$ 和从起始节点经过当前节点到目标节点的总代价 $f(n)$。其中，从当前节点到起始节点的实际距离代价 $g(n)$ 是已知的，而当前节点到目标节点的估计距离代价 $h(n)$ 则是通过启发函数计算得出的。总代价函数的表达式为

$$f(n)=g(n)+h(n) \tag{5-23}$$

在 A* 算法中，通常使用曼哈顿距离作为启发函数的估计值。曼哈顿距离是通过计算两个点之间水平和竖直方向上的距离之和来定义的。

A* 算法的基本流程如下：

1）将起始节点添加到开启列表中。

2）从开启列表中选择具有最小 $f(n)$ 值的节点作为当前节点 n，并将其添加到关闭列表中。

3）对于当前节点 n 的相邻节点（通常是 8 个相邻格子）进行以下操作：

① 如果相邻节点 m 是障碍或者已经存在于关闭列表中，则忽略该节点。

② 如果相邻节点 m 不在开启列表中，则将其添加进开启列表，并更新节点 m 的父节点为当前节点 n，同时记录节点 m 的 $f(m)$、$g(m)$、$h(m)$ 的值。

③ 如果相邻节点 m 已经在开启列表中，则计算新路径经过当前节点 n 到达节点 m 的实际距离 $g(m)$；如果新路径的 $g(m)$ 值比原先已存在的 $g(m)$ 值更小，则将新路径设为最优路径，并更新相邻节点 m 的父节点为当前节点 n，同时更新节点 m 的 $g(m)$ 和 $f(m)$ 值。

4）重复进行步骤 2）和步骤 3），直到目标节点被添加到关闭列表中，表示路径已找到。然后，通过沿着每个节点的父节点返回起始节点，构建最优路径。如果未找到目标节点并且开启列表为空，则表示路径不存在。

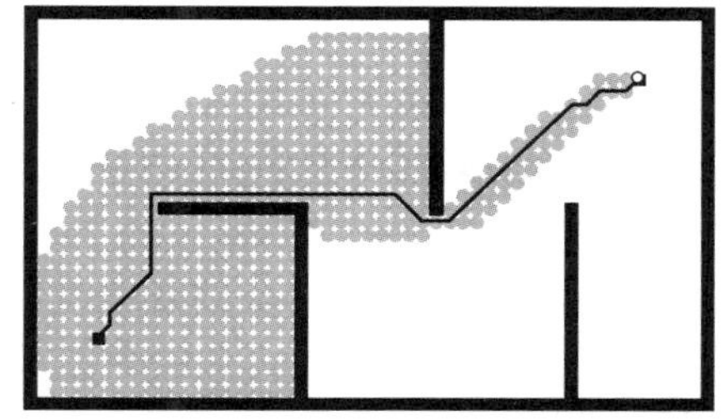
图 5-14　A* 算法的搜索范围和规划出的最短路径

通过综合考虑实际距离和估计距离，A* 算法能够有效地搜索最短路径。在图 5-14 中，黑色粗实线框架表示障碍物，实心点代表初始点，空心点代表目标

点，灰色点代表搜索范围，灰色线段表示 A* 算法找到的最优路径。

通过综合考虑当前节点到起始节点的实际距离和当前节点到目标节点的估计距离，A* 算法能够更加智能地进行搜索，并提高搜索效率。在实际应用中，选择适当的启发函数和优化搜索规则，可以得到更优的路径求解结果。

如图 5-15 所示，从相同的起始点规划到相同的目标点，彩色的栅格代表其搜索的范围，可以看出，图 5-15a 所示的 Dijkstra 算法在搜索时并没有考虑目标点的方位信息，而是简单地向外扩张，因此搜索范围非常大；而相对地，图 5-15b 中，A* 算法从一开始便向着目标点搜索，搜索范围显著减小，即算法的耗时更少。当然，在一些情况下 A* 算法规划的路径并不如 Dijkstra 算法的效果好，这与 A* 算法的启发函数的设计方式有关。不过，对于机器人导航来说，特别是全局路径规划部分，并没有必要要求全局路径一定是最优解，略微牺牲一点机器人的路径平滑性和距离来换取更高效的计算效率，更能满足实际工程要求。

11	10	9	10	11	12	13	14	15	16	17	18	19	20	
10	9	8	9	10	11	12	13	14	15	16	17	18	19	20
9	8	7	8	9	10	11	12	13	14	15	16	17	18	19
8	7	6	56	57	58	59	60	61	62	63	66	18	19	20
7	6	5	6	7	8	9	10	11	12	13	63	19	20	
6	5	4	5	6	7	8	9	10	11	12	62	20		
5	4	3	4	5	6	7	8	9	10	11	61	19	20	
4	3	2	3	4	5	6	7	8	9	10	60	18	19	
3	2	1	2	3	4	5	6	7	8	9	59	17	18	19
2	1		1	2	3	4	5	6	7	8	58	16	17	18
3	2	1	2	3	4	5	6	7	8	9	59	15	16	17
4	3	2	3	4	5	6	7	8	9	10	60	14	15	16
5	4	3	4	5	6	7	8	9	10	11	12	13	14	15
6	5	4	5	6	7	8	9	10	11	12	13	14	15	16
7	6	5	6	7	8	9	10	11	12	13	14	15	16	17

a) Dijkstra算法

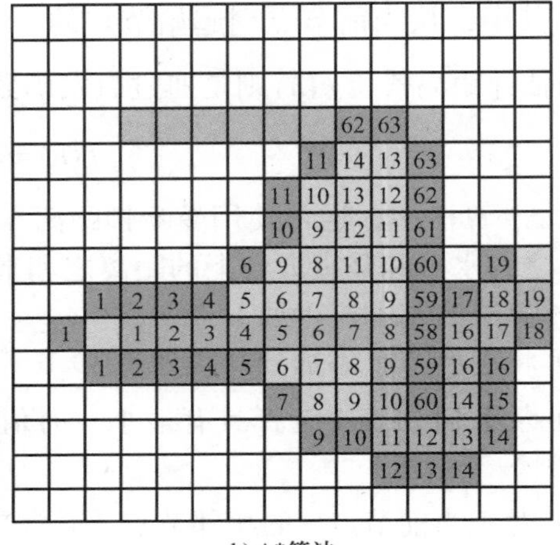

b) A*算法

图 5-15　Dijkstra 与 A* 算法的比较

5.3.2　局部路径规划

局部路径规划是指在机器人全局路径规划的基础上，对机器人从当前位置到达目标位置的具体路径进行规划，主要用于计算控制机器人运动的指令，如机器人的运动速度。机器人在运动过程中需要不断地对当前环境进行感知和判断，以避免碰撞障碍物、遵循规划路径等。机器人局部路径规划模块的作用就是在这个过程中，根据机器人当前的状态、目标位置以及环境中的障碍物等信息，生成一条安全、快速、有效的路径，以指导机器人进行运动。

局部路径规划对全部环境没有感知或有一部分的感知，更注重于对当前环境局部信息的感知，这使机器人可以较好地实时避障。通过传感器对附近环境进行感知，可得到障碍物的形状和位置，所以规划时需要利用传感器对附近环境进行搜索，并不断地搜集当前环境信息，根据对当前环境中信息变化的及时捕捉，来对环境中模型的变化进行实时更新。局部路径规划将环境构建与路径搜寻相结合，需要机器人在处理时较为高效，不仅考验处理计算的能力，而且还要求环境中模型误差较小，噪声存在比较好的稳定性，从而能够对当前的环境信息实现实时反馈，以及时、准确地对环境进行校正。但局部路径规划缺少全局路径规划的引导，容易陷入局部最优，致使找不到比较完整的路径或找不到路径，且规划出的路径也不能保证是整体最佳的。局部路径规划算法是实时规划，需要有传感器实时对环境中的信息进行搜集，对当前地图环境进行判断，对附近障碍物的排列进行剖析，通过动态的分析和判断得到从当前节点到某个节点的最优路径。目前较为常用的局部路径规划算法有人工势场法和动态窗口法。

1. 人工势场法

人工势场法于 1986 年首次由 Khabit 使用，其核心思想是在机器人移动空间中构建虚拟的力场，在力场中对受力进行分析，目标节点对机器人具有吸引力，障碍物对移动机器人具有排斥力，在整个环境中的任意一点的势力是在该点的引力和斥力的结合。机器人从起始节点开始出发，向着势场下降的方向开始移动，最终到达目标节点。人工势场法示意图如图 5-16 所示。

三维空间人工势场与二维空间人工势场相似，将空间比作一个地形区域，地形有起伏。在地形中，起点与障碍物在地势比较高的地方，终点在地势比较低的地方，将移动机器人看作一个整体，机器人将在力的作用下从高的地方向低的地方（即终点）移动，并且会避开障碍物。重力势场示意图如图 5-17 所示。

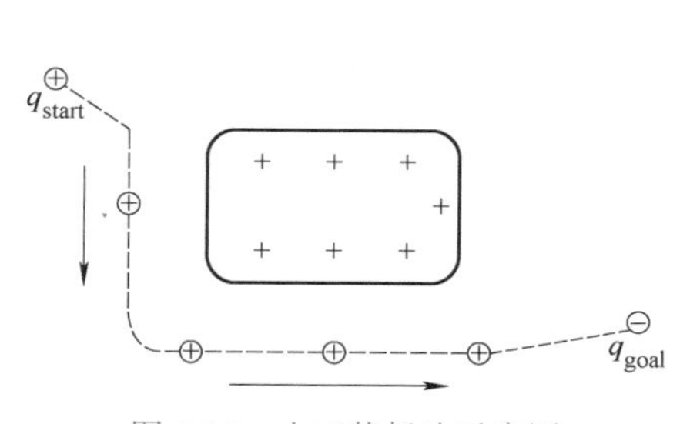

图 5-16 人工势场法示意图

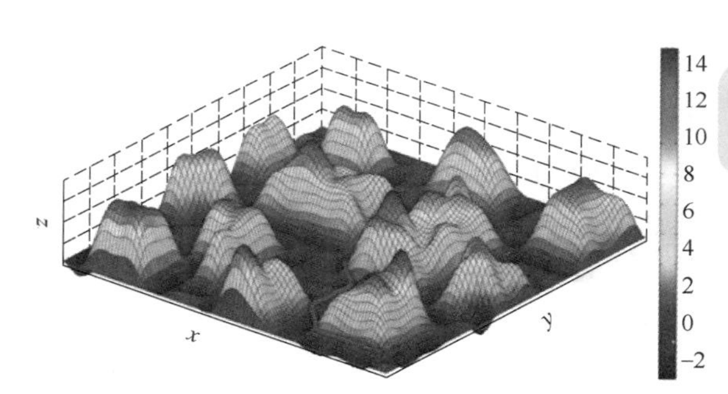

图 5-17 重力势场示意图

上面列举的例子使用的是电势场的原理，电和重力势场都是在现实中存在的，人工势场是模仿这种自然势场，在已知初始点、目标点以及周围环境中有障碍的情况下构建人工势场。该方法的优势在于它是一种反馈式的思想，在控制和传感等方面有很好的稳定性；缺点是会存在一定的局部最小值的情形，在全局路径中有可能找不到路径。人工势场可分为引力场、斥力场。对两种势场分开进行分析，引力函数为

$$\boldsymbol{U}_{at}(q)=\frac{1}{2}\varepsilon\rho^{2}\left(\boldsymbol{q},\quad q_{g}\right) \tag{5-24}$$

式中，ε 为尺度；$\rho\left(\boldsymbol{q},\quad q_{g}\right)$ 为物体在当前位置和目标位置的距离之差。此时求解引力，即对距离求导，得

$$\boldsymbol{F}_{att}(q)=-\nabla\boldsymbol{U}_{att}(q)=\varepsilon(q_{\text{goal}}-\boldsymbol{q}) \tag{5-25}$$

斥力场函数为

$$\boldsymbol{U}_{rep}(\boldsymbol{q})=\begin{cases}\dfrac{1}{2}\eta\left(\dfrac{1}{\rho(\boldsymbol{q},q_{obs})}-\dfrac{1}{\rho_0}\right)^2, \rho(\boldsymbol{q},q_{obs})<\rho_0\\0, \rho(\boldsymbol{q},q_{obs})\geqslant\rho_0\end{cases}\tag{5-26}$$

这是斥力场常用的公式，其中 η 表示斥力尺度，$\rho(\boldsymbol{q},q_{obs})$ 表示当前物体与障碍物之间的间隔，ρ_0 为障碍物影响范围。障碍物的影响会随着距离的增加而减弱。斥力公式为

$$\boldsymbol{F}_{rep}(\boldsymbol{q})=-\nabla\boldsymbol{U}_{rep}(\boldsymbol{q})=\begin{cases}\eta\left(\dfrac{1}{\rho(\boldsymbol{q},q_{obs})}-\dfrac{1}{\rho_0}\right)\\\dfrac{1}{\rho^2(\boldsymbol{q},q_{obs})}\nabla\rho(\boldsymbol{q},q_{obs}), \rho(\boldsymbol{q},q_{obs})<\rho_0\\0, \rho(\boldsymbol{q},q_{obs})\geqslant\rho_0\end{cases}\tag{5-27}$$

总的势场是斥力与引力的叠加，见式（5-26），总的力是分力的和，见式（5-27）。

$$\boldsymbol{U}(\boldsymbol{q})=\boldsymbol{U}_{att}(\boldsymbol{q})+\boldsymbol{U}_{rep}(\boldsymbol{q})\tag{5-28}$$

$$\boldsymbol{F}(\boldsymbol{q})=-\nabla\boldsymbol{U}(\boldsymbol{q})\tag{5-29}$$

综上，人工势场法较为简捷，其实用性和实时性都比较强。因为该算法较为简捷，所以有利于对底层构架保持实时控制，在实时避障以及轨迹控制领域有着很好的开发和使用。该算法同样存在较多的缺点，在当前节点与目标节点间隔过于大时，引力过大而斥力相对于引力又过小，物体在移动的过程中有可能碰到障碍物。当终点周围设置有障碍物时，障碍物的斥力会很大，此时目标节点对当前物体的引力不够，使得机器人不能很好地到达终点。如果在路径中的某个位置，引力与斥力相平衡，机器人会出现比较僵持的情况，或发生振荡。局部算法的共同弊端就是过于考虑当前路径的最优从而找不到到达目标节点的路径。人工势场法可改进之处如下：

1）在机器人遇到障碍物时，可以对引力加入系数，以调整引力大小，防止因机器人在当前位置距离目标节点过远而导致引力过大。

2）在终点周围设置障碍物时，因为障碍物的斥力，机器人不能很好地到达终点。在原本的斥力影响下通过加入终点与机器人之间距离的影响因素，引导机器人到达目标节点。

3）局部路径算法的缺陷在于局部最优，可在算法中添加随机扰动，使其跳出局部最优。

2. 动态窗口法

动态窗口法是常见的局部路径规划算法。ROS 中默认的局部路径规划算法是动态窗口法。动态窗口法主要是按照分辨率在速度空间中提取多对速度，在当前的速度空间，不同的速度有不同的运行轨迹，可对路径按照一定的评价体系进行评价并选出最优路径，使机器人按照最优路径前进。动态窗口法的核心在于窗口，将机器人的路径控制在一个范围之内。动态窗口法需要模拟在当前速度环境下机器人的移动，此时对机器人的运动模型进行分析。假定机器人是两轮机器人，将机器人的运行轨迹拆分成由圆弧或者直线构成。为

了对机器人的运行轨迹进行研究，可对轨迹进行逐步推导，假定机器人只能向前和旋转，把机器人的运行轨迹拆成小段，对相邻时间段的机器人路径进行探索。为方便计算，将相近时间点内的位移设计成直线，将移动距离分别投射到 x 轴和 y 轴，可得

$$\begin{cases}\Delta x = v\Delta t\cos(\theta_t)\\ \Delta y = v\Delta t\sin(\theta_t)\end{cases} \tag{5-30}$$

此时向下推算，为了计算在一段时间内的位移，将每小段时间的位移进行累加，见式（5-31），图 5-18 所示为机器人位移示意图。

$$\begin{cases}x = x + v\Delta t\cos(\theta_t)\\ y = y + v\Delta t\sin(\theta_t)\\ \theta_t = \theta_t + \omega\Delta t\end{cases} \tag{5-31}$$

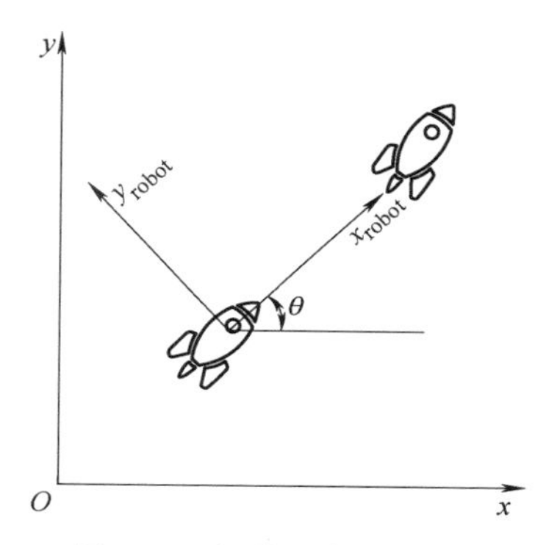

图 5-18　机器人位移示意图

进一步推算，机器人在 X_{robot} 轴也有速度，将机器人在 Y_{robot} 轴的位移投射到坐标轴，即

$$\begin{cases}\Delta x = v_x\Delta t\cos\left(\theta_t + \dfrac{\pi}{2}\right) = -v_x\Delta t\sin(\theta_t)\\ \Delta y = v_y\Delta t\sin\left(\theta_t + \dfrac{\pi}{2}\right) = v_y\Delta t\cos(\theta_t)\end{cases} \tag{5-32}$$

将机器人在 $\boldsymbol{X}_{\text{robot}}$ 的路径轨迹与 $\boldsymbol{Y}_{\text{robot}}$ 的路径轨迹进行叠加，可得到在全向移动情况下机器人的轨迹，即

$$\begin{cases}x = x + v\Delta t\cos(\theta_t) - v_x\Delta t\sin(\theta)\\ y = y + v\Delta t\sin(\theta_t) + v_y\Delta t\cos(\theta)\\ \theta_t = \theta_t + \omega\Delta t\end{cases} \tag{5-33}$$

这种计算方法假定短时间内机器人的移动是线性的，这样计算虽然简便，但不精确。更准确的方法是假定机器人在相邻时间内的移动是圆弧，同样按照前面的方法进行计算。圆弧的半径为

$$r = \frac{v}{\omega} \tag{5-34}$$

此时假定旋转速度不为 0，则机器人当前位置为

$$\begin{cases}x = x - \dfrac{v}{\omega}\sin\theta_t + \dfrac{v}{\omega}\sin(\theta_t + \omega\Delta t)\\ y = y - \dfrac{v}{\omega}\cos\theta_t - \dfrac{v}{\omega}\cos(\theta_t + \omega\Delta t)\\ \theta_t = \theta_t + \omega\Delta t\end{cases} \tag{5-35}$$

虽然这种方法更加精确，但计算更加复杂，因此 ROS 中常用的是假定为直线的计算

方法。已知机器人在一定速度和角速度情形下的运行轨迹时，只需要按照一定的标准对轨迹进行评价并筛选出在当前速度空间内最佳的轨迹即可。在筛选速度时还需考虑机器人本身的移动限度、电动机性能，以及机器人在碰到障碍物之前是否能够及时停下来。动态窗口法能够根据需求选出当前所有路径中的最佳路径。但动态窗口法的弊端也很明显，在较为复杂的情况下对周围环境不能很好地判定。特别是在移动机器人目标位置和当前位置中间相隔一层障碍物时，角度评价、速度评价以及与障碍物的距离评价不能很好地被调节，机器人容易找不到路径，不断地转圈。对动态窗口法的参数应做相应调整，使该算法在matlab 中实现，如图 5-19 所示。

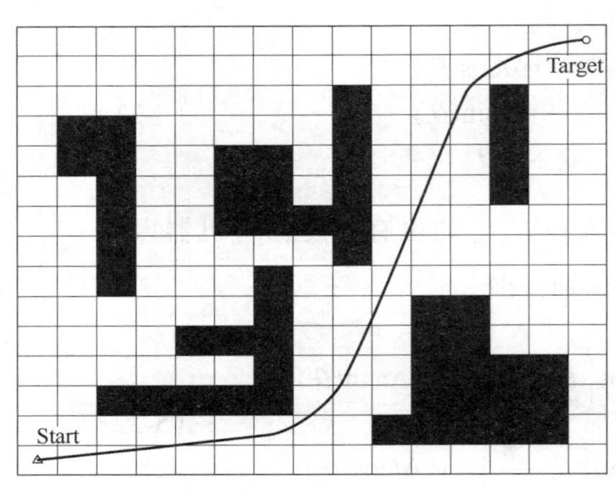

图 5-19　动态窗口法示例图

5.4　机器人导航应用实例

本节将通过具体的实例，详细介绍机器人导航所需的核心技术。通过这个实例，能够更直观地展示如何应用机器人导航技术，从而为机器人系统的设计、开发和部署提供实用的指导。

在过去的几十年里，在同时定位与建图领域开展了广泛的研究。通常，在 SLAM 系统中，一个人操作测量设备，然后根据位置和环境地标生成地图，操作员决定访问哪些尚未绘制的环境区域以及访问顺序。如果需要绘制两个位置之间的路径，操作员也会手动引导测绘机器人沿着选定的路径到达目标。然而，由于各种原因，手动操作测绘设备并不总是可行的，如存在劳动力成本高、物理限制、资源有限、环境危险等问题。因此，自主探索成为一个备受关注的领域，研究人员致力于将导航和测绘任务委托给自动驾驶机器人。

与常规环境探索不同，完全自主的目标驱动探索是一个双重问题。首先，探索机器人需要决定去哪里最有可能到达全局目标。在没有先验信息或看不到全局目标的情况下，系统需要直接从传感器数据中指出可能的导航方向。从这些兴趣点（Points of Interest，POI）中，需要选择出最佳兴趣点作为路径点，以最优方式引导机器人到达全局目标。然后，需要一种不依赖于地图数据的不确定环境中的机器人运动策略。随着机器人导航以及深度强化学习（Deep Reinforcement Learning，DRL）的发展，自主代理的高精度决策已成为可能。使用 DRL 可以学习代理控制策略，以在未知环境中完成目标任务。然而，由于其反应性和缺乏全局信息，DRL 可能会遇到局部最优问题，尤其是在大规模导航任务中。

本节实例为一种自主导航系统，用于导航到全局目标，无需人工控制或环境的先验信息，其总体框架图如图 5-20 所示。机器人从附近提取兴趣点并进行评估，选择其中一个点作为航点。航点引导基于 DRL 的运动策略实现全局目标，从而缓解局部最优问题。然后，根据策略执行运动，而无需完全映射周围环境的表示。该方法将从激光数据中学习到的轻量级运动策略与更广泛的全局导航策略相结合，以解决目标驱动的探索问题。导航系统的目标不仅是探索和绘制未知环境以实现指定的全局目标，还可以在没有预定义计划的情况下主动绕过障碍物。

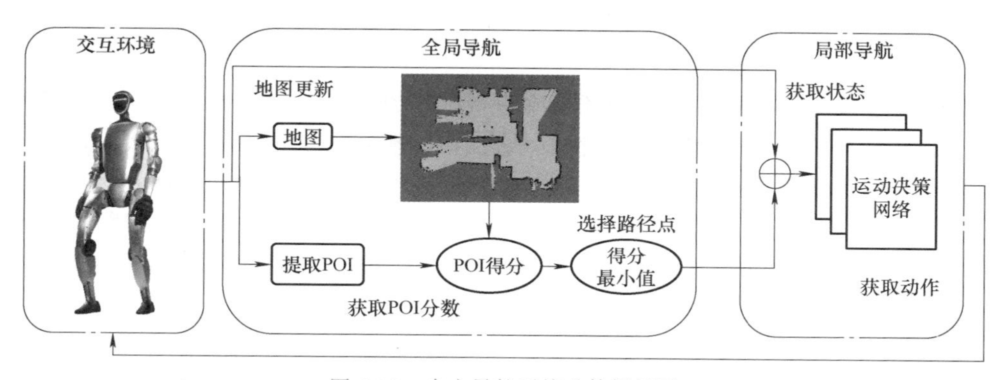

图 5-20 自主导航系统总体框架图

为了在未知环境中实现自主导航和探索，该方法提出了一种导航结构，该结构由两部分组成：全局导航和局部导航。全局导航从 POI 中选择最佳航点并进行地图绘制；局部导航基于深度强化学习，从环境中提取兴趣点，并根据评估标准选择最佳航点。在每一步中，都会以极坐标的形式向神经网络提供一个相对于机器人的位置和航向的航点，然后根据传感器数据计算动作并朝着航点执行，在航点之间朝着全局目标移动时执行地图绘制。这样一来，机器人不仅能够在复杂环境中实现自主导航，还能在探索过程中不断更新地图，以提高导航的精确性和可靠性。

5.4.1 全局导航

为了让机器人朝着最终目标导航，需要从可用的兴趣点（POI）中选择一些中间点供局部导航使用。由于一开始对环境一无所知，因此无法计算出到达目标的最佳路径。机器人不仅需要被引导到目的地，还需要在行进过程中探索环境，以便在遇到死胡同时找到替代路线。因为没有任何先验信息，所以需要从机器人周围的环境中获取可能的 POI，并将它们存储在内存中。

可以通过以下两种方法来获取新的 POI：

1. 检测间隙法

如果两个连续的激光读数之间的差值大于某个阈值，就会添加一个 POI。这允许机器人穿越被认为是间隙的地方。

2. 自由空间法

激光传感器有一个最大范围，超出这个范围的读数会返回一个非数值类型，表示环境中的自由空间。如果连续的激光读数都返回非数值，那么就在环境中放置一个 POI。从环境中提取 POI 的示例如图 5-21 所示。

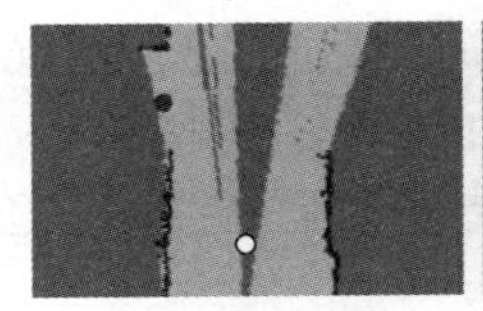

a) 检测间隙法

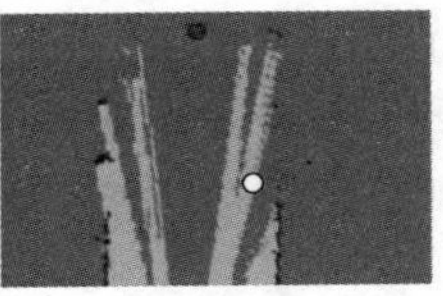

b) 自由空间法

图 5-21　POI 提取示例

这两种方法可帮助机器人在未知环境中有效地识别和选择导航路径。如果在后续步骤中发现任何 POI 位于障碍物附近，则将其从内存中删除，且可确保不会从机器人已经访问过的地方的激光读数中获取 POI。此外，如果选择 POI 作为航点但无法在多个步骤内到达，则会删除该 POI 并选择新的航点。从可用的 POI 中，使用基于信息的距离限制探索（Information-based Distance Limited Exploration，IDLE）方法选择时间步长 t 的最佳航点。IDLE 方法评估每个候选 POI 的适应度的过程为

$$h(c_i)=\tanh\left(\frac{e^{\left(\frac{\mathrm{d}(p_t,c_i)}{l_2-l_1}\right)^2}}{e^{\left(\frac{l_2}{l_2-l_1}\right)^2}}\right)l_2+\mathrm{d}(c_i,g)+e^{I_{i,t}} \tag{5-36}$$

式中，索引为 i 的每个候选 POI c 的得分 h 是三个分量的总和。机器人在 t 时的位置 p 与候选 POI 之间的欧几里得距离分量 $\mathrm{d}(p_t,c_i)$ 表示为双曲正切 tan$h$ 函数，即

$$\mathrm{d}(p_t,c_i)=\tanh\left(\frac{e^{\left(\frac{\mathrm{d}(p_t,c_i)}{l_2-l_1}\right)^2}}{e^{\left(\frac{l_2}{l_2-l_1}\right)^2}}\right)l_2 \tag{5-37}$$

式中，e 是欧拉数，l_1 和 l_2 是用于降低得分的两步距离限制。两步距离限制是根据 DRL 训练环境的面积大小设置的。第二个分量 $\mathrm{d}(c_i,g)$ 表示候选目标与全局目标 g 之间的欧几里得距离。最后，t 时刻的地图信息得分表示为 $e^{I_{i,t}}$，其中 $I_{i,t}$ 通过式（5-38）计算，即

$$\boldsymbol{I}_{i,t}=\frac{\sum_{w=-\frac{k}{2}}^{\frac{k}{2}}\sum_{h=-\frac{k}{2}}^{\frac{k}{2}}c_{(x+w)(y+h)}}{k^2} \tag{5-38}$$

k 是核的大小，用于计算候选点坐标 x 和 y 周围的信息，w 和 h 分别表示核的宽度和高度。从式（5-36）中选择 IDLE 得分最小的 POI 作为本地导航的最佳航点。

5.4.2　局部导航

在基于规划的导航堆栈中，局部运动遵循局部规划器的策略完成动作。在这种方法中，使用神经网络运动策略替换这一层。局部导航策略通过深度强化学习（DRL）在模拟环境中单独训练完成。

如图 5-22 所示，用于训练运动策略的神经网络架构基于双延迟深度确定性策略梯度（TD3）网络架构。TD3 是一个参与者 – 评论家网络，允许在连续动作空间中执行动作。局部环境由机器人前方 180° 范围内的激光读数描述。此信息与相对于机器人位置的航点的极坐标相结合。组合数据用作 TD3 参与者网络中的输入状态 s。参与者网络由两个完全连接（FC）层组成。这些层之后紧接着是整流线性单元（ReLU）激活。然后，最后一层连接到输出层，其中有两个动作参数 a，表示机器人的线速度 a_1 和角速度 a_2。对输出层应用 tan$h$ 激活函数，将其限制在（–1，1）范围内。在环境中应用动作之前，它会根据最大线速度 $v_{\max}$ 和最大角速度 $\omega_{\max}$ 进行缩放，即

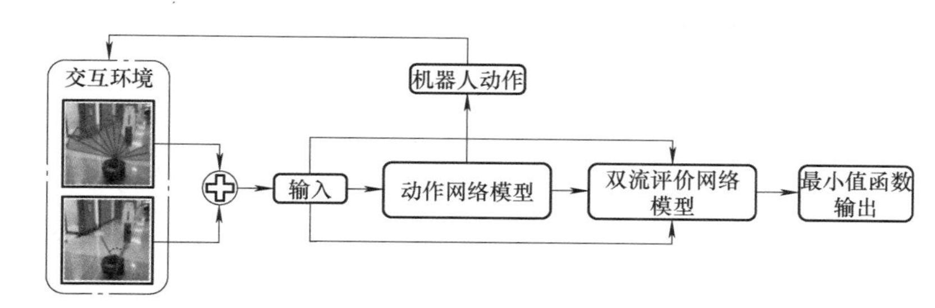

图 5-22　用于训练运动策略的神经网络架构

$$a=\left[v_{\max}\left(\frac{a_1+1}{2}\right),\omega_{\max}a_2\right] \tag{5-39}$$

由于激光数据仅记录机器人前方的数据，因此不考虑向后运动，并将线速度调整为仅正值。状态 – 动作对 $Q(s,a)$ 的 Q 值由两个评论家网络评估。两个评论家网络具有相同的结构，但它们的参数更新被延迟，从而允许参数值出现分歧。评论家网络使用一对状态 s 和动作 a 作为输入。状态 s 被输入到完全连接层，然后进行 ReLU 激活，输出为 L_s。该层的输出以及动作分别被输入到两个大小分别为 τ_1 和 τ_2 的独立变换完全连接层（TFC）。然后按如下方式组合这些层，即

$$\boldsymbol{L}_c=\boldsymbol{L}_s\boldsymbol{W}_{\tau_1}+a\boldsymbol{W}_{\tau_2}+b_{\tau_2} \tag{5-40}$$

式中，$\boldsymbol{L}_c$ 是组合全连接层（CFC），$\boldsymbol{W}_{\tau_1}$ 和 $\boldsymbol{W}_{\tau_2}$ 分别是 τ_1 和 τ_2 的权重；b_{τ_2} 是层 τ_2 的偏差。然后将 ReLU 激活应用于组合层。之后，它连接到具有 1 个参数（表示 Q 值）的输出。选择两个评论家网络的最小 Q 值作为最终评论家输出，以限制对状态 – 动作对值的高估。

该策略根据式（5-41）进行奖励，即

$$r(s_t,a_t)=\begin{cases}r_g,D_t<\eta_D\\ r_c,\text{检测到碰撞}\\ v-|\omega|,\text{其他情况}\end{cases}\tag{5-41}$$

式中，时间步 t 处的状态 – 动作对 (s_t,a_t) 的奖励 r 取决于三个条件。如果当前时间步 D_t 处到目标的距离小于阈值 η_D，则应用正目标奖励 r_g。如果检测到碰撞，则应用负碰撞奖励 r_c。如果这两个条件都不存在，则根据当前线速度 v 和角速度 ω 应用即时奖励。为了引导导航策略朝着给定的目标前进，采用延迟归因奖励方法，即

$$r_{t-i}=r(s_{t-i},a_{t-i})+\frac{r_g}{i},\forall i=\{1、2、3、\cdots、n\}\tag{5-42}$$

式中，n 是更新奖励的先前步骤数。这意味着在达到目标之前的最后 n 步中，正目标奖励的归因会逐渐减少，网络学习了一种通用的局部导航策略，该策略能够达到局部目标，同时直接避开来自激光输入的障碍物。

5.4.3 探索与建图

机器人沿着路径点向全局目标行进。一旦机器人接近全局目标，它就会导航至该目标。在行进过程中，机器人同时进行环境探索和绘图。通过激光和里程计传感器，机器人能够实时生成环境的占用网格图，从而更好地了解周围环境。目标驱动的自主探索算法是一种完全自主的探索算法，能够使机器人在未知环境中探索并导航至预定的全局目标点。其基本思想是通过不断读取传感器数据更新环境地图，并在地图中识别新的兴趣点，从而逐步逼近全局目标点。以下是算法的详细工作流程：

1）读取传感器数据：在整个探索过程中，机器人会不断读取自身携带的传感器的数据。这些传感器通常包括激光雷达、超声波传感器、摄像头和里程计等。这些传感器能够提供环境的距离信息、图像信息和自身位置信息，从而帮助机器人感知周围环境。

2）更新地图：通过读取到的传感器数据，机器人能够实时更新其地图。该地图通常采用占用网格（Occupancy Grid）的形式表示环境中各个位置的占用状态。每个网格单元可以表示为被占用、未被占用或未知状态。随着机器人在环境中移动，更多的未知区域将被探索并更新到地图中。

3）获取新的兴趣点：在更新地图的过程中，机器人会识别出新的兴趣点。这些兴趣点通常是一些尚未探索的区域或可能存在目标物的区域。兴趣点的识别可以基于地图中的未知区域、边界区域或其他特定的特征。

4）判断是否接近目标：机器人会不断计算自己与全局目标点之间的距离。当当前距离小于某个预定阈值（如 ηD）时，机器人需要进一步判断当前位置是否已经是全局目标。如果当前位置等于全局目标点，说明机器人已经到达目标点，此时探索过程可以结束。

5）选择下一个导航点：如果当前位置不是全局目标点，机器人会进一步检查当前位

置和全局目标点之间的距离。如果距离小于设定的容忍度阈值，机器人会将下一个航点设为全局目标点。否则，机器人会遍历所有识别到的兴趣点，计算每个兴趣点的代价函数值。代价函数通常会考虑距离、路径的平滑度、避障需求等多个因素。机器人会选择代价最小的兴趣点作为下一个航点，从而逐步逼近全局目标点。

6）执行导航动作：根据确定的航点，机器人会从强化学习算法（如 TD3 算法）中获取相应的动作指令。TD3（Twin Delayed Deep Deterministic Policy Gradient）算法是一种先进的强化学习算法，能够生成高效的导航策略。机器人根据这些指令调整自身的运动方向和速度，继续向目标点前进。

7）循环执行上述步骤：整个探索过程是一个不断循环的过程。机器人在每一步都重复上述步骤，即读取传感器数据、更新地图、识别兴趣点、选择航点并执行动作，直到最终到达全局目标点。

思考题与习题

1. 解释 SLAM 的基本原理，并讨论 SLAM 在动态环境中的挑战和解决方案。请用 x_k、u_k 和 z_k 表示机器人状态、控制输入和观测值。

2. SLAM 技术如何在移动机器人中实现自主定位和地图构建？它们的核心原理是什么？

3. 分析 A* 算法和 Dijkstra 算法在全局路径规划中的应用，比较它们的效率和适用环境。请用路径代价函数 $f(n)=g(n)+h(n)$ 解释 A* 算法的计算过程。

4. 避障技术对于移动机器人的导航和安全性有何重要意义？常见的避障方法有哪些？它们各自的优缺点是什么？

5. 实现并测试动态窗口法在一个动态环境中的局部路径规划，分析该算法在不同速度和障碍物密度下的表现。

6. 实现并测试 A* 算法在不同地图复杂度下的路径规划性能，分析其在稀疏和密集障碍环境中的表现。

7. 分析动态避障中的人工势场法，说明其在处理局部极小值问题时的不足及改进方案。

8. 比较 RRT 和 PRM 算法在机器人路径规划中的应用，讨论它们的优缺点和适用场景。

9. 探讨机器学习在 SLAM 中的应用前景，介绍一种机器学习方法如何改进 SLAM 的定位或地图构建能力。

10. 根据附录 C 的示例程序进行环境搭建、模型训练、仿真环境测试，并对该算法进行简要分析。

第 6 章　人形机器人感知系统

导读

本章首先概述了人形机器人感知系统，包括其组成与分类以及发展趋势。然后分机器人内部传感器与外部传感器两大部分介绍用于机器人位置或速度测量的编码器、MEMS 惯性传感器、视觉传感器、力 / 触觉传感器、听觉传感器等。最后，介绍了机器人多传感器信息融合的概念、意义、分类结构、各种方法以及典型应用案例。

本章知识点

- 人形机器人感知系统的组成与分类
- 机器人内部传感器
- 机器人外部传感器
- 机器人多传感器信息融合技术

6.1　概述

6.1.1　人形机器人感知系统的组成与分类

人形机器人的感知系统是其感知外界环境和自身状态的核心组成部分。人形机器人功能的实现与性能的优化离不开各类传感器的精准感知与数据反馈，它们是人形机器人与环境交互的信息输入环节，也是首要环节。人形机器人感知系统由硬件系统和软件系统组成，硬件系统包括各类传感器、嵌入式主控制器、机器人本体控制器等；软件系统包括传感器信息处理软件与机器人控制软件等。图 6-1 展示了人形机器人感知系统中的各类传感器硬件。

传统机器人配备的传感器较单一，而人形机器人由于其复杂的交互性，需要各类传感器的集成，可以将其分为外部传感器与内部传感器两大类。如图 6-2 所示，外部传感器主要用于获取外部环境信息和对象状况等。例如，人形机器人的摄像头等元件充当“眼睛”，用于实现视觉感知，如估计目标物体位姿、检测周围环境障碍物等；传声器充当“耳朵”，用于实现听觉感知，如语音识别、环境噪声检测等；触觉传感器充当“皮肤”，用于实现触觉感知。内部传感器主要用于获取机器人自身状态信息。力或力矩传感器和IMU 充当“身体控制器”，前者实现力或力矩等运动状态感知，可以助力人形机器人的协作安全性和实时精准运动控制，后者是实现人形机器人姿态控制的核心部件之一，可获取关节的位置、速度、加速度和角度等信息，实现站立 / 行走 / 转身等姿态感知。

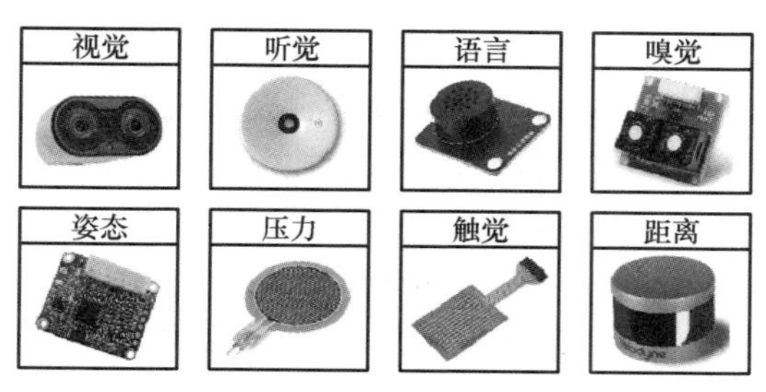

图 6-1　人形机器人感知系统中的各类传感器硬件

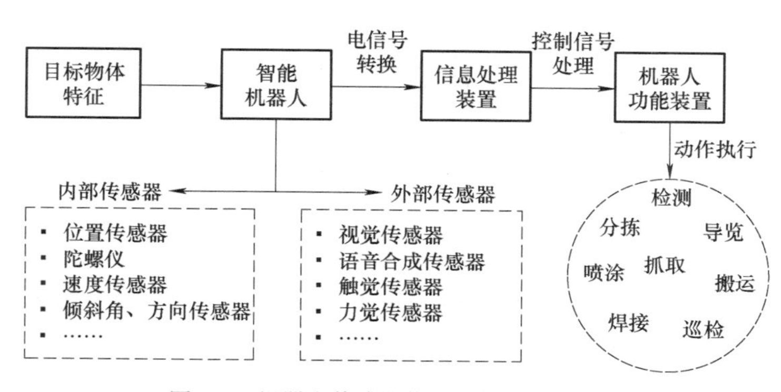

图 6-2　机器人传感器信息及信息处理过程

6.1.2　人形机器人感知系统的发展趋势

1）传感器技术朝集成化、智能化方向发展。传感器集成化是将传感器技术与大规模集成电路技术相结合，在制造过程中运用半导体集成化工艺，有助于提高传感器性能，使传感器的体积更小、成本更低。而传感器的智能化是指传感器与微处理器相结合，通过植入人工智能算法等使传感器拥有数据采集、分析与智能处理等能力。

2）机器人多传感器信息融合。为克服单个传感器存在的不确定性、观测误差和不完整性等弱点，人形机器人通常集成多个传感器，通过多传感器信息融合技术能够将不同传感器采集到的同类或者不同类信息进行综合分析和判断，这是提高人形机器人环境探测能力、增强其对变化环境适应能力的一项关键技术。

3）机器人感知系统朝网络化方向发展。5G 等通信技术具有低延时、高可靠性、海量连接的优点，将人形机器人传感器连接到网络上，实现云端学习与信息共享，能够使人形机器人与外界间的通信、协调、互动更加方便。

整体上，人形机器人感知系统的发展趋势是朝着更智能、更高效、更安全和更友好的方向不断演进。这些趋势不仅提升了人形机器人的操作能力和交互体验，也为其在各个领域的广泛应用奠定了基础。

6.2 人形机器人内部传感器

6.2.1 编码器

在自身状态感知中，编码器是人形机器人不可或缺的一部分，主要应用在人形机器人的旋转、直线执行模组和灵巧手上，可以实时监测人形机器人的关节角度、速度和位置等信息，通过伺服系统可实现对人形机器人的精确控制。编码器测量位移（角度）的基本原理是将旋转或直线位移转换为一串数字脉冲信号后进行测量。编码器按测量原理不同可分为光电式编码器、磁电式编码器、电感式编码器、电容式编码器等。每种编码器都有其独特的优点和适用场景。例如，光电式编码器适用于高精度、高分辨率的场合，磁电式编码器具有环境耐受性强、小型轻量、可靠性高的优点。

1. 光电式编码器

旋转光电式编码器基于光电转换原理来测量轴的旋转角度和速度，是目前最常用的一种编码器。在人形机器人中，常安装在机器人关节上，可以通过在关节旋转时生成脉冲信号来精确地测量关节的位置和运动。旋转光电式编码器主要由发光元件、旋转光栅（码盘）、固定光栅、光电元件等组成。其根据码盘形式和检测方式不同，可分为增量式编码器和绝对式编码器。

（1）增量式编码器　图 6-3 所示为增量式编码器的内部结构。增量式编码器的码盘上开有相等角度的缝隙。码盘一侧是光源，另一侧是光栏板（其上开有几何尺寸与码盘相同的窄缝）。由于编码器码盘与被测轴同心，轴转动时会带动码盘旋转，在光栏板的作用下，码盘每转过一个缝隙，光电元件就会检测到一次明暗变化，使透过码盘的光束产生间断。这样经过光电元件的接收和电子线路的处理，将产生特定电信号输出。实际使用的增量式编码器输出三组方波，即 A 相、B 相和 Z 相。A、B 两相脉冲相位差 90°，可以判断出旋转方向和旋转速度。Z 相脉冲又称为零位脉冲，每转一周输出一个脉冲，通过零位脉冲可获得编码器的零位参考位。由于该编码器是依据从预定义的起始位置发生的增量变化来测量转角或速度的，因此被称为增量式编码器。增量式编码器具有较低的成本和较高的分辨率，适用于对速度和位置控制要求较高的场景。

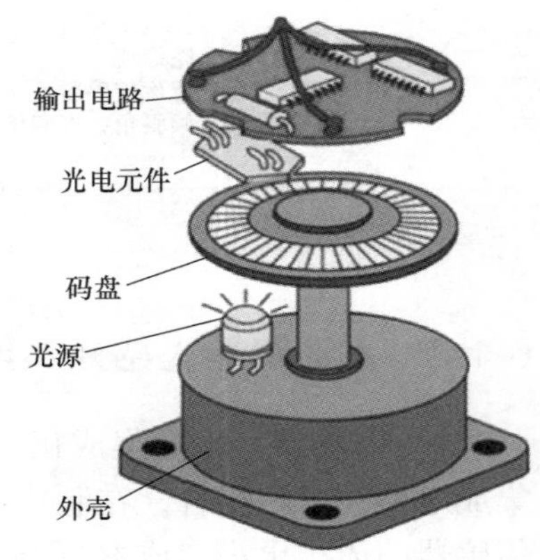

图 6-3　增量式编码器的内部结构

在人形机器人控制系统中，增量式编码器一般用作位置传感器，也可用于速度测量。增量式编码器输出的脉冲数代表位置，单位时间内的脉冲数表示这段时间的平均速度。因此，可通过计算单位时间的脉冲数来估算平均速度。例如，若编码器每转产生 N 个脉冲，在 T 时间（单位为 s）产生 m 个脉冲，那么平均转速为

$$n=\frac{60m}{NT} \tag{6-1}$$

式中，n 是平均转速（r/min）；T 是测速采样时间（s）；m 是 T 时间内测得的编码器脉冲数（p）；N 是编码器每转脉冲数（p/r）。

（2）绝对式编码器　绝对式编码器的外观以及码盘结构如图 6-4 所示，其码盘与增量式编码器的码盘有较大区别，在其圆形码盘上沿径向有若干同心码道，每条码道上由透光和不透光的扇形区相间组成，码盘上的码道数是它的二进制数码的位数。在绝对式编码器中，码盘的一侧是光源，另一侧对应每一条码道有一个光电元件，当码盘处于不同位置时，各光电元件根据受光照与否转换出相应的电平信号，形成二进制数。码道越多，分辨率就越高。对于一个具有 N 位二进制分辨率的编码器，其码盘必须有 N 条码道。绝对式编码器可以记录编码器在一个绝对坐标系上的位置，具有较高的精度和稳定性，适用于需要高精度控制的场合。它在掉电后再恢复供电时，输出值取决于码盘位置，能够保留数据记忆。

绝对式码盘—自然二进制
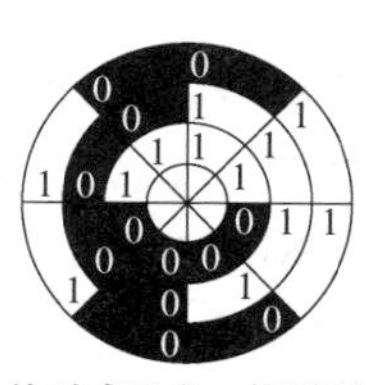
绝对式码盘—格雷码

图 6-4　绝对式编码器的外观以及码盘结构

2. 磁电式编码器

磁电式编码器利用电磁感应原理进行测量，如图 6-5 所示，它由磁性传感器、磁盘和信号转换器组成。磁盘由多个磁极组成，被固定在旋转轴上；磁性传感器通常采用霍尔元件等，能够检测磁盘旋转时磁场的变化，将其转换为电信号输出；信号处理器将电信号转换为数字信号，用于表示旋转轴的位置和方向。相比于光电式编码器，磁电式编码器对灰尘、污垢、液体和油脂等污染物以及振动等不良工况不敏感，更适合应用于各类复杂场景中的人形机器人。

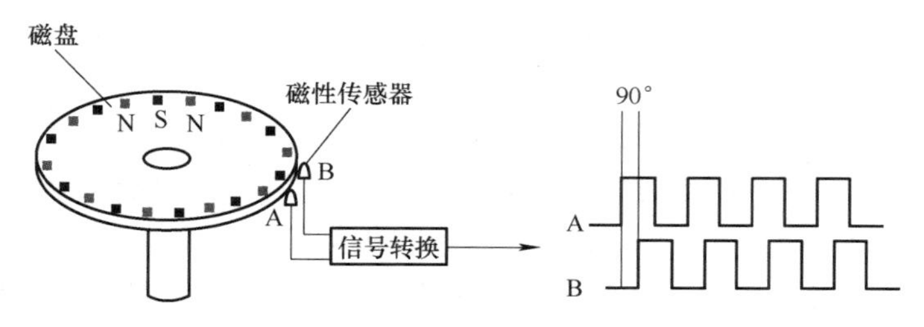

图 6-5　磁电式编码器

6.2.2　MEMS 惯性传感器

1. MEMS 惯性传感器

MEMS 惯性传感器属 MEMS（Micro Electro Mechanical Systems，微机电系统）传感

器的重要分支，是一种用于测量物体的加速度、角速度和倾斜角度等参数的电子传感器。如图 6-6 所示，它主要包括陀螺仪、加速度计等，由两个及以上惯性测量 MEMS 芯片及 ASIC（Application Specific Integrated Circuit，专用集成电路）合封后，通过组合形成惯性组合传感器 IMU（Inertial Measurement Unit，惯性测量单元）芯片，可以将物体运动的加速度、位置和姿态转换为电信号，从而获取关节的位置、速度、加速度和角度等信息。根据内置传感器不同，它分为 6 轴 IMU 和 9 轴 IMU。6 轴 IMU 通常包含一个 3 轴陀螺仪和一个 3 轴加速度计，可以测量物体在三维空间的角速度和加速度；9 轴 IMU 是在 6 轴 IMU 的基础上叠加一个 3 轴磁力计。IMU 的基本原理是利用加速度计、陀螺仪、磁力计等内置传感器估计 IMU 的位置和方向，从而得到安装了 IMU 的机器人各个身体部位的位置和方向。其优势是无需外部摄像头，劣势是内置传感器存在漂移问题进而影响精确性。

图 6-6　MEMS 惯性传感器

MEMS 陀螺仪是 MEMS 惯性传感器的基础核心器件之一，它利用科里奥利效应测量角速率，主要用于感知物体运动的角加速度。图 6-7a 所示是陀螺仪的工作原理示意图，一个物体（质量为 m）以固定的线速度 $\boldsymbol{v}$ 运动，因为物体自身惯性，相对于旋转体系，它同时受到一个角速度 ${}^{b}\boldsymbol{\omega}$ 的影响，这时在叉乘方向会有一个科里奥利力（简称科氏力）$\boldsymbol{F}_{\text{coriolis}}$ 的作用，即

$$\boldsymbol{F}_{\text{coriolis}} = -2m\,{}^{b}\boldsymbol{\omega} \times \boldsymbol{v} \tag{6-2}$$

式中，$\boldsymbol{v}$ 为物体相对于旋转参考系的运动速度（矢量）；${}^{b}\boldsymbol{\omega}$ 为旋转体系角速度（矢量）；× 表示矢量相乘，方向满足右手螺旋定则。

在实际的应用中，物体处于不断运动中，若有旋转的角速度则会在垂直的方向产生科氏力，最终通过电容的变化来反应该力的大小，从而得到旋转角速度的大小。

MEMS 陀螺仪的核心是一个微机械芯片，一个专用集成电路（ASIC）芯片及应力隔离封装，具体用于导航定位、姿态感知、状态监测等领域。与传统机械陀螺仪相比，MEMS 陀螺仪的优势包括：更小、更轻；微细加工工艺，比传统陀螺仪更具成本效益；功耗更低；损耗更小，可靠性更高。

MEMS 加速度计主要用于感知物体运动的线加速度。加速度计的检测装置捕获的是引起加速度的惯性力，可利用牛顿第二定律获得加速度值。其测量原理可以用一个简单的质量块、弹簧和指示计来表示，如图 6-7b 所示。根据感测原理，MEMS 加速度计分为压阻式、电容式以及热式等类型。其中电容式 MEMS 加速度计是最为常用的一种，具有高灵敏度、高精度、低温度敏感等优点。

磁力计通常作为辅助或补充。磁力计采用 3 个互相垂直的磁阻传感器，每个轴向上的传感器检测在该方向上的地磁场强度，将相关数据汇入微控制器的运算器，以提供磁北极相关的航向角。图 6-8 所示磁力计采用一种具有晶体结构的合金薄膜。它们对外界的磁场敏感，磁场的强弱变化会导致磁阻传感器的电阻值发生变化。磁力计能提供俯仰角、横滚角和航向角的测量数据。除勘探、军事等传统应用领域，MEMS 技术使磁力计体积更小并且能以非常低的成本集成到集成电路中，因此广泛应用于智能手机、平板计算机等领域。

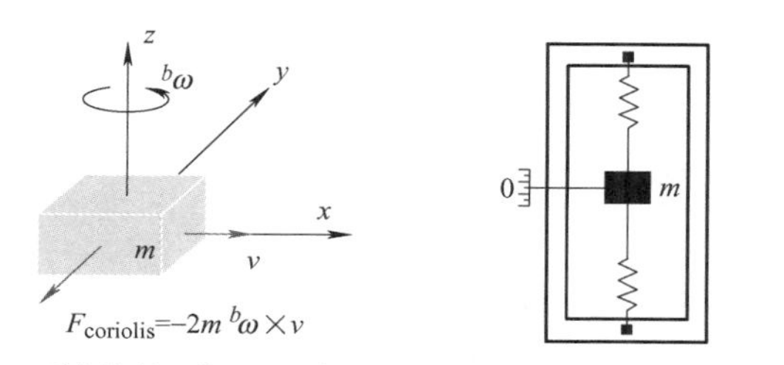

图 6-7　陀螺仪与加速度计

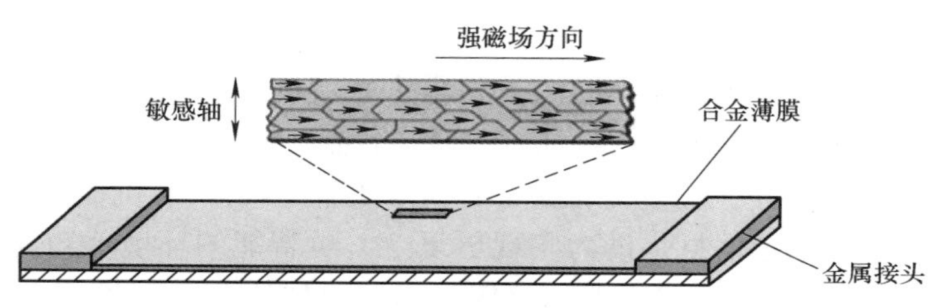

图 6-8　磁力计工作原理示意图

单独使用 MEMS 加速度计、MEMS 陀螺仪时，会因为各种原因影响测量精确度。因此，为准确确认设备的运动状态，通常组合使用 3 轴磁传感器、3 轴加速度计和 3 轴陀螺仪，即为 6 轴 IMU 或 9 轴 IMU。

2. MEMS IMU 模块在人形机器人中的应用

基于 MEMS 工艺制造的芯片具有低功耗、微型化、智能化、高集成度以及可大批量生产等优点，能够满足人形机器人对于传感器微型化、低功耗以及低成本的需求，在人形机器人领域拥有广阔的应用空间。目前，已有多个机器人产品采用了 IMU 与其他传感器配合的方式进行感知。比较有代表性的如优必选搭载了高精度惯性导航传感器；小米 Cyberdog 也配备有 IMU，与其他传感器配合使用，以实现实时定位与地图构建；宇树机器人 H1 装配有 IMU 等传感器数据、3D 激光雷达及深度相机，可实时获取高精度的空间数据，实现全景扫描。

IMU 可助力人形机器人实现姿态控制、平衡维持等需求，是辅助人形机器人实现双足运动的可行性最高的方案。IMU 中的 3 轴陀螺仪和 3 轴加速度计可以测量物体在三维空间中的角速率和加速度，是人形机器人保持平衡及运动控制的关键传感器，可以帮助人形机器人实现姿态控制、平衡维持、导航定位等需求，且能有效规避障碍物遮挡问题和复杂运动的执行问题。

在人形机器人应用中基于 IMU 的惯性测量信息可辅助修正预定步态，且可防止人形机器人跌倒，承担惯性稳定控制等功能。惯性稳定控制系统通过连续监测系统姿态与位置变化，利用控制算法对伺服结构进行控制，从而动态调整系统姿态，以实现人形机器人保持稳定姿态与平衡的目标。Optimus 人形机器人可以实现瑜伽伸展动作，IMU 在其中起到了保持平衡和姿态控制的作用。

IMU 还可用于惯性导航，通过对角速率和线加速度按时间积分以及叠加运算，人形机器人可以动态确定自身位置变化，而且因为无需借助外源信息，所以可以免受外界干扰影响。

6.3 人形机器人外部传感器

视觉传感器、力 / 触觉传感器以及听觉传感器是人形机器人在与环境交互中必不可少的传感器。本节将重点从传感器检测原理、类型以及应用方面对其进行讲解。

6.3.1 视觉传感器

人类约 80% 的信息是通过人眼感知获取的，人形机器人也和人类一样，大量信息都将通过视觉感知获取。视觉感知系统是人形机器人系统的重要组成部分，在复杂的三维场景中利用视觉传感器可以获取周围环境信息，执行视觉识别和判断任务。2D 图像无法提供环境空间形貌、几何尺寸、位姿等信息。因此，目前多数人形机器人选用 3D 视觉方案以保证获取更多精准的三维信息，助力实现更复杂、更智能的环境感知与交互任务。空间三维测量示意图如图 6-9 所示。3D 视觉成像技术通过使用相关仪器来获取物体的图像数据信息，然后再对获取的数据信息进行分析处理，利用三维重建的相关理论重建出真实环境中物体表面的轮廓信息。当前主流的 3D 立体视觉方案为飞行时间（TOF）法、双目视觉法、结构光法、激光扫描法等，其中前三种最常用。

1）飞行时间法：利用信号在两个被反射面之间往返的飞行时间来测量节点间的距离，其代表有微软 Kinect−2 等。

2）双目视觉法：指从不同的视点获取两幅或多幅图像重构目标物体 3D 结构或深度的信息，立体视觉 3D 可以通过单目、双目、多目实现，其代表有 Leap Motion、ZED、大疆等。

3）结构光法：通过近红外激光器，将具有一定结构特征的光线投射到被拍摄物体上，再由专门的红色摄像头进行采集。发射出来的光经过一定的编码投射在物体上，通过一定算法计算返回编码图案的畸变来得到物体的位置和深度信息。其代表有奥比中光、微软 Kinect−1、英特尔 Real Sense 等。

4）激光扫描法：通过激光雷达发射激光束探测目标的位置、速度等特征量，获得目标距离、位置、速度、形状等信息，从而对被测物体进行探测、跟踪和识别。

a) 2D图(RGB图)

b) 深度图

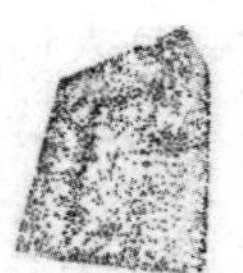

c) 点云图

图 6-9　空间三维测量示意图

人形机器人视觉感知系统由硬件系统和软件系统组成，硬件系统包括视觉传感器、视觉处理器、机器人及其控制器等，其中视觉处理器可以由嵌入式系统、PC 和具备 GPU（Graphic Processing Unit，图形处理器）的高性能服务器等构成，而嵌入式系统可以实现 I/O 数据采集、运动控制、图像处理和识别等核心功能。软件系统包括视觉处理软件、机器人控制软件等，其中，视觉处理软件能实现视觉信息的预处理、分割、检测、识别、解释等功能。

目前，主流的人形机器人都配备有先进的机器视觉系统，如特斯拉的 Optimus 人形机器人搭载 8 个摄像头，通过图像处理，可实现物体识别、环境理解等功能。波士顿动力的 Atlas 采用“RGB 摄像头 +TOF 深度传感 + 激光雷达方案”，可以通过感知算法观察环境，按照实时数据实现自主规划行动。优必选采用“激光雷达 +RGBD 摄像头 + 四目立体视觉方案”，可实现对环境的感知功能。

在人形机器人视觉研究中，不仅需要考虑如何捕获和输入视觉信息，还要对这些信息进行处理和分析，进而提取出有用的信息。例如，在人形机器人抓取系统中，利用人形机器人视觉系统检测抓取对象，分析对象的位置、尺寸、抓取位姿等，将这些数据提供给人形机器人，辅助人形机器人完成抓取任务。在移动机器人系统中，需要机器人视觉系统能够观察周围环境，计算和评估周围环境的三维模型和信息，进而完成机器人路径规划并使其行进到指定目的地。下面介绍视觉传感器的成像模型。

人形机器人是在三维空间完成各种操作任务的，然而摄像机（视觉传感器）在成像过程中将三维世界投射到二维平面上，失去了深度信息。本小节将介绍如何建立三维场景与二维图像坐标之间的联系，以及人形机器人是如何利用视觉传感器获取场景三维坐标的。

摄像机模型是将三维场景与二维图像坐标联系起来的模型，其线性成像模型称为小孔成像模型（或针孔模型），是指在理想状态下的成像模型，并没有考虑摄像机镜头畸变。摄像机模型内具体包括 4 个坐标系：世界坐标系、摄像机坐标系、图像物理坐标系、图像像素坐标系。在忽略摄像机畸变的理想情况下，空间中某一点从世界坐标系到图像像素坐标系的映射可以通过以下坐标转换实现。

1）世界坐标系与摄像机坐标系之间的刚体变换。设空间中某一点 P 在世界坐标系下的三维坐标为 (x_w, y_w, z_w)，该点在摄像机坐标系下的坐标 (x_c, y_c, z_c) 可以通过旋转与平移世界坐标系后得到，即

$$\begin{bmatrix} x_c \\ y_c \\ z_c \\ 1 \end{bmatrix} = \begin{bmatrix} \boldsymbol{R} & \boldsymbol{T} \\ \boldsymbol{O}^{\mathrm{T}} & 1 \end{bmatrix} \begin{bmatrix} x_w \\ y_w \\ z_w \\ 1 \end{bmatrix} = \boldsymbol{M}_2 \begin{bmatrix} x_w \\ y_w \\ z_w \\ 1 \end{bmatrix} \tag{6-3}$$

式中，$\boldsymbol{R}$ 是三阶旋转矩阵；$\boldsymbol{T}$ 是 3×1 的平移矩阵；$\boldsymbol{O}^{\mathrm{T}}$ 是 1×3 的向量 $(0\ 0\ 0)$；$\boldsymbol{M}_2$ 是 4×4 矩阵的简化模型。

2）摄像机坐标系与图像物理坐标系之间的透视投影变换。摄像机成像时空间景象从三维到二维的转换，称为透视投影。图 6-10 展示的是中央透视模型，其中，O_c 为摄像机坐标系原点，O 为虚拟像平面原点。根据相似三角形原理，虚拟投影平面上成像点 (x, y) 与摄像机坐标系中的对应点 (x_c, y_c, z_c) 之间的关系可以表示为

$$
\begin{cases}
x = f\dfrac{x_c}{z_c} \\
y = f\dfrac{y_c}{z_c}
\end{cases}
\tag{6-4}
$$

式中，f为摄像机焦距。上式写成齐次坐标的形式为

$$
\begin{bmatrix} x \\ y \\ 1 \end{bmatrix} = \frac{1}{z_c}\begin{bmatrix} f & 0 & 0 & 0 \\ 0 & f & 0 & 0 \\ 0 & 0 & 1 & 0 \end{bmatrix}\begin{bmatrix} x_c \\ y_c \\ z_c \\ 1 \end{bmatrix}
\tag{6-5}
$$

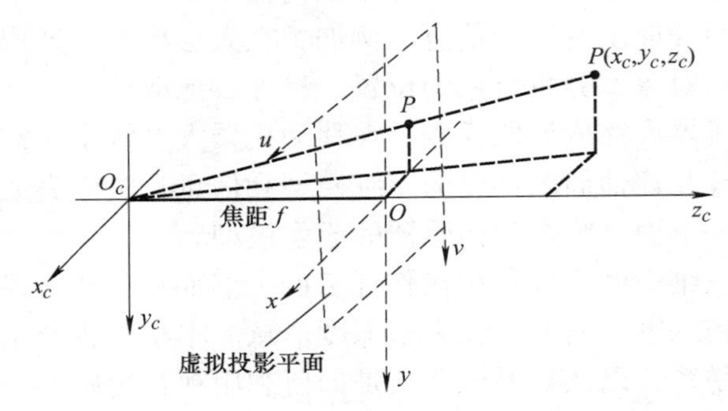

图 6-10　中央透视模型

3）图像像素坐标系是图像物理坐标系的离散化表示。如图 6-11 所示，在成像平面上，图像物理坐标系的坐标系原点为 O，其在图像像素坐标系中的位置定义为 (u_O,v_O)，单位是 mm；图像像素坐标系的原点 O_u 在成像平面的左上角，单位为像素。设投影点 P 在图像物理坐标系中的坐标为（x，y），那么该点在图像像素坐标系中的坐标可以表示为

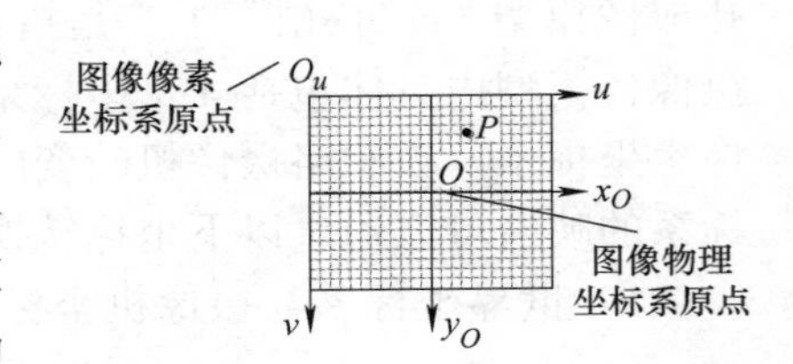

图 6-11　成像平面坐标系

$$
\begin{cases}
u = u_O + \dfrac{x}{dx} \\
v = v_O + \dfrac{y}{dy}
\end{cases}
\tag{6-6}
$$

用齐次坐标与矩阵的形式表示为

$$
\begin{bmatrix} u \\ v \\ 1 \end{bmatrix} = \begin{bmatrix} \dfrac{1}{dx} & 0 & u_O \\ 0 & \dfrac{1}{dy} & v_O \\ 0 & 0 & 1 \end{bmatrix}\begin{bmatrix} x \\ y \\ 1 \end{bmatrix}
\tag{6-7}
$$

式中，（dx,dy）为单个像素点在 x 轴和 y 轴方向上的实际物理尺寸。

联立式（6-3）、式（6-5）和式（6-7）可得从世界坐标系到图像像素坐标系的转换关系为

$$z_c\begin{bmatrix}u\\v\\1\end{bmatrix}=\begin{bmatrix}\frac{1}{dx} & 0 & u_O\\ 0 & \frac{1}{dy} & v_O\\ 0 & 0 & 1\end{bmatrix}\begin{bmatrix}f & 0 & 0 & 0\\ 0 & f & 0 & 0\\ 0 & 0 & 1 & 0\end{bmatrix}\begin{bmatrix}\boldsymbol{R} & \boldsymbol{T}\\ \boldsymbol{O}^{\mathrm{T}} & 1\end{bmatrix}\begin{bmatrix}x_w\\y_w\\z_w\\1\end{bmatrix}=\boldsymbol{M}_1\boldsymbol{M}_2\begin{bmatrix}x_w\\y_w\\z_w\\1\end{bmatrix} \tag{6-8}$$

式中，$\boldsymbol{M}_1$、$\boldsymbol{M}_2$ 分别为摄像机的内参数矩阵与外参数矩阵。摄像机的内参数包括焦距 f、(u_O,v_O)、（dx，dy），它们不随环境变化。摄像机的外参数包括旋转矩阵 $\boldsymbol{R}$ 和平移矩阵 $\boldsymbol{T}$，它们随着摄像机的移动而变化。

由式（6-8）可知，若 $\boldsymbol{M}_1$、$\boldsymbol{M}_2$ 矩阵内参数已知，则由世界坐标点 (x_w,y_w,z_w) 可求得该点对应的图像上的图像像素坐标 (u,v)。将求解摄像机内、外参数的过程称为摄像机标定，其目的是为世界坐标系的三维物点和图像坐标系中的二维像点之间建立起映射关系。摄像机标定的基本思想是给定一组世界坐标系中的已知点，而且这些点对应的成像平面坐标也已知，这样依据式（6-8）便可以建立多个方程以求解未知参数。在人形机器人应用中，摄像机内、外参数标定是非常重要的环节，其标定精度直接影响摄像机工作所产生结果的准确性。

在实际应用中，若已知物体在图像上的二维像素坐标 (u,v)，且已知相机的内、外参数矩阵 $\boldsymbol{M}_1$、$\boldsymbol{M}_2$，却不能唯一确定三维空间中的点坐标 (x_w,y_w,z_w)，因为 z_c 未知。针对该问题，可以采用深度视觉相机，如英特尔 Real Sense 等，经深度图像与 RGB 图像配准后，可直接从深度图像中获取每个像素点对应的 z_c 值。也可以采用双目立体视觉，基于两台摄像机拍摄的图像获得深度信息，进而重建三维世界中的点。

以下是以人形机器人抓取物体为应用背景，讲解从视觉检测到机器人抓取规划的过程。在已经完成相机标定的基础上，需要经过 8 个基本流程环节来实现抓取任务，如图 6-12 所示。

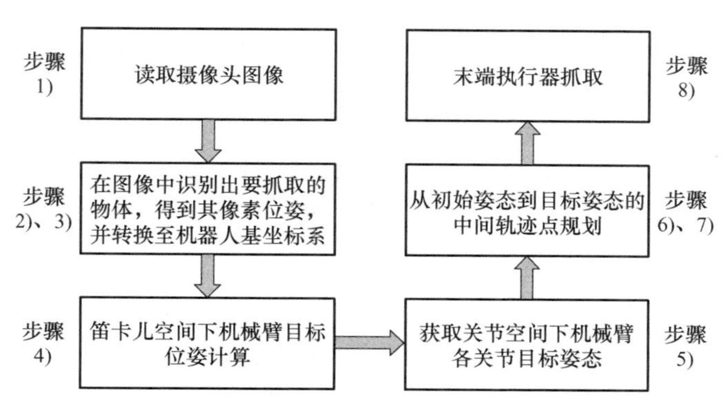

图 6-12　基于视觉的人形机器人抓取流程

1）在线读取摄像头图像信息（相机选用深度视觉相机）。

2）在图像中识别出要抓取的物体并得到其像素坐标 (u,v) 、深度 z_c 值以及像素角度 θ。

3）由 (u,v) 、z_c 计算得到三维世界坐标值 (x_w,y_w,z_w) 并转换至机器人基坐标系下的坐标 (x_b,y_b,z_b)；由 θ 获取物体的姿态 (α_1,β_1,r_1)。

4）根据需求与物体的姿态 (α_1,β_1,r_1)，可以确定机械臂末端执行器到达 (x_b,y_b,z_b) 时的姿态 (α_2,β_2,r_2)。

5）运动学逆解，通过 (x_b,y_b,z_b) 、(α_2,β_2,r_2) 这六维已知数据计算出机械臂每个关节分别需要旋转的角度。

6）根据环境和实际需求（有无障碍、要求路径最短、要求时间最短等）规划出一系列中间点（可选）。

7）利用步骤 5）中的方法计算出到达每个中间点时各个关节的角度值。

8）机械臂末端执行器执行抓取任务。

6.3.2 力传感器与触觉传感器

1. 力传感器

力传感器是将力或力矩的值转换成电信号的元件，通过测量电信号来检测力与力矩的大小，其内部一般由力敏元件、转换元件和电路部分组成，可以检测张力、拉力、应力以及施加在部件上的扭转力矩。

按测量原理分，目前机器人用的主要的力传感器有应变式、磁式等。应变式力传感器上通常装载有应变片，当应变片以及导体形状发生变化时，电阻也会发生变化，由此可测量作用在应变片上的负载。磁式力传感器主要是根据铁磁材料在不同外磁场条件下会发生几何可逆变化的磁致伸缩来间接检测转矩。应变式力传感器结构简单、测量精度高、集成体积小，在机器人中应用广泛。磁式力传感器具有线性度好的优点，但它分辨率低、体积较大、易受电磁干扰影响。目前，在机器人关节等部位的力传感器选择方面，往往需要具有分辨率高、线性度好、结构简单可靠、厚度小、响应快等优点，因此实际机器人应用中以应变式传感器为主。

力传感器按维度不同可分为一维力传感器、三维力传感器、六维力传感器。机器人力传感器的分类如图 6-13 所示，如果力的方向和作用点固定，则可选用一维力传感器；如果力的方向随机变化，但作用点保持不变且与传感器的标定参考点重合，则可选用三维力传感器；如果力的方向和作用点都在三维空间内随机变化，则选用六维力传感器进行测量。六维力传感器是性能最优、力觉信息最全面的，能够同时测量三个空间平移力分量（F_x,F_y,F_z）和三个转动力矩分量（M_x,M_y,M_z），提供了全方位的力觉信息，成为人形机器人实现力控功能不可或缺的核心部件，如图 6-14 所示。其一般分为固定端（机器人端）和加载端（工具端）。两端相对受力时，传感器发生弹性变形，传感器内部的应变计电阻发生变化，转换成电压信号输出。目前，其研究难点在于需兼顾优良的静态性能、动态性能和低维间耦合。单台人形机器人通常在手腕和脚踝部位各配备两个六维力传感器，总计使用量为四个。

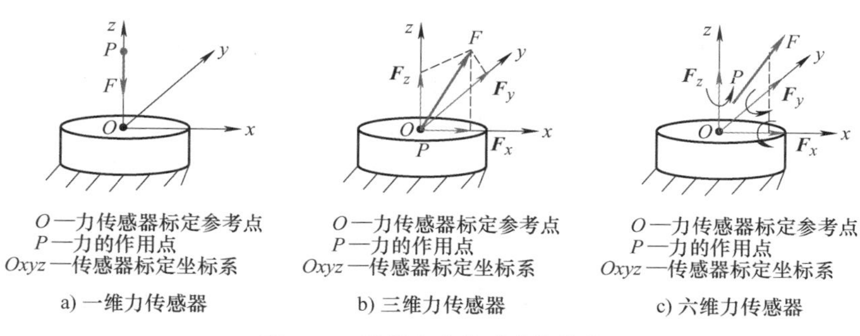

图 6-13　机器人力传感器的分类

人形机器人为实现类人般精细、协调的动作控制，尤其是在执行抓取、搬运、操作以及与环境交互等任务时，对力的感知和控制要求极高。而六维力传感器以其高精度、多维度的力和力矩测量能力，成为人形机器人实现精细操作的关键组件。

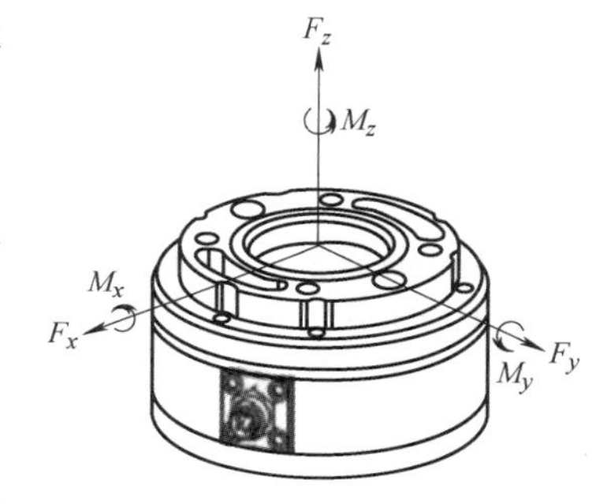

图 6-14　六维力传感器

在人形机器人上，力传感器主要安装在关节处、手腕部及脚踝部。关节处一般使用一维力传感器；在手腕、脚踝处使用六维力传感器。

1）关节力矩传感器。力矩传感器能够感知并度量力，可对机械部件扭转力矩进行感知，将力矩的物理变化转换成电信号，具有精度高、频响快、寿命长等优点，可应用于人形机器人关节。在机械臂关节的减速器输出端安装关节力矩传感器可以带来两点优势：解耦机械臂的动力学模型，有利于进行基于动力学的位置控制；有利于实现力控制。

关节力矩传感器（力检测元件）与电动机（关节执行元件）相距较近，排除了机械臂机械惯性的影响。先进的传感系统将使机器人能够对机器人手臂上的任何变化做出快速而平稳的反应。

2）手腕部。为模拟人手的精细操作能力，人形机器人的每个手腕关节通常配置一个六维力传感器，用于实时监测手部与物体接触时的力或力矩，这对于实现精准抓握、力控装配、触觉反馈等功能至关重要。

3）脚踝部。人形机器人行走过程中，脚踝处的六维力传感器负责感知足部与地面的接触力或力矩，这些数据对于机器人保持平衡、步态调整以及适应各种地形条件至关重要。

2. 触觉传感器

皮肤是最重要的人体器官之一，具有延展性、自愈性、高机械韧性等特征，可以对各种形状和纹理、温度以及接触压力等进行感知。模仿人类皮肤的特征以及具备相似感知功能的设备通常被称为电子皮肤（E-skin）。根据电子皮肤所能实现的功能可以将其分为温度传感器、触觉传感器等柔性传感器。电子皮肤一般由电极、介电材料、活性功能层、柔性基材组成。

由于在人形机器人领域，触觉感知的需求场景最多，所以触觉传感器是目前研究最为广泛的一种电子皮肤。触觉传感器赋予人形机器人细腻的触觉感知能力，使其能够与环境进行更自然、更精细的交互。人形机器人触觉传感器主要分布在手部、足部乃至全身。由于装配区域为不规则三维表面，对传感器的柔性要求较高。要求触觉传感器具有良好的柔韧性、延展性，可自由弯曲或折叠，结构型式灵活多样，且在弯曲和伸展的形态下仍能表现出良好的导电性和响应性。为避免单个传感单元面积小、受力范围小，触觉传感器一般设计为柔性阵列式。

触觉传感器的主要作用如下：

1）感知环境：使人形机器人能够感知周围环境，包括识别不同的物体、表面纹理和硬度。

2）精细操作：在执行精密任务（如拾取和搬运脆弱物品）时，触觉反馈至关重要。

3）人机交互：提高人形机器人与人类互动的自然性和安全性。

触觉传感器根据信号转换原理可分为电容式触觉传感器、电阻式触觉传感器、压电式触觉传感器等，目前主要应用于人形机器人手指感知。

1）电容式触觉传感器。电容式触觉传感器由两个电极板和中间的电介质组成，如图 6-15 所示。受外力作用时，电容的电极板和电介质发生形变，导致两个电极板的正对面积或间距发生变化，从而引起电容值的改变。

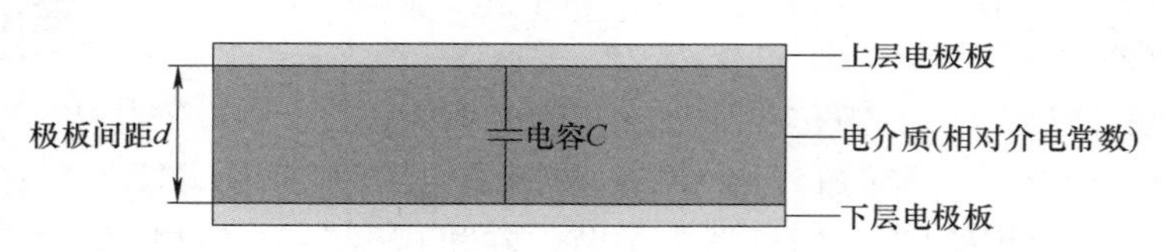

图 6-15　电容式触觉传感器的基本结构

根据平行板电容公式可知

$$C=\frac{\varepsilon_0\varepsilon_r S}{d} \tag{6-9}$$

式中，C 为平行板电容器的电容值；ε_0 为真空介电常数，$\varepsilon_0\approx 8.85\times 10^{-12}\,\mathrm{F/m}$；$\varepsilon_r$ 为两极板间电介质的相对介电常数，其数值大小根据介电层材料的变化而变化；S 为上、下两层电极板的重叠面积；d 为上、下两层电极板之间的距离。

利用传感器电容值的变化，可以实现对外力的检测。电容式触觉传感器原理和结构较为简单，并且具有良好的频率响应、高灵敏度和较宽的动态范围，能够同时检测动态和静态接触。在检测多维力时，它可以依靠自身的结构特点完成解耦问题。但是电容式触觉传感器也存在着采集电路复杂、容易产生寄生电容等问题。

2）电阻式触觉传感器。电阻式触觉传感器是基于敏感材料的压阻效应来完成测力的，即利用敏感材料在受到压力时，其电阻率发生变化的现象来实现力的测量。电阻式触觉传感器的结构与外观如图 6-16 所示，一般由 3 部分组成：敏感材料、电极和基底。电极位于敏感材料的两端，通过测量敏感材料的电阻值变化，便能检测施加在其上的压力大小。

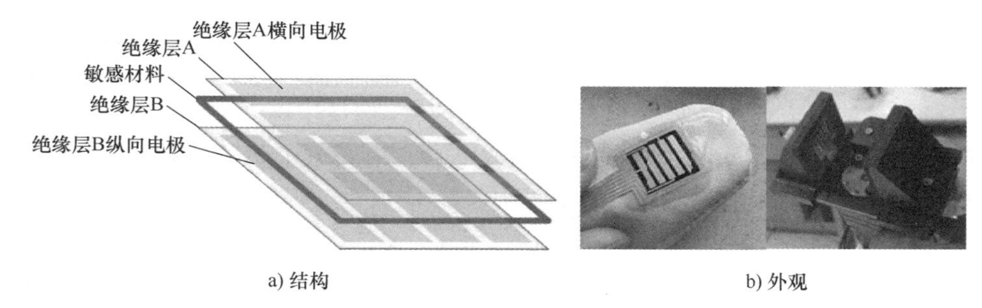

a) 结构　　b) 外观

图 6-16　电阻式触觉传感器的结构与外观

柔性阵列触觉传感器具有良好的柔韧性、可弯折性、延展性及轻便性等，由于可测量形状复杂的表面，所以广泛应用于接触式测量、无损检测、机器人、生物力学等领域。特斯拉人形机器人 Optimus Gen 2 的灵巧手末端配备了 MEMS 电阻式触觉传感器，展示了灵巧手的精确力控制能力，能够轻松地抓取像鸡蛋这样易碎的物品。当多个触觉传感器组合起来，构成柔性阵列式触觉皮肤时，能够提供更出色的测量分辨率，优于单一传感器的性能。

3）压电式触觉传感器。压电式触觉传感器的敏感元件由压电材料制作而成。压电材料受外力作用后表面会产生电荷，电荷通过电荷放大器、测量电路的放大以及变换阻抗后，会被转换为与所受外力成正比例关系的电量输出，由此可以测量出压力的大小。通过将柔性 MEMS 压电式传感器集成到机器人手部，可以帮助机器人实现灵敏的触觉感知。目前，PVDF（Polyvinylidene fluoride，聚偏二氟乙烯）压电材料具有柔性好、频响宽、介电常数小等优点，且容易形成大范围内的薄膜，已经被广泛应用于柔性压电式触觉传感器。

哈尔滨工业大学研发的一款压电式触觉传感器阵列，受人体皮肤启发，由五层薄膜构成，分别为两层保护层、两层感知层和一层隔离层。保护层为 PDMS（Polydimethylsiloxane，聚二甲基硅氧烷）薄膜，主要是模仿人体皮肤的表皮层，用于将外界刺激转换为电信号。感知层有上 PVDF 感知层和下 PVDF 感知层。隔离层将上、下两层 PVDF 感知层隔离开，防止其表面的电极接触，产生信号串扰。

电子皮肤的未来发展。智能人形机器人设计的目标是精准的类人操作，需要实现高精度的集成感测功能，因此相应的柔性电子皮肤需要考虑以下问题：①对多个机械刺激和触觉反馈进行实时检测；②集成多功能传感器，可检测温度、湿度、硬度等多种参数；③人机界面的无线信号传输和控制等。高柔性化、可部署的、高分辨率、多维度力感知的传感器皮肤、能够高效处理密集传感器信息的算法以及机器人的高精度反馈控制仍是当前该领域的研究重点，其最终目标是让人形机器人实现高度类人的感知能力和触摸能力。

6.3.3　听觉传感器

生活中人与人之间交互的重要手段之一是通过声音等来实现语言的表达与交流。声音通过声波的方式传递至听觉器官，再经由听觉神经传至大脑，由此让人产生听觉。同样，听觉也是人形机器人一种很重要的交互感知能力。为使人形机器人能够“听懂”人类语音，人形机器人装有声信号接收设备，具备语音识别与语言理解的能力。

声信号接收设备是指将声信号转换为电信号的能量转换器件，也称为传声器。目前常用的两种传声器是动圈式传声器和电容式传声器。动圈式传声器通过电磁感应原理制成，具有结构简单、使用方便的优点，但是其灵敏度低、频率范围窄、瞬态响应较电容式传声器差。电容式传声器利用接收声波的膜片构成电容，当受迫振动后其电容量会产生变化，其优点是频响好、失真小、灵敏度高且音质好。

1. 语音识别

语音指的是人类通过发声器官发出来具有一定意义、用来沟通交流的声音。而语音识别是以语音为研究对象，利用语音信号处理、模式识别技术让机器自动识别和理解人类口述的语句内容的技术，是人与机器交互的一种技术。自动语音识别是指机器通过识别和理解将人类的语音中的词汇内容转变为相应的计算机可读输入文本或命令的技术。

语音识别技术最早可以追溯到 20 世纪 50 年代。1952 年，贝尔实验室研发出了 10 个孤立数字的识别系统。从 20 世纪 60 年代开始，美国卡内基梅隆大学的 Reddy 等开展了连续语音识别的研究。20 世纪 80 年代开始，以隐马尔可夫模型（Hidden Markov Model，HMM）方法为代表的基于统计模型方法逐渐在语音识别研究中占据了主导地位。HMM 能够较好地描述语音信号的短时平稳特性，并且将声学、语言学、句法等知识集成到同一框架中。20 世纪 90 年代开始，语音识别掀起了第一次研究和产业应用的小高潮。2011 年，深度神经网络（DNN）在大词汇量连续语音识别上获得成功，语音识别效果取得了近 10 年来最大的突破，从此基于深度神经网络的建模方式正式取代 GMM–HMM（Gaussian Mixed Model–Hidden Markov Model，高斯混合模型 – 隐马尔可夫模型），成为主流的语音识别建模方式。

语音识别系统是基于语音识别技术的模式识别系统，包括预处理、特征提取、声学模型、语言模型、语音解码器等阶段。在预处理阶段，捕获语音信号并将其变为数字信号。在特征提取阶段，将数字信号转化为能够进行语音识别的特征向量。在声学模型阶段，匹配特征向量到相应的语音单元上。在语言模型阶段，根据语法规则和语言知识进行翻译操作。在语音解码阶段，对语音识别结果进行排列，并进行纠错和适当的补全操作。

语音识别流程分为训练和识别两条线路。首先需要完成声学模型与语音模型的训练。在语音实时识别过程中，语音信号经过前端信号处理、端点检测等预处理后，逐帧提取语音特征，并将所提取的特征送至解码器，在训练好的声学模型、语言模型的作用下，根据搜索算法找到最合适的路径，从而找到最合适的词串，作为识别结果输出。语音识别流程如图 6-17 所示。

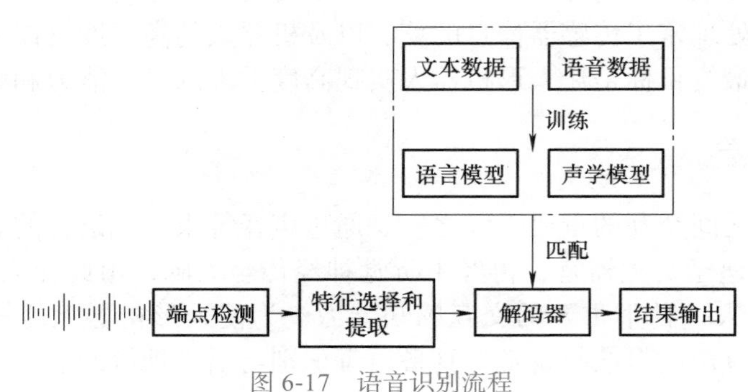

图 6-17　语音识别流程

目前，语音识别已经到了应用阶段，人与机器人交流，可以使用成熟的语音识别系统来收集人的语音指令。机器人在开发中经常使用的语音识别系统有科大讯飞语音识别工具包、百度语音识别工具包等。

2. 语言理解

在多数服务场景中，人形机器人需要按人的指令要求完成任务，如何让人形机器人听懂人类的语言，理解人类的语言表达是至关重要的。由于自然语言的多义性、上下文有关性、模糊性、非系统性和环境密切相关性等原因，自然语言处理是困难问题之一。

自然语言理解的研究大体上经历了三个时期。20 世纪 60 年代，以关键词匹配为主流，其特点是没有真正意义上的语法分析，主要依靠关键词匹配技术来识别输入句子的意义；在系统中存放了大量包含关键词的模式，每当输入一个句子，系统便查找与之匹配的模式。一旦匹配成功，系统就输出相应的解释，不考虑其他成分对句子意义的影响。20 世纪 70 年代，以句法语义分析为主流，采用句法 - 语义分析技术，如允许用普通英语和数据库对话的人机接口。20 世纪 80 年代开始走向实用化和工程化，一批商品化的自然语言人机接口系统和机器翻译系统推向了市场。

目前，自然语言理解包含以下两种基本方法：基于规则的方法和基于统计的方法。基于规则的方法是从语言学的角度出发，将一种语言使用特定的知识表达，形成一个语义知识库，让计算机可以依靠知识库来处理自然语言。常见的语义知识库有 WordNet 等。该类方法只能从固定规则的语法角度对文本进行分析。基于统计的方法则是运用数学模型从大规模语料库中学习语言规律。一般利用机器学习技术，如支持向量机（SVM）和条件随机场等，通过使用向量空间对输入的自然语言进行建模，文本中每一个词汇都会被表达为一个包含多维特征的向量。

近年来，随着深度学习的发展，以大语言模型的出现为里程碑，可以对极其庞大的数据进行学习。基于统计学习的自然语言处理模型将不仅是模仿数据的结果与规律，而是更像人类一样，能够从数据中学到深层的特征，真实地理解语言的规律。谷歌在 2017 年发布的 Transformer 是许多大语言模型的基础，如 BERT（Bidirectional Encoder Representations from Transformers）和 GPT（Generative Pre-trained Transformer）等。其中，OpenAI 推出的 GPT 使用了 Transformer 的解码器部分，专注于生成文本的能力。现如今，GPT-4 已经在全球范围内产生了巨大的影响，广泛应用于教育、医疗、客户服务等领域，大幅提升了工作效率。图 6-18 所示为基于 ChatGPT 的机器人操作实例。

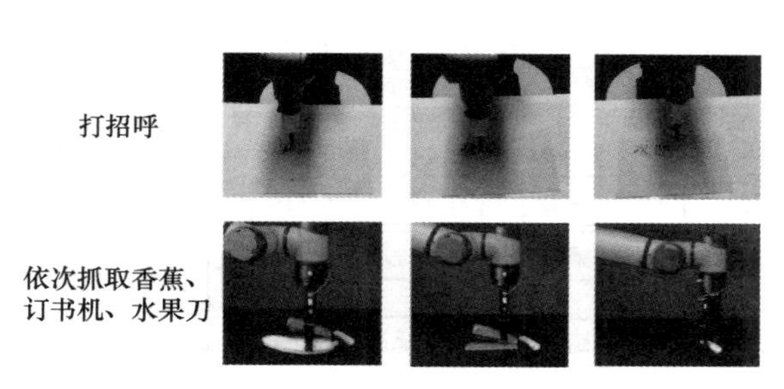

图 6-18　基于 ChatGPT 的机器人操作实例

6.4 机器人多传感器信息融合

6.4.1 多传感器信息融合的概念

机器人在各种复杂的、动态的、不确定或未知的环境中工作所依靠的技术途径主要是依靠多传感器信息融合技术。多传感器信息融合（Multi-Sensor Information Fusion，MSIF）是利用计算机技术将来自多传感器或多源的信息和数据在一定的准则下加以自动分析和综合，以完成所需要的决策和估计而进行的信息处理过程。多传感器信息融合的意义在于可以产生更可靠、准确或全面的信息。融合的多传感器系统可以更加完善、准确地反映被检测物体的特性，消除信息的不确定性，提高信息的可靠性。

多传感器信息融合技术的基本原理就像人的大脑综合处理信息的过程一样，将各种传感器进行多层次、多空间的信息互补和优化组合处理，最终产生对观测环境的一致性解释。在这个过程中要充分地利用多源数据进行合理支配与使用，而信息融合的最终目标则是基于各传感器获得的分离观测信息，通过对信息多级别、多方面组合导出更多有用信息。这不仅利用了多个传感器相互协同操作的优势，也综合处理了其他信息源的数据，以提高整个传感器系统的智能化。

6.4.2 多传感器信息融合的分类与方法

机器人多传感器信息融合可以在传感器信息处理的不同层次上进行。根据处理对象的层次不同，可以将其分为像素层融合、特征层融合以及决策层融合。

像素层融合是低级融合，如图 6-19 所示，是直接在传感器采集到的原始观测信息层上融合，其优点是能保持尽可能多的现场数据，缺点是处理信息量大、要求传感器同质、抗干扰能力差，常用于多源图像复合、同质雷达波形拼合等。

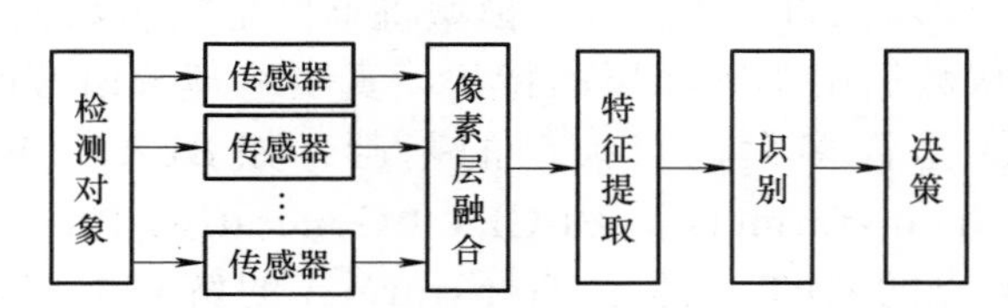

图 6-19 像素层融合

特征层融合属于中级融合，如图 6-20 所示，是需要对多个传感器信息进行特征提取，再将提取出的特征综合为一组特征向量进行融合。其优点是实现了一定程度的信息压缩，融合结果能给出决策分析所需特征，有利于实时处理。其常用的方法包括神经网络、K 近邻法、特征压缩等。

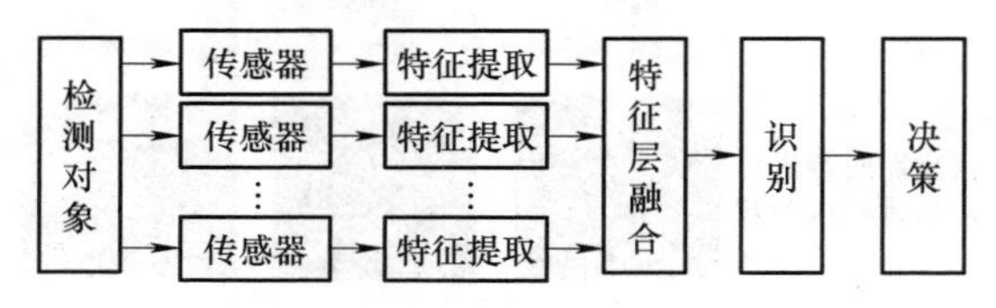

图 6-20 特征层融合

决策层融合属于高层融合，如图 6-21 所示，是指在每个传感器信息预处理与特征提取的基础上，做出初步决策判断后进行融合，以得到最终的决策结果。它直接针对具体的决策目标，融合结果直接影响决策水平。其优点是容错性强、实时性强、对传感器依赖小，缺点是信息损失量大。常用的决策层融合方法包括贝叶斯推理、专家系统方法、模糊集理论。

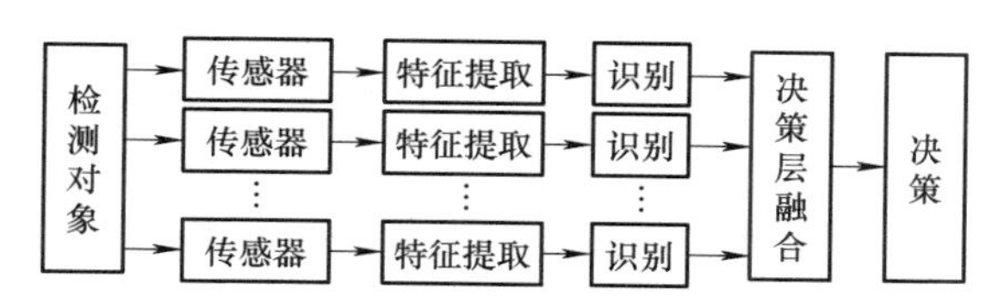

图 6-21　决策层融合

多传感器信息融合的常用方法有加权平均法、卡尔曼滤波法、多贝叶斯估计法、Dempster–Shafer（D–S）证据推理法、产生式规则法、模糊逻辑推理法、神经网络等。可以预见，神经网络和人工智能等新概念、新技术在多传感器信息融合中将起到越来越重要的作用。

（1）加权平均法　加权平均法是信号级融合方法中最简单直观的方法，是将一组传感器提供的冗余信息进行加权平均，结果作为融合值。该方法是一种直接对数据源进行操作的方法，但使用方法必须先对传感器进行分析，获得准确权值。

（2）卡尔曼滤波法　卡尔曼滤波法主要用于融合低层次实时动态多传感器冗余数据。该方法用测量模型的统计特性递推，决定统计意义下的最优融合和数据估计。可以将其理解为最小均方误差估计，根据最近一个观测数据和其估计值来估计信号的当前值。如果系统属于线性动力学模型，且系统与传感器的误差符合高斯白噪声模型，则卡尔曼滤波将为融合数据提供唯一统计意义下的最优估计。

卡尔曼滤波的递推特性使系统处理无需大量的数据存储和计算。工程实际应用中，系统模型线性程度的假设或者数据处理不稳定时，常常采用扩展卡尔曼滤波法。目前，其在移动机器人的多传感器定位等领域得到了广泛应用。

（3）多贝叶斯估计法　多贝叶斯估计法是融合静环境中多传感器高层信息的常用方法。它在假定已知相应的先验概率的前提下，将每一个传感器作为一个贝叶斯估计，把来自各传感器对某一物体的判决结合起来，即将各关联概率分布合成一个联合的后验概率分布函数，来提供多传感器信息的融合值，常用于目标识别等任务。此方法的局限性在于先验概率的获得比较困难。

（4）D–S 证据推理法　D–S 证据推理法是贝叶斯推理的扩充，它在定义识别框架、基本可信度分配、信任函数、似然函数基础上，应用 D–S 合成规则进行证据推理。D–S 证据推理法的推理结构是自上而下的，分为三级：第一级为目标合成，其作用是把来自独立传感器的观测结果合成一个总的输出结果；第二级为推断，其作用是获得传感器的观测结果并进行推断，将传感器观测结果扩展成目标报告；第三级为更新，各传感器一般都存在随机误差，因此在时间上充分、独立地来自同一传感器的一组连续报告比任何单一报告更加可靠，所以在推理和进行多传感器合成之前，要先组合（更新）传感器的观测数据。

（5）产生式规则法　产生式规则法采用符号表示目标特征和相应传感器信息之间的联系，用与每一个规则相联系的置信因子表示它的不确定性程度。当在同一个逻辑推理过程中，两个或多个规则形成一个联合规则时，可以产生融合。应用产生式规则法进行融合的主要问题是每个规则置信因子的定义与系统中其他规则的置信因子相关。如果系统中引入新的传感器，则需要加入相应的附加规则。

（6）模糊逻辑推理法　模糊逻辑是多值逻辑，通过指定一个 0 ～ 1 的实数表示真实度（相当于隐含算子的前提），允许将多个传感器信息融合过程中的不确定性直接表示在推理过程中。如果采用某种系统化的方法对融合过程中的不确定性进行推理建模，则可以产生一致性模糊推理。

与概率统计方法相比，逻辑推理存在许多优点，在一定程度上克服了概率论所面临的问题，对信息的表示和处理更加接近人类的思维方式，一般比较适合于在高层次上的应用（如决策）。但是逻辑推理本身还不够成熟和系统化。此外，由于逻辑推理对信息的描述存在很多的主观因素，所以信息的表示和处理缺乏客观性。

模糊集合理论对于数据融合的实际价值在于它外延到模糊逻辑。模糊逻辑是一种多值逻辑，隶属度可视为一个数据真值的不精确表示。在应用过程中，存在的不确定性可以直接用模糊逻辑表示，然后使用多值逻辑推理，根据模糊集合理论的各种演算对命题进行合并，进而实现数据融合。

（7）神经网络法　神经网络具有很强的容错性以及自学习、自组织及自适应能力，能够模拟复杂的非线性映射。神经网络的这些特性和强大的非线性处理能力，恰好满足多传感器信息融合技术处理的要求。在多传感器系统中，各信息源所提供的环境信息都具有一定程度的不确定性，对这些不确定信息的融合过程实际上是一个不确定性推理过程。神经网络根据当前系统所接受的样本相似性确定分类标准，这种确定方法主要表现在网络的权值分布上，同时可以采用学习算法来获取知识，得到不确定性推理机制。利用神经网络的信号处理能力和自动推理功能，即实现了多传感器信息融合。

6.4.3　多传感器信息融合的典型应用

机器人工作在动态、不确定与非结构化的环境中，这些高度不确定的环境要求机器人具有高度的自治能力和对环境的感知能力，而多传感器信息融合技术正是提高机器人系统感知能力的有效方法。采用单个传感器的机器人不具有完整、可靠地感知外部环境的能力。智能机器人应采用多个传感器，并利用这些传感器的冗余和互补的特性来获得机器人外部环境动态变化的、比较完整的信息，并对外部环境变化做出实时响应。由此，当机器人在非结构化环境中工作时，其核心任务之一就是多传感器信息融合。以下是多传感器信息融合的典型应用实例：基于贝叶斯推理的视觉与触觉信息融合。

视觉传感器是依据物体形状、颜色、尺寸等外观特征识别物体类别的，触觉传感器可以依据物体表面材质、软硬度等特征属性分辨物体。基于贝叶斯推理方法将视觉与触觉信息进行融合，来实现机器人准确识别物体，其具体应用过程如下：

首先将多传感器提供的各种不确定性信息表示成概率，并利用概率论中的贝叶斯条件概率对它们进行处理。设 $A_1, A_2, \cdots, A_m$ 为系统可能的决策，它们为样本空间 S 的一个划分，即满足

1）$A_i \cap A_j = \varnothing \ (i \neq j)$，有 m 个互不相容的事件。

2）$A_1 \cup A_2 \cup \cdots \cup A_m = S$，必然会发生一个。

3）$P(A_i) > 0 (i=1,2,\cdots,m)$，　$\sum_{i=1}^{m} P(A_i) = 1$。

设利用一传感器对 A 事件的发生进行检测，检测结果为 B，则 A 为真值，B 为测量值。此时贝叶斯推理的先验知识为

$P(A_1), P(A_2), \cdots, P(A_m)$ 表示事件 $A_1, A_2, \cdots, A_m$ 发生的概率，这是试验前的知识，称为“先验知识”。

由于一次检验结果 B 的出现，改变了对事件 $A_1, A_2, \cdots, A_m$ 发生情况的认识，这是试验后的知识，称为“后验知识”。检验后事件 $A_1, A_2, \cdots, A_m$ 发生的概率表现为后验概率，即

$$P(A_1 \mid B), P(A_2 \mid B), \cdots, P(A_m \mid B)$$

式中，$P(A_i \mid B) \geqslant 0$; $\sum P(A_i \mid B) = 1$。若能获得各先验概率 $P(A_i)$ 和条件概率 $P(B \mid A_i)$，利用贝叶斯条件概率公式，根据传感器的观测，将先验概率 $P(A_i)$ 更新为后验概率 $P(A_i \mid B)$，即

$$P(A_i \mid B) = \frac{P(A_i B)}{P(B)} = \frac{P(B \mid A_i) P(A_i)}{\sum_{j=1}^{m} P(B \mid A_j) P(A_j)} \tag{6-10}$$

当系统有两个传感器对其进行观测时，若传感器 1 观测结果为 B，传感器 2 观测结果为 C，$P(C \mid A_i)$ $(i=1,\cdots,m)$，则条件概率公式可表示为

$$P(A_i \mid B \wedge C) = \frac{P(B \wedge \mathrm{C} \mid A_i) P(A_i)}{\sum_{j=1}^{m} P(B \wedge \mathrm{C} \mid A_j) P(A_j)} \tag{6-11}$$

式中，$P(B \wedge \mathrm{C} \mid A_i)(i=1,\cdots,m)$ 是 B 和 C 同时发生的先验条件概率。

假设 A、B 和 C 之间是相互独立的，即

$$P(B \wedge \mathrm{C} \mid A_i) = P(B \mid A_i) P(\mathrm{C} \mid A_i) \tag{6-12}$$

由此，针对两个传感器，基于贝叶斯推理的决策层融合公式为

$$P(A_i \mid B \wedge C) = \frac{P(B \mid A_i) P(C \mid A_i) P(A_i)}{\sum_{j=1}^{m} P(B \mid A_j) P(C \mid A_j) P(A_j)} \tag{6-13}$$

如果是多传感器融合，则

$$P(A_i \mid B_1 \wedge B_2 \wedge \cdots B_n) = \frac{\prod_{k=1}^{n} P(B_k \mid A_i) P(A_i)}{\sum_{j=1}^{m} \prod_{k=1}^{n} P(B_k \mid A_j) P(A_j)} (i=1,\cdots,m) \tag{6-14}$$

综上所述，贝叶斯估计是检验过程中对先验知识向后验知识不断修正的过程。基于决策层贝叶斯融合的实现过程可以总结为以下 4 个步骤：

1）获得每个传感器单元输出的目标识别结果。

2）计算每个传感器单元对不同目标的识别结果的不确定性。

3）计算目标识别的融合概率。

4）进行目标识别决策（判据），寻找极大似然估计（根据各传感器检测的综合决策，判断最有可能的识别结果）。

在具体视触觉信息融合时，首先通过视觉深度神经网络从颜色、形状角度识别物体类别，然后用触觉抓取的方式从物体材质角度识别物体类别，将两种传感器的识别结果通过贝叶斯决策层融合，最终根据融合结果判断物体类别。

思考题与习题

1. 机器人的传感器分为哪两大类？每类中主要包含哪些传感器？请列举几种。
2. 绝对式编码器与增量式编码器的区别是什么？
3. IMU 模块可以检测哪些量？人形机器人 IMU 模块的作用是什么？
4. 电阻式触觉传感器、压电式触觉传感器、电容式触觉传感器的工作原理分别是什么？
5. 基于视觉的机器人抓取系统中视觉感知可以检测或估计哪些量？
6. 简述语音识别的一般流程。
7. 多传感器信息融合按处理的对象层次不同可以分为哪三类？它们分别有哪些优缺点？
8. 根据本章知识讨论几种传感器的信息融合方式、方法。

第 7 章　人形机器人视觉感知技术

导读

本章从视觉感知技术对提高人形机器人智能化的作用出发，首先从视觉感知技术原理中常见的二维和三维数据模态进行讲解分析；进一步，引入基本的视觉感知任务，包括目标检测与识别、目标追踪、物体姿态估计任务，并介绍了每个任务解决思路与经典算法；最后，在机器人智能化发展的背景下，简要介绍了视觉感知技术在各领域中的实际应用场景。

本章知识点

- 二维图像处理的基本知识
- 目标检测与识别
- 目标追踪与状态估计
- 三维点云处理的基本知识
- 物体姿态估计
- 人脸检测与识别及表情识别
- 行为识别与预测
- 环境感知与场景理解

7.1　概述

人形机器人需要准确地感知周围环境中的物体、人和场景等信息，以便进行正确的导航、避障和交互。视觉感知技术能够以高维度的方式感知环境，通过深度学习模型提取图像特征，使机器人能够感知和理解视觉输入，从而做出相应的决策和行为。在视觉感知技术的帮助下，人形机器人实现复杂任务成为可能。如图 7-1 所示，人形机器人可

图 7-1　人形机器人操作厨具

以操作厨具制作食物，并能像人类一样通过颠勺使三明治翻面。

人形机器人视觉感知技术结合了二维视觉感知技术和三维视觉感知技术，为人形机器人提供了全面的环境理解能力。这两种视觉感知技术，在功能和应用上各有优势，协同工作能够实现更高效和精确的感知。二维视觉感知技术在物体识别、文字识别、颜色和纹理分析等方面具有显著作用，其优势在于成本低、处理速度快，但其局限性在于缺乏深度信息，难以准确估计物体的距离和三维形状；三维视觉感知技术在深度感知、空间建模、姿态估计等方面具有显著作用，其优势在于提供丰富的空间信息，但其成本较高、数据处理复杂、计算资源需求较大。在人形机器人感知系统中，二维视觉感知技术和三维视觉感知技术通常协同工作、互相补充，从而实现更加全面的环境感知能力，两者的结合使人形机器人具备了更精准的环境理解能力，推动了机器人智能化水平的不断提升。

通过深度学习模型和算法，视觉感知技术可以使机器人像人类一样通过视觉输入获取丰富的信息，这对于实现智能化、自主化的人机交互至关重要。视觉感知技术赋予了机器人感知和理解场景信息的能力，使机器人能够感知环境、识别对象、理解情感并与人类进行自然的交互。随着技术的不断发展，人形机器人的视觉感知能力将会进一步提升，从而为人类社会带来更多应用和机遇。

7.2 二维视觉感知技术

二维视觉感知是计算机视觉领域的重要分支，旨在从二维图像中提取和理解视觉信息，涵盖图像处理、特征提取、目标检测与识别、图像分割和姿态估计等核心任务。二维视觉感知技术，结合图像预处理和图像增强技术，利用卷积神经网络等深度学习方法提取低级和高级特征，从而实现对目标对象的精确检测与识别。图像分割技术将图像划分为具有语义意义的区域或实例，而姿态估计则通过检测关键点来分析人体或物体的姿态。二维视觉感知技术在自动驾驶、医疗影像分析、安防监控、人机交互和虚拟现实等领域有着广泛应用。随着深度学习和人工智能技术的不断进步，二维视觉感知技术正变得越来越智能和高效，可以为各行各业带来变革和创新。

7.2.1 二维图像

图像（image）是计算机视觉领域最常见的数据模态。对于深度学习算法，图像的表示方式对于模型的性能至关重要。深度神经网络，特别是卷积神经网络（Convolutional Neural Network，CNN），通过层层处理和转换，从原始像素值中提取出丰富的特征表示。常见的图像数据包括彩色图像、深度图像以及灰度图像。

彩色图像（color image）通常使用RGB（红、绿、蓝）三通道表示，每个通道都是一个二维矩阵。在深度学习模型中，彩色图像表示为一个三维张量（tensor），即

$$\textbf{Color Image} = [R \quad G \quad B]$$

其中，每个颜色通道是形状为 $(H,W,3)$ 的张量，而 H 和 W 分别代表图像高度和宽度。

灰度图像（gray image）使用二维矩阵表示，矩阵中的每个元素对应一个像素的灰度值，通常范围是 0 ～ 255。在深度学习模型中，灰度图像的表示示例为

$$\textbf{Gray Image}=\begin{bmatrix}12 & 34 & 56 & \cdots\\ 78 & 90 & 123 & \cdots\\ \vdots & \vdots & \vdots & \end{bmatrix}$$

深度图像（depth image）是一种特殊类型的图像，不仅包含二维平面上的信息（如常规的 RGB 彩色图像），还包含每个像素点到摄像头的距离信息。这种距离信息被称为深度信息，通常以灰度值或伪彩色表示，每个像素的值表示该点到摄像头的距离。深度图像可以表示为一个二维矩阵（深度图），其中每个元素包含一个深度值。例如，在深度学习模型中，一个八位的灰度深度图像可以表示为

$$\textbf{Depth Image}=\begin{bmatrix}10 & 20 & 30 & \cdots\\ 40 & 50 & 60 & \cdots\\ \vdots & \vdots & \vdots & \end{bmatrix}$$

其中，较小的数值表示较近的距离，较大的数值表示较远的距离。

7.2.2　二维图像处理技术基础

1. 图像增强与预处理

在计算机视觉和深度学习中，图像增强和预处理是至关重要的步骤。它们有助于提升模型的性能，提高训练速度，减少过拟合，以及增强模型的泛化能力。在深度学习中，数据增强和预处理被广泛应用于图像分类、目标检测、图像分割等任务中。它们可以帮助模型更好地泛化，并对抗数据集中的变动和噪声。

图像增强（image augmentation）通过对原始图像进行各种变换，生成新的训练样本，增加数据集的多样性。常见的图像增强方法包括翻转（flipping）、旋转（rotation）、缩放（scaling）、平移（translation）、裁剪（cropping）、颜色变换（color jittering）以及向图像中添加高斯噪声或椒盐噪声。

图像预处理（image preprocessing）包括一系列操作，其目的是使图像适合模型的输入要求，并提高模型的训练效果。常见的图像预处理方法包括尺寸调整（resizing）、归一化（normalization）等。

2. 图像特征提取

在过去的几十年里，神经网络在计算机视觉领域取得了巨大成功，它们已经成为理解和处理图像数据的核心工具。从自动驾驶到医疗影像分析，神经网络在许多应用中扮演着关键角色，对输入图像进行分析并提取关键特征。如图 7-2 所示，神经网络对输入的手写数字进行识别并输出结果。

首先，图像本质上是一个由像素（pixel）组成的矩阵，每个像素包含一个或多个数值，表示其颜色和亮度。例如，一张灰度图像可以被表示为一个二维矩阵，其中每个元素是一个介于 0 ～ 255 的数值，表示像素的灰度值。彩色图像则由三个这样的矩阵组成，分别对应红色、绿色和蓝色通道（RGB）。

CNN 是处理图像数据的主要工具，其基本结构包括以下几层：

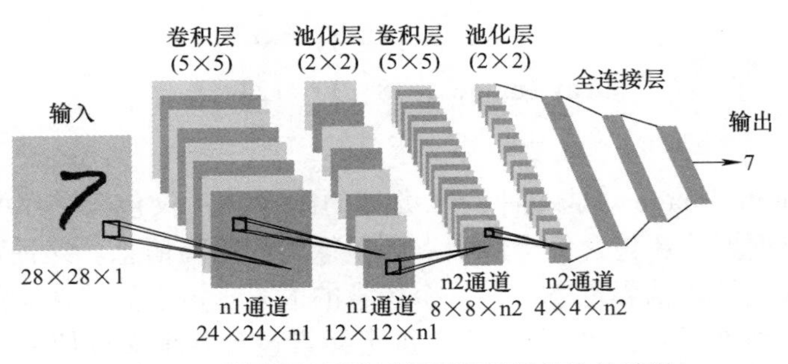

图 7-2　利用神经网络进行图像特征提取的过程

1）卷积层（convolutional layer），通过卷积操作提取图像中的局部特征。卷积操作使用一组称为滤波器（或卷积核）的权重矩阵在图像上滑动，生成特征图。

2）激活函数（activation function）。常用的激活函数是线性整流（Rectified Linear Unit，ReLU）函数。它将卷积层的线性输出转换为非线性。这一步引入了非线性特性，使得网络能够拟合复杂的函数。

3）池化层（pooling layer），通过下采样操作减少特征图的尺寸，同时保留重要信息。常见的操作有最大池化（max pooling）和平均池化（average pooling）。

4）全连接层（fully connected layer）。通常应用于网络的最后几层，特征图被展平并连接到全连接层，用于生成最终的输出。

其中，卷积操作是神经网络理解图像内容的核心，它通过在输入图像上滑动滤波器来提取局部特征。每个滤波器在滑动过程中与输入图像的局部区域进行点积运算，生成一个特征图，通常表现为一个三维张量，即

$$\boldsymbol{Feature\ Map} = \left[Filter1 \quad Filter2 \quad \cdots \quad Filter\ N \right] \tag{7-1}$$

式中，N是滤波器数量，每个滤波器对应一个特征图。多个滤波器可以提取不同的特征，如边缘、纹理和形状。

CNN 通过层层卷积和池化操作，逐步提取和组合图像的特征。在较低的层次，网络提取的是一些简单的特征，如边缘和角点；在较高的层次，网络逐渐学会识别更复杂的模式和对象，如物体种类和目标位置。这种逐层提取和组合特征的过程类似人类视觉系统的工作机制，人类也是通过从低级特征到高级特征逐渐理解图像内容的。

3. 常见二维视觉任务

图像分类（image classification）任务的目标是将输入图像分配到预定义的类别中。图像分类任务是计算机视觉基本的任务之一，广泛应用于包括物体识别、人脸识别和场景分类等领域。常见的图像分类数据集包括 CIFAR-10、ImageNet。

目标检测（object detection）不仅需要识别图像中的物体类别，还需要确定物体在图像中的位置。常见的目标检测算法包括区域卷积神经网络（Region-based Convolutional Neural Network，R-CNN）、只浏览一次（You Only Look Once，YOLO）和单次多框检测器（Single Shot Multi-box Detector，SSD）算法。另外，COCO 数据集是常见的用于目标检测任务的数据集。

图像分割（image segmentation）任务的目标是将图像中的每个像素分配到一个类

别。根据任务的不同，图像分割可以分为语义分割（semantic segmentation）和实例分割（instance segmentation）。前者将每个像素标注为一个类别，但不区分同类物体的不同实例（如所有的汽车都属于汽车类）。后者不仅标注每个像素的类别，还区分同类物体的不同实例。

图像生成（image generation）任务旨在从噪声或其他输入中生成新的图像。常见的方法包括生成对抗网络（GAN）和变分自编码器（VAE）。例如，深度卷积生成对抗网络（Deep Convolutional GAN，DCGAN）、基于样式的生成对抗网络（StyleGAN）均可以生成高质量的图像。

关键点检测（keypoint detection）任务的目标是识别图像中物体的特定关键点。常见的应用包括人脸识别中的面部关键点检测和人体姿态估计。常见的关键点检测数据集包括 COCO Keypoints、MPII Human Pose 等。其中，关键点辅助图像生成的方法成为图像生成领域的重要分支。人体关键点检测与图像生成实例如图 7-3 所示。

图 7-3　人体关键点检测与图像生成实例

7.2.3　目标检测与识别

目标检测与识别是计算机视觉的核心任务，旨在从图像或视频中自动识别并定位特定的对象。目标检测负责确定图像中对象的存在位置，并用边界框进行标注，目标识别则进一步对这些检测到的对象进行分类，确定其具体类别。现代目标检测与识别技术广泛应用于自动驾驶、安防监控、人脸识别、医疗影像分析等领域，其核心算法通常基于深度学习，特别是 CNN 和 R-CNN 等模型。这些技术的不断发展，极大地提升了计算机对视觉信息的理解和处理能力。

1. 目标分类算法简介

目标分类（object classification）是计算机视觉领域的一个基本任务，旨在将图像中的物体分类为不同的预定义类别，其应用实例如图 7-4 所示。在目标分类任务中，计算机系统需要通过学习从训练数据中提取有效特征来区分和识别不同的目标类别，包括人、动物、车辆等。目标分类已经成功应用于现实场景，包括物体识别、图像搜索和自动驾驶等。它在实现智能监控系统、自动化生产、安全检测和图像理解等方面发挥着重要作用。

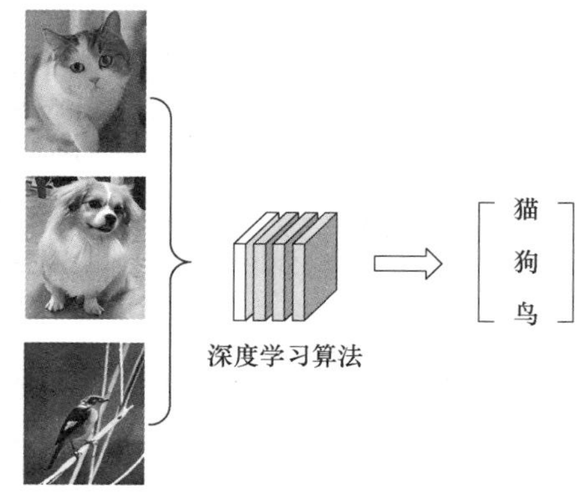

图 7-4　目标分类应用实例

目标分类任务所面临的主要挑战之一是提取有区分性的特征，以便有效地对不同的目标进行分类。为了解决这个问题，研究人员开发了各种基于深度学习的方法，传统方法主要依赖于手工设计的特征提取器和分类器，如 SIFT、HOG 和 SVM 等。随着深度学习的兴起，基于深度神经网络的方法（如 CNN 和 Transformer 网络）在目标分类任务中取得了显著的突破。

基于深度学习的目标分类算法在实际应用中需要考虑包括处理复杂背景、遮挡、尺度变化和光照变化等问题，以及如何在小样本和零样本的情况下进行有效分类。同时，随着深度学习的不断发展，迁移学习、对比学习、GAN 以及扩散模型等新的深度模型框架成功应用，目标分类的性能和泛化能力有望进一步提升，以满足不断增长的实际应用需求。

2. 目标检测算法简介

目标检测（object detection）是计算机视觉领域的基本任务，旨在识别和定位输入图像或视频中的特定目标对象。与目标分类不同，目标检测不仅需要确定目标所属的类别，还需要标记出目标在图像中的位置（边界框），其应用实例如图 7-5 所示。

图 7-5　目标检测的应用实例

目标检测在现实中具有广泛的应用，包括智能监控、自动驾驶、人脸识别、物体跟踪等。在智能监控中，目标检测算法可以帮助系统自动识别和跟踪特定的对象或行为，如行人、车辆及其异常活动。在自动驾驶中，目标检测可以用于识别道路上的交通标志、行人、车辆和障碍物，以支持车辆的感知和决策。在人脸识别中，目标检测可以帮助系统准确地定位和识别人脸特征区域，从而实现人脸识别和身份验证。

传统的目标检测算法主要基于手工设计的特征和分类器，如 Haar 特征和级联分类器。随着深度学习的兴起，基于深度神经网络的目标检测算法取得了显著的突破，特别是基于 CNN 的算法，如 Faster R-CNN、YOLO 和 SSD 等。这些算法通过在网络中引入专门的检测头和区域建议网络，实现准确和高效的目标检测。

在现实应用中，目标检测仍然面临目标过小、遮挡、尺度变化和复杂背景等问题。此外，随着计算机视觉应用的广泛发展，视频目标检测、实例分割和跨域目标检测等问题也逐渐引起了研究人员的关注。

3. 目标检测算法分类

如图 7-6 所示，目标检测算法根据时间先后可分为传统检测方法（traditional detection methods）和基于深度学习的检测方法（deep learning based methods）。传统检测方法主要基于手工设计的特征和分类器。其中，常用的特征提取方法包括哈尔（Haar）

特征、方向梯度直方图（Histogram of Oriented Gradients，HOG）特征和尺度不变特征变换（Scale-Invariant Feature Transform，SIFT）等。这些特征提取方法能够捕获图像中的局部纹理、边缘和形状等信息。然后，使用分类器（如 SVM、Adaboost 等）对提取的特征进行分类，以实现目标的检测和识别。

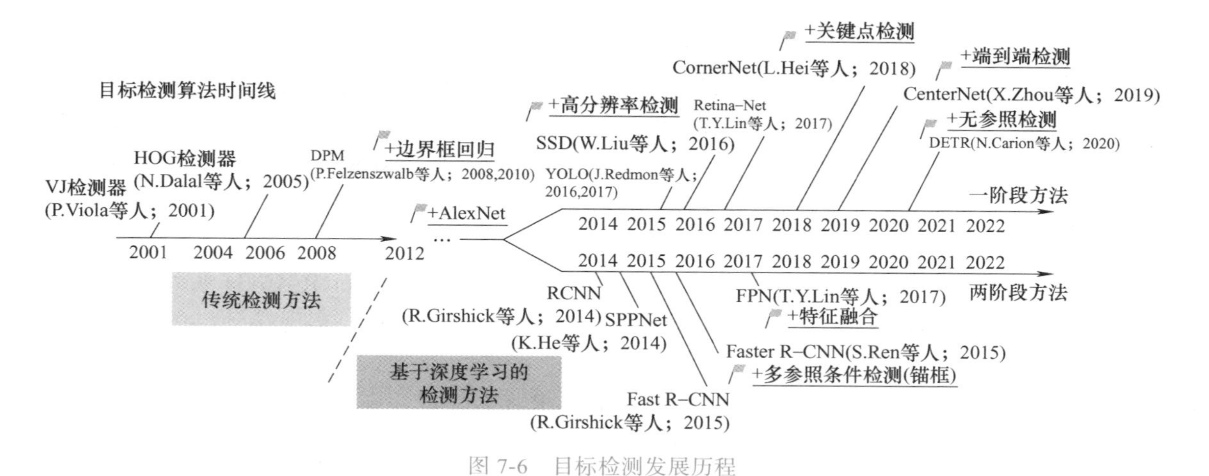

图 7-6 目标检测发展历程

基于深度学习的方法在目标检测任务中取得了重大突破。它通过深度神经网络来学习提取关键的特征信息，从而实现更准确和鲁棒的目标检测。按照实现方法可以将该类方法分为两种范式：一阶段检测器（one-stage detector）和二阶段检测器（two-stage detector）。

一阶段检测器直接通过一个深度神经网络同时进行目标检测和分类。常用的一阶段检测器包括 YOLO 系列、SSD、Retina-Net 和 DETR 等。这些方法通过在网络的最后一层引入分类头和回归头，以实现同时预测目标的类别和边界框。一阶段检测器具有较快的检测速度和较好的实时性能，适用于需要快速处理大量目标的场景。

二阶段检测器将目标检测任务分为两个阶段：区域提取和目标分类。常用的二阶段检测器包括 R-CNN、SPPNet、Faster R-CNN 和 Mask R-CNN 等。首先，二阶段检测器通过一个基础的骨干网络提取图像特征；然后，通过区域提取网络（如区域提议网络）生成候选目标区域，并对这些候选区域进行精细的目标分类和边界框回归。二阶段检测器在准确性方面通常具有较好的表现，适用于对目标位置要求精细的任务。

4. 经典算法

R-CNN 算法是一种经典的目标检测算法，极大地推动了目标检测领域的发展。如图 7-7 所示，R-CNN 算法结合了区域提议（region proposal）方法和 CNN 的强大特征提取能力，其主要流程包括区域提议、特征提取以及最后的分类及边界框回归。

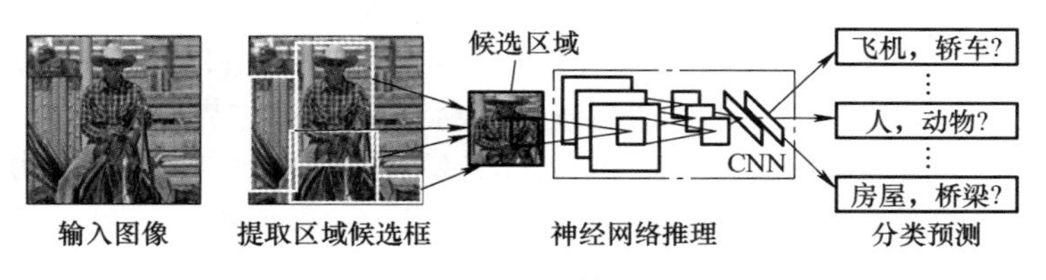

图 7-7 R-CNN 算法流程

首先，R-CNN 使用选择性搜索（selective search）方法在图像中生成大约 2000 个候选区域，这些区域可能包含目标对象。然后，将每个候选区域缩放到固定大小，并通过预训练的 CNN（如 AlexNet）提取特征。这一过程将每个区域表示为一个高维特征向量。接下来，使用支持向量机（SVM）对提取的特征进行分类，以确定每个候选区域的类别。同时，应用边界框回归技术，对检测到的对象的边界框进行精细调整，以提高定位的准确性。

R-CNN 的创新之处在于有效地结合了区域提议和深度学习特征提取，显著提升了目标检测的精度。然而，R-CNN 也存在计算效率低下的问题，因为每个候选区域都需要单独通过 CNN 进行处理。为了解决这一问题，后续改进版本 Fast R-CNN 和 Faster R-CNN 通过共享卷积计算和集成区域提议网络（Region Proposal Network，RPN）进一步提升了检测速度和性能。

Faster R-CNN 系列算法是两阶段目标检测算法的基础。Faster R-CNN 系列算法的核心思想是通过引入 RPN 取代选择性搜索算法（selective search），实现端到端的目标定位和分类。

Faster R-CNN 系列算法后续发展出了 Mask R-CNN 等一系列改进版本。如图 7-8 所示，Faster R-CNN 系列算法采用两阶段检测器的设计，将目标检测任务分为两个阶段：区域提取和目标分类。在第一阶段，通过 RPN 生成候选目标区域（candidate proposals），这些候选区域包含了可能包含目标的图像区域。在第二阶段，候选区域被送入分类网络进行目标的分类和精确边界框回归。其中，RPN 是 Faster R-CNN 系列算法的关键组件之一。RPN 是一个专门用于生成候选目标区域的神经网络。它通过滑动窗口在不同位置和尺度上生成候选框，并对这些候选框进行二分类（目标或是非目标）和边界框调整。RPN 通过与分类网络共享特征提取器，实现了高效的目标区域生成。

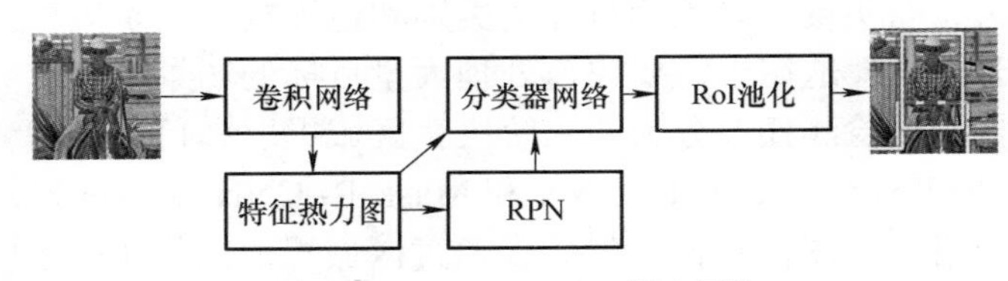

图 7-8　Faster R-CNN 算法架构

除此之外，Faster R-CNN 系列算法在目标检测任务中采用了多任务学习的策略。除了目标分类和边界框回归，一些改进版本还引入了像素级分割任务，如 Mask R-CNN，这使得算法能够同时实现目标定位、分类和分割等不同任务。

7.2.4　YOLO 系列算法

YOLO 系列算法是一种基于深度学习的目标检测算法，凭借较高的检测速度和较好的准确性而受到广泛关注。YOLO 系列算法的核心思想是将目标检测任务转化为一个回归问题，通过单次前向推理直接在图像上预测目标的类别和边界框。

2024 年 5 月，YOLO 系列算法已经发布了第 10 个版本（YOLOv10）。YOLO 框架采用单阶段检测，将目标检测任务作为一个整体任务来处理，通过一个深度神经网络（DNN）直接在整个图像上进行预测，实现了端到端的目标检测，避免了传统两阶段检测器的复杂流程。由于采用了单阶段检测的设计，YOLO 系列算法具有较大的检测速度。它们能够在实时视频中处理高帧率的图像，并保持较低的延迟，适用于实时性要求较高的应用场景。

YOLO 网络架构包括输入层、卷积层、全连接层以及输出层。其算法架构如图 7-9 所示。YOLO 算法使用一系列的卷积层和最大池化层来提取图像特征。这些卷积层通过卷积核（滤波器）来学习图像中的边缘、纹理、形状等信息。每个卷积层通常后接批归一化层和激活函数层（如 Leaky ReLU）。卷积层的输出经过展平（flatten）后，进入全连接层。全连接层将提取的特征映射到一个包含目标边界框和类别概率的输出向量。输出层是一个 $S \times S \times (B*5+C)$ 的张量。其中，S 是网格的尺寸（如 7×7），B 是每个网格单元预测的边界框数量（如 2），C 是类别数。每个网格单元预测 B 个边界框，包含每个框的 4 个坐标值（x，y，w，h）和一个置信度分数（confidence score），以及 C 个类别概率。其中，置信度分数的计算公式为

$$C = Pr(\text{obj}) * IoU_{\text{truth}}^{\text{pred}} \tag{7-2}$$

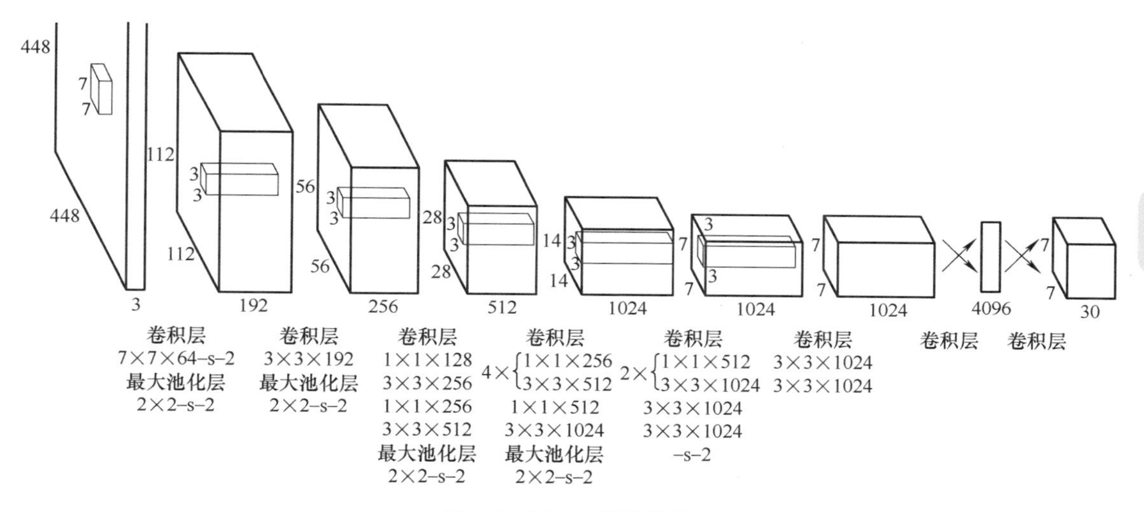

图 7-9　YOLO 算法架构

如图 7-10 所示，交并比（Intersection over Union，IoU）反映两个检测框的重叠程度。$IoU_{\text{truth}}^{\text{pred}}$ 即预测的检测框与真值标签的交并比。$Pr(\text{obj})$ 代表一个检测网格中存在物体的概率，存在物体的时候为 1，没有物体的时候为 0。

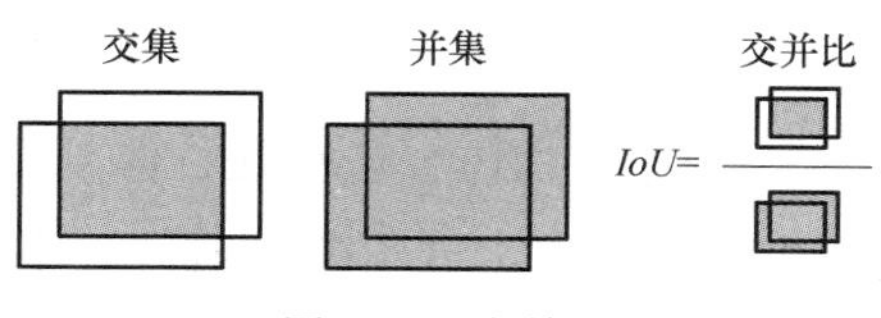

图 7-10　交并比

YOLO 算法的工作原理包括图像分块、边界框预测、类别预测以及非极大值抑制过程，如图 7-11 所示。首先输入图像被划分为 $S \times S$ 的网格。例如，若使用 7×7 的网格，则

图像被分成 49 个小块。每个网格单元预测 B 个边界框和这些框的置信度分数。其中，置信度反映了该边界框内是否包含物体及边界框的确定性程度。每个边界框对应 4 个值，包括中心点坐标（x，y）、宽度（w）、高度（h）和置信度分数。每个网格单元还预测 C 个类别概率，这些类别概率表示该网格单元包含各类别物体的概率。将置信度分数和类别概率结合起来，用于确定每个边界框的最终类别和置信度。例如，若某个边界框的置信度为 0.8，而类别概率中“狗”这一类的概率为 0.7，则该边界框包含“狗”的最终置信度为 $0.8\times0.7=0.56$。为了减少重复检测，YOLO 算法通过非极大值抑制（NMS）来移除冗余的边界框，只保留置信度最高的检测框和预测结果。

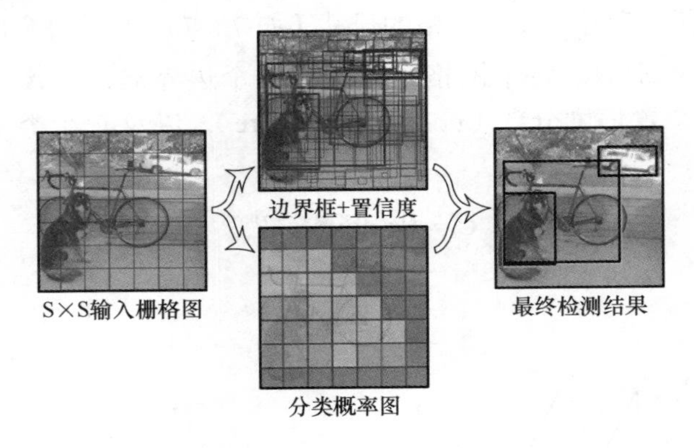

图 7-11　YOLO 算法工作原理

YOLOv1 在训练过程中采用以下损失函数，即

$$
\begin{aligned}
\mathcal{L}_{\text{loss}} = {} & \lambda_{\text{coord}}\sum_{i=0}^{S^2}\sum_{j=0}^{B}\mathbb{1}_{ij}^{\text{obj}}\left[(x_i-\hat{x}_i)^2+(y_i-\hat{y}_i)^2\right]+ \\
& \lambda_{\text{coord}}\sum_{i=0}^{S^2}\sum_{j=0}^{B}\mathbb{1}_{ij}^{\text{obj}}\left[\left(\sqrt{w_i}-\sqrt{\hat{w}_i}\right)^2+\left(\sqrt{h_i}-\sqrt{\hat{h}_i}\right)^2\right]+ \\
& \sum_{i=0}^{S^2}\sum_{j=0}^{B}\mathbb{1}_{ij}^{\text{obj}}(C_i-\hat{C}_i)^2+ \\
& \lambda_{\text{noobj}}\sum_{i=0}^{S^2}\sum_{j=0}^{B}\mathbb{1}_{ij}^{\text{noobj}}(C_i-\hat{C}_i)^2+ \\
& \sum_{i=0}^{S^2}\mathbb{1}_{i}^{\text{obj}}\sum_{c\in\text{classes}}\left[p_i(c)-\hat{p}_i(c)\right]^2
\end{aligned}
\tag{7-3}
$$

式中，$\mathbb{1}_{ij}^{\text{obj}}$ 用来表示检测网格内是否存在物体，若存在物体则$\mathbb{1}_{ij}^{\text{obj}}=1$，反之 $\mathbb{1}_{ij}^{\text{obj}}=0$。$\mathbb{1}_{ij}^{\text{noobj}}$ 与 $\mathbb{1}_{ij}^{\text{obj}}$ 相反，若存在物体则$\mathbb{1}_{ij}^{\text{noobj}}=0$，反之$\mathbb{1}_{ij}^{\text{noobj}}=1$。第一项代表中心坐标的均方误差 MSE_{loss}，第二项对于高和宽利用了均方误差，增强模型对小尺度物体的敏感程度。其他三项误差均采用了 MSE_{loss}，并且采用超参数 λ 来权衡训练中各项损失所占比重。

YOLO 算法有多个版本，每个版本在架构和性能上都有改进。YOLOv1 作为 YOLO

系列的最初版本，使用 24 层卷积网络，最后由两个全连接层输出预测结果。YOLOv2 引入了批量归一化和锚框（anchor boxes），并允许更高的分辨率输入。YOLOv3 改进了网络架构，采用了更深的骨干网络 DarkNet-53，同时采用了多尺度特征融合的策略。通过在网络中引入不同尺度的特征层，并利用特征金字塔结构来融合不同层次的语义信息，能够有效地检测各种尺度的目标。YOLOv4 进一步优化了检测精度和速度，使用了 CSP Darknet-53 作为骨干网络，并引入了其他的检测优化技术。YOLOv5 虽然并非官方发布，但成为工程和实际应用中使用次数最多的 YOLO 算法，具有更高效的检测性能和效率。除此之外，YOLO 系列算法通过不断改进网络结构和模型设计，如增加网络深度、使用更强大的特征提取器和采用更准确的预测策略，取得了更高的检测精度。

YOLO 常用评价指标包括准确率（accuracy）、精度（precision）、召回率（recall）以及根据后两个指标算出的平均精度均值（mean Average Precision，mAP）。准确率虽然不常用于评价目标检测任务，但在某些情况下可以作为辅助指标。准确率的计算公式为

$$\text{准确率}=\frac{\text{真阳性样本数量}+\text{真阴性样本数量}}{\text{全部样本数量}} \tag{7-4}$$

mAP 是目标检测中最常用的评价指标，用于衡量检测算法在多个类别上的综合性能。对于每一类目标，通过计算不同召回率下的精度并取平均值得到平均精度（AP）。对所有类别的 AP 值求平均，即得到 mAP。其中，精度和召回率的计算公式为

$$\text{精度}=\frac{\text{真阳性样本数量}}{\text{真阳性样本数量}+\text{假阳性样本数量}} \tag{7-5}$$

$$\text{召回率}=\frac{\text{真阳性样本数量}}{\text{真阳性样本数量}+\text{假阴性样本数量}} \tag{7-6}$$

7.2.5　目标追踪与状态估计

1. 目标追踪算法简介

目标追踪（object tracking）旨在从给定的视频序列中，根据初始帧中目标的位置或边界框，连续追踪目标对象在后续帧中的位置和状态。目标追踪任务示例，如图 7-12 所示。算法需要通过分析目标的外观、形状和运动特征，结合环境背景的变化，实现目标位置的准确估计和跟踪。目标追踪任务可以分为单目标追踪（Single-Object Tracking，SOT）和多目标追踪（Multi-Object Tracking，MOT）两种形式，具体取决于追踪的对象数量。

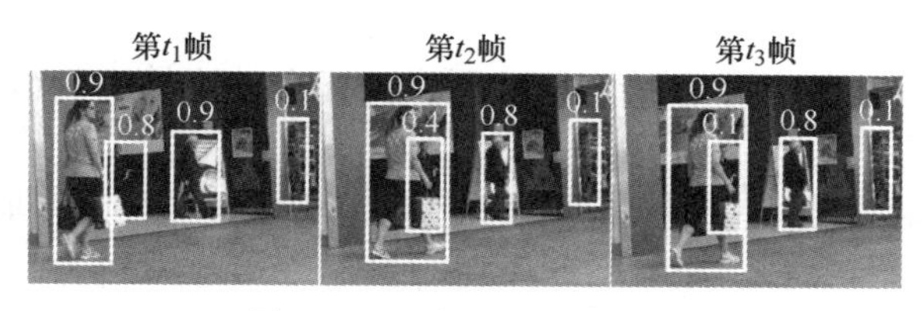

图 7-12　目标追踪任务示例

目标追踪任务在视频监控、自动驾驶等许多领域中具有广泛的应用。在视频监控中，

目标追踪技术可用于监控摄像头中的人员、车辆或可疑行为的实时检测和跟踪，提供有效的安全保障。在自动驾驶领域，目标追踪可用于识别和追踪其他车辆、行人和障碍物，为自动驾驶车辆的感知和决策提供重要信息。

近年来，基于深度学习的目标追踪算法在该领域取得了显著的进展。使用CNN或循环神经网络（RNN）等深度学习模型从图像序列中提取特征，可以实现高精度的目标检测和跟踪。目前主流的跟踪算法主要关注多目标跟踪任务，旨在同时追踪多个不同目标。这些算法可以基于单目标跟踪算法进行扩展，通过使用各目标之间的关联信息来实现多目标跟踪。常用的目标追踪算法结合了卡尔曼滤波器（Kalman filter）、粒子滤波器（particle filter）等滤波算法，在目标追踪的准确性、鲁棒性、计算效率等方面都有了很大的提升。

目标追踪算法面临的挑战主要在于目标外观变化、背景干扰、实时性要求以及不同目标的复杂运动模式等多个方面。具体来说，目标在追踪过程中会面临追踪目标的尺度变化、形变、姿态变化、遮挡和光照变化等多样的外观变化，以及复杂的背景干扰、相似目标和背景纹理造成的混淆，这对追踪算法的鲁棒性提出了挑战。此外，大部分应用场景对目标追踪算法的实时性要求很高，需要在限定的时间内完成目标位置的估计和更新，这对算法的推理速度和应用效率提出了很高的要求。

2. 目标追踪的经典算法

（1）Byte Track 算法　它是一种高性能的目标检测和跟踪算法，结合了目标检测和目标跟踪的优点，能够在实时性和准确性之间取得良好的平衡。Byte Track 算法是基于深度学习的算法，使用 CNN 来提取图像特征，并通过在线学习的方式进行目标跟踪。其关键技术包括以下几个方面：联合训练、跨帧特征编码和在线学习。

Byte Track 算法采用联合训练的方式，将目标检测和目标跟踪作为一个统一的任务进行训练。通过联合训练，可以在目标检测和目标跟踪之间建立有效的信息传递和共享，提高整体的性能。同时，Byte Track 算法利用目标跟踪的特性，将跟踪器的特征编码与目标检测的特征编码进行融合。这样可以在目标检测中利用跟踪的特征信息，并在目标跟踪中保持目标的一致性和稳定性。Byte Track 算法使用在线学习的方式进行目标跟踪，通过在视频序列中不断更新和调整目标模型，适应目标的外观变化和运动。在线学习使得 Byte Track 算法具有较好的适应性和鲁棒性，能够在复杂场景中保持良好的跟踪效果。

Byte Track 算法在多个目标检测和跟踪的评测竞赛中取得了优秀的成绩，并广泛应用于视频监控、无人驾驶、智能交通等各种现实场景，为智能分析和决策提供有力支持。

（2）OC–SORT 算法　它是一种用于多目标跟踪的算法，其基本架构如图 7-13 所示。该算法继承了 SORT 算法的优势，利用卡尔曼滤波器对目标的位置和速度进行预测和估计，同时根据目标的当前状态和运动信息，预测目标在下一帧中的位置，采用匈牙利匹配算法，来获取连续帧中的目标一致性。

OC–SORT 算法将帧之间的目标匹配建模为一个优化问题，并利用约束条件来保持目标之间的连续性和一致性。OC–SORT 算法具有多尺度跟踪的能力，通过多尺度搜索和尺度估计来适应目标的尺度变化。同时，为了减少跟踪中的冗余和重复，OC–SORT 算法采用了非最大值抑制的技术来过滤相似的目标候选框，选择最具代表性和置信度的目标进行跟踪。

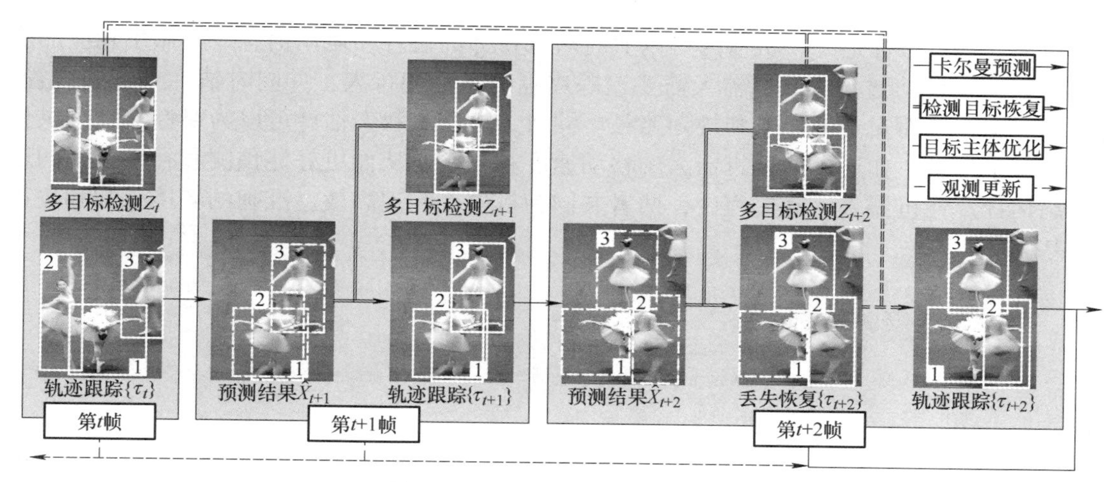

图 7-13　OC-SORT 算法基本架构

3. 目标追踪与机器人状态估计

机器人状态估计（robot state estimation）是指，通过传感器数据和运动模型，对机器人的位置、姿态和速度等状态进行估计的过程。机器人状态估计是机器人感知和理解环境的关键能力之一。通过传感器数据，机器人可以对自身的位置、姿态和速度等状态进行估计。机器人状态估计通常使用滤波器（如卡尔曼滤波器、扩展卡尔曼滤波器、无迹卡尔曼滤波器等）或非线性优化方法来融合传感器数据，并通过运动模型对机器人状态进行预测和更新。

状态变量描述了机器人的当前状态，通常包括位置、速度、姿态（方向）等。例如，对于一个移动机器人，状态变量 $\boldsymbol{S}$ 通常可以表示为

$$\boldsymbol{S}=\left[x, y, \theta, v_x, v_y, \omega\right] \tag{7-7}$$

式中，x,y 为机器人位置；θ 为机器人方向；v_x 和 v_y 为机器人速度；ω 为机器人角速度。机器人使用多种传感器来获取状态信息，常见传感器包括惯性测量单元（IMU）、全球定位系统（GPS）、激光雷达（LiDAR）以及视觉传感器。其中，视觉传感器提供图像数据，可以提供丰富的环境信息，使机器人能够更准确地理解和导航周围的世界。基于视觉的状态估计技术包括视觉里程计、同时定位与建图（SLAM）以及目标对象的识别和追踪。目标追踪在机器人运动中的应用如图 7-14 所示。在智能车的主动追踪任务中，目标追踪算法用来提供目标位置和状态。

目标追踪机器人　　机器人视角

图 7-14　目标追踪在机器人运动中的应用

目标追踪在机器人状态估计中扮演着重要角色，使机器人能够感知和跟踪环境中的

移动目标。通过目标追踪，机器人可以实时获取目标的位置和运动信息，并做出相应的决策。例如，在自动驾驶中，机器人需要追踪周围的车辆和行人，并同时估计自身的位置、速度和姿态，从而安全地导航和规划路径。同时，机器人状态估计可以为目标追踪提供更准确的背景信息，如通过估计机器人的移动速度和姿态，从而更好地预测和补偿目标的运动状态估计。在机器人运动过程中，两者共同为机器人实现高效、准确的环境感知和决策奠定基础。

7.3 三维视觉感知技术

7.3.1 三维点云

点云（point cloud）是一种重要的三维数据表示形式，具备广泛且多样的应用，涵盖了从逆向工程、机器人导航到地理信息系统、虚拟现实和增强现实等多个领域。在逆向工程中，点云数据被用于精确地重建物体的三维模型，为产品设计、改进和制造提供关键信息。在机器人导航中，点云数据被用来感知环境，检测障碍物，并实现自主导航。在地理信息系统中，点云数据被用于地形建模、城市规划以及地质勘探等任务，为城市规划和自然资源管理提供重要支持。此外，在虚拟现实和增强现实应用中，点云数据被用来创建逼真的三维场景，提供沉浸式的用户体验。随着技术的不断进步，点云数据的应用前景将更加广阔。

点云是指由大量散布在三维空间中的点所构成的数据集合。点云可以表示为一组点的集合 $\boldsymbol{P}=\{\boldsymbol{P}_i \mid i=1，\cdots，n\}$。其中，$\boldsymbol{P}_i$ 是一个描述点坐标 $(x，y，z)$ 和特征的向量。点特征包含点的颜色 $(r，g，b)$，所在表面法向量 $\boldsymbol{n}=(n_x，n_y，n_z)$ 等。如图 7-15 所示，点云中的每个点都描述了其位置、颜色及法向量（灰色箭头所示方向）。

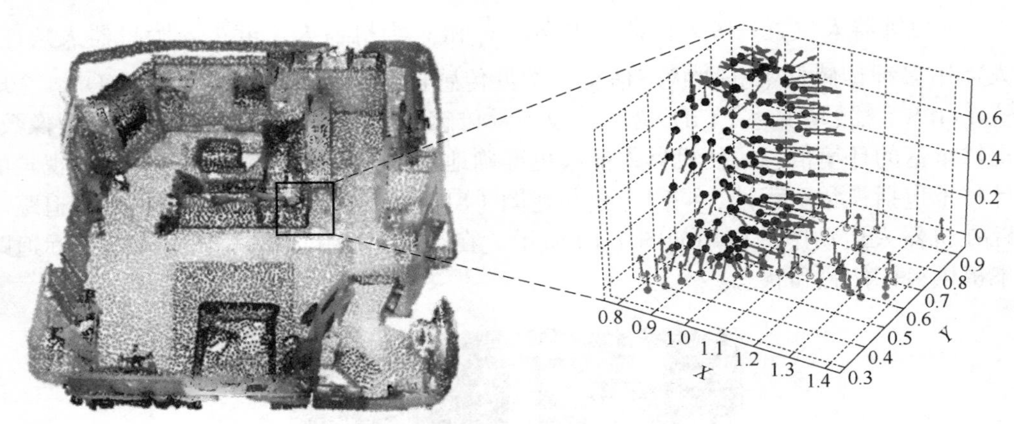

图 7-15 点云数据示例

点云数据通常通过四种方式获取：①激光雷达扫描。它是获取点云常用的方法之一，其工作原理是通过发射激光脉冲并测量其返回时间来计算与目标点之间的距离，从而得到目标点的三维坐标。②结构光扫描。它是利用投射到物体表面的光图案（如条纹、网格或点阵）会因物体表面的几何形状产生畸变的原理，通过不同视角的相机捕捉物体表面反射的光模式，并根据畸变进行计算出每个点在空间中的坐标。③深度相机。常见深度相机技术包括红外结构光和飞行时间（Time of Flight，ToF）技术。其中，飞行时间技术通过测量光脉冲从相机发射到反射回来的时间差，来计算物体与相机之间的距离。④摄影测量。通过多视角的二维图像进行重建，利用图像的重叠区域进行匹配与视差计算生成点云。

点云具有三个重要的属性：①无序性。与二维图像中的像素不同，三维点云是一组没有特定顺序的点，其描述的点的空间分布不随点的顺序改变而改变。即，对于一个含有 N 个点的点云，其 $N!$ 种排列方式是等价的。②稀疏性。点云中点的分布不是均匀密集的，而是在空间中呈不均匀分布，不同空间区域内点的密度不同。点云的稀疏性可能由多种因素引起，包括采集设备的限制、几何对象的表面特性等。③变换不变性。对于表示某个几何对象的点云，在平移、旋转、缩放等变换操作后，不影响对该几何对象的特征描述，这是因为点的坐标与属性与该几何对象的坐标系无关，只与对象本身的形状和位置相关。

7.3.2　三维点云处理技术基础

因为三维点云数据的特殊性，所以传统的点云特征编码方法通常依赖几何和统计属性来描述点云的局部或全局信息，如点特征直方图、正态分布变换等。为了利用三维 CNN 等深度学习技术对无序的点云数据进行特征编码，VoxNet将三维点云进行了体素化转换为三维体素占用网格，并使用三维卷积网络处理体素数据。

VoxNet 首先将输入的三维点云数据转换为三维体素占用网格。这个网格在空间上是均匀划分的，每个体素单元包含有关点云存在与否的信息，通常表示为二进制（存在或不存在）或实数值（表示点的密度或概率）。然后使用三维卷积层来处理体素化的数据。这些卷积层可以捕捉三维数据中的局部结构信息，并从体素网格中提取特征。三维卷积层后面通常会跟着池化层（如最大池化），以减少数据的空间维度和参数数量。

不同于 VoxNet 对输入三维点云进行体素化编码，PointNet 无须对点云进行体素化。PointNet 能够直接处理原始的点云数据，可以有效处理点云数据的无序性和变换不变性。图 7-16 所示为 PointNet 基本结构。

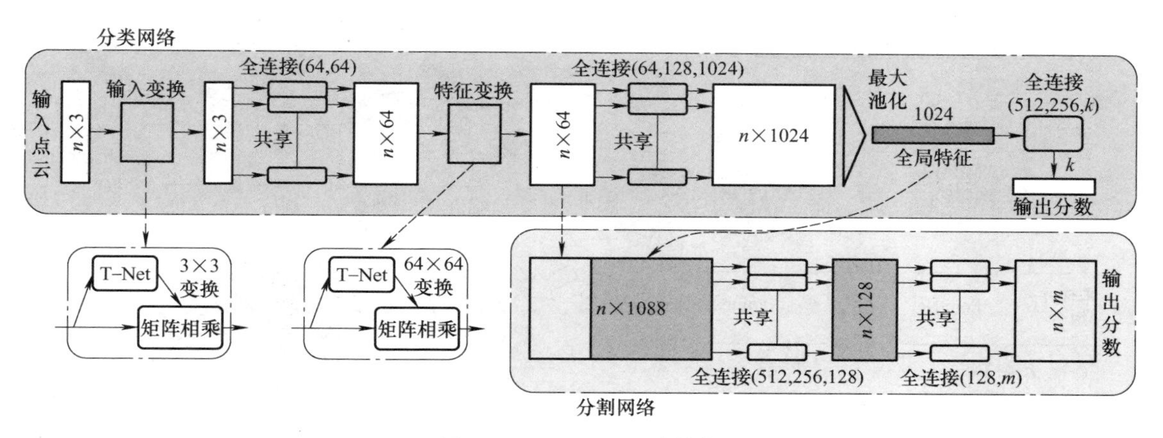

图 7-16　PointNet 基本结构

PointNet 直接可直接处理原始点云数据。如图 7-16 所示，PointNet 的核心网络模块主要包括两个部分：T−Net（transformation network）和多层感知机。对于输入形状为（n×3）的点云数据，首先进行输入变化。T−Net 模块的作用是将点云数据进行规范化处理，消除输入点云数据因扫描角度和位置不同而造成的干扰。多层感知机的作用是进行特征提取。其以输入数据的中的每个点为基本单位，最终为每个点生成一个特征向量，构成尺寸为（n × 1024）的点云局部特征，在多个多层感知机分别提取局部特征后，经过一个全局最大池化即可获取到一个全局特征向量。

获取到点云数据的全局特征后便可以进行下游任务，包括分割任务和分类任务等。分割任务的目标是为每个点输出一个标签。这种情况下，网络会将全局特征拼接，为每个点生成一个扩展的特征描述符。最后，经过一系列的多层感知机输出每个点的相应分数。三维点云分类任务需要对三维点云数据整体分配一个类别标签，因此该类任务中全局特征更为重要。

由于 PointNet 是先对单点进行操作、再对全局点进行操作的，因此难以学习到精细的全局特征。同时，由于没有卷积操作，点云的平移会导致三维坐标发生变化，从而导致汇总的局部特征也发生变化，以致于分类结果出现错误。为了弥补了上述缺陷，研究人员设计了 PointNet++。PointNet++ 的核心思想是在局部区域进行迭代，重复地使用 PointNet 提取特征，用生成的点去继续生成新的点，在生成的点集中又去定义新的局部区域，从而实现不同层级特征的学习。

PointNet++ 基本结构图如图 7-17 所示。其特征提取的具体流程如下：首先，在整个点云对象中定义若干小区域的中心；然后，从中心出发，把点划分为重叠的小区域，分别使用 PointNet 提取局部特征；最后，将提取到的特征组合，并投影到高维空间，得到一个新的点。重复此操作，遍历所有点后将得到一组新的点。新的点集数量将更少，但每个点包含了周围区域的几何特征。

将上述操作定义为子集抽象。重复子集抽象将使每个点代表的区域更大，对最后的数据进行全局池化，得到用于分类的全局特征。

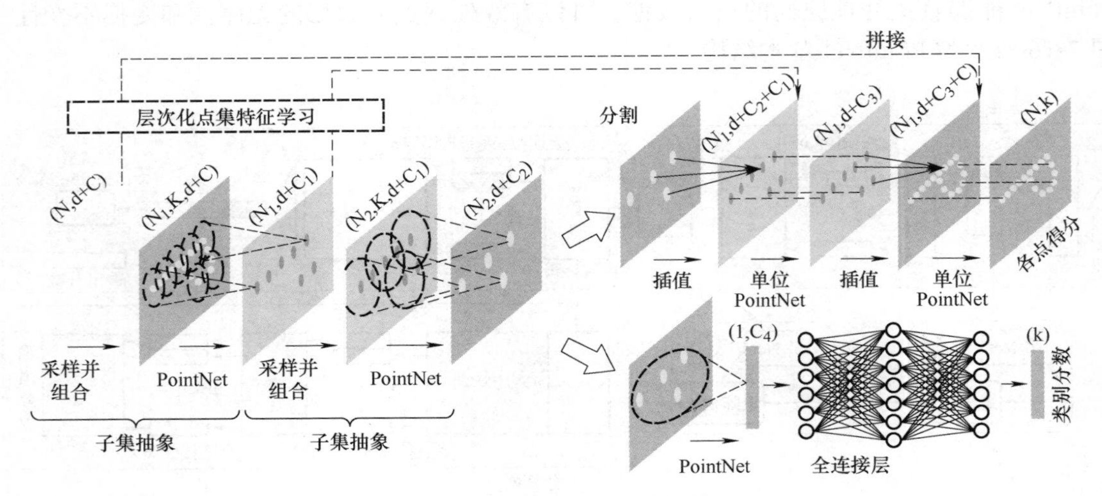

图 7-17　PointNet++ 基本结构

7.3.3　物体姿态估计

1. 位姿估计算法简介

六自由度物体位姿估计（6 degrees of freedom pose estimation；简称 6D 物体位姿估计），旨在估计给定图像中的目标物体相对于相机的姿态。6D 物体位姿估计是机器人领域的关键技术。根据估计对象的不同，6D 物体位姿估计可以分为实例级（instance-level）6D 物体位姿估计和类别级（category-level）6D 物体位姿估计。实例级 6D 物体位姿估计，是针对特定的已知物体进行位姿估计。这类方法只能预测包含在训练集中的已知物体的位姿。类别级 6D 物体位姿估计，可以针对特定类别的物体进行位姿估计，而不局限于特定的物体实例。这类方法能够处理未在训练集中出现的新物体，具有更广泛的适应场景。图 7-18 所示为实例级和类别级 6D 物体位姿估计的对比。

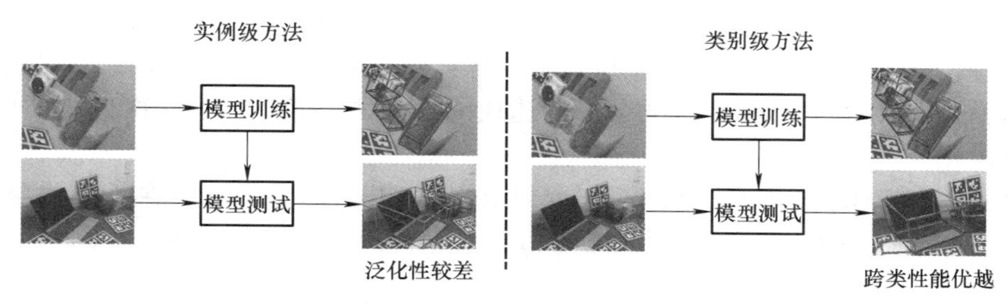

图 7-18　实例级和类别级 6D 物体位姿估计的对比

实例级 6D 物体位姿估计通过给定单目 RGB 或 RGBD 图像 $\boldsymbol{I}$ 和目标物体的 CAD 模型 $\boldsymbol{M}$，旨在估计目标物体位姿 $\boldsymbol{P} \in SE(3)$。其中，$\boldsymbol{P}$ 包含物体相对于相机的旋转 $\boldsymbol{R} \in SO(3)$ 和平移 $\boldsymbol{T} \in \mathbb{R}^3$。旋转 $\boldsymbol{R}$ 由俯仰、偏航和滚动组成，分别指围绕 X、Y 和 Z 轴的旋转。它们构成物体围绕整个 3D 空间的旋转。平移 $\boldsymbol{T}$ 指的是相机坐标系中物体中心的 x、y、z 移动量。从另一个角度来看，$\boldsymbol{P}$ 也可以理解为将目标物体从物体坐标系转换为相机坐标系的坐标变换。该任务可以表示为

$$[\boldsymbol{R}\,|\,\boldsymbol{T}] = \boldsymbol{F}\{[\boldsymbol{I}, \boldsymbol{M}]\,|\,\theta\} \tag{7-8}$$

式中，$\boldsymbol{F}$ 为深度学习模型；θ 为模型的参数。一般来说，基于深度学习的实例级 6D 物体位姿估计方法分为两类：直接回归方法和基于匹配的方法。预测物体 6D 位姿最直观的方法是直接使用神经网络提取输入图像的特征，并基于高维特征进行端到端的位姿预测。尽管这类方法简洁直观，但都高度依赖神经网络，且具有不确定性。因此，直接回归方法在复杂场景下的泛化性能往往较差。更好的选择是使用基于匹配的方法，也就是建立输入数据和 CAD 模型之间对应关系。基于对应的方法可进一步分为稀疏对应和密集对应。基于稀疏对应的方法利用神经网络检测输入图像或点云中的物体关键点，以建立输入数据和 CAD 模型之间的 2D–3D 或 3D–3D 对应，然后利用透视 n 点（Perspective n–Point，PnP）算法或最小二乘法确定物体姿态。基于密集对应的方法是通过预测每个物体像素或物体点云在 CAD 模型上的坐标获得的建立密集的 2D–3D 或 3D–3D 对应，最终实现更准确的物体姿态估计。图 7-19 所示为稀疏匹配和密集匹配方法的区别。

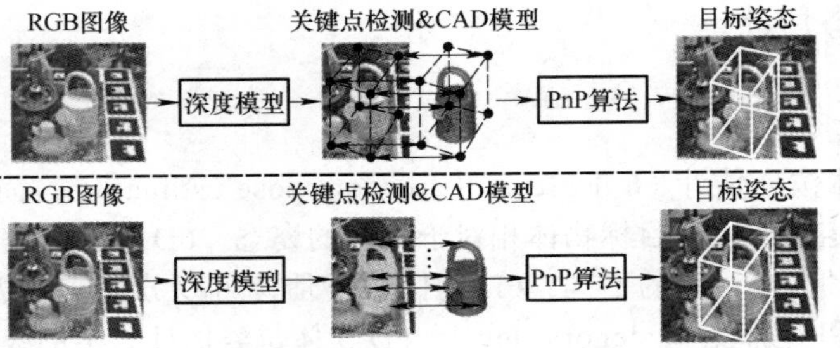

图 7-19 稀疏匹配和密集匹配方法的区别

密集融合方法（dense fusion）是采用深度学习方法进行密集对应预测的经典方法。密集融合方法使用两个分支分别提取经过分割和裁剪后的 RGB 和深度图像的特征，将 RGB 特征和深度特征逐像素拼接，并利用特征融合网络获得全局特征；然后，将全局特征级联到每个像素的特征向量上，并利用位姿预测网络输出每个像素点对应的位姿估计结果和一个置信度值；最终，选择置信度最大的像素点对应的位姿估计结果。除此之外，密集融合方法还提出了一种基于深度学习的迭代优化方法，能够在上一次位姿估计的基础上，不断优化位姿估计的结果。

类别级 6D 物体位姿估计通过给定单目 RGB 或 RGBD 图像 $\boldsymbol{I}$，在不提供物体 CAD 模型的情况下估计图像中的目标物体位姿 $\boldsymbol{P} \in SE(3)$ 和尺寸 $S \in \mathbb{R}^3$（即物体的长度、宽度和高度）。在该类任务中，深度学习模型估计的位姿包含旋转、平移和尺寸 9 个自由度（9DoF）。严格来说，该类任务应定义为类别级 9DoF 物体位姿估计，但为了统一表示，学界仍称其为类别级 6D 物体位姿估计。该任务可以表示为

$$[R \mid T \mid S] = \boldsymbol{F}\{[\boldsymbol{I}] \mid \theta\} \tag{7-9}$$

式中，$\boldsymbol{F}$ 为深度学习模型；θ 为模型的参数。

规范化对象坐标空间（Normalized Object Coordinate Space，NOCS），是基于深度学习的类别级 6D 物体位姿估计的先驱方法，为类别内所有可能的对象实例引入了一个共享的规范表示。在 NOCS 中，首先，使用预训练的实例分割算法从输入的 RGBD 图像中分割出目标物体；然后，使用基于区域的神经网络预测 NOCS 表征；接下来，使用 Umeyama 算法将相机坐标系中预测的 NOCS 与对象坐标系中的规范 NOCS 对齐来恢复 6D 姿态和对象大小。除此之外，NOCS 还发布了第一个类别级物体位姿的数据集 REAL275&CAMERA25，目前已经成为类别级 6D 物体位姿估计任务中使用最广泛的数据集。

2. 物体位姿估计在机器人中的应用

6D 物体位姿估计在机器人领域具有广泛而深远的应用，显著提升了机器人的智能化水平和操作精度。其主要应用领域包括机器人操作、手—物交互检测和航空航天操作等。

在机器人操作中，6D 物体位姿估计是实现精确和灵活操作的核心技术。工业机器人利用位姿估计实现高精度的抓取、装配和搬运任务。例如，在汽车制造中，机器人需要准确定位和安装复杂的零部件。通过实时估计工件的 6D 位姿，机器人能够快速调整其操作路径和力度，确保每个零件都能精确安装。这不仅提高了生产率，还减少了人为错误和产

品瑕疵。位姿估计还用于焊接和喷涂等任务，提升了工艺的一致性和质量。在手—物交互检测中，6D 物体位姿估计用于监测和理解人类手部与物体之间的交互行为。通过跟踪手部和物体的位姿，系统能够识别和理解各种复杂的操作动作，如抓取、旋转和放置。这项技术在虚拟现实（VR）和增强现实（AR）中得到了广泛应用，增强了用户的沉浸感和交互体验。

此外，在人机协作中，6D 物体位姿估计确保了人与机器人之间的安全互动，使机器人能够灵活响应和配合人类的操作。在航空航天领域，6D 物体位姿估计是卫星和航天器自主操作和维护的重要技术。在太空任务中，卫星需要在失重和复杂光照条件下进行精确的对接、维修和科学实验。6D 物体位姿估计的应用示例如图 7-20 所示，在国际空间站（ISS）上，机械臂通过 6D 物体位姿估计实现对接模块、捕捉货运飞船和维修任务。这要求系统具有高鲁棒性和精度，以应对太空环境中的挑战。6D 物体位姿估计技术还用于小行星探测和样本采集任务，通过精确定位探测器和采集设备，确保科学任务的成功。

图 7-20　6D 物体位姿估计的应用示例

3. 经典算法简介

（1）OnePose 算法　它是一种用于单帧图像中的物体 6 自由度姿态估计算法。OnePose 算法基本结构如图 7-21 所示，该算法结合了深度学习与几何方法，能够高效、精确地确定物体在三维空间中的位置和方向。

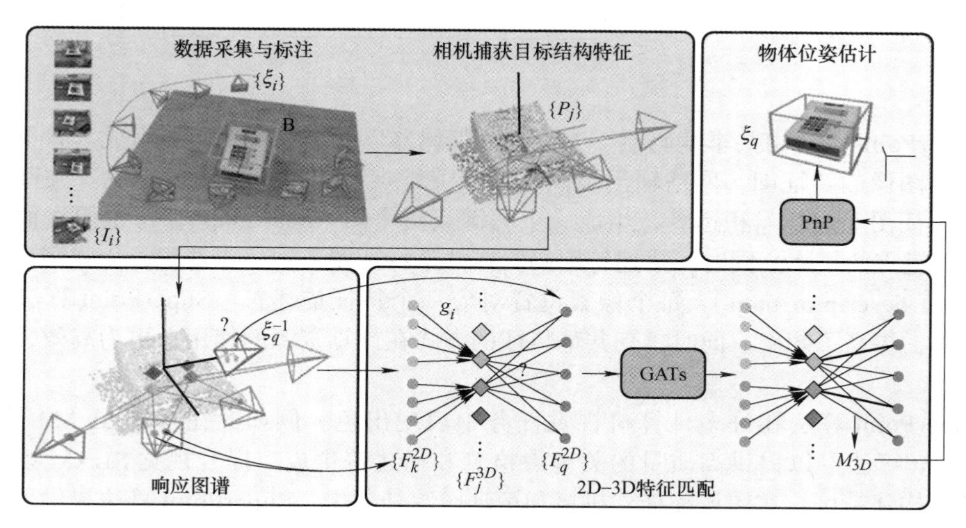

图 7-21　OnePose 算法基本结构

OnePose 算法的具体过程包括几个步骤：特征提取、关键点检测、姿态估计、优化和校正。首先，算法使用深度模型从输入图像中提取高级特征，这些特征能够有效地表示物体的形状和结构，利用深度学习或数学方法获取图像中的二维点坐标的关键点描述符（尺度不变特征变换 SIFT 等）；然后，使用几何方法（如 PnP 算法）将检测到的二维关键点映射到三维空间中的点，计算物体的 6D 姿态；最后，应用优化算法对初始姿态估计进行校正，以提高精度，常用的方法包括最小二乘法和非线性优化。

OnePose 算法能够在实时应用中高效运行，在复杂场景中也能提供高精度的姿态估计，同时对光照变化、遮挡以及背景杂乱具有较好的鲁棒性。该算法在增强现实、机器人导航、自动驾驶和工业自动化等领域有广泛应用。

下面以常见的关键点描述符提取 SuperPoint 算法为例。SuperPoint 算法是一种端到端的深度学习方法，用于图像中的关键点检测和描述符生成。其基本结构如图 7-22 所示。与传统的关键点检测和描述符提取方法不同，SuperPoint 算法通过训练一个统一的神经网络，同时进行这两项任务，从而在效率和性能上取得了显著提升。该算法的核心思想是通过 CNN 直接从图像中学习和提取关键点及其描述符。该方法通过无监督预训练（unsupervised pre-training）和监督微调（supervised fine-tuning）相结合的方式，提高了关键点检测和描述符生成的鲁棒性和准确性。

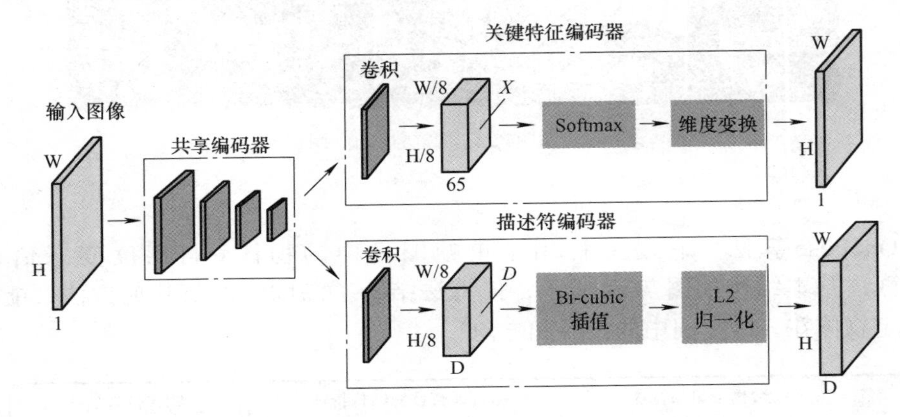

图 7-22　SuperPoint 算法基本结构

SuperPoint 算法由共享编码器、关键特征编码器以及描述符编码器组成。共享编码器用于提取图像的特征图，网络输出被同时用于关键点检测以及描述符生成。关键特征编码器在特征图上进行卷积运算，生成一个关键点概率图（heat map），每个像素值表示该位置是关键点的概率。同时，描述符编码器在共享特征图上进一步卷积，生成密集描述符图（dense descriptor map），每个像素位置对应一个特征描述符。SuperPoint 算法简化了处理流程，提高了效率。同时，其共享特征的方式在计算资源的使用上更为高效，适合实时应用。

SuperPoint 算法在许多计算机视觉任务中表现出色。例如，在视觉 SLAM 任务中，SuperPoint 算法可以提供高质量的关键点检测和描述符生成，提升视觉 SLAM 系统的定位和地图构建精度；在图像配准、拼接和运动跟踪任务中，SuperPoint 算法提供了鲁棒的特征点和描述符，可以实现高效的图像配准和目标追踪。

（2）PnP 算法　它是 2D 到 3D 关键点匹配的核心算法，通过给定的二维图像点（由相机捕获的）和对应的三维空间点，计算出相机的姿态。具体来说，PnP 问题可以表述为，通过给定 n 对已知的三维点 (X_i,Y_i,Z_i) 和其在二维图像上的投影点 (x_i,y_i)，求解相机

旋转矩阵 $\boldsymbol{R}$ 和平移向量 $\boldsymbol{t}$。在相机坐标系下，三维点 (X_i,Y_i,Z_i) 投影到图像平面上的公式为

$$s\begin{bmatrix}x_i\\y_i\\1\end{bmatrix}=\boldsymbol{K}\left[\boldsymbol{R}|\ \boldsymbol{t}\right]\begin{bmatrix}X_i\\Y_i\\Z_i\\1\end{bmatrix} \tag{7-10}$$

式中，s 为缩放因子；$\boldsymbol{K}$ 为相机内参矩阵；$\boldsymbol{R}$ 为旋转矩阵；$\boldsymbol{t}$ 为平移向量。

PnP 算法衍生出了多种变体，包括现在广泛使用的 EPnP，在多个计算机视觉和机器人应用中扮演了重要角色。例如，在 AR 中用于实时计算相机姿态，以便将虚拟对象叠加到现实场景；在机器人视觉导航中，通过 PnP 算法计算相机或机器人的姿态，实现精确的定位和路径规划。

7.4　视觉感知技术应用

7.4.1　人脸检测与识别

人脸检测与识别在安全、犯罪侦查、社交媒体、用户体验、广告推荐、医疗诊断、教育和娱乐等领域发挥着重要作用，为各种应用场景提供了便利和增强的功能。作为计算机视觉的一个重要应用，相比于传统的人脸识别方法，利用深度学习方法的人脸检测与识别能够自动提取人脸特征，有效提高识别准确率。基于深度学习方法的人脸检测与识别的示例如图 7-23 所示。

图 7-23　基于深度学习方法的人脸检测与识别的示例

常用的人脸识别数据集有 PubFig、CelebA、Colorferet、MTFL、FaceDB 等，涵盖了不同场景、表情、光照条件下的大量人脸图像，适用于人脸识别算法的研发和测试。

级联 CNN 常被应用在人脸检测与识别任务中。其中最经典的当属多任务卷积神经网络（Multi-Task Cascaded Convolutional Neural Networks，MTCNN），它能够将人脸检测与人脸关键点检测集成在同一个模型中实现。

MTCNN 是一个三级联级网络，由三个连续的子网络组成，分别是候选网络（proposal network，P-Net）、精炼网络（Refine Network，R-Net）和输出网络（output network，O-Net），如图 7-24 所示。该模型采用了候选框加分类器的思想，能够同时兼顾速度与精度，实现快速高效的人脸检测。

P-Net 是 MTCNN 的第一个子网络，主要用于快速筛选候选人脸区域。其基本结构如图 7-25 所示。它采用了一系列的卷积层和池化层，输出候选人脸区域的边界框和置信度得分。P-Net 生成的候选框包括不同尺度和长宽比的可能人脸区域。

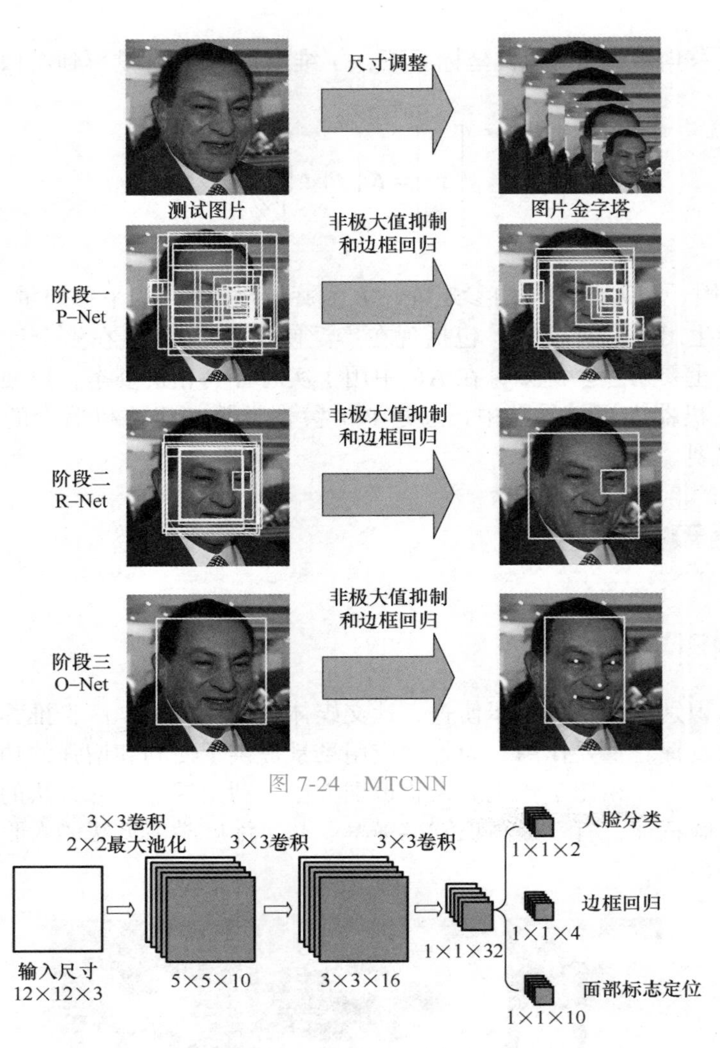

图 7-24 MTCNN

3×3卷积
2×2最大池化
3×3卷积
3×3卷积
人脸分类
1×1×2
边框回归
1×1×4
1×1×32
面部标志定位
1×1×10
输入尺寸
12×12×3
5×5×10
3×3×16

图 7-25 P–Net 基本结构

R–Net 是 MTCNN 的第二个子网络，用于对 P–Net 生成的候选人脸区域进行进一步的筛选和精细化。其基本结构如图 7-26 所示。它接受 P–Net 生成的候选框作为输入，按照人脸框的位置对原图进行切图，通过 CNN 对每个候选框进行特征提取和分类，输出人脸的边界框和置信度得分。R–Net 的输出经过非极大值抑制（Non–Maximum Suppression，NMS）来消除重叠的候选框。

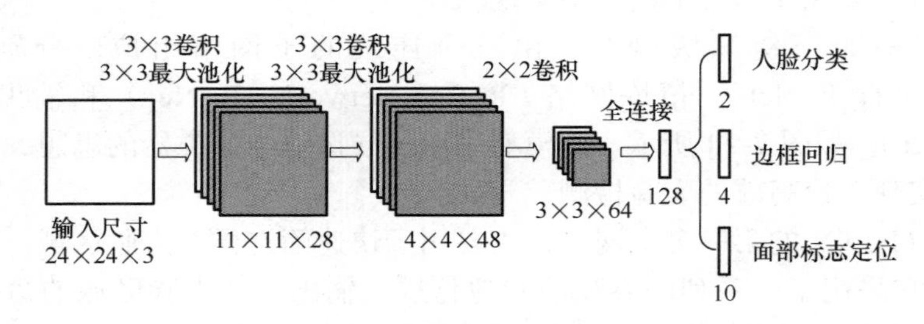

图 7-26 R–Net 基本结构

O-Net 是 MTCNN 的第三个子网络，用于进一步提高人脸检测的准确性并定位人脸的关键点。其基本结构如图 7-27 所示。它接收 R-Net 生成的高精度候选框的位置在原图上进行切图作为输入，通过 CNN 提取特征并输出人脸的边界框、置信度得分和人脸关键点的位置。O-Net 的关键点是定位包括眼睛、鼻子和嘴巴等重要特征点。

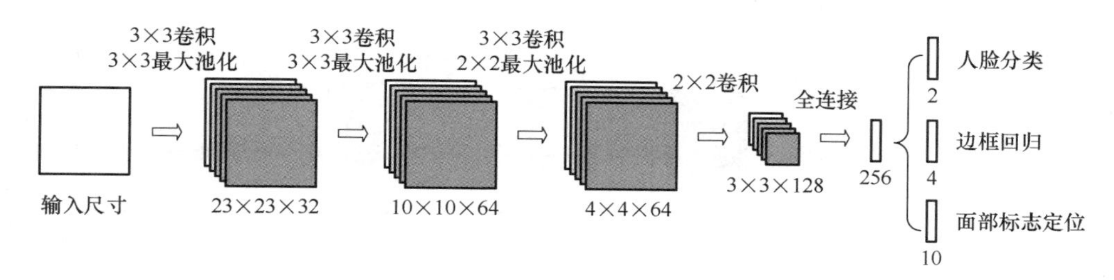

图 7-27　O-Net 基本结构

MTCNN 的级联结构使得整个人脸检测与识别过程具有多尺度、多任务的能力，可以在不同尺度和方向上检测和对齐人脸。它在人脸检测和对齐任务中取得了较好的性能和鲁棒性，成为人脸识别与识别领域的重要工具之一。

7.4.2　人脸表情识别

表情是人类表达情感状态和意图的非常有力、自然和普遍的信号之一。由于自动面部表情分析在社交机器人、医疗、驾驶人疲劳监测和许多其他人机交互系统中具有重要意义，因此有许多研究人员对其进行了大量的研究。在计算机视觉和机器学习领域，已经开发了各种面部表情识别系统来从面部表征中编码表情信息。人脸表情识别（Facial Expression Recognition，FER）技术源于 1971 年心理学家 Ekman 和 Friesen 的一项研究。他们提出人类主要有六种基本情感，每种情感以唯一的表情来反映当时的心理活动。这六种情感分别是愤怒（anger）、高兴（happiness）、悲伤（sadness）、惊讶（surprise）、厌恶（disgust）和恐惧（fear），如图 7-28 所示。

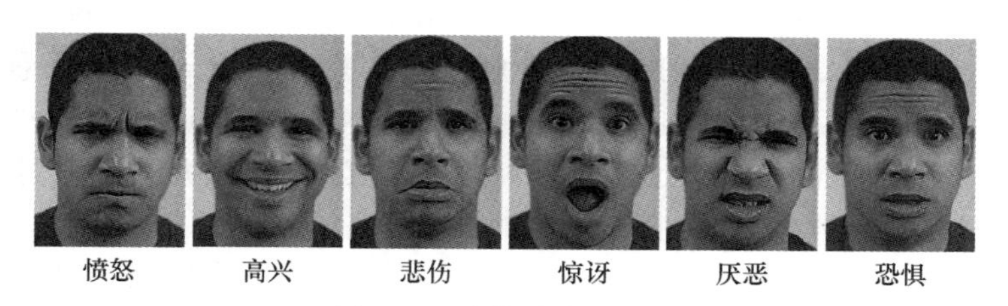

图 7-28　表情分类示意图

常见的面部表情数据集有 JAFFE、KDEF、GENKI、RaFD、Fer2013 等，包含了不同年龄、不同性别、不同肤色、不同头部姿态的表情图片数据，适用于人脸表情识别算法的研发和测试。

深度学习通过多种非线性转换和表示的层次结构来捕获高层次的特征。本小节将简要介绍一些用于 FER 的深度学习技术。其基本流程如图 7-29 所示。

具体来说，基于深度学习的 FER 一般分为四个步骤。

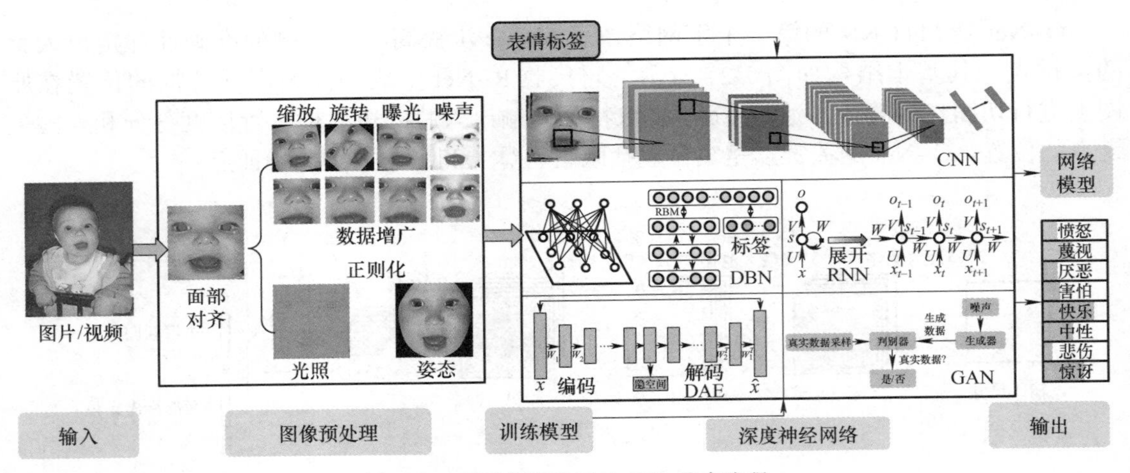

图 7-29 基于深度学习的 FER 基本流程

图 7-30 面部标志示例

第一，输入图像。这里的输入图像在实际应用中通常是从视频中获得的，如商店中的监控视频。在网络训练中，输入的图像通常来自一些公开的表情数据集。

第二，进行图像预处理。预处理的目的是尽可能去除干扰因素，以便实现更好的特征提取。预处理主要包括人脸对齐、数据增强和归一化三个步骤。人脸对齐可以减少面部尺度和平面类旋转导致的变化，现有方法通常基于面部标志进行。面部标志示例如图 7-30 所示。数据增强通过对原图片进行平移、旋转、添加噪声、对比度变换等方式来增强数据，从而避免模型过拟合。归一化主要针对光照和头部姿态。光照归一化可以考虑与直方图均衡化相结合，并且经过证实能取得更好的效果。头部姿态归一化通常采用 Hassner 提出的方法，在定位面部标志之后，生成通用于所有面部的 3D 纹理参考模型以有效地估计可见的面部组件，再通过将每个输入的人脸图像反投影到参考坐标系，合成初始的前向化人脸。

第三，进行人脸表情的特征提取。常用的深度网络有三类：① CNN，常用的模型有 Alexnet、VGGNet、Resnet 等；② RNN，能够捕获时序信息，适用于任意长度的图片序列的表情识别；③深度信念网络（Deep Belief Network，DBN），由多个受限玻尔兹曼机（Restricted Boltzmann Machine，RBM）堆叠而成。RBM 能够从数据中学习出层次化的特征，通过逐层堆叠 RBM，DBN 能够逐步抽象出更高层次的特征表示。

第四，通过提取的特征将表情分类。与传统的特征提取步骤和特征分类步骤相互独立的方法不同，深度网络能够以端到端的方式进行特征提取。具体地说，在网络的末端增加一个损耗层来调节反向传播误差，然后网络可以直接输出每个样本的预测概率。

FER 技术具有广泛的应用场景，包括人机交互、机器人制造、医疗、驾驶等领域。在人机交互领域，FER 可以帮助用户更好地与计算机进行交互，提高用户体验；在机器人制造领域，FER 可以帮助机器人更好地理解人类情感和需求，提高服务质量；在医疗领域，FER 可以帮助医生诊断和治疗精神疾病，提高医疗质量；在驾驶领域，FER 可以帮助监测驾驶人状态，预防疲劳驾驶和危险情况的发生。

7.4.3　行为识别与预测

行为识别与预测是计算机视觉和人工智能领域的重要分支，通过分析视频或图像数据，来预测对象的未来行为并识别其潜在意图。这项技术利用深度学习模型，如 CNN 和 RNN，从视频帧中提取时空特征，理解人类活动、交通参与者的行为模式等。其应用场景包括自动驾驶中预测行人和车辆的运动轨迹，安防监控中识别可疑行为，智能零售中分析顾客的购物意图等。这样不仅提高了系统的智能化和自动化水平，还极大地提升了安全性和用户体验。

行为识别与预测可以分解为两个任务：①行为识别，识别视频数据中已完成的人类行为的类别；②行为预测，预测视频数据中未完成的人类行为的类别。两个任务的差别主要在于输入数据的时序信息完整性不同。其共同点在于同一类别行为具有清晰固定的时序动态模式，如举手动作表现为手臂变化为竖直的动态过程。行为识别与预测示例如图 7-31 所示。通过对视频数据中的时序动态信息建模，实现人物行为识别和预测任务。但不同类别的人物行为表现出不同的时空特性，包括持续时间、动作差异以及时序变化规律等，如开门与关门行为。此外，由于拍摄角度、环境客体的变化，同类别人物行为在时空维度往往表现出较大的差别。因此，针对视频数据中的人物行为，设计合理有效的时序动态信息建模方法，是实现准确高效人物行为识别和预测的关键。

图 7-31　行为识别与预测示例

常见的行为识别与预测数据集有 Kinetics、Something-Something、Charades、Moments in Time 等，包含了人与物互动、人人互动、动物等动作数据集，适用于行为识别与预测算法的研发和测试。

基于深度学习的行为识别与行为预测的主要方法可以分为 4 种（见图 7-32）。①基于双流（two-stream）架构的方法，将连续的图片帧分为两部分：一部分为光流流（optical flow stream），专注于时间信息和运动；另一部分为空间流（spatial stream），关注静态图像内容。两者结合提高了对动作的识别能力。②基于 RNN 的方法。此类方法擅长处理序列数据，能够记忆过去的输入并应用于当前的决策过程，适合分析视频序列中的时间依赖性，常用于动作序列的建模，尤其是长序列动作识别。③基于 2D-CNN 的方法，通过 CNN 提取动作特征并进行分类，但忽略了时间维度。④基于 3D-CNN 的方法，能够直接在时间序列的数据上操作，捕获视频中的时空特征。相比 2D-CNN，它在处理连续帧时考虑了时间维度，适合于提取动作的动态特征。

具体来说，行为预测与意图识别是通过分析个体或群体的行为和环境上下文，推测其下一步行动或意图。这个过程涉及多个技术环节，每一个环节都至关重要。首先，数据采集与预处理是基础，通过视觉传感器采集行为数据，并对行为数据进行标注，生成训练数据集。常见的标注内容包括动作类型、行为目标、意图描述等。预处理环节则包括数据清洗、去噪、裁剪、归一化等，其目的在于提升数据质量和一致性。

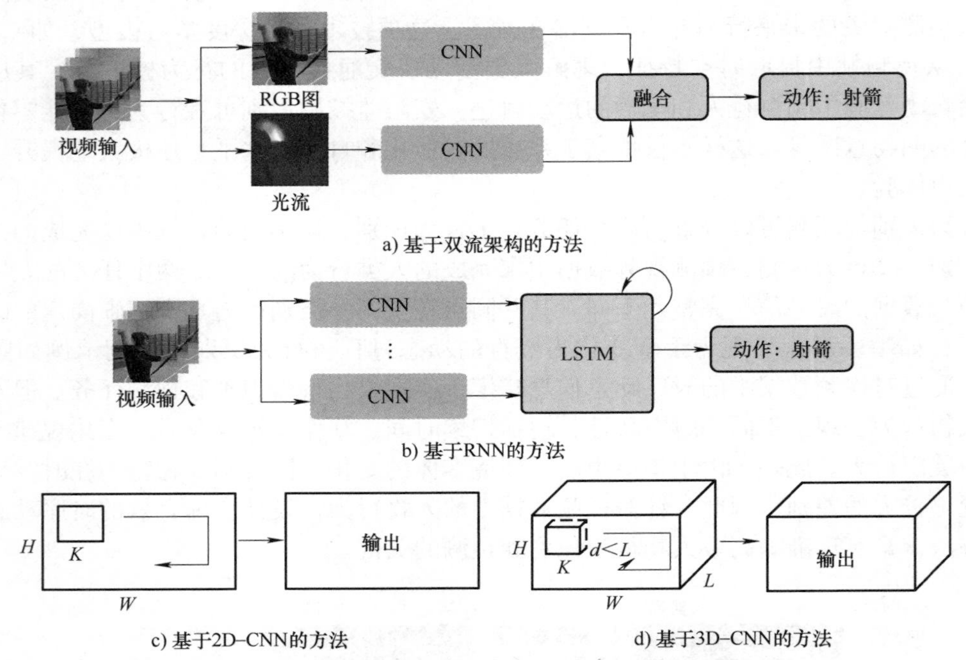

图 7-32　4 种主要的行为识别与预测方法基本结构

接下来是特征提取阶段，这一阶段分为低级特征和高级特征的提取。低级特征包括形状、颜色、纹理等基本视觉特征；高级特征则通过深度学习模型提取如 CNN、长短期记忆网络（LSTM），以便能够表示复杂的行为模式。

在特征提取之后是行为检测与识别环节。行为检测利用深度学习模型（如 YOLO、SSD）检测视频或图像中的行为区域，定位行为发生的位置和时间段。行为识别则通过行为识别模型如 3D-CNN、双流网络（two-stream network）对检测到的行为进行分类，识别行为类型，如跑步、行走、挥手等。

行为预测与决策支持是最终的目标。在这一环节中，时序建模和情境分析是主要技术。时序建模使用时序模型（如 LSTM、GRU）对行为进行时序建模，分析行为的时间序列特征，推测未来行为。情境分析则结合环境上下文信息（如场景、物体、人物关系等），进行情境分析，推测行为背后的意图和目标。通过行为预测模型和情境分析，系统可以预测个体或群体的下一步行为，如行人过马路、车辆变道等。根据行为预测结果，提供决策支持，如自动驾驶中的路径规划、机器人导航中的避障策略等。

在线学习与适应技术则使模型能够实时更新和适应新的行为数据，保持高效的预测和识别性能。通过迁移学习和强化学习等技术，模型能够自适应调整，适应不同环境和场景的变化。

总体而言，行为识别与预测技术在自动驾驶、智能安防、机器人导航、健康监测等领域具有广泛应用。例如，在自动驾驶中，智能汽车可以识别行人过马路、车辆变道等行为，提升驾驶安全性；在智能安防中，巡检机器人可以提前预警异常行为，保障公共安全；在机器人导航中，机器人可以通过意图识别与人类互动，执行复杂任务；在健康监测中，可以通过行为分析监测患者的健康状况，提供个性化的医疗建议。这些应用场景充分展示了行为识别与预测技术的巨大潜力和广泛前景。

7.4.4　环境感知和场景理解

环境感知和场景理解是计算机视觉领域的核心研究方向，旨在通过分析图像和视频数据，全面理解所处环境中的各种元素及其关系。其常见应用领域如图 7-33 所示。这项技术应用深度学习模型（如 CNN、目标检测网络等）来识别和分类场景中的物体、检测其位置、估计其运动状态，并推断它们之间的关系。环境感知和场景理解在自动驾驶中至关重要，可实时识别道路、交通标志、行人和其他车辆；在智能家居中，它能帮助机器人理解室内布局和物体分布，提升交互体验。这些技术不仅赋予机器以“视觉”能力，还为其提供了对复杂环境的全面感知和理解，从而实现更高层次的智能化。

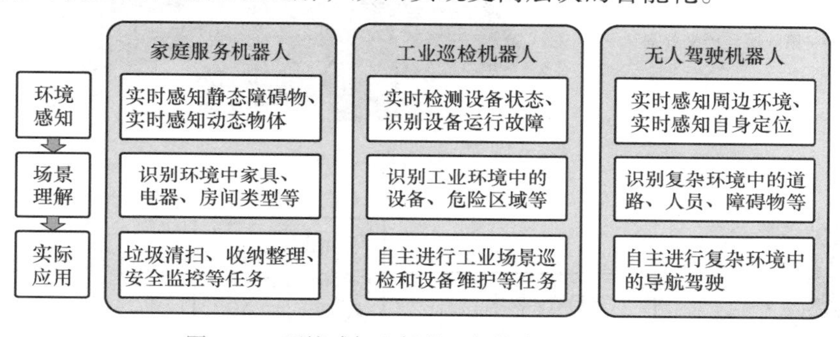

图 7-33　环境感知和场景理解的常见应用领域

在环境感知方面，计算机需要利用传感器（如摄像头、激光雷达等）获取周围环境的信息，并转化为计算机能够理解和处理的形式。这涉及很多计算机视觉和图像处理的技术，如目标检测、物体跟踪、场景分割、姿态估计等。在场景理解方面，计算机需要对感知到的场景进行高层次的理解和推理，以便能够更好地理解用户的意图和需求。这包括语义分析、行为识别、情感分析、知识表示等。

环境感知和场景理解技术往往是将三维重建算法与实例分割技术相结合，以实现更加精细的三维场景重建。三维场景重建示例如图 7-34 所示。三维重建算法可以通过对场景中的 RGB 图像和深度图像进行处理，得到场景中物体的三维坐标和表面模型。实例分割技术可以在三维模型中对不同的物体进行分割和识别，得到物体的类别和边界信息。通过每个场景中物体之间的时空关系和不同场景之间的相互关系进行分析，从而实现对于整体环境的感知与理解。

常见的场景理解数据集有 NYUv2、Sun RGB-D、SceneNN、Matterport3D 等。它们提供了图像语义分割、2D 边界框、3D 边界框、物体朝向、场景类别、房间布局等多种标注，可用于语义分割、目标检测、场景识别等多种任务。

常见的场景理解流程如图 7-35 所示。其具体步骤如下：

首先，进行物体检测与识别。利用目标检测模型（如 YOLO、Faster R-CNN）检测场景中的物体位置和类别，使用语义分割网络（如 U-Net、SegNet）将图像进行像素级分类，识别不同区域的语义信息。

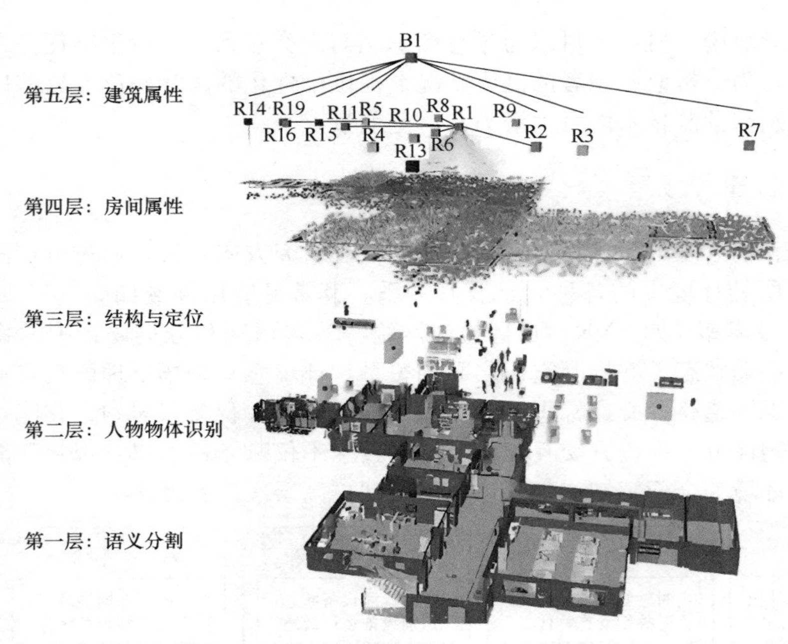

图 7-34　三维场景重建示例

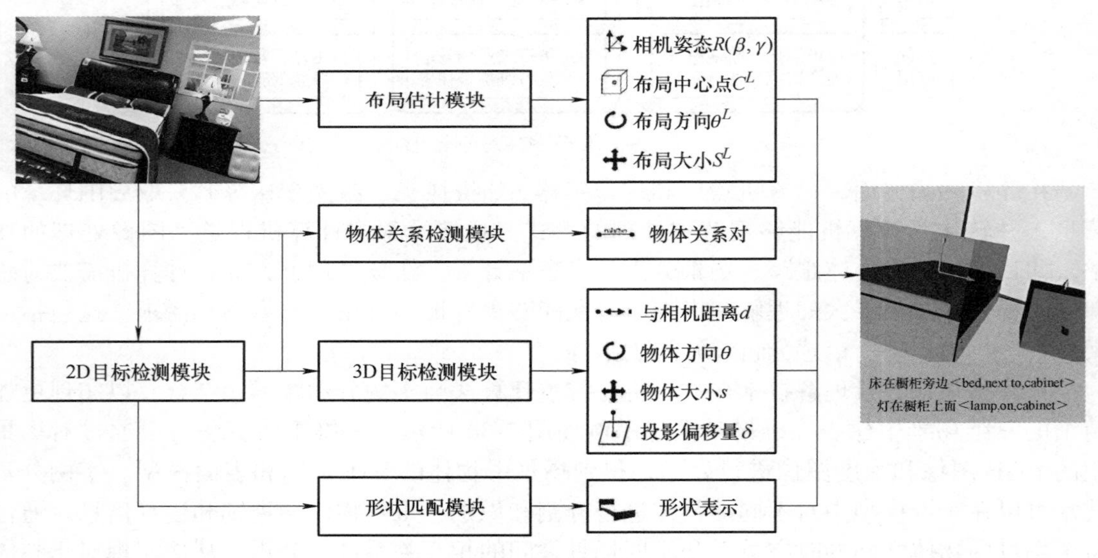

图 7-35　常见的场景理解流程

然后，进行场景分类。通过深度学习模型（如 ResNet、VGG）对整个场景进行分类，分析场景中的动态元素和静态元素的关系，理解场景的整体语义，如室内、室外、办公室、厨房等。

最后，进行空间关系与交互关系建模。使用图神经网络（GNN）等技术建模场景中物体之间的空间关系，分析物体之间的交互关系，如人和物体的交互。

场景理解通过计算机视觉技术分析和解释图像或视频中的整体场景，使得机器人系统能够识别环境中的各种元素及其关系。基于深度学习的场景理解技术，极大地提升了计算机对复杂环境的感知和理解能力，有效地提高了机器人的在无人干预的情况下的智能决策水平，实现了机器人在复杂环境中的自主操作与交互。

思考题与习题

1. 请使用深度相机采集 RGBD 数据，转换为彩色图像、深度图像和灰度图像，并分析三种图像类型的优缺点。

2. 对收集到的彩色图像进行图像增强与图像预处理，要求各五种以上。

3. 请基于 Pytorch 框架，使用 CNN 实现 MNIST 手写数字识别。

4. 请以 ResNet50 为特征提取网络，在数据集 Cifar-10 上搭建图像分类网络。目标检测在实际应用中的哪些因素会影响其准确性和鲁棒性？如何解决目标遮挡、尺度变化和姿态变化等问题？

5. 请以 Yolov5 为基准检测网络，以 Strong Sort 为目标追踪网络，搭建视频连续帧中多个目标的追踪框架。

6. 机器人状态估计技术对于自主导航、环境感知和协作机器人等方面非常关键，你认为机器人状态估计在未来如何更好地与感知相结合？

7. 请使用深度相机采集 RGBD 数据，并转换成点云数据，并使用 Open3D 库进行点云的可视化。

8. 请以 Pose CNN 为基础，搭建基于单帧 RGB 图像的 6D 物体位姿估计网络，并引入位置损失和方向损失进行训练（推荐 L2 Loss）。请思考在估计物体的 6D 位姿过程中，网络如何引入多视角图像信息来弥补遮挡和尺度变化带来的问题？

9. 搭建 OpenPose 姿态估计算法，利用摄像头采集现实图像，实现实时人体姿态估计。姿态估计与动作识别技术在人机交互和运动分析等领域有着广泛的应用，你认为在未来如何更好地将该领域技术应用于机器人与人类交互？

10. 请以 OpenPose 或 AlphaPose 为姿态估计网络，自行选择分类模块，搭建基于骨架的动作识别框架。动作识别的关键问题包括动作表示、特征提取和分类器设计等方面。如何解决姿态变化、遮挡和噪声等因素对动作识别的影响？

第 8 章　人形机器人机构设计

导读

本章从系统角度着重讨论人形机器人机构设计方法，从设计需求出发，确定机器人系统驱动配置方案、传动方式、运动范围、强度刚度需求，一般将人形机器人机构拆分为腿部、手臂及胸腔三大部分；然后，开始详细设计每部分具体的关节机构、传动机构、支撑结构，再进行结构分析及机构设计优化，将设计的零件生成二维工程图，并确定加工工艺，完成零部件的加工、装配与调试，最后形成人形机器人系统。

本章知识点

- 人形机器人设计要点、基本设计方法与原则
- 人形机器人总体方案设计
- 人形机器人本体的基本组成与结构
- 人形机器人驱动机构与设计
- 人形机器人传动机构与设计
- 人形机器人系统集成机构设计

8.1　概述

人形机器人具有人类的外形特征，是由多自由度组成的非线性强耦合系统，全身包括多个自由度。其结构会对其运动学和动力学计算、平衡及稳定控制产生重要影响。同时，其关节与肢体结构的质量分布、刚度等对人形机器人的性能也会产生重要影响，因此需要在机构设计时统筹考虑。

根据所要完成任务的不同，人形机器人特定机构在设计上有很大区别。当前主要按上肢、下肢、腰部等不同的部分分开设计。根据任务中主要负载能力、速度、工作空间、精度、工作时长等实际因素影响，面向不同的应用场景，如家庭场景、商用场景、野外场景，机器人的设计构造也不相同。因此，需要满足不同的设计需求，强调目标导向。对于特定的应用需求，其整体尺寸、关节能力、功耗及成本等均是至关重要的影响因素。

人形机器人结构设计一般主要包括腿部、手臂及胸腔三大部分的设计，对每部分设计的要求各不相同。具体来说，腿部是机器人的移动机构，因此需要着重关注其承载能力、抗冲击能力、运动的快速性。手臂主要用于完成各种不同作业任务，因此其运动的精度至关重要，设计时需要考虑关节的精度、传动的刚度、运动的重复定位精度等要求。胸腔是连接上下肢及头部的结构，通常需要布置各类传感器、安装电池、控制单元等。因此，在有限的空间与质量要求限制下，需要满足结构稳定、刚度好、质量轻等条件。

在机器人机构设计常用工具方面，随着工业化水平的不断提升，设计工具也逐步完善。人形机器人机构设计主要涉及的软件也日新月异。机器人属于交叉学科，在设计初期，需要依据人形机器人设计要求，进行关节配置及需求分析，此时需要依据经验及设计，进行计算，需要使用 MATLAB 等工具。确定机器人设计参数及配置后，将运用 SolidWorks 等三维设计软件，对机器人的零部件进行详细的机构设计，这部分是机器人机构设计的核心工作。完成机构设计后，需要对零部件进行结构优化设计，多使用 ANSYS 等仿真分析软件。机器人机构设计完成后，下一步工作是根据现有机构的几何尺寸、质量惯量分布、连接关系进行运动学、动力学分析，使用较多的软件工具包括 Adams、Vrep 等。

人形机器人是智能机器人技术的制高点，其机构设计有着更严苛的要求，通常需要满足以下整机设计原则：

1）满足刚度条件下的轻量化、最小运动惯量原则。由于人形机器人腿部运动需要满足快速性、鲁棒性的要求，且其运动部件多，运动状态经常改变，必然产生冲击和振动，采用最小运动惯量原则，可增加机器人运动平稳性，优化机器人动力学特性。为此，设计时应注意在满足强度和刚度的前提下，尽量减小运动部件的质量，并注意运动部件对转轴的质心配置。

2）尺度规划优化原则。当需要满足一定工作空间要求时，通过尺度优化选定最小的臂杆尺寸，这将有利于机器人刚度的提高，使运动惯量进一步降低。

3）刚度设计的原则。设计中，刚度是比强度更重要的问题。要使刚度大，必须恰当地选择杆件剖面形状和尺寸，提高支承刚度和接触刚度，合理地安排作用在臂杆上的力和力矩，尽量减少杆件的弯曲变形。另外，选用高强度材料，对机器人的结构构型进行合理设计，也将提高机器人刚度，增强机器人的稳定能力与负载能力。

4）可靠性原则。机器人因机构复杂、环节较多，所以可靠性问题显得尤为重要。一般来说，零件的可靠性应高于部件的可靠性，而部件的可靠性应高于整机的可靠性。可以通过概率设计方法设计出可靠度满足要求的零件或结构，也可以通过系统可靠性综合方法评定机器人系统的可靠性。采用模块化的设计既精简了设计流程，也便于维护，是提高机器人可靠性的有效手段。

5）工艺性原则。机器人是一种高精度、高集成度的自动机械系统，良好的加工和装配工艺性是设计时要遵循的重要原则之一。仅有合理的结构设计而无良好的工艺性，将导致机器人性能降低和成本提高。

8.2 总体方案分析

8.2.1 设计需求

人形机器人是实现生产过程自动化、提高劳动生产率的有力工具。但当考虑经济性与实用性问题时，应根据工作任务特定的类型进行设计。例如，当前常用于竞赛的小型人形机器人与用于在特种环境中进行操作任务的大型人形机器人，在关节类型、数量、驱动类型、传感器、控制器的选择与设计上，会因工作任务的不同而有很大的变化。因此，在进行相关机构设计任务时，首先需要充分分析其设计需求，包括如下方面：

1）明确人形机器人任务，以及要完成任务的作业需求，如下肢行走的速度、上肢操作的精度、整体稳定性等。

2）分析机器人所在系统的工作环境，如温度、环境特点等，还包括设备兼容性。

3）认真分析系统的工作要求，确定机器人的基本功能和方案，如机器人的自由度数、信息的存储容量、定位精度、抓取重量等。

4）进行必要的调查研究，搜集国内外的有关技术资料。

在进行人形机器人设计需求分析时，通常需要结合数值分析计算等相关知识，最后得到机器人具体的设计方案、关节配置、传动方案及传感器布置方案等，对设计经验、多学科方向基础知识等有较高的要求。设计需求分析关系到整个设计的成功与否，因此通常会经过多次修改与完善。

8.2.2 人形机器人系统设计方案

人形机器人常见的全身关节布置方案如图 8-1 所示。其系统设计方案具体包括以下几个方面。

图 8-1 人形机器人常见的全身关节布置方案

1. 机器人基本参数

由于机器人的结构、用途和用户要求的不同，所以机器人的技术参数也不同。机器人的技术参数主要包括自由度、工作范围、工作速度、承载能力、精度、驱动方式、控制方式等。本小节介绍的 G1 机器人是一款中型尺寸、高动态的人形机器人，身高约为 127cm，质量约为 35kg，包含 23 个关节自由度，本体搭载深度摄像头、3D 激光雷达，可以通过 SLAM 的室内导航技术进行建图，实现自主路径规划和步态规划，完成曲线行走、坡面运动和上楼梯等任务。其步速最高可达 2.5m/s。

2. 自由度

机器人的自由度是指机器人所具有的独立坐标轴运动的数目，但是一般不包括手部（末端执行器）的开合自由度。机器人的自由度越多，越接近人手的动作机能，其通用性越好，但是自由度太多，结构也越复杂。人形机器人手臂有 5 个自由度（共 2 只手），单腿有 6 个自由度（共 2 条腿），腰部有 1 个自由度，共计 23 个自由度。

3. 工作范围

机器人的工作范围是指机器人手臂或手部安装点所能达到的空间区域。因为手部末端执行器的尺寸和形状是多种多样的，为了真实反映机器人的特征参数，这里的工作范围指不安装末端执行器的工作区域。机器人工作范围的形状和大小十分重要，机器人在执行作业时可能存在手部不能达到的作业死区而无法完成工作任务。机器人所具有的自由度数目组合决定其运动图形，而自由度的变量（即直线运动的距离和回转角度的大小）则决定着运动作范围。

4. 工作速度和最大工作速度

工作速度指机器人在工作载荷条件下、匀速运动过程中，机械接口中心或工具中心点在单位时间内所移动的距离或转动的角度。产品说明书一般提供了主要运动自由度的最大稳定速度，但是在实际应用中仅考虑最大稳定速度是不够的。这是因为运动循环包括加速启动、等速运行和减速制动三个过程。如果最大稳定速度高，允许的极限加速度小，则加减速的时间就会长一些，即有效速度就要低一些。所以，在考虑机器人运动特性时，除了要注意最大稳定速度外，还应注意其最大允许的加减速度。

最大工作速度通常指机器人手臂末端的最大速度。工作速度直接影响工作效率，提高工作速度可以提高工作效率。因此，机器人的加速减速能力显得尤为重要，需要保证机器人加速减速的平稳性。

5. 承载能力

承载能力指机器人在工作范围内的任何位姿上所能承受的最大负载，通常可以用质量、力矩、惯性矩来表示。承载能力不仅关乎负载的质量，而且还与机器人运行的速度和加速度的大小和方向有关。一般低速运行时承载能力大，但为安全考虑，规定在高速运行时所能抓起的工件质量作为承载能力的指标。

6. 定位精度、重复定位精度和分辨率

机器人的精度常指机器人的定位精度和重复定位精度。定位精度是指机器人手部实际到达位置和目标位置之间的差异。重复定位精度是指机器人重新定位其手部于同一目标位置的能力，可以用标准偏差这个统计量来表示。分辨率是指机器人每根轴能够实现的最小移动距离或最小转动角度。定位精度、重复定位精度和分辨率并不一定相关，它们是根据机器人使用要求设计确定的，取决于机器人的机械精度与电气精度。

7. 驱动方式

机器人的驱动方式一般是指机器人的动力源形式，主要有液压驱动、气压驱动和电力驱动等。不同的驱动方式有各自的优点和缺点。例如，液压驱动的主要优点在于可以以较小的驱动器输出较大的驱动力，缺点是油料容易泄漏，污染环境。气压驱动的主要优点是具有较好的缓冲作用，可以实现无级变速，但是噪声大。电气驱动效率高、使用方便、成本较低，因此目前机器人较常用的是电气驱动方式。

8. 控制方式

机器人的控制方式则是指机器人控制轴的方式，目前主要分为伺服控制和非伺服控制。伺服控制方式又可以细分为连续轨迹控制类和点位控制类。与非伺服控制机器人相比，伺服控制机器人具有较大的记忆储存空间，可以储存较多点位地址，可以使运行过程更加复杂平稳。

本小节以宇树公司人形机器人 G1 为例介绍人形机器人机构设计的方法和步骤。其系统设计方案如图 8-2 所示。

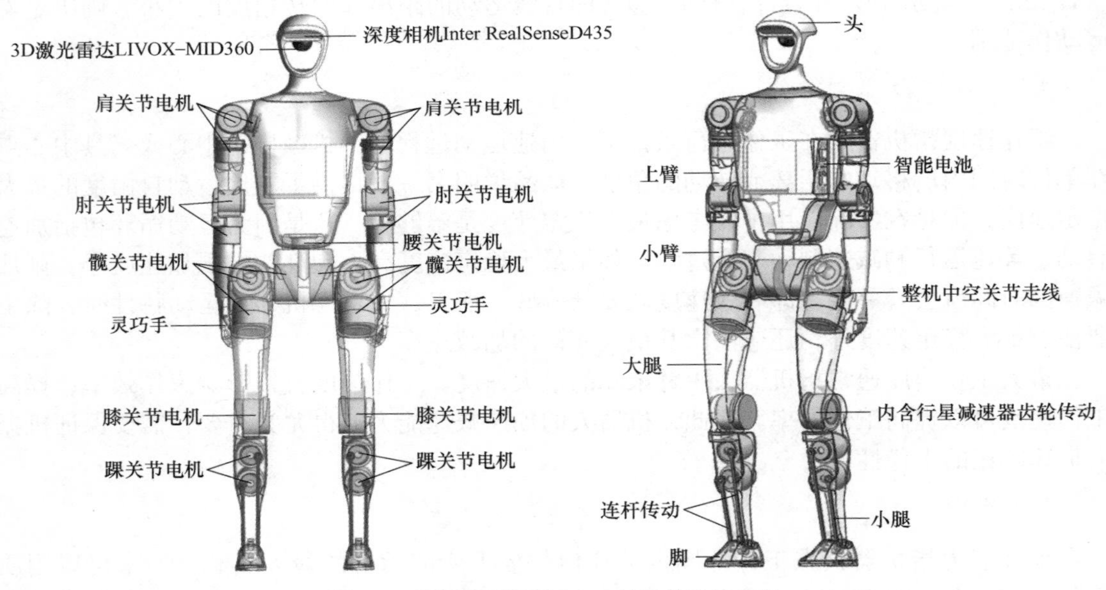

图 8-2 宇树人形机器人 G1 的系统设计方案

1）确定工作对象和工作任务。

2）确定设计要求，具体如下：

① 负载。根据用户工作对象和工作任务的要求，参考国内外同类产品标准，确定机器人负载。

② 速度。根据用户工作对象和工作任务的要求，参考国内外同类产品，确定机器人运动的最大复合速度和机器人各单轴的最大角速度。

③ 精度。根据用户工作对象和工作任务的要求，参考国内外同类产品的先进机型，

确定机器人的重复定位精度。

④ 控制方式。根据用户工作对象和工作任务的要求，确定机器人的控制方式，一般机器人的控制方式有遥控、通过上位机发送指令控制、自主控制。

⑤ 工作空间。根据用户工作对象和工作任务的要求，参考国内外同类产品的先进机器人，确定机器人的工作空间的大小和形状。

⑥ 尺寸规划。根据对工作空间的要求，参考国内外同类产品，确定机器人的腿长、臂杆长度和臂杆转角，并进行尺寸优化。

3）机器人运动的耦合分析。对大多数非直接驱动的机器人而言，前面关节的运动会引起后面关节的附加运动，产生运动耦合效应。设计时需要统筹考虑各个关节之间的耦合，方便运动控制。

4）机器人平衡。需要尽量保证机器人的质心在对称中心的位置，以便克服机器人运动时的惯性力，而忽略重力矩的影响。在伺服控制中因减少了负载变化的影响，因而可实现更精确的伺服控制。

5）机器人动力学分析。机器人因各轴的重力矩均已基本平衡，故在这些轴运转时电机主要需克服的是由各轴转动惯量所带来的动力矩。

6）电机的选用。选好伺服电机，是设计的关键。由于机器人要求结构紧凑、重量轻、运动特性好，故希望在同样功率的情况下，电机要尽可能轻，外形尺寸要尽可能小。在选用时要注意，交流伺服电机的速度是可调节的，且在相当大的转速范围内电机输出的转矩是恒定的。故选用电机时，只要电机的额定转速大于各轴所需的最高转速就行。同时，还要注意与伺服电机配置在一起的位置编码器的选用，并注明电机是否需要带制动器等。

7）减速器的选用。常见的人形机器人减速器有 RV 减速器、谐波减速器、滚珠丝杠及行星减速器等。RV 减速器具有长期使用不需再加润滑剂、寿命长、刚度好、减速比大、低振动、高精度、保养便利等优点，适合机器人使用。它的传动效率为 0.8，相对于同样减速比的齿轮组，效率更高；缺点是质量大，外形尺寸较大。谐波减速器的优点是重量较轻、外形尺寸较小、减速比范围大、精度高。滚珠丝杠是直线驱动方式，一般会涉及连杆方式传动，是当前的应用热点，如特斯拉机器人腿部使用了滚珠丝杠的传动方式。行星减速器因其结构相对简单、减速比范围大等优点也经常被使用。

8）机器人整体校核。机器人的结构件需要在设计完成后进行强度校核和刚度校核，在满足强度和刚度的情况下，要尽可能采用轻型材料，以减少运动惯量，给平衡机构减轻压力。

9）零件的加工与装配、调试。在确定了设计细节后，需要将三维图样转化为生产加工的工程图。此时应详细考虑加工工艺，特别是为充分降低人形机器人自身负载，对人形机器人的很多异构零件，需要着重考虑保证精度要求下的变形。

8.3　驱动机构设计

8.3.1　驱动的基本概念

驱动为机器人提供动力。大多数机器人的驱动元件均可直接采购，也可以根据特定功能机器人的需要进行定制。人形机器人的驱动方式主要有电动、液压驱动和气动三种，可以只用一种驱动方式，也可以采用几种方式联合驱动。选择驱动方式时主要需要考虑负载、效率、精度和环境等因素。由于液压系统具有较大的负重比，因此大负载的场合通常选用液压驱动。气动系统简单、成本低，适合节拍快、负载小、精度要求不高的场合，常用于点位控制、抓取、弹性握持和真空吸附等。电动系统适合于中等负载，特别适合动作复杂，运动轨迹要求严格的工业机器人和各种微型机器人。

8.3.2 驱动的分类与特点

1. 电动机驱动

目前，电动机驱动是机器人中应用最多的驱动方式，主要的驱动元件有伺服电动机、步进电动机等。

（1）伺服电动机　伺服电动机是大多数机器人执行器的动力源。伺服电动机可以在频繁运动和瞬时运动变化过程中精确控制位置、速度和转矩，其结构与普通电动机类似，但具有惯性低和转矩大的特点，能够用于高加速度的场合。应用于机器人的伺服电动机主要是永磁直流电动机和无刷直流电动机。

由于永磁直流电动机具有转矩大、大范围的速度可控性、良好的转矩速度特性及对各种控制方法的适应性，因此被广泛应用于驱动机器人。直流电动机将电能转为旋转或线性机械能，具有许多不同的类型和配置。成本最低的永磁电动机使用阳磁铁，玩具机器人和机器人爱好者通常使用此类型的电动机。带有稀土元素的永磁电动机，磁体定子可以提供大的转矩和功率。

无刷直流电动机广泛应用于工业机器人。它采用磁性或光学传感器和电子开关电路代替有刷直流电动机使用的电刷和换向器，从而消除换向部件的摩擦、火花磨损。由于降低了电动机的复杂性，因此无刷直流电动机成本很低。但是，此类电动机的制作比有刷电动机要复杂、昂贵。无源多极钕磁铁转子和无刷电动机绕线铁定子具有良好的散热性和可靠性。线性无刷电动机的工作原理与展开式旋转电动机相同，具有多个体定子和绕线式电子换向推杆或滑块。因此可以在运动部件惯性很小，快速响应的伺服阀领域推广。

用于小型机器人的无铁心转子电动机，通常采用外包环氧树脂复合杯或盘型结构的铜芯导体。这类电动机的优点包括电感低、摩擦力小和无齿槽转矩。盘型电动机总长度较短，由于转子有许多换向段，因此具有输出平滑且转矩波动小的优点。但是由于体积小、散热路径有限，所以无铁心转子电动机的热容量很小。因此，当驱动功率高时，需要具有严格的占空比限制或需要外部空气的加速冷却。

（2）步进电动机　步进电动机多用于简单的小型机器人，步进电动机的功重比低于其他类型的电动机。此类机器人使用位置和速度的开环控制，易与驱动电路连接使用，成本相对较低。微步控制可以满足对 10000 个甚至更多离散机器人关节位置的精度要求。在开环步进的模式下，电动机和机器人的运动通过机械方式或控制算法进行校准。步进电动机也可以采用闭环控制，此类步进电动机与直流电动机或交流伺服电动机类似。

2. 液压驱动

液压驱动将液压能转化为机械能，具有非常大的驱动力和功重比。液压驱动系统一般由油箱、液压泵、单向阀、安全阀、控制阀和液压执行机构等组成。由液压泵将高压油输送到执行机构来完成指定动作。液体的压力、流量和方向分别由压力控制阀、流量控制阀和方向控制阀进行控制。流量控制阀通过改变液体的流量，来改变液压驱动器的速度。出于安全考虑，使用安全阀限制系统的最高压力。

由于使用高压油，液压驱动可以提供很大的驱动力或转矩以及高功重比，因此可以在运动部件惯性很小的情况下实现线性和旋转运动。但是，液压站体积庞大，快速响应的伺服阀成本高，泄漏和维护等问题限制了液压动力机器人的使用和推广。液压驱动主要应用在力或转矩要求较大的情况。

3. 气动

气动与液压驱动的原理相似，将能量以压缩空气的形式转换成线性或旋转运动。它易于控制、成本低廉，主要应用在简单的机械领域。气动在机械限位挡块之间的运动通常是不受控制的，因此在点对点运动中具备良好的性能。较电磁驱动而言，气动在爆炸性环境中相对安全，受环境温度和湿度的影响较小，但能量利用率较低。一些小型的执行机构可以使用工厂气源。但若需大量使用气动，则需购买和安装昂贵的专用压缩空气源。气动系统由气体压缩组件、阀门、气动执行机构和管道组成，使用空气压缩机压缩空气，通过阀门控制气体压力、流量和方向，使用气缸或气动马达实现线性或旋转运动。由于气动的功率比液压驱动或电磁驱动的小，因此气动一般不应用于驱动力较大或转矩大的场合。但是在某些要求高功重比的人形机器人手或人造肌肉上应用较多。气动的人造肌肉通过收缩气囊或伸展气囊来改变内部气压，实现肌肉收缩或延伸。

4. 其他驱动

人形机器人部分关节还可以采用其他类型的驱动，包括形状记忆合金、双金属、化学、电活性聚合物和微机电系统等。此类驱动大多应用于研究和特殊应用的机器人，不适用于批量生产。

8.3.3　关节的驱动方式

关节的驱动方式有直接驱动和间接驱动两种方式：直接驱动方式是指驱动器的输出轴和机器人的关节轴直接相连；间接驱动方式是指驱动器经过减速机、钢丝绳、皮带、平行连杆等装置后与关节轴相连。

1. 直接驱动方式

直接驱动机器人也称为 DD 机器人（Direct Drive Robot，DDR）。DD 机器人一般指驱动电动机通过机械接口直接与关节连接。DD 机器人的驱动电动机和关节之间没有速度和转矩的转换。目前，中小型机器人一般采用普通的直流伺服电动机、交流伺服电动机或步进电动机作为执行电动机。由于速度较高，因此需配以大速比的减速装置，进行间接驱动。但是，间接驱动带来了机械传动中不可避免的误差，从而引起冲击振动，影响机器人系统的可靠性，增加关节重量和尺寸。DD 机器人与间接驱动机器人相比，有如下优点：

1）机械传动精度高。

2）振动小，结构刚度好。

3）机械传动损耗小。

4）结构紧凑，可靠性高。

5）电动机峰值转矩大，电气时间常数小，短时间内可以产生大转矩，响应速度快，调速范围宽。

6）控制性能较好。

DD 机器人是一种极有发展前途的机器人，许多国家投入了大量的研发费用。日本、美国等发达国家已经开发出性能优异的 DD 机器人。美国 Adept 公司研制了带视觉功能的 4 自由度平面关节型 DD 机器人。

但是，DD 机器人还存在以下几个问题：

1）载荷变化、耦合转矩、非线性转矩对驱动及控制影响显著，控制系统复杂、设计困难。

2）对位置、速度的传感元件要求高，传感器精度为带减速装置（减速比为 K）间接驱动的 K 倍以上。

3）电动机的转矩 / 重量比和转矩 / 体积比较小。

4）电动机成本高。

5）将电动机直接安装在关节上，增加了臂的总质量，对下一个关节产生干扰，负载能力和效率下降。

因此，直接驱动主要用于小型人形机器人的设计。

2. 间接驱动方式

大部分机器人的关节采用间接驱动。由于间接驱动的驱动器输出力矩远小于驱动关节所需的力矩，因此需要使用减速机。另外，由于手臂通常采用悬臂梁结构，因此驱动多自由度机器人关节的大多数驱动器的安装将使手臂根部关节驱动器的负荷增大。通常可用下列形式的间接驱动机构解决此问题：

（1）钢丝绳　将驱动器和关节分开安装，使用钢丝绳传递动力的方式。此种方式又可分为钢丝绳软管方式和钢丝绳滑轮方式两种。因为钢丝绳的路径可以任意决定，所以能够较容易地构成多自由度的驱动系统。但钢丝绳和软管之间存在不可忽略的摩擦，控制比较困难。虽然钢丝绳滑轮方式动力传递机构的非线性因素少，但是滑轮的装配方式、钢丝绳的路径构成等较为困难。

（2）链条、钢带　使用链条、钢带的方式将驱动器安装在离关节较远之处，是远程驱动的手段之一。链条、钢带与钢丝绳相比，刚性高、传递输出较大，但在设计上限制较大。SCARA 型关节机器人多采用此法。

（3）平行四边形连杆机构　平行四边形连杆机构的特点是将驱动器安装在手臂的根部，而且该结构能够简化坐标变换的运算过程。

8.3.4　材料的选择

机器人本体材料的选择应从机器人的性能要求出发，满足机器人的设计和制作要求。机器人材料并不是简单工业材料的组合，而应是在充分掌握机器人的特性和各组成部分的基础上，从设计思想出发，确定所用材料的特性。即，必须事先充分理解机器人的概念和各组成部分的作用。机器人本体材料既起着支承、联结、固定机器人各部分的作用，同时它本身又是运动部件，因此机器人运动部分的材料重量要轻。精密机器人对机器人材料的刚性有要求。刚度设计时要考虑静刚度和动刚度等多个要素。从材料角度看，控制振动涉及减轻重量和抑制振动两个方面，本质上就是材料内部的能量损耗和刚度问题，它与材料的抗震性紧密相关。传统的工业材料或机械材料与机器人材料之间的差别在于机器人是伺服机构，其运动是可控的，是传统材料所没有的“被控性”。材料的“被控性”与材料的“结构性”“轻质性”和“可加工性”同样重要。材料的“被控性”取决于材料的轻质性、抗震性和弹性。材料的“可加工性”是指加工成发挥材料特性的形状时的难易程度，是一个很重要的指标。机器人本体材料的选择必须与材料的结构性、轻质性、刚性、抗震性和机器人整体性能同时考虑。机器人与人类共存，尤其是家用和招待机器人的外观将与传统机械大有不同。这样一来，将会出现比传统工业材料更富有美感的机器人本体材料。从这一点出发，机器人材料又应具备柔软和外观美等特点。总之，选择机器人的材料时要综合考虑强度、刚度、重量、弹性、抗震性、外观以及价格等因素。常用的机器人材料如下：

1）碳素结构钢、合金结构钢，强度好，特别是合金结构钢强度比一般钢大 4 ～ 5 倍，弹性模量大，抗变形能力强，是应用最广泛的材料。

2）铝、铝合金及其他轻合金材料，重量轻，弹性模量 E 虽然不大，但是材料密度 ρ 小，故 E/ρ 仍可与钢材相比。

3）纤维增强合金，如硼纤维增强铝合金、石墨纤维增强镁合金。这种纤维增强金属材料具有非常高的 E/ρ 比值，但价格昂贵。

4）陶瓷，具有良好的品质，但是脆性大，不易加工成具有长孔的连杆，与金属零件连接的接合部需特殊设计。然而，日本的相关单位已经试制了在小型高精度机器人上使用的陶瓷机器人臂的样品。

5）纤维增强复合材料，具有极好的 E/ρ 比值，不但重量轻、刚度大，而且其阻尼系数之大是传统金属不可能具备的，但存在老化、蠕变、高温热膨胀、与金属件连接困难等问题。所以，在高速机器人上应用复合材料的实例越来越多。叠层复合材料的制造工艺还允许用户进行优化，改进叠层厚度、纤维倾斜角、最佳横断面尺寸等，使其具有最大阻尼值。

6）黏弹性大阻尼材料，可以增大机器人连杆件的阻尼，是改善机器人动态特性的有效方法。

8.4　传动机构设计

8.4.1　机器人传动机构简介

传动部件是构成机器人的重要部件。机器人的运动不仅需要能源，而且需要运动传动机构，传动部件设计的优劣影响着机器人的性能。传动机构是指将驱动器输出的动力传送到工作单元的一种装置。传动机构的作用包括调速、调转矩，以及改变运动形式、动力和运动的传递分配等，其设计包括关节形式的确定、传动方式以及传动部件的定位和消隙等多个方面。

8.4.2 传动机构的基础知识

机器人中连接运动部分的机构称为关节（joint）。关节有转动型和直线型，分别称为转动关节和直线关节。图 8-3 所示为宇树人形机器人 G1 的腿部关节设计。

1. 转动关节

转动关节（rotary joint）就是关节型机器人中被简称为“关节”的连接部分。它既连接各机构，又传递各机构间的回转运动（或摆动），用在基座与臂部、臂部之间、臂部和手等连接部位。关节由回转轴、轴承和驱动机构组成。

（1）转动关节的形式　由于驱动机构的连接方式有多种，因此转动关节也有多种形式。

1）驱动机构和回转轴同轴式。这种形式直接驱动回转轴，有较高的定位精度；但是，为了减轻重量，要选择小型减速器并增加臂部的刚性。它适用于水平多关节型机器人。

2）驱动机构与回转轴正交式。它要求质量大的减速机构设计在基座上，通过内部的齿轮、链条来传递运动。这种形式适用于要求内部结构紧凑的场合。

3）外部驱动机构驱动臂部的形式。它适合于传递大转矩的回转运动，采用的驱动机构有滚珠丝杠、液压缸和气缸等。

4）驱动电动机安装在关节内部的形式。这种方式又称为直接驱动方式。

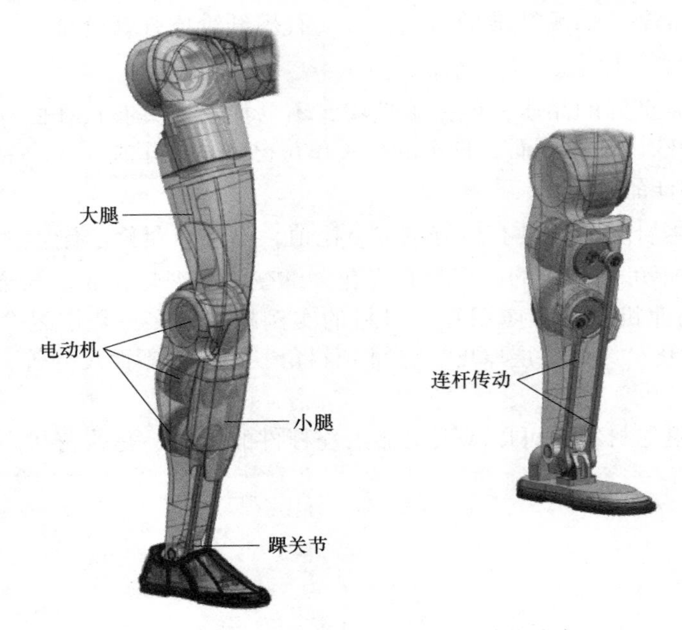

图 8-3　宇树人形机器人 G1 的腿部关节设计

（2）轴承　用在转动关节的轴承有多种形式。在机器人中，轴承起着相当重要的作用，主要采用滚动轴承，最常用的有薄壁密封型球轴承。此外，还开发了一种能受径向载荷、轴向载荷和转矩的交叉滚子轴承。该轴承承载能力大，常用在摆动或转动关节上。

2. 直线关节

直线关节由直线运动机构和在整个运动范围内起直线导向作用的直线导轨部分组成。

导轨部分分为滚动导轨、直线电机导轨等形式，各有特点。一般来说，机器人导轨要求间隙小或能消除间隙，在垂直于运动方向上刚度高、摩擦系数小且不随速度而变化；高阻尼、小尺寸和小惯量。通常，由于机器人在速度和精度方面要求很高，故一般采用结构紧凑且价格低廉的滚动导轨。

（1）滚动导轨　滚动导轨可以按轨道和滚动体进行分类。按轨道分类——圆轴式、平面式和滚道式；按滚动体分类——球、滚柱和滚针；按滚动体是否循环分类——循环式、非循环式。这些滚动导轨各有各的特点，应按不同的使用要求选用相应的类型。装入滚珠的滚动导轨适用于中小载荷和摩擦小的场合，装入滚柱的滚动导轨适用于重载和高刚性的场合。轻载的滚柱特性接近线性弹簧，呈硬弹簧特性；滚珠的特性接近非线性弹簧，刚性要求高时应施加一定的预紧力。下面就对几种主要的滚动导轨予以说明。

1）圆轴循环式球滚动导轨。在 ISO 的相关标准中，已对这种滚动导轨的尺寸和精度等指标进行了标准化。其保持器固定在外圆筒上，钢球可在保持器的循环槽内非常自如地循环。它的轴向运动轻快、摩擦力小、进给精度高，可做成间隙可调型导轨，其外圆柱的轴向有切口，用内径可调的轴承座就能调整径向间隙。这种轴承价格便宜、精度高，适合于承受轻载的场合。

2）滚道循环式球滚动导轨。这种导轨由长轨和移动体组成。按钢球和导轨接触方式不同可分为角接触型和双圆弧接触型。在这种导轨的移动体（轴承室）中加工出 4 条半径比钢球半径稍大的滚道，内嵌入钢球，使得导轨能承受上下左右的载荷和周向载荷。这种滚动导轨用螺栓将轨道、移动体与机械装置相连，能承受较大的载荷。当用在有振动和冲击的场合时，要加适当的预紧力。

3）滚道循环式滚子滚动导轨。这种导轨由长导轨和移动体组成，导轨和移动体相对的面内开有两个 90° 的 V 形滚道，在其内交叉地嵌入了直径与长度大致相同的滚子（交叉滚子）。该方式上下左右可承受的额定载荷相同，且能承受回转力矩，是一种额定载荷大，刚性好的滚动导轨。

4）滚针导轨。引导不同形状和尺寸的工件的滚针导轨有多种形式。它们工作时，都以外圈转动，滚针嵌入外圈与轴之间起导向作用，外圈面外表面有球面形和圆柱面形，后者用于承受大载荷的场合。

（2）直线电动机导轨　直线电动机导轨是为了消除传动机构间隙等机械误差而开发的导轨。包含直线电动机，可在轨道上直线驱动。它将滚动导轨和直线电动机组合成一体实现直线运动，而不再需要滚珠丝杠、齿轮和皮带等进给机构。直线电动机运动时，自身产生一定的阻力，故即使没有制动器也能保持在原来的停止位置。著名的人形机器人 LOLA 的腿部机构设计就有直线电动机导轨的结构。

8.4.3　传动方式的设计

传动机构将驱动器的运动传递到关节和动作部位，从而将机械动力传递给负载。选择机器人传动机构需要综合考虑运动、负载和功率要求以及驱动器位置。传动机构必须兼顾刚度、效率和成本，特别是对于正反向运动频繁、变负载的工况，传动间隙和交变应力会影响传动刚度。高传动刚度和低（或无）传动间隙将增大摩擦损失。大多数机器人在额定功率水平或接近额定功率水平运行时，传动机构具有良好的效率。过重的传动机构会带来惯性和摩擦损失。安全系数不足的传动机构刚度较低，在连续或重载工况下易磨损或易因意外过载而失效。

机器人通常通过传动机构来驱动关节，以高效的能量传递方式将驱动力传递给机器人关节。在实际应用中，机器人联合使用各种传动机构，其传动比与驱动器的转矩、转速和惯量有关。传动机构的设计、尺寸和安装位置，决定了机器人的刚度和整体操作性能。由于采用了传动机构，因此现代机器人基本上都具有高效、超荷的抗损坏性能。

直驱机构是运动学上最简单的传动机构。对于气动或液压驱动的机器人，就是驱动器直接连接在连杆上。电动直驱机器人直接将大转矩低转速的直流电动机连接到连杆上，可以完全消除自由游隙，且转矩输出平稳。通常，由于驱动器与连杆之间的动量比（惯性比）较小，因此驱动器的功率较大、效率较低。

（1）直齿或斜齿轮传动机构　该机构可以为机器人提供可靠、密封且维护简单的动力传输，适用于需要紧凑传动且多轴相交的关节。由于大型机器人的基座需要承受高刚度、高转矩，故常用大直径齿轮传动。通常使用多级齿轮传动和较长的传动轴，增大驱动器与从动件之间的物理空间。

行星齿轮传动机构通常集成在紧凑型减速电动机中。需要巧妙的设计、高精度和刚性的支撑，才能使传动机构在实现低间隙的同时，保证刚度、效率和精度。图 8-4 所示为人形机器人行星减速器关节的设计示例。

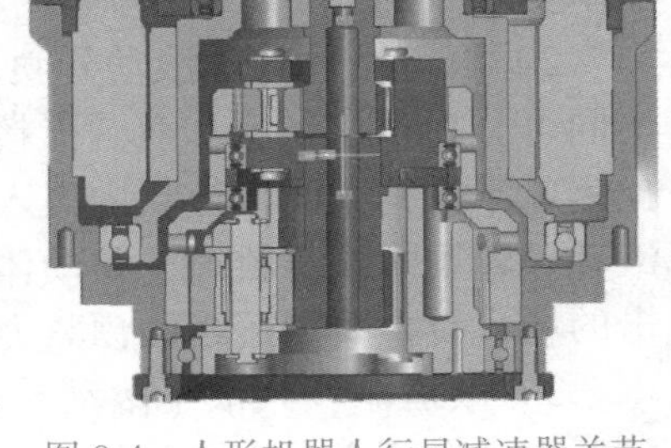

图 8-4　人形机器人行星减速器关节的设计示例

由于电动机是高转速、小转矩的驱动器，而机器人通常要求低转速、大转矩，因此常用行星齿轮传动机构和谐波传动机构完成转速和转矩的变换与调节。

（2）谐波传动机构　该机构在机器人中已得到广泛应用，当前人形机器人大部分手臂机构都采用了谐波传动机构。谐波传动机构通常由谐波减速器组成，谐波减速器由谐波发生器、刚轮和柔轮三个基本部分组成。

谐波发生器通常采用凸轮或偏心安装的轴承构成，刚轮为刚性齿轮，柔轮为能产生弹性变形的齿轮。工作时，固定刚轮，由电动机带动谐波发生器转动，柔轮作为从动轮，输出转动，带动负载运动。谐波传动结构简单、体积小、重量轻、传动精度高、承载能力大、传动比大，具有高阻尼特性，但柔轮易疲劳、扭转刚度低、易产生振动。图 8-5 所示为谐波减速器及其工作原理。

图 8-5　谐波减速器及其工作原理

（3）蜗杆传动机构　该机构可以以直角和偏置的形式布置，传动比高，结构紧凑，有良好的刚度和承载力，常用于低速机械手。蜗杆传动效率较低，可以在高传动比下自锁，在机械手关节无动力时保持其位置，但在手动复位机械手时，容易造成损坏。图 8-6 所示为蜗杆传动示例。

（4）丝杠传动机构　滚珠丝杠通过循环滚珠螺母与钢制滚珠螺钉配合，高效平稳地将旋转运动转换为直线运动。由于易将滚珠丝杠集成到螺杆上，故可以封装成紧凑型驱动器或减速器，以及定制集成的减速传动组件。中短行程中滚珠丝杆传动刚度较好，但用于长行程时，由于螺钉只在螺杆两端支撑，因此刚度较低，采用高精度滚珠螺钉可以使间隙很小甚至为零。螺杆转速受限于螺杆动态稳定性，螺母难以达到高转速。对于低成本机器人，可以选择使用由热塑性螺母和热轧螺纹丝杠组成的滑动丝杠减速器。图 8-7 所示为丝杠传动及关节示例。

图 8-6　蜗杆传动示例

图 8-7　丝杠传动及关节示例

丝杠传动有滑动式、滚珠式和静压式等。机器人传动用的丝杠应具备结构紧凑、间隙小和传动效率高等优点。

（5）齿轮齿条传动机构　该机构适用于直线甚至弯曲轨道的大行程传动。传动刚度由齿轮齿条连接和行程长度决定。由于齿间游隙难以控制，因此要保证全行程中齿轮齿条的中心距公差。双齿轮传动有时会采用预加载的方式来减小齿间游隙。较丝杆传动，由于齿轮齿条传动比较小，因此传动能力较弱。小直径（低齿数）齿轮接触状态较差，易产生振动，而渐开线齿轮传动则需要润滑以减少磨损。齿轮齿条传动通常用于大型龙门式机器人和履带式机器人。图 8-8 所示为齿轮齿条传动示例。

（6）带传动与链传动机构　该机构用于传递平行轴之间的回转运动，或者把回转运动转换成直线运动。机器人中的带传动和链传动分别通过带轮或链轮传递回转运动，有时也用于驱动平行轴之间的小齿轮。

1）同步带传动。同步带的传动面上有与带轮啮合的梯形齿。传动时无滑动，初始张力小，被动轴的轴承不易过载。由于同步带不会产生滑动，因此除了用作动力传动外，还可以用于定位。同步带采用氯丁橡胶为基材，加入玻璃纤维等伸缩刚性大的材料，齿面上覆盖耐磨性好的尼龙布。用于传递轻载荷的同步带用聚氨基甲酸酯制造。

同步带传动属于低惯性传动，适合电动机和大减速比减速机之间使用。若在皮带上安装滑座则可完成与齿轮齿条机构相同的功能。由于同步带传动惯性小且有一定的刚度，因此适合高速运动的轻型滑座。图 8-9 所示为带传动示例。

图 8-8　齿轮齿条传动示例

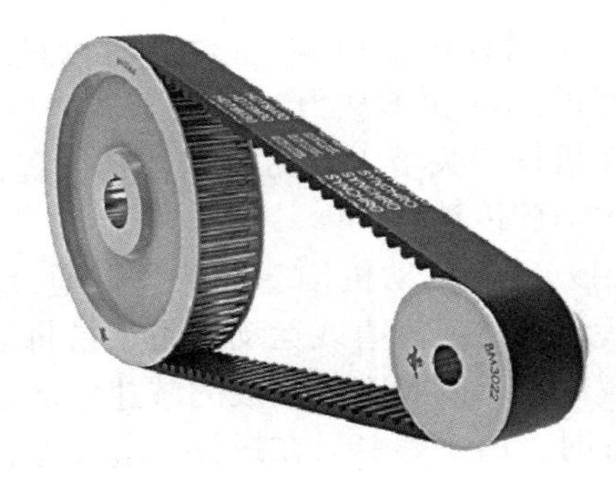

图 8-9　带传动示例

2）滚子链传动。滚子链传动属于比较完善的传动机构，噪声小，效率高，得到了广泛的应用。但是，高速运动时滚子与链轮之间的碰撞产生的噪声和振动较大，所以只有在低速时才能得到满意的效果，即适合低惯性载荷的关节传动。链轮齿数少摩擦力会增加，要得到平稳运动，链轮的齿数应大于 17，并尽量设计齿的个数为奇数。图 8-10 所示为链传动示例。

（7）绳传动与钢带传动机构

1）绳传动。绳传动广泛应用于机器人手爪的开合传动，特别适合有限行程动传递。绳传动的主要优点是，钢丝绳强度大，各方向上的柔软性好，尺寸小，可消除传动间隙。绳传动的主要缺点是，不加预载时存在传动间隙，绳索的蠕变和索夹的松弛会使传动不稳定，多层缠绕绳传动在内层绳索、支承等处损耗能量，效率低、易积尘。

2）钢带传动。图 8-11 所示为钢带传动示例。它把钢带末端紧固于驱动轮和被动轮，受摩擦的影响较小，适合有限行程的传动。钢带传动的优点是，传动比精确、传动件质量小、惯量小、传动参数稳定、柔性好、不需润滑、强度高。

图 8-10　链条传动示例

图 8-11　钢带传动示例

（8）杆、连杆与凸轮传动机构　重复完成简单动作的搬运机器人等固定程序机器人，广泛采用杆、连杆与凸轮机构，如图 8-12 所示。例如，从某位置抓取物体放在另一位置。连杆机构的特点是用简单的机构得到较大的位移，而凸轮机构具有设计灵活、可靠性高和形式多样等优点。外凸轮机构是最常见的机构，借助弹簧即可得到较好的高速性能。内凸轮驱动轴要求有一定的间隙，其高速性能劣于前者。圆柱凸轮用于驱动摆杆，而摆杆在与凸轮回转方向平行的面内摆动。设计凸轮机构时，应选用适应大载荷的凸轮曲线（修正梯形和修正正弦曲线等）。

（9）流体传动机构　流体传动分为液压传动和气压传动。液压传动可得到高惯性矩。气压传动比其他传动运动精度低，但由于容易达到高速，多数用在完成简易作业的搬运机器人上。液压、气压传动易设计成模块化和小型化的机构。例如，驱动机器人端部手爪由多个伸缩动作气缸集成为内装式“移动模块”，气缸与基座或滑台一体化设计并由滚动导轨引导移动支承在转动部分的基座和台子内的“后置式模块”等。

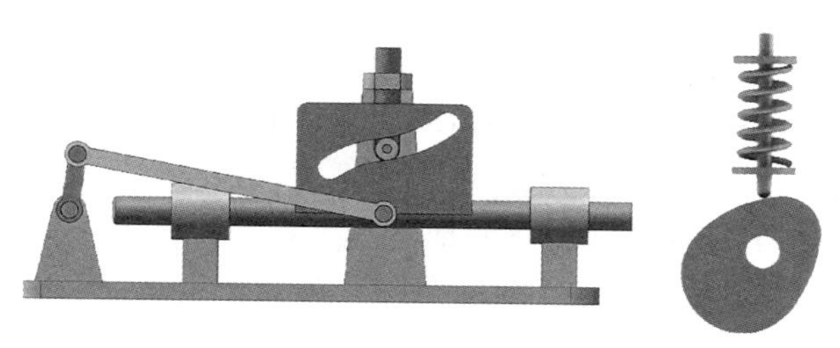

图 8-12　杆、连杆与凸轮传动示例

（10）柔性传动机构　对于机器人而言，减速器的柔性既有利也有弊。传统意义上的机器人需要整体保持高刚度，便于快速响应、高精度定位和简化控制。然而，由于零件、工具、工作可能会出现意外错误，因此会产生额外的作用力对机器人自身、周围环境和人造成伤害。通过对传动机构添加可控、定量的柔性传动，可以有效提高机器人的性能。柔性传动机构通过将安装有位移传感器的弹性输出部件（弹簧），与高刚度的器和传动机构串联，从而降低自身结构刚度，提高整体传动柔性。通过选用合适的控制器，原有的传统位置控制驱动器可作为动力驱动器，有效隔离传动机构和负载所带来的惯量，消除机器人在非正常工作环境或周围有人员工作时常见的冲击或强制停止所产生的力。

8.4.4　传动轴的设计

1. 传动轴概述

轴是轴系的核心零件，一切做回转运动的零件，只有装在轴上后才能实现其运动。其作用是保证零件在轴上有确定的轴向位置，防止零件发生轴向移动、周向发生相对转动，并能承受轴向力。

按载荷和应力的不同，轴可分为三种：心轴，随回转零件一起或不一起转动，只承受弯矩而不传递转矩。转动心轴受变应力，不转动心轴受静应力；转轴，既承受弯矩又承受转矩；传动轴，主要承受转矩。

按轴的中心线的不同，轴还可以分为三种：直轴，轴的各截面中心在同一直线上，包括光轴、阶梯轴、实心轴、空心轴；曲轴，轴的各截面中心不在同一直线上。曲轴通常是专用零件；软轴，轴线可变，把回转运动灵活地传到任何位置。其疲劳强度高、对应力集中的敏感性小，制造工艺性好。

（1）传动轴常用材料及特点

1）碳钢，如 45 钢、50 钢，常用于不重要轴。其特点是，价廉、对应力集中敏感性低、可进行热处理。

2）合金钢，如 40Cr、20Cr，常用于磨损大的轴。其特点是，力学性能比碳钢高、淬火性能更好、可进行热处理，但价高、对应力集中敏感性高。

3）铸铁，如 QT600-3，常用于曲轴、凸轮轴。其特点是，容易制造复杂形状的零件、价廉、有良好的吸振性和耐磨性、对应力集中敏感性低。

4）铝合金，如6061、7075，常用于机器人不规则的轴。其特点是，强度高、质量小、有良好的铸造性能和塑性加工性能。

（2）传动轴常用术语

1）轴颈，与轴承相配的部分，轴颈尺寸等于轴承内径。

2）轴头，与轮毂相配的部分，轮毂直径与轮毂内径相当。

3）轴身，连接轴颈与轴头的部分。

4）轴肩或轴环，轴上截面尺寸变化的地方。

5）轮毂，齿轮中心的圆柱部分，常带有一孔，其作用是安装在轴上使其在轴上转动或与轴一起转动。

2. 机器人轴的结构设计

机器人轴的结构设计需要根据受力特点及本身的结构需求，充分考虑轴上零件的连接、分布及结构工艺。

（1）设计任务　使轴的各部分具有合理的形状和尺寸。

（2）设计要求

1）定位与固定要求。轴和轴上零件要有准确的工作位置，且要牢固而可靠地相对固定。轴上轴向零件的定位方法主要是周向固定，如轴肩、套筒、圆螺母、挡圈、轴承端盖。周向固定可使零件能同轴一起转动，传递转矩。周向固定大多采用键、花键、过盈配合或销等形式来实现。键连接制造简单、装拆方便，用于传递转矩较大，对中性要求一般的场合，应用最为广泛。销连接用于固定不太重要，受力不大，但同时需要轴向固定的零件。当零件位于轴端时，可用轴端挡板与轴肩、轴套、圆锥面等的组合，使零件双向固定。挡板用螺钉紧固在轴端并压紧被定位零件的端面。轴端加工螺纹孔。该方式机构较紧凑，为机器人轴常用的方式。

2）制造与安装工艺。轴应便于制造，轴上零件要易于装拆，并改善应力状况，减小应力集中。不同轴段的键槽，应布置在轴的同一母线上，以减少键槽加工时的装卡次数。需磨制轴段时，应留砂轮越程槽；需车制螺纹的轴段，应留螺纹退刀槽，相近直径轴段的过渡圆角、键槽、越程槽、退刀槽尺寸尽量统一。轴的配合直径应圆整为标准值，轴端应有45º的倒角，与零件过盈配合的轴端应加工出导向锥面，装配段配合面不宜过长。减小应力集中的措施包括用圆角过渡，尽量避免在轴上开横孔、切口或凹槽；对于重要结构，可增加卸载槽B、过渡肩环、凹切圆角、增大圆角半径，也可以减小过盈配合处的局部应力等。

图8-13所示为机器人轴系设计示例。在设计过程中，考虑轴上所需要固定的零件的定位与连接需要。设计要点为，需连接轴承、编码器、螺钉、电动机转子、电动机外壳、谐波减速器支撑等零件。如图8-13所示，左图为转子轴，为电动机动力输出的高速端，

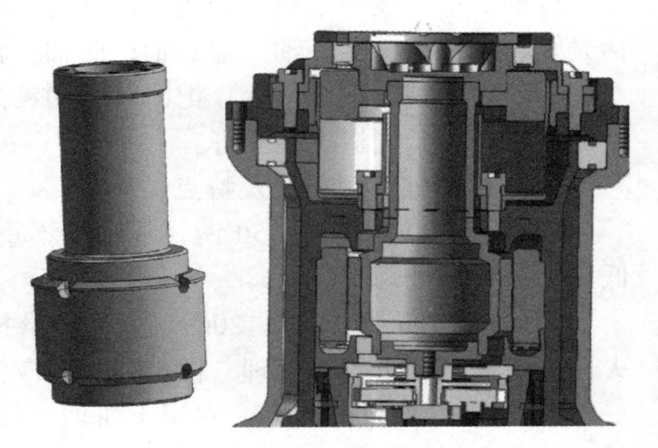
图8-13　机器人轴系设计示例

在惯量匹配的前提下，应尽量减少惯量；结构自身中心对称，以保证轴的静平衡和动平衡。另外，还要注意关键部位同轴度设计需求和加工装配工艺性，整体结构布局合理性和紧凑性。

在设计与加工方面，若须考虑装配工艺性等限制因素，可对轴进行分段设计；若对轴整体精度有较高要求，可对轴进行整体加工。本示例主要体现了分段设计与整体加工，可有效保证轴的定位精度及动力传递的强度。

8.5　系统集成机构设计

8.5.1　机器人系统构成

人形机器人的系统集成机构设计，既要考虑需实现的运动和作业功能，也要考虑机械和电气系统的实现和布局方案，如传感系统的布局方案、动力系统的配置及零部件的加工与组装等多方面的设计要求。机器人系统构成如图 8-14 所示。

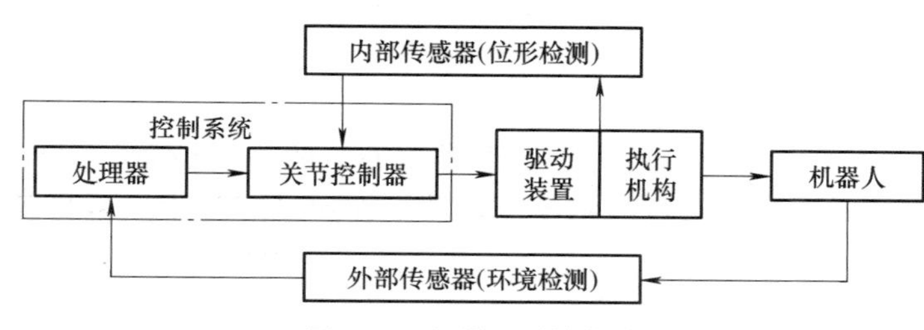

图 8-14　机器人系统构成

1）执行机构，包括腿部、手部、腕部、臂部、腰部和基座等，相当于人的肢体。

2）驱动装置，包括驱动源、传动机构等，相当于人的肌肉、筋络。

3）感知反馈系统，相当于人的感官和神经，包括内部传感器和外部传感器。内部传感器，用于检测位置、速度等；外部传感器，用于检测机器人所处的环境信息。

4）控制系统，包括处理器及关节伺服控制器等，用于进行任务及信息处理，并给出控制信号，相当于人的大脑和小脑。

面向不同的需求设计，除了机构系统，人形机器人控制系统的设计也是机器人设计的重要组成部分。其基本功能如下：

1）记忆功能，存储作业顺序、运动路径、运动方式、运动速度和与生产工艺有关的信息。

2）示教功能，离线编程、在线示教、间接示教。在线示教包括示教盒和导引示教两种。

3）与外围设备联系的功能，输入和输出接口、通信接口、网络接口、同步接口。

4）坐标设置功能，有关节、绝对、工具、用户自定义四种坐标系。

5）人机接口，示教盒、操作面板、显示屏等接口。

6）传感器接口，位置检测、视觉、触觉、力觉等传感器的接口。

7）位置伺服功能，机器人多轴联动、运动控制、速度和加速度控制、动态补偿等。

8）故障诊断安全保护功能，运行时系统状态监视、故障状态下的安全保护和故障自诊断。

8.5.2 传感系统设计

随着机器人技术的不断发展，其应用领域和功能有了极大的拓展和提高。智能化已成为机器人技术的主要发展趋势，而传感器技术则是实现机器人智能化的基础。由于单一传感器获得的信息非常有限，而且受到自身品质和性能的影响，因此，智能机器人通常配有数量众多、不同类型的传感器，以满足探测和数据采集的需要。

多传感器信息融合技术可有效地解决信息孤立、信息丢失问题。它综合运用控制原理、信号处理、仿生学、人工智能和数理统计等方面的理论，将分布在不同位置、处于不同状态的多个传感器所提供的局部、不完整的观察量加以综合，消除多传感器信息之间可能存在的冗余和矛盾，利用信息互补，降低不确定性，以形成对系统环境相对完整一致的感知描述，从而提高智能系统决策、规划的科学性，反应的快速性和正确性，降低其决策风险。机器人多传感器信息融合技术已成为智能机器人研究领域的关键技术之一。

机器人传感系统设计一般需依据机器人传感器的要求、特点进行合理的布置与定位，设计过程中主要考虑传感器的精度及发挥传感器最大的功效。机器人常用的传感器的安装、定位与布置设计时常考虑如下因素：

（1）位置传感器　位置传感器一般用于感知关节的绝对位置，以便对机器人进行运动控制。因此，其轴向安装与定位的精度及机器人在运动过程中发生抖动的情况下的精度至关重要。

（2）力传感器　力传感器用于检测机器人运动过程中受到的相互作用力的大小，包括关节处的力矩传感器、压力传感器，机器人肢体末端的六维力传感器等。设计要点为需要充分考虑关节零件的受力关系，在设计上力矩传感器需要与连接件相配合，使其不受其他方向力、力矩的影响。

（3）姿态传感器　姿态传感器主要用于检测机器人自身的姿态信息，从而对机器人进行平衡控制。设计时主要考虑其工作稳定性，因此其安装的位置及定位至关重要。

（4）视觉传感器　视觉传感器主要用于人形机器人对周围环境的感知，一般置于机器人头部与胸腔位置，其视角范围及运动过程中的稳定性是设计与布置中需要着重解决的问题。

（5）激光雷达　激光雷达主要用于对人形机器人前方环境的感知，其感知的范围是关键，一般布置在机器人胸前，因此设计时需充分考虑其感知范围及相对于地面的角度。

8.5.3 零部件加工与组装

在完成人形机器人零部件设计后，需要生成加工图样，在此基础上，完成零件的加工，并组装成部件，最后形成人形机器人实物样机。零部件的加工与组装质量将直接决定机器人运行的质量及可靠性，因此在影响机器人性能方面至关重要。本节将从零部件加工工艺与组装工艺方面介绍人形机器人加工与组装过程。

1. 加工工艺

为每个机器人零件确定加工工艺，需要完成的步骤：了解零件功用与结构，确定技术要求（加工精度、表面粗糙度、其他要求），确定材料，编制零件加工工艺，编制加工程序，执行加工。针对轴类零件、套类零件等，均有不同特点的加工工艺。

（1）轴类零件　常见的轴类零件图样如图 8-15 所示，主要的加工工艺要点为保证同轴度、强度、刚度要求。

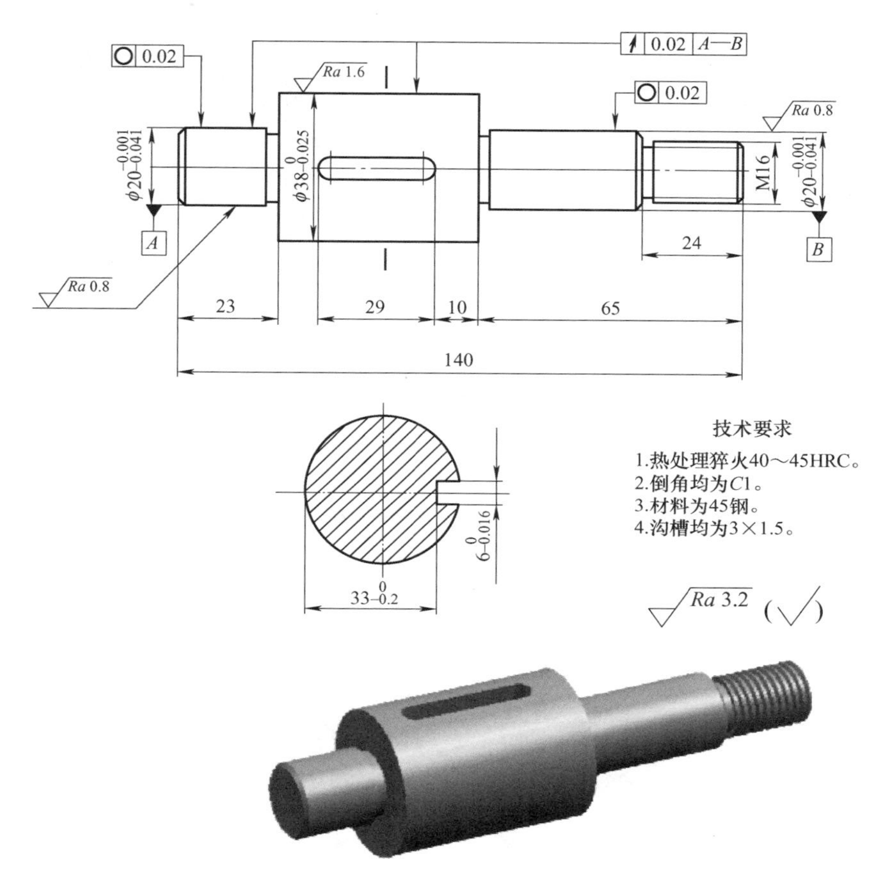

图 8-15　常见的轴类零件图样

1）零件功用，支承传动件和传递转矩，保证安装零件的回转精度。

2）结构，旋转体零件，加工表面通常有内外圆柱面、圆锥面，以及螺纹、花键、键槽、横向孔、沟槽等；根据结构，可分为光轴、阶梯轴、空心轴、异形轴、花键轴、曲轴、凸轮轴等。

3）技术要求，主要为加工精度，即尺寸精度、形状精度、位置精度、表面粗糙度等。支承轴颈的表面粗糙度 *Ra* 一般为 0.8 ～ 0.2μm，配合轴颈的表面粗糙度 *Ra* 一般为 3.8 ～ 0.8μm。

4）定位基准，粗加工时，以外圆表面为定位基准；半精车加工时，采用外圆表面和中心孔作为定位基准（即一夹一顶）；精加工时，采用两个中心孔作为定位基准（即双顶尖）。

5）传动轴加工工序，锻造毛坯—热处理（退火）—粗车—半精车—车螺纹—铣键槽—热处理（淬火加高温回火）—粗磨—精磨。

（2）套类零件　常见的套类零件图样如图 8-16 所示。套类零件大多起支承或导向作用，其内、外表面的形状精度和位置精度要求较高。其主要工作表面为内圆表面、外圆表面，这些面的表面粗糙度数值较小，孔壁较薄且易变形。

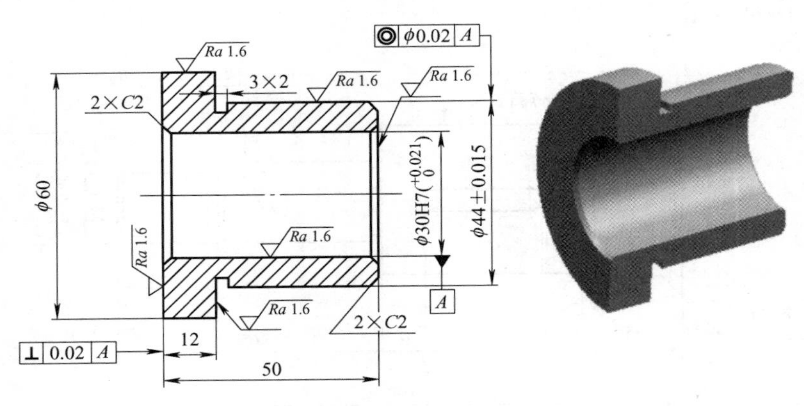

图 8-16　常见的套类零件图样

1）结构，内外圆柱面、端面、外沟槽等，属短套类零件。

2）技术要求，尺寸精度、表面粗糙度、同轴度、垂直度。

3）材料，铸铁。毛坯选用外径为 ϕ70mm 的铸铁棒料。

（3）典型机器人零件的加工方法　一般采用保证相互位置精度的“一刀下”方法。外圆加工工序为，精车；内孔加工工序为，钻孔—车孔—铰孔。图 8-17 所示为机器人电动机外壳示例。它属于套类零件，配合的要求包括同轴度、零件的径向定位等。

图 8-17　机器人电动机外壳示例

着色部位相互间均有同轴度设计要求，相同颜色部位相互间同轴度设计要求更高。有同轴度要求的部位应尽可能减少最后精加工工序次数，最好在同一次工序中精加工完成。

工艺选择上，回转类零件的有同轴度要求的部位，从加工经济性、表面加工质量角度出发，应优先采用车削加工方式；有条件的，如有高速主轴的高精度铣削加工中心，则可采用高速铣削替代车削的加工方式。

加工设备选择上，不考虑经济性，采用自动调头加工的高精度双主轴车削加工中心，则能实现一次装卡下的各关键内外回转面一次加工完成；综合考虑加工经济性和加工质量要求，决定采用单主轴车削加工中心，两次装卡完成加工。

2. 装配工艺

（1）装配顺序　装配顺序是在机器人机构设计中需要提前规划的。在确定装配工艺时，更需要进一步明确各个零件的装配顺序，同时需要提前加工制作安装工装。

（2）传动件的定位　机器人的重复定位精度要求较高，设计时应根据具体要求选择适当的定位方法。目前常用的定位方法有电气开关定位、机械挡块定位和伺服定位。

1）电气开关定位。电气开关定位是利用电气开关（有触点或无触点）作为行程检测元件，当机器人关节运行到定位点时，行程开关发出信号，切断动力源或接通制动器，从而使关节获得定位。液压驱动的关节运行至定位点时，行程开关发出信号，电控系统使电磁换向阀关闭油路而实现定位。电机驱动的关节需要定位时，行程开关发出信号，电气系统激励电磁制动器进行制动而定位。使用电气开关定位的关节，结构简单、工作可靠、维修方便，但由于受惯性力、油温波动和电控系统误差等因素的影响，重复定位精度比较低，一般为 ±（3 ～ 5）mm。

2）机械挡块定位。在行程终点设置机械挡块，当机器人关节减速运动到终点时，紧靠挡块而定位。若定位前缓冲较好，定位时驱动压力未撤除，则在驱动压力下将运动件压在机械挡块上，或者驱动压力将活塞压靠在缸盖上，从而实现较高的定位精度，最高可达 ±0.02mm。若定位时关闭驱动油路、消除驱动压力，则关节运动件不能紧靠在机械挡块上时，定位精度就会降低。其降低的程度与定位前的缓冲效果和关节的结构刚性等因素有关。

3）伺服定位。电气开关定位与机械挡块定位这两种定位方法只适用于两点或多点定位。如果要实现任意点定位，就可以使用伺服定位系统。伺服定位系统可以输入指令来控制位移的变化，从而获得良好的运动特性。它不仅适用于点位控制，也适用于连续轨迹控制。伺服定位系统可分为开环伺服定位系统与闭环伺服定位系统。开环伺服定位系统没有行程检测及反馈，是一种直接用脉冲频率变化和脉冲数控制机器人速度和位移的定位方式。这种定位方式抗干扰能力差、定位精度较低，故如果需要较高的定位精度（如 ±0.2mm），则一定要降低机器人关节轴的平均速度。闭环伺服定位系统具有反馈环节，其抗干扰能力强、反应速度快、容易实现任意点定位。

（3）传动件的消隙　传动机构存在间隙，也叫侧隙。就齿轮传动而言，其侧隙是指一对齿轮中一个齿轮固定不动，另一个齿轮能够做出最大的角位移。传动的间隙，影响了机器人的重复定位精度和平稳性。对机器人控制系统来说，传动间隙导致显著的非线性变化、振动和不稳定。可是，传动间隙是不可避免的，主要有两种：一是由于制造及装配误差所产生的间隙；二是为适应热膨胀而特意留出的间隙。消除传动间隙的主要途径有，提高制造和装配精度、设计可调整传动间隙的机构、设置弹性补偿零件。下面介绍适合机器人采用的几种常用的传动消隙方法。

1）消隙齿轮。消隙齿轮由具有相同齿轮参数并只有一半齿宽的两个薄齿轮组成，利用弹簧的压力使它们与配对的齿轮两侧齿廓相接触，完全消除了齿侧间隙，其最大好处是侧隙可以调整。

2）柔性齿轮消隙。对钟罩形状的具有弹性的柔性齿轮，在装配时对它稍许增加预载引起轮壳的变形，从而使得每个轮齿的双侧齿廓都能啮合，达到消除侧隙的目的。采用上述同样的原理却用不同设计形状的径向柔性齿轮，在这里轮壳和齿圈是刚性的，但与齿轮圈连接处则具有弹性。对于给定同样的转矩载荷，为保证无侧隙啮合，径向柔性齿轮所需要的预载力比钟罩形状齿轮要小得多。

3）对称传动消隙。一个传动系统设置两个对称的分支传动，并且其中必有一个是具有“回弹”能力的。使用两个谐波传动的消隙方法，将电动机置于关节中间，电动机双向输出轴传动完全相同的两个谐波减速器，驱动一个手臂的运动，谐波传动中的柔轮弹性很好。这种消隙装置的关键是有一个空转轴的直径比另一个的小些（容易产生扭转形变），并加以扭矩预载产生弹性状态，其结果是消除了传动侧隙。但是，加的传动件增加了负载和结构尺寸。因此，它仅应用在像腰旋转这样大惯量的关节上，在这种场合中消除传动间隙是十分重要的。

4）偏心机构消隙。偏心机构实际上是中心距调整机构。特别是对于由齿轮磨损等原因造成传动间隙增加，最简单的方法是调整中心距。

5）齿廓弹性覆层消隙。齿廓表面覆有薄薄一层弹性很好的橡胶层或层压材料，相啮合的一对齿轮加以预载，可以完全消除啮合侧隙。齿轮几何学上的齿面相对滑动橡胶层内部发生剪切弹性流动时被吸收，因此，像铝合金甚至石墨纤维增强塑料这种非常轻而又具备良好接触和滑动品质的材料可用来作传动齿轮的材料，可以大大地减轻重量和转动惯量。

8.5.4 系统调试与实验

机器人系统中的零部件安装完毕后，需要对整个系统的电气系统进行布置、安装、接线，然后开始对整个系统进行调试，主要包括以下步骤：

1. 单关节调节与零点校核

单关节调节与零点校核环节一般通过驱动器自带的电动机调试软件，校核各个关节电动机的零件、控制参数、设置关节的限位及检验各关节是否运转正常。图 8-18 所示为人形机器人关节调试结果示例。从右侧图可以看出，位置跟踪效果较好、位置误差较小、速度及电流比较平稳，表明关节运行正常，为后续整个机器人多关节的控制提供基础。

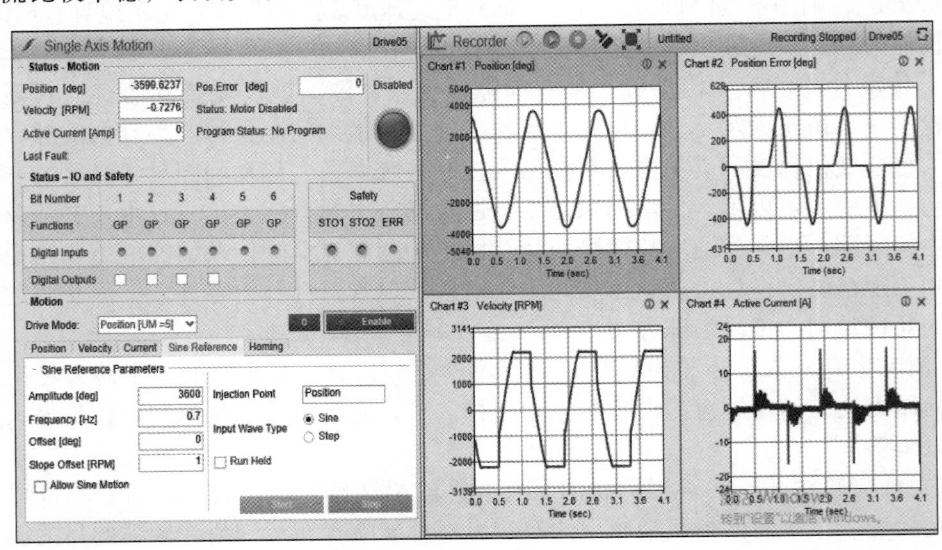

图 8-18 人形机器人关节调试结果示例

2. 多关节协同调试

多关节协同调试一般是在单关节调试完成后，通过上位机发送指令到全身各个关节，检查每个关节的运行状态、全身通信状态、电池供电状态等，是在完成测试前的必备的准备工作。一般通过吊车将机器人吊起，在空中执行机器人运动轨迹，检测运动规划轨迹是否满足机器人的角度范围等要求。

3. 行走与操作实验

行走与操作实验需要机器人多关节协同工作，图 8-19 所示为宇树人形机器人 G1 下肢运动与上肢操作测试。

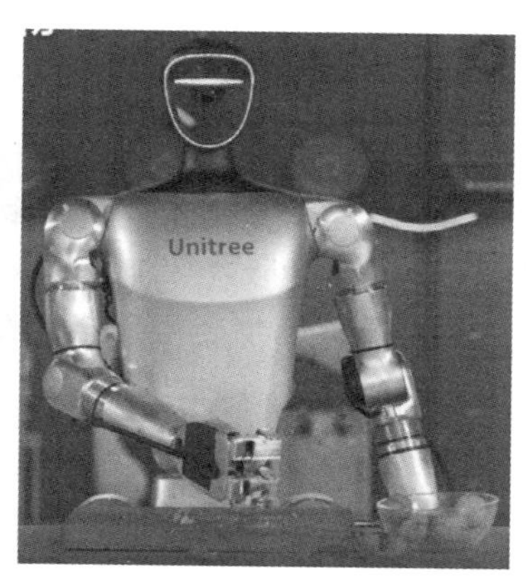

图 8-19　宇树人形机器人 G1 下肢运动与上肢操作测试

思考题与习题

1. 进行人形机器人机构设计时的常规步骤是什么？
2. 机器人常用的关节驱动包括哪些？请举出具体应用实例。
3. 机器人传动轴的作用是什么？设计时一般考虑哪些关键点？
4. 人形机器人常用的传动方式包括哪些？分别有何特点？
5. 人形机器人系统包括哪些构成部分？
6. 机器人零部件加工工艺包括哪些？防止零件变形的方法有哪些？
7. 人形机器人系统调试包括哪些步骤？分别有哪些注意事项？
8. 若设计一款物流搬运人形机器人，试简单阐述设计流程。

第 9 章　人形机器人运动控制实践

导读

本章首先介绍了人形机器人运动控制系统的基本概念，同时详细介绍了人形机器人运动控制系统的整体构成；接着以宇树 G1 人形机器人为例，介绍如何在 Mujoco 仿真环境中搭建人形机器人系统，并实现仿真控制；最后，在所搭建的宇树 G1 人形机器人仿真环境的基础上，介绍实现人形机器人平衡站立、行走、复杂地形行走和跳跃任务的实现方法和控制实例。

本章知识点

- 人形机器人运动控制系统概述
- 人形机器人运动控制系统仿真
- 人形机器人运动控制实例

9.1　概述

人形机器人拥有类似人类的外形和结构，因此能够执行包括行走、搬运和操作工具在内的一系列任务。这种与人类相似的功能为人形机器人开辟了广泛的应用前景，如在医疗领域辅助手术、在工业领域承担体力劳动等。然而，完成这些高复杂度的任务，需要机器人的各部分组件默契配合，这对运动控制系统提出了较高要求。例如，在人形机器人行走时，需要考虑如何协调各个关节的运动，如何根据传感器感知到的信息对行走策略做出调整，以及如何应对未知环境对机器人的影响等。因此，本章将以宇树 G1 人形机器人为例，面向人形机器人的行走、跳跃等任务，深入介绍人形机器人运动控制系统的实践开发。对于人形机器人控制系统的实践开发，主要可分为系统集成和运动控制算法设计两部分。

系统集成是指将机器人电动机、惯性测量单元（IMU）、摄像头、激光雷达等硬件进行整合，使其成为能够执行特定任务的完整机器人系统。人形机器人系统如图 9-1 所示。为降低开发成本，在运动控制系统开发初期通常会事先在仿真环境中进行机器人系统的集成。运动控制系统的各部分组建和控制算法在仿真环境中验证无误后再迁移至机器人实物，这一过程也被称为仿真到实物（Sim to Real）。因此，选择模拟准确、功能匹配的机器人仿真器有助于提高机器人运动控制系统开发的效率。目前，常用的机器人仿真器主要有 Mujoco、Gazebo、Pybullet 等。其中，Mujoco 由于其丰富的接口、高效且精确的仿真性能成为近年来人形机器人开发最常用的仿真工具之一。此外，人形机器人是一个集成多种硬件的复杂系统，各部分组件的数据互通也是系统集成需要考虑的问题。选择合适的数据通信工具，可以有效提高机器人系统的开发效率和控制算法的运行效率。目前机器人开发常用的通信工具有机器人操作系统（Robot Operating System，ROS）、数据分发服务（Data Distribution Service，DDS）、轻量级通信与数据封送库（Lightweight Communications and Marshalling，LCM）等。其中，DDS 是一种为实时、可靠、高性能的数据通信提供的网络协议标准，目前已广泛应用于机器人、自动驾驶等领域。Unitree SDK2 是宇树公司采用 DDS 作为消息中间件开发的一套用于宇树 G1、H1 等人形机器人产品的开发套件。Unitree SDK2 除了能用于开发宇树公司旗下的系列机器人产品外，还提供了一套专用于人形机器人和足式机器人的数据格式和通信协议。使用 Unitree SDK2 不仅能提高人形机器人控制程序开发的效率，还便于仿真到实物的迁移。本章 9.2 节内容主要面向人形机器人运动控制实践开发，介绍所需要使用的工具，以及如何在 Mujoco 仿真环境中构建人形机器人系统，并使用 Unitree SDK2 实现与机器人的各部分硬件的数据通信。

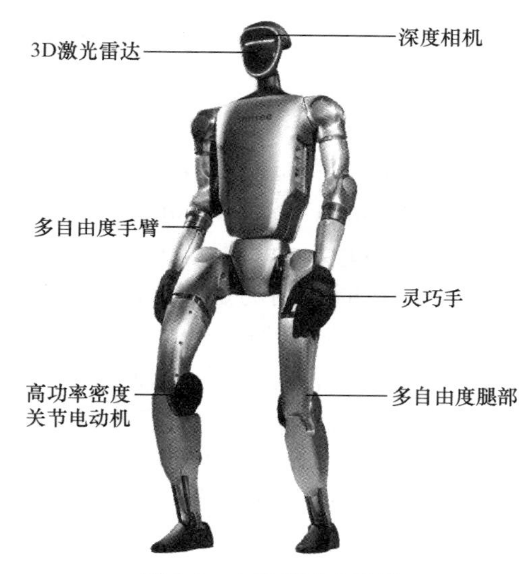

图 9-1　人形机器人系统

人形机器人模仿了人类的运动特点，相较于其他类型的机器人，能够实现复杂度更高的运动，被视为最理想的机器人形态之一。平衡站立、行走和跳跃是人类具有的最基本的运动能力，因此也是人形机器人首要解决的控制问题。图 9-2 所示为人形机器人行走控制示例。人形机器人是一个高维度、强耦合、强非线性的切换系统，其控制算法的开发具有较高的技术难度，主要体现在如下方面：

1）人形机器人自由度多，以宇树 G1 人形机器人为例，具有 23 关节电动机（不含手指关节）。协调各个关节的运动，实现机器人实现站立、行走等任务是一个复杂的过程。

图 9-2 人形机器人行走控制示例

2）人形机器人动力学模型是一个多刚体浮动基座模型，各个关节之间的运动相互耦合，具有高度复杂和非线性的数学形式。如何进行准确的建模分析，并设计控制策略是一项技术挑战。

3）人形机器人在执行行走、跳跃等动作时，其接触模态是不断变化的，并且始终处于静不稳定状态，这要求控制器的稳定性和鲁棒性必须达到较高的水准。

因此，为了最大限度地发挥人形机器人的运动潜力，设计并开发稳定且鲁棒的运动控制算法成为一个迫切需要关注和解决的问题。近年来随着优化控制算法和机器人硬件技术的发展，人形机器人的控制逐渐由零力矩点（ZMP）、弹簧倒立摆模型控制等基于简化模型的方法转向模型预测控制（Model Predict Control，MPC）、轨迹优化（Trajectory Optimization）、全身控制（Whole Body Control，WBC）等性能更为全面的控制方法。MPC 能够充分考虑人形机器人在一段时间内的足端接触模态变化，使得机器人在一段时间的轨迹跟踪误差最小。轨迹优化算法则能够根据给定的控制指标，如能量最小、时间最优等，计算出控制人形机器人完成任务所需的最佳控制量。WBC 能够充分考虑机器人驱动特性和动力学特性，根据控制任务的不同优先级进行分层控制，协调机器人的运动。本章 9.3 节将介绍使用 MPC、轨迹优化、以及 WBC 等控制方法，实现人形机器人在保持平衡站立、行走、复杂地形行走以及跳跃等任务的控制策略。

9.2 仿真系统集成

9.2.1 仿真环境构建

1. Mujoco 仿真器

Mujoco 仿真器是一款免费、开源的高性能物理引擎，广泛应用于机器人学、生物力学、计算机图形学以及动画制作等领域。Mujoco 仿真器能够模拟复杂的物理现象，如刚体动力学、接触检测、肌肉和关节的行为等，并且支持实时仿真。在设计上它考虑了可扩展性和精确性，使其能够被用于研究和开发各种模拟环境，帮助科研人员和工程师测试和优化他们的模型和算法。

Mujoco 仿真器具备准确高效、免费开源、模块化、丰富的社区支持和易于使用的开发接口等优点，近年来成为人形机器人控制开发十分受欢迎的仿真器之一。Mujoco 仿真器帮助研究人员和开发者测试和优化他们的控制策略，从而推动人形机器人技术的发展和进步。图 9-3 所示为 Mujoco 仿真器软件界面。

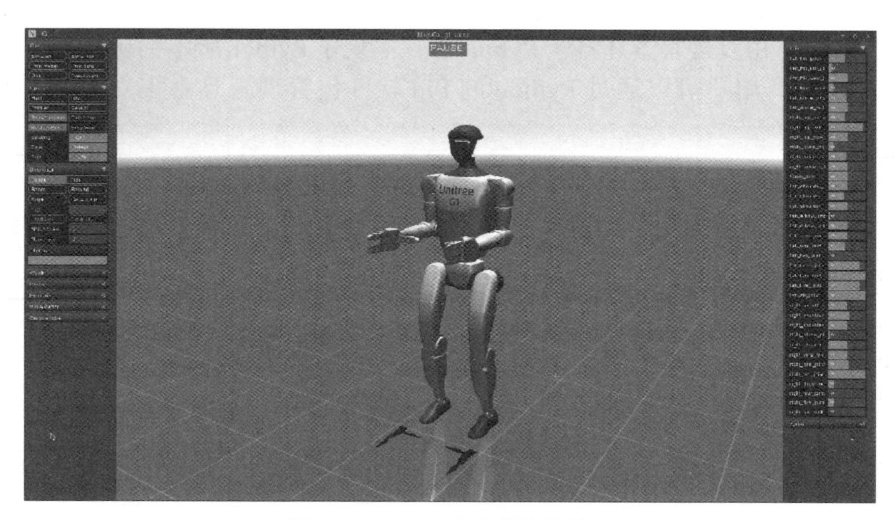

图 9-3　Mujoco 仿真器软件界面

Mujoco 仿真器可用于实现基于模型的计算，如控制合成、状态估计、系统识别、机构设计、通过逆动力学进行数据分析，以及为机器学习应用进行并行采样等。它还可用作更传统的模拟器，包括游戏和交互式虚拟环境。为了更加灵活地使用 Mujoco 仿真器提供的接口和工具，推荐从源码构建 Mujoco 仿真器。在 Ubuntu 系统下安装和配置 Mujoco 仿真器的方法如下。

1）首先确保系统已经安装好 C++ 编译工具。

```
1  sudo apt install build-essential cmake
```

2）接着安装编译 Mujoco 仿真器所需的依赖库。

```
1  sudo apt install libglfw3-dev libxinerama-dev
2  sudo apt libxcursor-dev libxi-dev
```

3）下载 Mujoco 仿真器源码，编译并安装。

```
1  git clone https://github.com/google-deepmind/mujoco.git
2  mkdir build && cd build
3  cmake ..
4  make-j4
5  sudo make install
```

4）运行仿真器，在终端中执行如下命令，会弹出 Mujoco 仿真器的仿真界面：

```
1  simulate
```

用户可以在 Mujoco 仿真器官方的 Mujoco Menagerie 仓库（https://github.com/google-deepmind/mujoco_menagerie.git）下载已经搭建好的机器人场景，并使用如下命令来加载所需的机器人：

```
1  simulate path_to_xml_file/robot.xml
```

其中的 robot.xml 文件是 Mujoco 仿真器专用的机器人场景描述文件。

此外，Mujoco 仿真器官方还基于 Pybind11，实现了 Python 版本的仿真器应用开发包，并发布在 PyPI 上。用户可以通过 Python 的 Pip 软件包管理工具直接安装 Python 版本的 Mujoco 仿真器。

```
1  pip3 install mujoco
```

安装好 Mujoco 仿真器后，可以使用其提供的函数接口，来加载模型并进行物理仿真。下面给出了一个基于 Mujoco C/C++ 接口实现物理仿真的简单例子。

```
1   #include "mujoco.h"
2   #include "stdio.h"
3   char error [1000];
4   mjModel* mj_model;
5   mjData* mj_data;
6   int main ( void ) {
7       // 加载模型
8       mj_model = mj_loadXML ( "hello.xml", NULL, error, 1000);
9       // 如果模型为空，退出程序
10      if ( !mj_model ) {
11        printf ( "%s\n",  error );
12        return 1;
13      }
14      // 创建一个 mjdata 数据结构类型用于存储仿真过程中的数据
15      mj_data = mj_makeData ( m );
16      // 让仿真持续 10s
17      while ( mj_data ->time <10 ) {
18        // 进行一步仿真计算，计算结果会存入 mj_data
19        mj_step ( mj_model, mj_data );
20      }
21      // 释放内存
22      mj_deleteData ( mj_data );
23      mj_deleteModel ( mj_model );
24      return 0;
25  }
```

其中的 hello.xml 场景文件的内容如下：

```
1  <mujoco >
2    <asset >
```

```
3        <texture type="skybox" builtin="gradient" rgb1="0.9 0.9 0.9" rgb2="1 1 1" width="512"
          height="3072"/>
4      </asset >
5    <worldbody >
6      <light diffuse="0.5 0.5 0.5" pos="0 0 3" dir="0 0 -1"/>
7      <geom type="plane" size="1 1 0.1" rgba=".9 0 0 1"/>
8      <body pos="0 0 1">
9        <joint type="free"/>
10       <geom type="box" size=".1 .2 .3" rgba="0 .9 0 1"/>
11       </body>
12     </worldbody>
13   </mujoco>
```

在该场景中创建一个方形物块，并使其从空中自由落下，如图 9-4 所示。

图 9-4　利用 Mujoco 仿真器模拟自由落下的物块

本章 9.2.2 节“仿真模型搭建”，会详细介绍如何搭建更复杂的机器人场景并生成对应的 xml 文件。本章 9.2.3 节机器人系统集成，会详细介绍如何操作 mjData 数据，获取仿真中机器人的传感器数据和控制机器人的关节运动。

2. 使用 Unitree SDK2 进行数据通信

人形机器人是一个复杂的系统，如何高效地获取众多关节电动机和传感器的数据是控制应用开发中需要考虑的问题。尽管在仿真设计中可以直接调用 Mujoco 仿真器提供的应用程序接口（Application Programming Interface，API）来获取传感器数据和实现电动机控制，但是这不利于控制程序在实物机器人上的部署。这是因为仿真器与机器人实物的 API 通常存在较大差异，仿真器中获取数据和控制电动机的方式在机器人实物上并不适用。因此，可以借助一些数据通信工具（如 ROS、DDS 等）来连接不同的 API，统一数据结构。这样用户在实现运动控制应用时，就可以方便地在仿真和机器人实物之间切换验证，提高开发效率。

Unitree SDK2 是宇树公司的用于旗下 G1、H1 等机器人开发的软件包。Unitree SDK2 提供了一套易于使用的通信接口，同时还定制了一套专用于人形机器人和足式机器人的通信格式。基于 Unitree SDK2，用户可以方便高效地实现人形机器人控制的仿真验证和真机部署。用户可以在宇树公司官方文档或 Github 网站获取 Unitree SDK2，安装方法如下：

```
1  git clone https：// github.com/unitreerobotics/unitree_sdk2
2  cd unitree_sdk2
3  sudo ./ install.sh
4  mkdir build
5  cd build
6  cmake ..
7  make
```

分别在两个终端中运行 test_publisher 和 test_subscriber 程序，可以看到数据在两个程序之间互通，说明 Unitree SDK2 已经正确安装。

```
1  ./ test_publisher
2  ./ test_subscriber
```

Unitree SDK2 中定义了许多人形机器人开发常用的数据结构类型，如电动机状态、IMU 状态等，每种数据类型被定义在 .idl 文件下。以 MotorCmd_.idl 为例，它定义了电动机控制指令包含的参数。


```
1   #ifndef __unitree_go__msg__motor_cmd__idl__
2   #define __unitree_go__msg__motor_cmd__idl__
3   module unitree_go {
4       module msg {
5         module dds_ {
6           struct MotorCmd_ {
7             octet mode； // 电动机控制模式
8             float q； // 关节目标位置
9             float dq； // 关节目标速度
10            float tau； // 关节目标转矩
11            float kp； // 关节刚度系数
12            float kd； // 关节阻尼系数
13            unsigned long reserve [3]； // 保留位
14          }；
15        }； // module dds_
16      }； // module msg
17  }； // module unitree_go
18  #endif // __unitree_go__msg__motor_cmd__idl__
```

利用 Unitree SDK2 提供的 ChannelPublisher 和 ChannelSubscriber 接口，可以方便快速地发布和订阅这一数据。

发布方法如下：

```
1   int main () {
2       ChannelFactory :: Instance () ->Init (0);
3       ChannelPublisher <unitree_go ::msg::dds_::MotorCmd_ > publisher ( "topic_name" );
4       publisher.InitChannel ();
5       while (true) {
6           unitree_go ::msg::dds_:: MotorCmd_ cmd;
7           cmd.q () = 0;
8           cmd.dq () = 0;
9           cmd.kp () = 0;
10          cmd.kd () = 0;
11          cmd.tau () = 0;
12          publisher.Write ( cmd );
13          sleep (1);
14      }
15      return 0;
16  }
```

订阅方法如下：

```
1   void Handler ( const void* msg ) {
2       const unitree_go ::msg::dds_:: MotorCmd_* pm = ( const unitree_go ::msg::dds_:: MotorCmd_ * )
    msg;
3   }
4   int main (){
5       ChannelFactory :: Instance ()->Init (0);
6       ChannelSubscriber <unitree_go ::msg::dds_::MotorCmd_ > subscriber ( "topic_name" );
7       subscriber.InitChannel ( Handler );
8       while (true) {
9           sleep (10);
10      }
11      return 0;
12  }
```

3. 数据可视化工具

人形机器人是一个高度复杂的系统，一个控制器作用于机器人时所呈现出来的效果，通常是多种因素共同作用的结果。因此，仅凭机器人的表现很难分析出控制器的具体性能和控制过程中可能出现的各种问题。通常研发人员需要对机器人的各部分数据进行具体分析，才能找到问题的原因。数据可视化工具可以帮助研发人员直观地理解这些数据，发现数据的模式和异常，从而更好地设计和调整算法。在人形机器人开发中，通常需要两种分析手段：一种是对数据进行定性分析，如机器人的电动机转矩是否超出工作范围，接触是否存在较大冲击，图像获取是否稳定等；还有一种是定量分析，如机器人行走时的平均跟踪误差、平均能量消耗等。以下是两种常用的数据可视化工具：

1）RViz。RViz 是 ROS 的一个重要工具，通常用于三维物理世界信息的可视化，如雷达点云、图像、三维路径等。图 9-5 所示为 RViz 的界面。

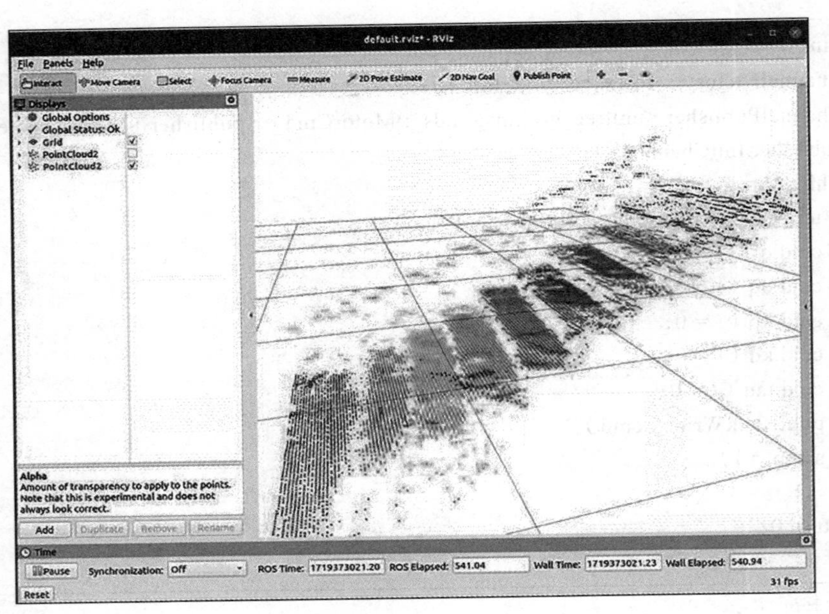

图 9-5　RViz 软件整体界面

2）PlotJuggler。PlotJuggler 是一款专为机器人学和自动化领域设计的数据可视化和图形化开源工具。它能够实时接收数据并将数据绘制成曲线。图 9-6 所示为 PlotJuggler 的界面。

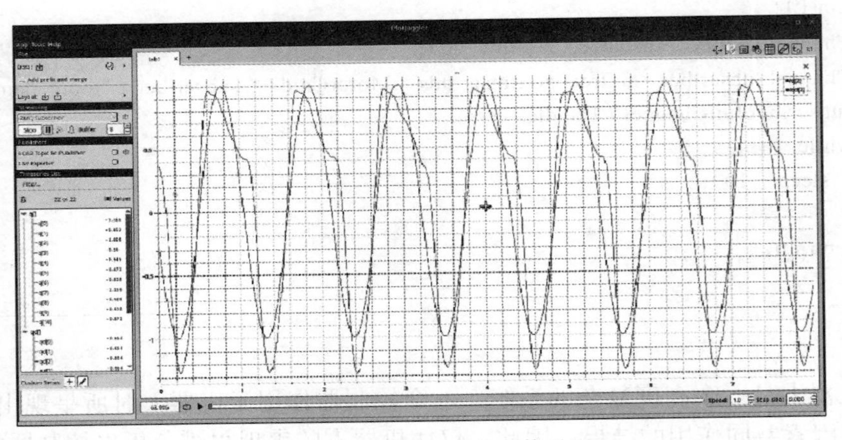

图 9-6　PlotJuggler 软件整体界面

9.2.2　仿真模型搭建

仿真模型搭建在机器人设计、开发、测试等过程中扮演着至关重要的角色。通过仿真，可以在虚拟环境中测试机器人的运动、行为和性能，从而减少物理实验的风险和成本。

1. 统一机器人描述格式（Unified Robot Description Format，URDF）

URDF 是一种用于描述机器人模型的标准格式。它能够详细描述机器人的各个组成部分及其相互关系，从而实现精确的仿真。一个 URDF 文件主要由三种核心元素组成，具体如下：

1）<robot> 元素。URDF 文件的根元素，用于定义整个机器人模型。

2）<link> 元素。用于描述机器人的一个部件，如连杆、传感器等机器人组成部分。每个 <link> 元素可以定义该部件的外观模型、碰撞模型以及惯性张量矩阵等信息。

3）<joint> 元素。用于定义两个部件之间的连接方式和运动关系（关节），定义关节的类型（如旋转、平移）、运动限制（如角度范围、速度限制）等信息。

同时在 <link> 元素、<joint> 元素之间还有许多子元素用于辅助描述完整的信息。以下是一段截取于宇树 G1 人形机器人 URDF 文件的示例。其描述的连杆关系如图 9-7 所示。

```
1   <robot name="g1">
2   ...
3   <link name="pelvis">
4         <inertial >
5           <origin xyz="0 0 –0.07605" rpy="0 0 0"/>
6           <mass value="2.86"/>
7           <inertia ixx="0.0079143" ixy="0" ixz="1.6E–06"
8           iyy="0.0069837" iyz="0" izz="0.0059404"/>
9     </inertial >
10    <visual >
11          <origin xyz="0 0 0" rpy="0 0 0"/>
12          <geometry >
13            <mesh filename="package： // g1_description/meshes/pelvis.STL"/>
14          </geometry >
15          <material name="">
16            <color rgba="0.7 0.7 0.7 1"/>
17          </material >
18        </visual >
19        <collision >
20          <origin xyz="0 0 0" rpy="0 0 0"/>
21          <geometry >
22            <mesh filename="package： // g1_description/meshes/pelvis.STL"/>
23          </geometry >
24        </collision >
25  </link>
26  <joint name="left_hip_pitch_joint" type="revolute">
27        <origin xyz="0 0.06445 –0.1027" rpy="0 –0.34907 0"/>
28        <parent link="pelvis"/>
29        <child link="left_hip_pitch_link"/>
30        <axis xyz="0 1 0"/>
31        <limit lower=" –2.35" upper="3.05" effort="88"
32        velocity="32"/>
33  </joint >
```

```
34  <link name="left_hip_pitch_link">
35      <inertial >
36        <origin xyz="0.001962 0.049392 -0.000941" rpy="0 0 0"/>
37        <mass value="1.299"/>
38        <inertia ixx="0.0013873" ixy=" -1.63E-05" ixz=" -1E-06"
39        iyy="0.0009059" iyz=" -4.24E-05" izz="0.0009196"/>
40      </inertial >
41      <visual >
42        <origin xyz="0 0 0" rpy="0 0 0"/>
43        <geometry >
44          <mesh filename="package： // g1_description/meshes/left_hip_pitch_link.STL"/>
45        </geometry >
46        <material name="">
47          <color rgba="0.2 0.2 0.2 1"/>
48        </material >
49      </visual >
50      <collision >
51        <origin xyz=" -0.005 0.05 0" rpy="0 1.5707 0"/>
52        <geometry >
53          <cylinder radius="0.05" length="0.06"/>
54        </geometry >
55      </collision >
56  </link>
57  ...
58  </robot >
```


上述示例，使用 <link> 元素分别定义了宇树 G1 人形机器人的 pelvis 连杆和 left_hip_pitch_link 连杆。下面以 pelvis 部分展开说明。

1）<inertial> 段程序说明：

<origin xyz="0 0–0.07605" rpy="0 0 0"/> 表示 pelvis 连杆质心坐标系相对于 pelvis 连杆坐标系的位姿。此处的 xyz 属性表示两者坐标系原点在 z 轴方向上有 –0.07605 m 的偏置，rpy 属性表示两者坐标系之间是平行关系。

<mass value="2.86"/> 表示 pelvis 连杆质量为 2.86 kg。

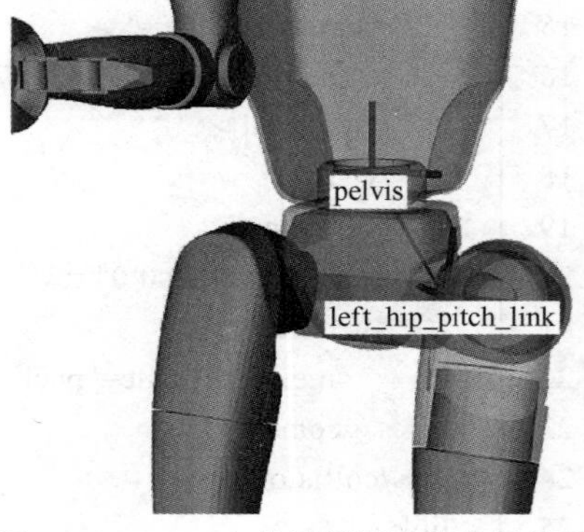

图 9-7　URDF 文件示例描述的连杆关系

<inertia ixx="0.0079143"ixy="0"ixz="1.6E-06"iyy="0.0069837"iyz="0" izz="0.0059404"/> 表示定义于 pelvis 连杆质心坐标系的惯性张量矩阵。惯性张量矩阵定义见式（9-1）。

2）<visual> 段程序说明：

<origin xyz="0 0 0" rpy="0 0 0"/> 和上面同理，表示 pelvis 连杆的外观模型相对于 pelvis 连杆坐标系的位姿。

<geometry> 用于定义 pelvis 连杆的几何外观。<mesh> 子元素用于指定几何外观的类

型为网格模型，并通过 filename 属性指定加载网络模型文件的路径。

<material> 用于描述 pelvis 连杆的材质属性。<color> 子元素用于指定材质的颜色，通过 rgba 属性的前三位定义 RGB 值，最后一位定义透明度。

3）<collision> 段程序说明：

<origin xyz="0 0 0"rpy="0 0 0"/> 和上面同理，表示 pelvis 连杆的碰撞模型相对于 pelvis 连杆坐标系的位姿。

<geometry> 用于定义 pelvis 连杆的碰撞模型。<mesh> 子元素用于指定碰撞模型的类型为网格模型，并通过 filename 属性指定加载网络模型文件的路径。为了简化碰撞检测计算，也可定义一些简单的几何体作为碰撞模型，如示例中 left_hip_pitch_link 连杆所示。

4）<joint> 段程序说明：

<joint name="left_ankle_pitch_joint" type="revolute"> 使用 <joint> 元素定义了连接两者的关节。

<origin xyz="0 0.06445−0.1027"rpy="0−0.34907 0"/> 表示 left_hip_pitch_link 连杆坐标系相对于 pelvis 连杆坐标系的位姿。

<parent link="pelvis"/> 定义 pelvis 连杆为父连杆。

<child link="left_hip_pitch_link"/> 定义 left_hip_pitch_link 连杆为子连杆。

<axis xyz="0 1 0"/> 表示绕 left_hip_pitch_link 连杆坐标系的 y 轴旋转。

<limit lower="−2.35"upper="3.05"effort="88"velocity="32"/> 表示关节旋转角度范围为 −2.35 ～ 3.05rad，关节力矩限制为 88N • m，关节最大旋转速度为 32rad/s。

$$\boldsymbol{C}_I=\begin{bmatrix} I_{xx} & -I_{xy} & -I_{xz} \\ -I_{xy} & I_{yy} & -I_{yz} \\ -I_{xz} & -I_{yz} & I_{zz} \end{bmatrix} \tag{9-1}$$

$\boldsymbol{C}_I$ 为定义于坐标系 $\{\boldsymbol{C}\}$ 的惯性张量矩阵，矩阵中各元素为

$$\begin{aligned} I_{xx} &= \iiint_V (y^2+z^2)\rho \mathrm{d}v \\ I_{yy} &= \iiint_V (x^2+z^2)\rho \mathrm{d}v \\ I_{zz} &= \iiint_V (x^2+y^2)\rho \mathrm{d}v \\ I_{xy} &= \iiint_V (xy)\rho \mathrm{d}v \\ I_{xz} &= \iiint_V (xz)\rho \mathrm{d}v \\ I_{yz} &= \iiint_V (yz)\rho \mathrm{d}v \end{aligned} \tag{9-2}$$

在 URDF 文件中，还可以使用多个 <collision> 元素同时定义一个部件的碰撞模型。这一特性允许将复杂的碰撞模型分解为多个简单的几何形状，从而简化碰撞检测的计算，同时不降低仿真精确程度。宇树 G1 人形机器人足端及其简化碰撞模型，如图 9-8 所示。

图 9-8　宇树 G1 人形机器人足端及其简化碰撞模型

关于 URDF 的更多细节，可查阅与 ROS 相关的书籍。

2. Mujoco 仿真器机器人描述文件 MJCF

MJCF 是 Mujoco 仿真器提供的一种机器人描述文件格式。MJCF 以 XML 作为文件载体，能描述复杂的动力学系统。MJCF 的模块化设计，使用户能够从简单的小规模模型开始，随后逐步生成更加精细、复杂的模型。MJCF 与 URDF 的功能类似，但形式上更加简洁，且具有更丰富的表示能力。以下是以一个使用 MJCF 描述的空间二连杆机构：

```
1  <mujoco model="2R-link example">
2    <worldbody >
3      <body pos="0 0 1">
4        <joint axis="1 0 0" name="joint0" />
5        <geom type="capsule" size="0.06" fromto="0 0 0 0 0 -.4" />
6        <body pos="0 0 -0.4">
7          <joint axis="0 1 0" name="joint1" />
8          <geom type="capsule" size="0.04" fromto="0 0 0 .3 0 0" />
9        </body>
10     </body>
11   </worldbody >
12   <actuator >
13     <general name="joint0_ctrl" joint="joint0" />
14     <general name="joint1_ctrl" joint="joint1" />
15   </actuator >
16   <sensor >
17     <jointpos name="joint0_pos" joint="joint0" />
18     <jointpos name="jointq_pos" joint="joint1" />
19   </sensor >
20 </mujoco >
```

其中，第一个关节 joint0 和第二个关节 joint1 的旋转轴分别与世界坐标系的 x 轴和 y 轴对齐。<actuator> 标签下定义了 joint0 和 joint1 的电动机执行器。<sensor> 标签下定义了 joint0 和 joint1 的关节角度传感器。

尽管 MJCF 具有比 URDF 更丰富的特性，但 URDF 的使用范围更广，如一些开源动力学库 RBDL、Pinocchio 等支持导入 URDF 并计算动力学信息，现有的机器人描述格式仍然以 URDF 为主。为此，Mujoco 提供了一个将 URDF 转化为 MJCF 的工具。在编译安装完 Mujoco 可以使用 Mujoco 的 compile 程序将机器人 URDF 转为 MJCF。

```
1  compile input.urdf output.xml
```

其中，input.urdf 是待转化的 URDF 文件，output.xml 是输出的 MJCF 文件。

9.2.3 机器人系统集成

在搭建好机器人仿真模型后，还需根据需求创建机器人场景，为机器人添加执行器和传感器，使仿真集成为一个相对完整的系统。本小节将详细介绍如何在生成的人形机器人模型的基础上，创建机器人的运动场景，为机器人添加执行器和传感器，并设计程序获取机器人的运动信息和控制机器人的关节运动。

1. 创建机器人场景

9.2.2 节创建并生成了 Mujoco 仿真器使用的机器人描述文件，命名为 Unitree_G1.xml。在此基础上，还需要为机器人创建所处的场景，以便模拟机器人的各种运动。机器人的场景文件也使用 XML 文件进行描述。下面是一个最简单的场景文件实例：

```
<mujoco model="Unitree G1 scene">
    <include file="Unitree_G1.xml"/>
    <worldbody >
      <light pos="1 0 3.5" dir="0 0 -1" directional="true"/>
      <geom name="floor" size="0 0 0.05" type="plane"/>
    </worldbody >
</mujoco >
```

其中，<include> 标签在场景中包含了之前生成好的机器人描述文件 Unitree_G1.xml。在 <worldbody><light> 标签中，定义了整个场景的光照参数。在 <worldbody><geom> 标签中，则创建了一个地平面。

使用 Mujoco 仿真器加载上面创建好的场景，如图 9-9 所示。

图 9-9 人形机器人系统 Mujoco 仿真场景

在此基础上，还可以根据需要为机器人添加一些障碍物等，如在场景中添加一个方形障碍物等：

```
<worldbody >
    <geom pos="1.2 0 0.04" type="box" size="0.1 2 0.04" quat="1.0 0 0 0"/>
</worldbody >
```

其中，pos="1.2 0 0.04" 为障碍物的位置；type="box" 表示障碍物的类型，这里为方形；size="0.1 2 0.04" 为障碍物的长宽高尺寸；quat="1.0 0 0 0" 为障碍物的姿态四元数。

2. 添加执行器

为了使用 Mujoco 提供的 API 实现对电动机执行器的精确控制，需要在模型中定义被控制的关节电动机。方法是在机器人的场景文件中添加 <actuator> 标签，并在标签内使用 <motor> 标签来定义电动机参数。其示例程序如下：

```
1  <mujoco model="Unitree_G1">
2  <actuator >
3      <motor name="left_hip_pitch_joint" joint="left_hip_pitch_joint" ctrllimited="true" ctrlrange=" -88
   88"/>
4      ......
5      <motor name="right_six_joint" joint="right_six_joint" ctrllimited="true" ctrlrange=" -0.7 0.7"/>
6  </actuator >
7  </mujoco >
```

其中，name="left_hip_pitch_joint" 为电动机的名称；joint="left_hip_pitch_joint" 为电动机所绑定的关节；ctrllimited="true" 为起动电动机的限制约束；ctrlrange="-88 88" 为电动机在正负方向上能够输出的最大关节转矩。

3. 添加传感器

在 MJCF 中可以使用 <sensor> 标签来添加传感器，如关节角度、速度、IMU、机体位置、机体速度等。其示例程序如下：

```
1   <mujoco model="Unitree_G1">
2       <sensor >
3          <jointpos name="left_hip_pitch_pos" joint="left_hip_pitch_joint" />
4          <jointvel name="left_hip_pitch_vel" joint="left_hip_pitch_joint" />
5          <jointactuatorfrc name="left_hip_pitch_torque" joint="left_hip_pitch_joint" noise="0.01" />
6          <framequat name="imu_quat" objtype="site" objname="imu" />
7          <gyro name="imu_gyro" site="imu" />
8          <accelerometer name="imu_acc" site="imu" />
9          <framepos name="frame_pos" objtype="site" objname="imu"/>
10         <framelinvel name="frame_vel" objtype="site" objname="imu" />
11      </sensor >
12  </mujoco >
```


其中，<jointpos>、<jointvel> 和 <jointactuatorfrc> 分别为关节的位置、速度和转矩传感器，name 属性定义了传感器的名称，joint 属性为关节传感器所绑定的关节名称。<framequat>、<gyro> 和 <accelerometer> 分别为 IMU 的姿态四元数、角速度和加速度传感器。<framepos> 和 <framelinvel> 为机体位置和速度传感器。

4. 使用 Unitree SDK2 连接控制程序和仿真器

在创建好机器人系统场景后，就可以调用 Mujoco 仿真器的 API 来实现仿真和控制程序。在 Mujoco 仿真器的 API 中，机器人的模型参数被存储在 mj_model 数据结构中，仿真过程中计算的参数被储存在 mj_data 数据结构中。可以通过操作这两个数据结构来获取所需的仿真数据和控制仿真中的机器人。下面是实现机器人系统集成仿真的简要步骤。

（1）仿真器端　对于仿真器端，主要包含两个步骤。一个是从仿真场景中获取传感器信息并发布给控制器，另一个则是接收控制器发来的指令并执行。首先，确定好控制程序框架：

```
1  #include "mujoco.h"
2  #include "stdio.h"
3  #include <unitree/robot/channel/channel_subscriber.hpp >
4  #include <unitree/robot/channel/channel_publisher.hpp >
5  #include <unitree/common/time/time_tool.hpp >
6  #include <unitree/idl/go2/LowState_.hpp >
7  #include <unitree/idl/go2/SportModeState_.hpp >
8  #include <unitree/idl/go2/LowCmd_.hpp >
9  #define TOPIC_LOWSTATE "rt/lowstate"
10 #define TOPIC_HIGHSTATE "rt/sportmodestate"
11 #define TOPIC_LOWCMD "rt/lowcmd"
12 char error [1000];
13 mjModel *mj_model;
14 mjData *mj_data;
15 unitree_go ::msg::dds_:: LowCmd_ low_cmd;
16 unitree_go ::msg::dds_:: LowState_ low_state;
17 unitree_go ::msg::dds_:: SportModeState_ high_state;
18 const int num_motor = 23； // 电动机数量
19 const int dim_motor_sensor = 3； // 每个电动机的传感器数量，位置、速度、转矩
20 void GetLowState (){
21     // 获取底层电动机状态
22 }
23 void GetHighState (){
24     // 获取高层位置和速度状态
25 }
26 void LowCmdHandler ( const void *msg ) {
27     // 接收电动机指令的回调函数
28 }
29 
30 int main ( void ) {
31     // 加载模型
32     mj_model = mj_loadXML ( "scene.xml"， NULL，error，1000);
33     // 如果模型为空，退出程序
34     if （! mj_model ） {
35       printf ( "%s\n"， error );
36       return 1;
37     }
38     // 创建一个 mjdata 数据结构类型用于存储仿真过程中的数据
39     mj_data = mj_makeData ( m );
40     ChannelFactory :: Instance ()->Init (1， "lo" );
41     // 发布底层电动机信息
42     ChannelPublisher <unitree_go ::msg::dds_::LowState_ >low_state_puber ( TOPIC_
   LOWSTATE );
43     low_state_puber.InitChannel ();
```

```
44      // 发布高层位置速度信息
45      ChannelPublisher <unitree_go ::msg::dds_:: SportModeState_ >high_state_puber ( TOPIC_
   HIGHSTATE );
46      high_state_puber.InitChannel ();
47      // 接收控制指令
48      ChannelSubscriber <unitree_go ::msg::dds_::LowCmd_ > low_cmd_suber ( TOPIC_LOWCMD );
49      // 初始化完成后，如果接收到 LowCmd_ 指令就会进入 HighStateHandler 回调函数
50      low_cmd_suber.InitChannel ( HighStateHandler );
51      while (1) {
52        // 进行一步仿真计算，计算结果会存入 mj_data
53        mj_step ( mj_model, mj_data );
54        // 获取仿真数据
55        GetLowState ();
56        GetHighState ();
57        // 发布仿真数据
58        low_state_puber ->Write ( low_state );
59        high_state_puber ->Write ( high_state );
60      }
61      // 释放内存
62      mj_deleteData ( mj_data );
63      mj_deleteModel ( mj_model );
64      return 0;
65  }
```


对于仿真数据的获取，仿真传感器的数据都储存于 mj_data->sensordata 中，可以按照传感器在机器人的 MJCF 描述文件中的顺序，从中依次取出对应的传感器数据，然后将其存入 Unitree SDK2 定义好的数据结构中，再使用 Channel Publisher 来发布数据。实现方法如下：

```
1   void GetLowState (){
2       if ( mj_data ) {
3         for ( int i = 0; i < num_motor; i++ ) {
4           low_state.motor_state ()[i].q ()= mj_data -> sensordata[i];
5           low_state.motor_state ()[i].dq ()= mj_data -> sensordata[i + num_motor ];
6           low_state.motor_state ()[i]. tau_est ()= mj_data -> sensordata[i + 2 * num_motor ];
7         }
8         low_state.imu_state ().quaternion ()[0] = mj_data -> sensordata[dim_motor_sensor + 0];
9         low_state.imu_state ().quaternion ()[1] = mj_data -> sensordata[dim_motor_sensor + 1];
10        low_state.imu_state ().quaternion ()[2] = mj_data -> sensordata[dim_motor_sensor + 2];
11        low_state.imu_state ().quaternion ()[3] = mj_data -> sensordata[dim_motor_sensor + 3];
12        low_state.imu_state ().gyroscope ()[0] = mj_data -> sensordata[dim_motor_sensor + 4];
13        low_state.imu_state ().gyroscope ()[1] = mj_data -> sensordata[dim_motor_sensor + 5];
14        low_state.imu_state ().gyroscope ()[2] = mj_data -> sensordata[dim_motor_sensor + 6];
15        low_state.imu_state ().accelerometer ()[0] = mj_data -> sensordata[dim_motor_sensor + 7];
16        low_state.imu_state ().accelerometer ()[1] = mj_data -> sensordata[dim_motor_sensor + 8];
```

```
17          low_state.imu_state ().accelerometer ()[2] = mj_data -> sensordata[dim_motor_sensor + 9];
18      }
19  }
20  void GetHighState (){
21      if ( mj_data ) {
22          high_state.position ()[0] = mj_data ->sensordata[dim_motor_sensor + 10];
23          high_state.position ()[1] = mj_data ->sensordata[dim_motor_sensor + 11];
24          high_state.position ()[2] = mj_data ->sensordata[dim_motor_sensor + 12];
25          high_state.velocity ()[0] = mj_data ->sensordata[dim_motor_sensor + 13];
26          high_state.velocity ()[1] = mj_data ->sensordata[dim_motor_sensor + 14];
27          high_state.velocity ()[2] = mj_data ->sensordata[dim_motor_sensor + 15];
28      }
29  }
```

对于控制指令的执行，可以按照 MJCF 文件中的执行器顺序依次给 mj_data->ctrl 赋值实现对应电动机的转矩控制。mj_data->ctrl 是一个一维数组，表示每个电动机所输入的转矩。在使用 Unitree SDK2 的 Channel Subscriber 接口时，一旦接收到数据程序会进入回调函数。因此，可以在回调函数中实现这一过程。

```
1   void LowCmdHandler ( const void *msg ) {
2       const unitree_go ::msg::dds_:: LowCmd_ *cmd = ( const unitree_go ::msg::dds_:: LowCmd_ * )
    msg;
3       if ( mj_data ) {
4           for ( int i = 0;  i < num_motor;  i++ ) {
5               mj_data ->ctrl[i] = cmd ->motor_cmd ()[i].tau ()+cmd ->motor_cmd ()[i].kp ()*
                ( cmd ->motor_cmd ( ) [i].q ( ) –mj_data ->sensordata[i] ) +cmd ->motor_cmd ( ) [i].kd ( ) *
6               ( cmd ->motor_cmd ()[i].dq ()– mj_data ->sensordata[i + num_motor ] );
7           }
8       }
9   }
```

在足式机器人的电动机底层通常会使用带前馈的 PD 控制，以灵活地实现转矩控制或位置控制。因此代码中实现了一个带前馈的 PD 控制器，而非直接执行转矩指令。

（2）控制器端　在控制器端，则可以直接调用 Unitree SDK2 来获取仿真中发布的数据，以及控制仿真中的电动机。下面的简单示例可以实现从仿真器获取 IMU 和机器人位置信息，并控制机器人的关节电动机持续输出 1N • m 转矩。

```
1   #include <unitree/robot/channel/channel_subscriber.hpp >
2   #include <unitree/robot/channel/channel_publisher.hpp >
3   #include <unitree/common/time/time_tool.hpp >
4   #include <unitree/idl/go2/LowState_.hpp >
5   #include <unitree/idl/go2/SportModeState_.hpp >
6   #include <unitree/idl/go2/LowCmd_.hpp >
7   #define TOPIC_LOWSTATE "rt/lowstate"
8   #define TOPIC_HIGHSTATE "rt/sportmodestate"
9   #define TOPIC_LOWCMD "rt/lowcmd"
```

```
10  using namespace unitree :: robot;
11  using namespace unitree :: common;
12  void LowStateHandler ( const void *msg ) {
13      const unitree_go ::msg::dds_:: LowState_ *s = ( const unitree_go ::msg::dds_:: LowState_ * )
     msg;
14      // 输出 IMU 的四元数信息
15      std::cout << "Quaternion: "
16          << s->imu_state ().quaternion ()[0] << " "
17          << s->imu_state ().quaternion ()[1] << " "
18          << s->imu_state ().quaternion ()[2] << " "
19          << s->imu_state ().quaternion ()[3] << " " << std::endl;
20  }
21  void HighStateHandler ( const void *msg ) {
22      const unitree_go ::msg::dds_:: SportModeState_ *s = ( const unitree_go ::msg::dds_::
     SportModeState_ * ) msg;
23      // 输出机器人的位置信息
24      std::cout << "Position: "
25          << s->position ()[0] << " "
26          << s->position ()[1] << " "
27          << s->position ()[2] << " " << std::endl;
28  }
29  int main (){
30      //1 和 "lo" 分别为 domain_id 和绑定的网卡，需要与仿真器一致
31      ChannelFactory :: Instance ()->Init (1, "lo");
32      // 订阅 LowState_ 电动机数据消息
33      ChannelSubscriber <unitree_go ::msg::dds_::LowState_ >
    lowstate_suber ( TOPIC_LOWSTATE );
34      lowstate_suber.InitChannel ( LowStateHandler );
35      // 订阅 SportModeState_ 高层速度和位置消息
36      ChannelSubscriber <unitree_go ::msg::dds_:: SportModeState_ >
    highstate_suber ( TOPIC_HIGHSTATE );
37      highstate_suber.InitChannel ( HighStateHandler );
38      // 发布 LowCmd_ 电动机控制指令
39      ChannelPublisher <unitree_go ::msg::dds_::LowCmd_ >
    low_cmd_puber ( TOPIC_LOWCMD );
40      low_cmd_puber.InitChannel ();
41      while ( true ) {
42        // 创建一个 LowCmd 指令， 给每个关节 1N · m 的前馈转矩
43        unitree_go ::msg::dds_:: LowCmd_ low_cmd {};
44        for ( int i = 0;  i < 20;  i++ ) {
45          low_cmd.motor_cmd ()[i].q ()= 0;
46          low_cmd.motor_cmd ()[i].kp ()= 0;
47          low_cmd.motor_cmd ()[i].dq ()= 0;
48          low_cmd.motor_cmd ()[i].kd ()= 0;
```

```
49            low_cmd.motor_cmd ()[i].tau ()= 1;
50         }
51         // 发布指令数据
52         low_cmd_puber.Write ( low_cmd );
53         usleep （2000）;
54      }
55      return 0;
56   }
```

9.3　运动控制应用实例

9.3.1　机器人平衡站立

在现代机器人学中，站立和行走控制是人形机器人实现自主移动的基础。这些控制技术涉及复杂的机械结构、传感器融合和高级控制算法，以确保机器人在不同环境中能够稳定地站立和行走。以下将详细介绍机器人站立控制与行走控制的原理、方法及其实践。人形机器人驱动方式通常分为，位置控制和力矩控制。例如，日本本田（HONDA）公司的 ASIMO 机器人采用位置控制，我国宇树公司研发的 G1 人形机器人则采用力矩控制，如图 9-10 所示。因为目前采用力矩控制是主流方案，所以本节以力矩控制为例介绍人形机器人站立和行走控制。

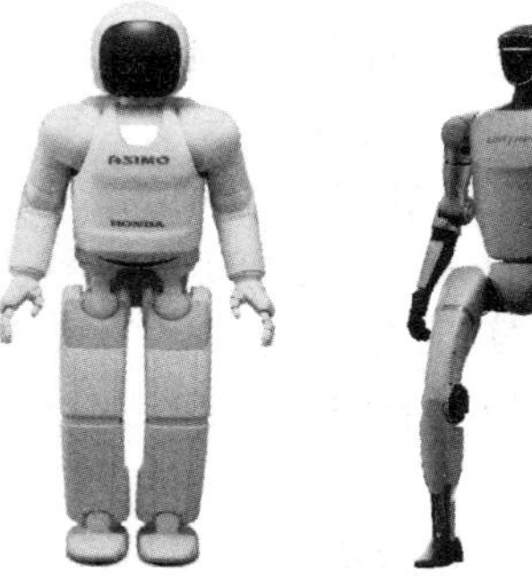
a) 位置控制　　b) 力矩控制

图 9-10　采用位置控制和力矩控制的机器人

控制框架采用分层结构：高层的规划器、低层的全身控制器。图 9-11 所示为机器人控制框架。

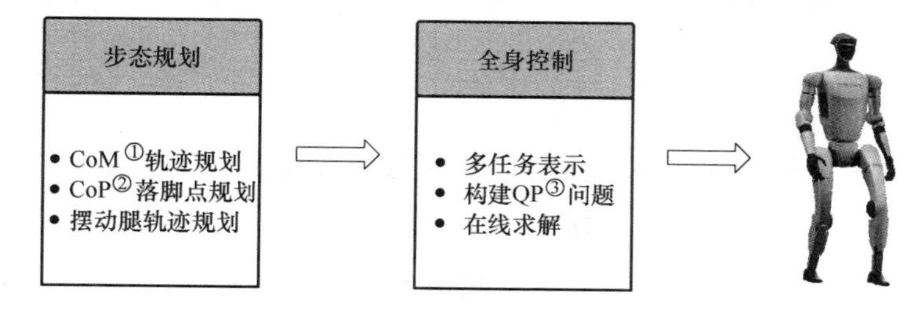

图 9-11　人形机器人控制框架

① CoM：center of mass，表示机器人质心。
② CoP：center of pressure，表示压力中心。
③ QP：quadratic programming，表示二次规划。

站立控制算法采用了本书第 3 章介绍的全身控制（Whole-Body Control，WBC）算法。WBC 采用了优化的观点，相当于对传统 PID 控制器的改进。在介绍人形机器人全身控制前，先简要介绍欠驱动的概念。

1. 欠驱动的定义

根据牛顿力学，机械系统的动力学方程是二阶的。系统的状态由位置向量和速度向量组成。二阶控制动力系统的一般形式为

$$\ddot{\boldsymbol{q}} = \boldsymbol{f}(\boldsymbol{q}, \dot{\boldsymbol{q}}, \boldsymbol{u}, t) \tag{9-3}$$

式中，$\boldsymbol{u}$ 为控制向量，对应人形机器人关节的输出力矩。在状态 $\boldsymbol{x} = (\boldsymbol{q}, \dot{\boldsymbol{q}})$ 和时间 t 上，如果映射 $\boldsymbol{f}$ 是满射的，即对于每一个 $\ddot{\boldsymbol{q}}$ 都存在一个 $\boldsymbol{u}$ 能够产生期望的响应，则称其为完全驱动。否则，在状态 $\boldsymbol{x}$ 和时间 t 上，称其为欠驱动。举例来说，机械臂机器人属于完全驱动；人形机器人属于欠驱动。一般来说，完全驱动的系统相对容易控制。对于欠驱动系统，可以利用其机械特性来改善优化空间，但这需要更多的洞察力。

今天，欠驱动系统的控制设计在很大限度上依赖优化和最优控制。尽管在基于模型的优化和机器学习控制方面进展迅速，但仍有许多未解的问题。

（1）足式机器人是欠驱动的　对于一个有 N 个内部关节和 N 个执行器的足式机器人，如果它没有固定在地面上，那么系统的自由度包括内部关节和定义机器人在空间中位置和方向的 6 个自由度。

（2）机器人操作是欠驱动的　对于一个完全驱动的机器人手臂。当这个手臂操作一个具有自由度的物体时（即使是一个砖块也有 6 个自由度），它可能会变得欠驱动。如果实现并维持了力闭合，那么可以认为系统是完全驱动的，因为物体的自由度被约束以匹配手的自由度。当然，除非被操作的物体有额外的自由度（如任何可变形的物体）。

欠驱动系统的出现改变了在规划和控制中采取的方法。对于一个完全驱动的机器臂，可以专注规划运动学轨迹，而不必关心动力学。对于欠驱动系统，则必须考虑动力学。即使是完全驱动且没有其他约束的系统，其控制系统也可以通过欠驱动系统方面的经验教训来改进，特别是需要提高运动效率或减少设计复杂性时。

机械臂的底座是和惯性系固定的，而人形机器人的底座是自由的，所以称机械臂属于固定基，人形机器人则属于浮动基。学习人形机器人控制之前，从控制相对简单的固定基机械臂开始。

2. 机械臂全身控制原理

机械臂属于完全驱动的固定基机器人，其动力学方程为

$$\boldsymbol{M}(\boldsymbol{q})\dot{\boldsymbol{v}} + \boldsymbol{c}(\boldsymbol{q}, \boldsymbol{v}) = \boldsymbol{\tau} \tag{9-4}$$

式中，$\boldsymbol{\tau} \in \boldsymbol{R}^N$ 为关节力矩；$\boldsymbol{M}(\boldsymbol{q})$ 为关节空间惯性矩阵；$\boldsymbol{c}(\boldsymbol{q}, \boldsymbol{v})$ 包含离心力、科里奥利力和重力。控制的目标是，给定关节的运动参考轨迹 $\dot{\boldsymbol{v}}_{\mathrm{des}}$，计算关节控制量 $\boldsymbol{\tau}$。以机械臂末端点 $\boldsymbol{p}_{\mathrm{EE}}$ 跟踪三维轨迹为例，假设已知参考轨迹 $\boldsymbol{p}_{\mathrm{EE,des}}$、$\dot{\boldsymbol{p}}_{\mathrm{EE,des}}$，则期望的末端控制量采用 PD 控制器计算得到，即

$$\ddot{\boldsymbol{p}}_{\mathrm{EE,des}} = Kp(\boldsymbol{p}_{\mathrm{EE,des}} - \boldsymbol{p}_{\mathrm{EE},m}) + Kd(\dot{\boldsymbol{p}}_{\mathrm{EE,des}} - \dot{\boldsymbol{p}}_{\mathrm{EE},m}) \tag{9-5}$$

根据运动学关系有

$$
\begin{aligned}
\boldsymbol{p} &= \boldsymbol{f}(\boldsymbol{q}) \\
\dot{\boldsymbol{p}} &= \frac{\partial \boldsymbol{f}(\boldsymbol{q})}{\partial \boldsymbol{q}} \boldsymbol{v} = \boldsymbol{J}\boldsymbol{v} \\
\ddot{\boldsymbol{p}} &= \boldsymbol{J}\dot{\boldsymbol{v}} + \dot{\boldsymbol{J}}\boldsymbol{v} = \ddot{\boldsymbol{p}}_{\text{des}} \\
\underbrace{\boldsymbol{J}}_{A}\dot{\boldsymbol{v}} &= \underbrace{\ddot{\boldsymbol{p}}_{\text{des}} - \dot{\boldsymbol{J}}\boldsymbol{v}}_{b}
\end{aligned} \tag{9-6}
$$

针对跟踪三维轨迹的单任务场景，且 $\boldsymbol{A}$ 可逆时，可以直接计算出 $\ddot{\boldsymbol{v}}_{\text{des}} = \boldsymbol{A}^{-1}b$；然后代入动力学方程求解，得到关节控制量 $\boldsymbol{\tau}$。值得注意的是，这里是在关节加速度空间中考虑如何执行控制任务。

实际情况是机器人需要同时完成多个任务，导致这种方法无法满足需求。因此可以采用优化视角来看待刚才的问题，把控制任务表示为如下二次规划问题：

$$
\begin{aligned}
&\min_{\dot{v},\tau} \|\boldsymbol{\tau}\|^2 \\
&\text{s.t. } \boldsymbol{M}(\boldsymbol{q})\dot{\boldsymbol{v}} + \boldsymbol{c}(\boldsymbol{q},\boldsymbol{v}) = \boldsymbol{\tau} \\
&\boldsymbol{A}\dot{\boldsymbol{v}} = \boldsymbol{b}
\end{aligned} \tag{9-7}
$$

该二次规划问题的含义是在满足机器人动力学约束和轨迹跟踪约束的前提下，给定关节的运动参考轨迹，计算出 2- 范数二次方最小的关节控制量 $\boldsymbol{\tau}$。采用优化视角可以完成更复杂的人形机器人控制任务。

3. 人形机器人控制原理

人形机器人属于欠驱动的浮动基机器人，不同于机械臂，其动力学方程变成

$$
\boldsymbol{M}(\boldsymbol{q})\dot{\boldsymbol{v}} + \boldsymbol{c}(\boldsymbol{q},\boldsymbol{v}) = \boldsymbol{u} + \boldsymbol{J}_c^{\mathrm{T}}(\boldsymbol{q})\boldsymbol{f}_c \tag{9-8}
$$

式中，$\boldsymbol{u} \in \boldsymbol{R}^2$，为关节力矩（注意，前 6 个分量为 0 表示 6 自由度的浮动基不能被直接驱动）；$\boldsymbol{M}(\boldsymbol{q})$ 为其关节空间惯性矩阵；$\boldsymbol{c}(\boldsymbol{q},\boldsymbol{v})$ 包含离心力、科里奥利力和重力；$\boldsymbol{f}_c$ 为外部接触力；$\boldsymbol{J}_c$ 为其雅可比矩阵。

接触模型：针对宇树 G1 人形机器人，在每个脚掌选择四个接触点，采用多边形摩擦锥近似来优化每个接触点的力，遵循库仑摩擦约束。图 9-12 所示为宇树 G1 人形机器人的脚掌接触模型，假设接触点定义在活动支撑多边形的凸包上。每个摩擦锥由四个基向量 $\boldsymbol{\beta}_{c,i} \in \boldsymbol{R}^3$ 近似，这些基向量构成锥的凸子集。有效的接触力用负权重向量 $\boldsymbol{\rho}_c \in \boldsymbol{R}^4$ 编码，映射关系为

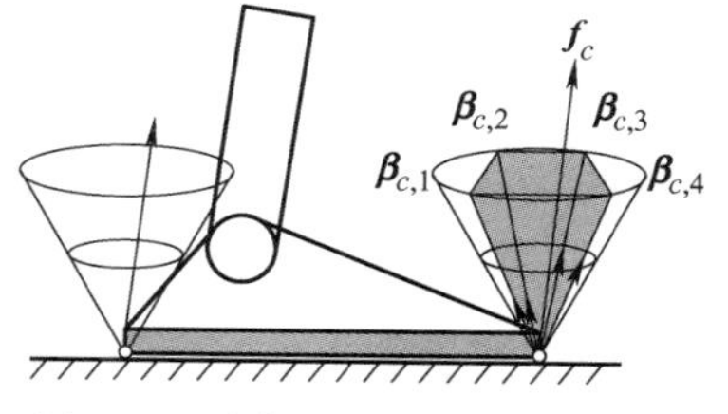

图 9-12　宇树 G1 人形机器人的脚掌接触模型

$$
\boldsymbol{f}_c = [\boldsymbol{\beta}_{c,1} \quad \boldsymbol{\beta}_{c,2} \quad \boldsymbol{\beta}_{c,3} \quad \boldsymbol{\beta}_{c,4}]\boldsymbol{\rho}_c \tag{9-9}
$$

4. 全身控制的任务表示

人形机器人的任务除了末端点轨迹跟踪任务以外，还包括末端位姿（位置和姿态）跟

踪任务、动量跟踪任务等。下面介绍几种常见任务的表示方法。同样，在关节加速度空间 $\dot{\boldsymbol{v}}$ 中考虑如何表示任务，统一表示为

$$\boldsymbol{A}\dot{\boldsymbol{v}}_{\mathrm{des}}=\boldsymbol{b} \tag{9-10}$$

下标 des 表示待优化求解的量。针对构造任务的核心就是计算出 $\boldsymbol{A}$ 和 $\boldsymbol{b}$，然后作为二次规划问题的代价或约束。

关节加速度任务：表示让部分关节运动到期望关节加速度，所以此时 $\boldsymbol{A}\in\boldsymbol{R}^{nj\times(6+n)}$ 是一个选择矩阵，其中 nj 表示选择的关节个数，$\boldsymbol{b}$ 就是期望关节加速度。

$$A=[\mathbf{0}\ \cdots\ \mathbf{0}\ \ \mathbf{1}\ \ \mathbf{0}\ \cdots\ \mathbf{0}],\quad \boldsymbol{b}=\dot{\boldsymbol{v}}_{\mathrm{des}} \tag{9-11}$$

（1）空间加速度任务　该任务用来表示两个刚体按照期望空间加速度相对运动。假设刚体 k 相对于刚体 j 的变换矩阵为

$$\boldsymbol{H}_{k_r}^{j}(t)=\begin{bmatrix}\boldsymbol{R}_{k_r}^{j} & \boldsymbol{p}_{k_r}^{j}(t)\\ \mathbf{0} & \mathbf{1}\end{bmatrix} \tag{9-12}$$

引入空间代数表示方法，记旋量（twist）为

$$\boldsymbol{T}_{k}^{m,j}=\begin{bmatrix}\boldsymbol{\omega}_{k}^{m,j}\\ \boldsymbol{v}_{k}^{m,j}\end{bmatrix}\in\boldsymbol{R}^{6} \tag{9-13}$$

旋量为刚体 k 相对于刚体 j 在刚体 m 参考系的表示，则有

$$\boldsymbol{T}_{k}^{m,j}=\boldsymbol{J}_{k}^{m,j}\boldsymbol{v} \tag{9-14}$$

式中，$\boldsymbol{J}_{k}^{m,j}$ 为几何雅可比。对式（9-14）两边求导并整理有

$$\boldsymbol{J}_{k}^{m,j}\dot{\boldsymbol{v}}=\dot{\boldsymbol{T}}_{k}^{m,j}-\dot{\boldsymbol{J}}_{k}^{m,j}\boldsymbol{v} \tag{9-15}$$

式中的 $\dot{\boldsymbol{T}}_{k}^{m,j}$ 常用双测地线 PD 控制器（double-geodesic pd control law）计算（选择 $m=k$），则

$$\dot{\boldsymbol{T}}_{k,\mathrm{des}}^{k,j}=\begin{bmatrix}\boldsymbol{K}_{P,\omega}\log_{\mathrm{SO3}}(\boldsymbol{R}_{k_r}^{k})\\ \boldsymbol{K}_{P,v}\boldsymbol{p}_{k_r}^{k}\end{bmatrix}+\boldsymbol{K}_{D}\boldsymbol{T}_{k_r}^{k,k}+\dot{\boldsymbol{T}}_{k_r}^{k,j} \tag{9-16}$$

该任务最终表示为

$$\boldsymbol{A}=\boldsymbol{J}_{k}^{m,j},\quad \boldsymbol{b}=\dot{\boldsymbol{T}}_{k}^{m,j}-\dot{\boldsymbol{J}}_{k}^{m,j}\boldsymbol{v} \tag{9-17}$$

（2）中心动量变化率任务　该任务用来表示控制人形机器人的中心动量变化率达到期望值。记人形机器人的中心动量为

$$\boldsymbol{h}=\begin{bmatrix}\boldsymbol{k}\\ \boldsymbol{l}\end{bmatrix}\in\boldsymbol{R}^{6} \tag{9-18}$$

式中，$\boldsymbol{k}$ 为中心角动量；$\boldsymbol{l}$ 为中心线动量。中心动量表示在中心坐标系（该坐标系姿态和

世界坐标系相同，但原点位于质心）。中心动量与关节角速度的关系为

$$\boldsymbol{h}=\boldsymbol{A}(\boldsymbol{q})\boldsymbol{v} \tag{9-19}$$

求导并整理有

$$\boldsymbol{A}(\boldsymbol{q})\dot{\boldsymbol{v}}=\dot{\boldsymbol{h}}-\dot{\boldsymbol{A}}(\boldsymbol{q})\boldsymbol{v} \tag{9-20}$$

该任务最终表示为

$$\boldsymbol{A}=\boldsymbol{A}(\boldsymbol{q}),\quad \boldsymbol{b}=\dot{\boldsymbol{h}}-\dot{\boldsymbol{A}}(\boldsymbol{q})\boldsymbol{v} \tag{9-21}$$

5. 人形机器人站立控制

为实现人形机器人站立，设计以下 3 种任务：

1）所有接触点加速度为 0。

2）中心线动量变化率为 $\dot{\boldsymbol{l}}_{\mathrm{des}}=\boldsymbol{K}_{\mathrm{P}}(\mathbf{CoM}_{\mathrm{des}}-\mathbf{CoM}_m)+\boldsymbol{K}_{\mathrm{D}}(\mathbf{0}-\boldsymbol{l}_m/m)$。

3）腿部以外的关节角加速度为 $\dot{\boldsymbol{v}}_{\mathrm{des}}=\boldsymbol{K}_{\mathrm{P}}(\boldsymbol{q}_{\mathrm{des}}-\boldsymbol{q}_m)+\boldsymbol{K}_{\mathrm{D}}(\boldsymbol{v}_{\mathrm{des}}-\boldsymbol{v}_m)$。

人形机器人站立控制的全身控制的二次规划问题最终表示为

$$\begin{aligned}&\min_{\dot{v},u,f_c}\sum_{i\in\text{站立}}(\boldsymbol{A}_i v-\boldsymbol{b}_i)^{\mathrm{T}}\boldsymbol{W}_i(\boldsymbol{A}_i v-\boldsymbol{b}_i)+\boldsymbol{W}_{\boldsymbol{\tau}}\|\boldsymbol{\tau}\|^2\\&\text{s.t. }\boldsymbol{M}(\boldsymbol{q})\dot{\boldsymbol{v}}+\boldsymbol{c}(\boldsymbol{q},\dot{\boldsymbol{q}})=\boldsymbol{u}+\boldsymbol{J}_c^{\mathrm{T}}(\boldsymbol{q})\boldsymbol{f}_c\\&\boldsymbol{f}_c\in\text{摩擦锥}\\&\boldsymbol{u}_{\min}\leqslant\boldsymbol{u}\leqslant\boldsymbol{u}_{\max}\end{aligned} \tag{9-22}$$

采用权重形式的全身控制，即把一些任务作为目标函数，并赋予不同的权重 $\boldsymbol{W}_i$，这样可以同时处理更多的任务，避免任务之间的冲突导致问题无解，所以只保留了动力学约束、摩擦力约束和力矩范围约束。最终宇树 G1 人形机器人的站立效果如图 9-13 所示。

图 9-13　宇树 G1 人形机器人的站立效果

9.3.2　机器人行走

1. 人形机器人行走规划

在人形机器人平衡站立的基础上，通过上层的步态行为规划来实现人形机器人的行走

功能，其控制流程框图如图 9-14 所示。

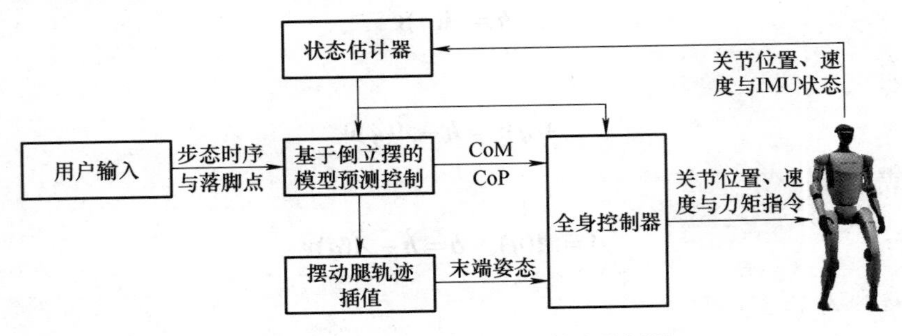

图 9-14　人形机器人行走控制流程框图

2. 简化模型

上层规划采用简化模型，即倒立摆模型。把人形机器人抽象为一个倒立摆模型（见图 9-15），其质量位于质心，和地面只有一个接触点位于压力中心。

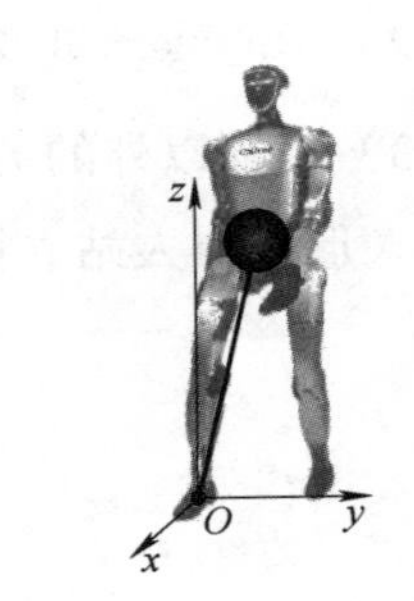

图 9-15　人形机器人抽象为倒立摆模型

进一步假设倒立摆高度保持恒定为 z_{fixed}，只考虑倒立摆模型在水平面的动力学，有

$$\ddot{\boldsymbol{r}} = \boldsymbol{\omega}_0^2(\boldsymbol{r} - \textbf{CoP}) \tag{9-23}$$

式中，$\boldsymbol{r}$ 为质心的水平分量；$\boldsymbol{\omega}_0 = \sqrt{\dfrac{\boldsymbol{g}}{z_{\text{fixed}}}}$。通过定义瞬时捕获点 $\boldsymbol{r}_{\text{icp}} = \boldsymbol{r} + \dfrac{\dot{\boldsymbol{r}}}{\boldsymbol{\omega}_0}$，倒立摆动力学可以重新表述为

$$\dot{\boldsymbol{r}}_{\text{icp}} = \boldsymbol{\omega}_0(\boldsymbol{r}_{\text{icp}} - \textbf{CoP}) \tag{9-24}$$

不难发现式（9-24）有解析解，通过设计合理的中心压力（对应人形机器人落脚点位置）来生成期望的瞬时捕获点轨迹。

3. 步态规划

人形机器人的步态规划内容包括，质心轨迹、落脚点位置和摆动腿轨迹。

结合倒立摆模型的动力学特性，生成符合人形机器人步态约束的落脚点位置和质心轨迹。采用 MPC 在预期落脚点和步态规划器计算的步态时间的基础上，规划出动态可行的水平质心轨迹。MPC 被构建为一个稀疏二次规划问题，联合优化水平质心和中心压力轨迹。

简单起见，采用固定的步态时序（见图 9-16）。根据物理规律，倒立摆模型的质心水平分量 $\boldsymbol{x}_{\text{CoM}} = [x_{\text{CoM}} \quad y_{\text{CoM}}]^{\text{T}}$ 的变化遵循下式：

$$\begin{aligned} \ddot{\boldsymbol{x}}_{\text{CoM}} &= \boldsymbol{\omega}_0^2(\boldsymbol{x}_{\text{CoM}} - \boldsymbol{x}_{\text{CoP}}) \\ \ddot{\boldsymbol{y}}_{\text{CoM}} &= \boldsymbol{\omega}_0^2(\boldsymbol{y}_{\text{CoM}} - \boldsymbol{y}_{\text{CoP}}) \end{aligned} \tag{9-25}$$

式中，$\boldsymbol{x}_{\text{CoP}}=[x_{\text{CoP}}\quad y_{\text{CoP}}]^{\text{T}}$，为地面上中心压力的水平分量。

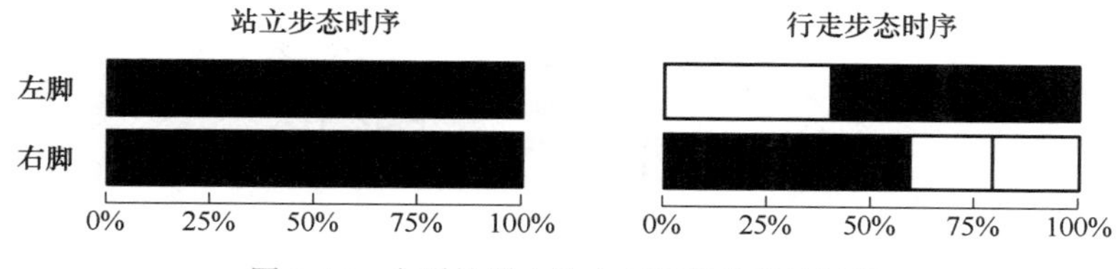

图 9-16　人形机器人站立与行走步态的时序

在预测出质心高度和机器人角动量后，可以在一个长度为 T 的预测窗口内对这些方程进行积分。这里使用 0.02s 的积分步长对预测窗口内的水平质心轨迹进行数值积分。预测的支撑点被转换为一系列 K 个凸支撑多边形及其在预测窗口中的相应时间间隔。为了确保动态可行的计划，中心压力必须始终位于活动支撑区域内。这是通过在每个支撑间隔的中点优化两个中心压力（一个位于其中点，受限于活动支撑多边形；另一个位于其末端，受限于活动支撑和下一个的交集）来实现的。通过线性插值得到的 $N=2K$ 个点，保证了中心压力始终在凸支撑区域内。联合优化中心压力为

$$\boldsymbol{z}=[\boldsymbol{x}_{\text{CoP},0}\quad \boldsymbol{y}_{\text{CoP},0}\quad \boldsymbol{x}_{\text{CoP},1}\quad \boldsymbol{y}_{\text{CoP},1}\quad \cdots\quad \boldsymbol{x}_{\text{CoP},N}\quad \boldsymbol{y}_{\text{CoP},N}]^{\text{T}} \tag{9-26}$$

预测窗口末端的最终水平质心位置和速度为

$$\boldsymbol{\xi}_T=[\boldsymbol{x}_{\text{CoM},T}^{\text{T}}\quad \dot{\boldsymbol{x}}_{\text{CoM},T}^{\text{T}}]^{\text{T}} \tag{9-27}$$

同样，采用优化观点把 CoM 和 CoP 规划表示为一个二次规划问题，得

$$\begin{aligned}
&\min_{z,\xi_T}(\boldsymbol{A}_T\boldsymbol{\xi}_T-\boldsymbol{c}_T)^{\text{T}}\boldsymbol{W}_T(\boldsymbol{A}_T\boldsymbol{\xi}_T-\boldsymbol{c}_T)+(\boldsymbol{z}-\boldsymbol{c})^{\text{T}}\boldsymbol{W}_c(\boldsymbol{z}-\boldsymbol{c})+(\boldsymbol{F}\boldsymbol{z})^{\text{T}}\boldsymbol{W}_v(\boldsymbol{F}\boldsymbol{z})\\
&\text{s.t. } \boldsymbol{x}_{\text{CoP},0}=\boldsymbol{x}_{\text{CoP}}^{i}\\
&\qquad \boldsymbol{x}_{\text{CoM},T}+\boldsymbol{A}_p\boldsymbol{z}+\boldsymbol{b}_p=\boldsymbol{x}_{\text{CoM}}^{i}\\
&\qquad \boldsymbol{x}_{\text{CoM},T}+\boldsymbol{A}_v\boldsymbol{z}+\boldsymbol{b}_v=\dot{\boldsymbol{x}}_{\text{CoM}}^{i}\\
&\qquad \boldsymbol{x}_{\text{CoP},n}\in C_n\qquad \forall n\in[0,N-1]
\end{aligned} \tag{9-28}$$

式中，$\boldsymbol{A}_T\boldsymbol{\xi}_T$ 为捕获点。第一个目标是使最终捕获点接近最后支撑多边形的质心 $\boldsymbol{c}_T$。目标的第二项鼓励每个 CoP 接近其各自约束多边形的质心。目标的第三项惩罚较大的 CoP 速度，$\boldsymbol{F}$ 是有限差分矩阵。$\boldsymbol{W}_T$、$\boldsymbol{W}_c$ 和 $\boldsymbol{W}_v$ 是相应的目标权重矩阵。为了确保控制输出的连续性，等式约束包括初始 CoP 位置以及初始水平质心位置 $\boldsymbol{x}_{\text{CoM}}^{i}$ 和速度 $\dot{\boldsymbol{x}}_{\text{CoM}}^{i}$。矩阵 $\boldsymbol{A}_p$、$\boldsymbol{A}_v$、$\boldsymbol{b}_p$、$\boldsymbol{b}_v$ 是根据方程为质心的离散反向时间积分矩阵，这使在优化最终质心 $\boldsymbol{x}_{\text{CoM},T}$ 时能够约束初始质心。最后的约束确保每个 CoP 位于其各自的凸约束多边形 C_n 内。

图 9-17 所示的 CoM 和 CoP 轨迹是基于倒立摆模型优化的结果。MPC 在每次步态规划器更新时进行评估，使用的预测窗口为 $T=2\text{s}$。

足端轨迹：在得到 CoP 落脚点位置的基础上，采用插值的方式得到足端摆动轨迹。以宇树人形机器人 G1 足端为例，其脚掌有 6 个自由度，分别是 3 自由度位置和 3 自由度姿态。下面分别对位置和姿态进行插值。

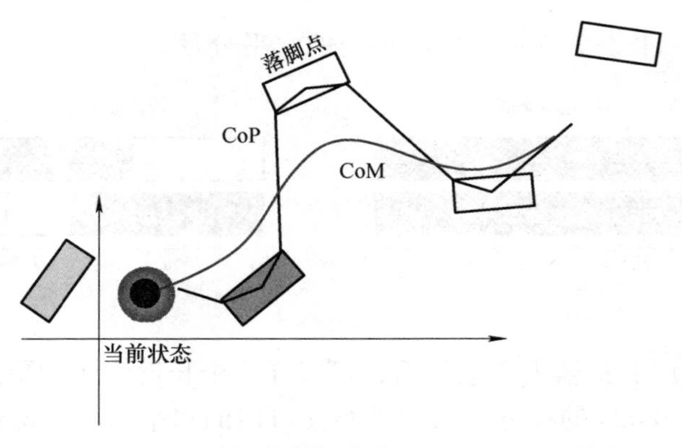

图 9-17 基于倒立摆模型优化的 CoM 和 CoP 轨迹

（1）位置插值 对水平分量和竖直分量用不同的方法进行插值，确保水平分量的速度起始和终端为零，竖直分量采用抛物线拟合。归一化时间 $t\in[0,1]$ 后插值计算方式为

$$
\begin{aligned}
x &= \frac{1}{2}\left[(1+\cos(\pi t))x_s+(1-\cos(\pi t))x_f\right] \\
y &= \frac{1}{2}\left[(1+\cos(\pi t))y_s+(1-\cos(\pi t))y_f\right] \\
z &= z_{\max}-z_{\max}(2t-1)^2
\end{aligned} \tag{9-29}
$$

（2）姿态插值 采用球面线性插值（Spherical Linear Interpolation，SLERP），是四元数的一种线性插值运算，主要用于在两个表示旋转的四元数之间平滑插值。

$$
\mathrm{slerp}(q_s,q_f,t)=\frac{q_s\sin\left[(1-t)\theta\right]+q_f\sin(t\theta)}{\sin\theta} \tag{9-30}
$$

式中，$\theta=\arccos(q_s\cdot q_f)$。当 q_s 和 q_f 夹角非常小时，如脚掌一直保存水平时，需要采用 $\sin\theta\approx 0$ 代替，球面线性插值退化为线性插值，即

$$
\mathrm{slerp}(q_s,q_f,t)=(1-t)q_s+tq_f \tag{9-31}
$$

4. 人形机器人行走控制

为实现人形机器人行走，基于站立控制的任务类型重新设计以下 4 种任务：

1）所有接触点加速度为 0；

2）中心线动量变化率更新为 $\dot{\boldsymbol{l}}_{\mathrm{des}}=\boldsymbol{K}_{\mathrm{P}}(\mathbf{CoM}_{\mathrm{ref}}-\mathbf{CoM})+\boldsymbol{K}_{\mathrm{D}}(\boldsymbol{l}_{\mathrm{ref}}-\boldsymbol{l}/m)$。其中，$\mathbf{CoM}_{\mathrm{ref}}$ 为步态规划的质心轨迹，$\boldsymbol{l}_{\mathrm{ref}}$ 为步态规划输出的参考中心线动量。

3）腿部以外的关节角加速度为 $\dot{\boldsymbol{v}}_{\mathrm{des}}=\boldsymbol{K}_{\mathrm{P}}(\boldsymbol{q}_{\mathrm{des}}-\boldsymbol{q}_m)+\boldsymbol{K}_{\mathrm{D}}(\boldsymbol{v}_{\mathrm{des}}-\boldsymbol{v}_m)$。

4）摆动腿末端空间加速度采用步态规划输出的足端轨迹参考值，并结合双测地线 PD 控制器。人形机器人行走 WBC 的二次规划问题最终表示为

$$
\begin{aligned}
&\min_{\dot{v},\boldsymbol{u},\boldsymbol{f}_c} \sum_{i\in\text{步态}} (\boldsymbol{A}_i v-\boldsymbol{b}_i)^{\mathrm{T}}\boldsymbol{W}_i(\boldsymbol{A}_i v-\boldsymbol{b}_i)+\boldsymbol{W}_{\boldsymbol{\tau}}\|\boldsymbol{\tau}\|^2 \\
&\text{s.t. } \boldsymbol{M}(\boldsymbol{q})\dot{\boldsymbol{v}}+\boldsymbol{c}(\boldsymbol{q},\dot{\boldsymbol{q}})=\boldsymbol{u}+\boldsymbol{J}_c^{\mathrm{T}}(\boldsymbol{q})\boldsymbol{f}_c \\
&\boldsymbol{f}_c\in\text{摩擦锥} \\
&\boldsymbol{u}_{\min}\leqslant\boldsymbol{u}\leqslant\boldsymbol{u}_{\max}
\end{aligned}
\tag{9-32}
$$

宇树 G1 人形机器人的行走效果如图 9-18 所示。

图 9-18　宇树 G1 人形机器人的行走效果

可以发现，人形机器人行走和站立对应的优化问题形式完全一样，说明这套控制框架有较好的扩展性，后面也能适用于其他任务。本节采用了较简单的倒立摆模型来规划质心和落脚点轨迹，也可以用其他更精确的模型，如第 3 章介绍的单刚体模型或中心动力学模型，甚至 9.3.4 节介绍的完整动力学模型。采用的模型越精确，规划出的轨迹越符合实际机器人动力学特性。但是通常会花费更多的时间来求解，因此需要权衡模型精度和求解时间，针对不同任务选择合适的模型。

5. 软件工具

人形机器人行走和站立控制算法涉及在线计算多刚体动力学、运动学、二次规划求解等。依托开源社区的发展，目前可以利用开源工具开发算法。这里介绍动力学、优化问题构建和二次规划求解的相关工具。

Pinocchio 是一个用于高效计算机器人模型或任何多连杆刚体模型动力学（及其导数）的库。Pinocchio 是计算多连杆刚体动力学最有效的库之一。它实现了根据 Featherstone 于 2008 年提出的经典算法，并引入了一些这些算法的高效变体和一些新的算法，特别是包括一整套计算主要算法导数的算法。Pinocchio 是开源的，主要用 C++ 编写，并提供 Python 接口，具有伯克利软件分发（Berkeley Software Distribution，BSD）许可证。

CasADi 是一个用于数值优化的符号框架，能够在稀疏矩阵值计算图上实现正向和反向模式的自动微分。它支持生成 C 代码，并能直接调用如算子分裂法二次规划求解器（Operator Splitting Quadratic Programming，OSQP）、内点法最优化求解器（Interior Point Optimizer，IPOPT）等优化求解器。它支持 C++、Python 或 Matlab 等编程语言。

OSQP 是一个用于二次规划求解的优化求解器。它使用 C++ 编写并提供 Python 接口，底层采用 ADMM 算法。

以人形机器人控制为例，可以用 Pinocchio 计算机器人动力学方程，然后用 CasADi 构建二次规划问题，最后调用 OSQP 进行求解。

9.3.3　机器人复杂地形行走

在现实环境中，机器人常需要在不平坦、不规则的地形上行走，如救灾现场、建筑工地、户外探索等。具备适应复杂地形行走能力的机器人，可以大大扩展应用场景，提高实用性和可靠性。本节将以梅花桩场景（见图 9-19）为例，详细介绍机器人在复杂地形中的轨迹规划及控制方法。

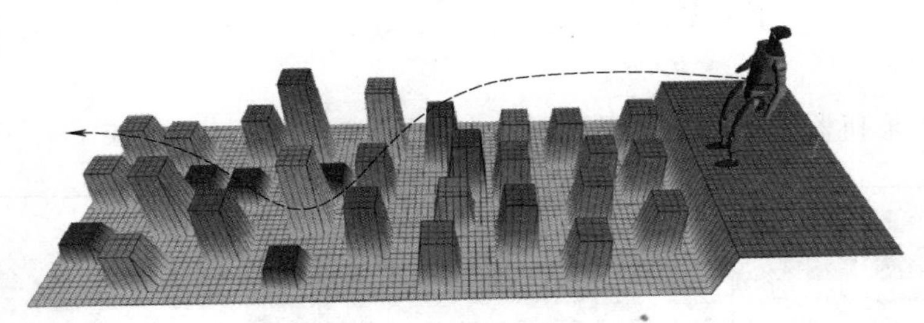

图 9-19　梅花桩场景示例

在梅花桩场景中，视觉感知系统扮演着至关重要的角色。机器人需要通过视觉传感器（如摄像头、深度摄像头等）实时获取周围环境的信息，识别梅花桩的位置和高度，以及其他潜在的障碍物和地形特征。这些信息是机器人进行轨迹规划的基础。识别出的梅花桩信息包括中心点位置 $\boldsymbol{p}$、最大内接圆半径 r、高度 h 以及梅花桩表面的单位外法向量 $\boldsymbol{n}$。为了保证运动的安全性，通常取足够大的梅花桩的中心点作为机器人的期望落脚点。

1. 运动轨迹规划

在现有的方法中，常根据机身速度计算机器人未来的名义落脚点，然后在名义落脚点附近选择最近的可选落脚点。这种方法无法保证落脚点选取的最优性。在质心运动轨迹的生成上，通常根据遥控指令及机器人当前状态进行积分，获得近似的质心轨迹。这种方法未考虑机器人的动力学特性，可能导致轨迹不合理，进而影响后期的轨迹跟踪效果。

本节将通过混合整数二次规划（Mixed-Integer Quadratic Programming，MIQP）来实现落脚点选取及机器人质心轨迹的优化。MIQP 能够同时处理二次规划中的连续性问题和整数规划中的离散性问题。在梅花桩这样复杂的地形上，机器人的落脚点受到梅花桩位置的限制，仅有有限的离散落脚点可供选择，同时还需要优化机器人连续的质心运动轨迹。MIQP 的应用可以有效解决这一问题，确保机器人在复杂地形上的运动安全性和轨迹合理性。

首先对机器人的动力学模型进行简化。完整的动力学方程为

$$\boldsymbol{H}\ddot{\boldsymbol{q}}+\boldsymbol{c}=\boldsymbol{S}^{\mathrm{T}}\boldsymbol{\tau}+\boldsymbol{J}^{\mathrm{T}}\boldsymbol{f} \tag{9-33}$$

式中，$\boldsymbol{q}\in\boldsymbol{R}^{N_{\mathrm{G}}}$、$\boldsymbol{H}\in\boldsymbol{R}^{N_{\mathrm{G}}\times N_{\mathrm{G}}}$、$\boldsymbol{c}\in\boldsymbol{R}^{N_{\mathrm{G}}}$、$\boldsymbol{S}\in\boldsymbol{R}^{N_{\mathrm{J}}\times N_{\mathrm{G}}}$、$\boldsymbol{\tau}\in\boldsymbol{R}^{N_{\mathrm{J}}}$、$N_{\mathrm{J}}$、$N_{\mathrm{G}}=N_{\mathrm{J}}+6$ 分别为广义坐标、惯量矩阵、非线性项、选择矩阵、关节力矩、真实关节个数、广义坐标数；$\boldsymbol{J}=[\boldsymbol{J}_1^{\mathrm{T}}\ \boldsymbol{J}_2^{\mathrm{T}}\ \cdots\ \boldsymbol{J}_{N_{\mathrm{C}}}^{\mathrm{T}}]^{\mathrm{T}}\in\boldsymbol{R}^{3N_{\mathrm{C}}\times N_{\mathrm{G}}}$ 和 $\boldsymbol{f}=[\boldsymbol{f}_1^{\mathrm{T}}\ \boldsymbol{f}_2^{\mathrm{T}}\ \cdots\ \boldsymbol{f}_{N_{\mathrm{C}}}^{\mathrm{T}}]^{\mathrm{T}}\in\boldsymbol{R}^{3N_{\mathrm{C}}}$ 分别为世界系下接触点的雅各比矩阵和地面作用力，N_{C} 为接触点个数。如果忽略腿部影响，可将式（9-33）简化为质心动力学，即

$$\begin{bmatrix} m(\ddot{\boldsymbol{p}}-\boldsymbol{g}) \\ \dot{\boldsymbol{L}} \end{bmatrix}=\sum_{i=1}^{N_{\mathrm{C}}}\begin{bmatrix} \boldsymbol{I}_{3\times3} \\ \hat{\boldsymbol{r}}_i-\hat{\boldsymbol{p}} \end{bmatrix} \tag{9-34}$$

式中，m、$\boldsymbol{p}\in\boldsymbol{R}^3$、$\boldsymbol{g}\in\boldsymbol{R}^3$、$\boldsymbol{r}_i\in\boldsymbol{R}^3$、$\boldsymbol{L}\in\boldsymbol{R}^3$ 分别为机器人总质量、世界系下质心位置、重力加速度、接触点位置以及关于质心的角动量；^ 为斜对称矩阵，$\hat{\boldsymbol{a}}\boldsymbol{b}=\boldsymbol{a}\times\boldsymbol{b}$。式（9-34）前三行为牛顿定律描述机器人的平动，后三行为欧拉方程描述机器人的转动。将前三行的结果代入到后三行可进一步简化，得

$$\begin{bmatrix} m(\ddot{\boldsymbol{p}}-\boldsymbol{g}) \\ m\hat{\boldsymbol{p}}(\ddot{\boldsymbol{p}}-\boldsymbol{g})+\dot{\boldsymbol{L}} \end{bmatrix}=\sum_{i=1}^{N_C}\begin{bmatrix} \boldsymbol{I}_{3\times3} \\ \hat{\boldsymbol{r}}_i \end{bmatrix}\boldsymbol{f}_i=\boldsymbol{G}\boldsymbol{f} \tag{9-35}$$

如果将机器人质心位置变化量通过高阶多项式进行参数化，则

$$\begin{aligned} \boldsymbol{p}&=\boldsymbol{p}_0+\boldsymbol{A}_p\boldsymbol{c} \\ \dot{\boldsymbol{p}}&=\boldsymbol{A}_v\boldsymbol{c} \\ \ddot{\boldsymbol{p}}&=\boldsymbol{A}_a\boldsymbol{c} \end{aligned} \tag{9-36}$$

式中，$\boldsymbol{c}$ 为轨迹参数；$\boldsymbol{A}_p$、$\boldsymbol{A}_v$、$\boldsymbol{A}_a$ 为只与采样时间相关的系数矩阵。将式（9-36）代入式（9-35）并忽略影响较小的二次项及转动可得

$$\begin{bmatrix} m(\ddot{\boldsymbol{p}}-\boldsymbol{g}) \\ m\hat{\boldsymbol{p}}(\ddot{\boldsymbol{p}}-\boldsymbol{g})+\dot{\boldsymbol{L}} \end{bmatrix}\approx\begin{bmatrix} m\boldsymbol{A}_a \\ m\hat{\boldsymbol{p}}_0\boldsymbol{A}_a+m\hat{\boldsymbol{g}}\boldsymbol{A}_p \end{bmatrix}\boldsymbol{c}+\begin{bmatrix} -m\boldsymbol{g} \\ m\hat{\boldsymbol{g}}\hat{\boldsymbol{p}}_0 \end{bmatrix}=\sum_{i=1}^{N_C}\begin{bmatrix} \boldsymbol{I}_{3\times3} \\ \hat{\boldsymbol{r}}_i \end{bmatrix}\boldsymbol{f}_i=\boldsymbol{G}\boldsymbol{f} \tag{9-37}$$

式（9-37）的系数部分均可根据机器人状态及环境信息计算得到，从而用于构建二次规划问题。

考虑图 9-19 所示的场景，机器人存在多种路径及落脚点的选择通过该场景。假设 $\boldsymbol{T}$ 为规划轨迹的总时间，$\boldsymbol{N}_s$ 为采样点数，$\Delta t=\dfrac{T}{\boldsymbol{N}_s}$ 为采样时间间隔，$\boldsymbol{N}_i$ 为腿 i 的候选落脚点个数，$\boldsymbol{r}_{i,j}$ 为腿 i 候选落脚点 j 的位置，$\boldsymbol{n}_{i,j}$ 为腿 i 候选落脚点 j 的单位外法向，$b_{i,j,k}$ 为腿 i 候选落脚点 j 在 k 采样时刻是否踩中，$\boldsymbol{f}_{i,j,k}$ 为腿 i 候选落脚点 j 在 k 采样时刻地面作用力，$c_{i,k}$ 为腿 i 已知的接触时序（接触为 1，摆动为 0）。其中，$1\leqslant j\leqslant 2$，$0\leqslant j\leqslant N_i$，$0\leqslant k\leqslant N_s$。因此对于采样点 k，腿 i 的位置为

$$\begin{gathered} \boldsymbol{r}_{i,k}=\sum_{j=1}^{N_i}b_{i,j,k}\boldsymbol{r}_{i,j,k} \\ \sum_{j=1}^{N_i}b_{i,j,k}=c_{i,k}, \qquad c_{i,k}\in\{0,1\} \end{gathered} \tag{9-38}$$

若处于接触状态，则 $\boldsymbol{r}_{i,k}$ 等于选中候选落脚点的位置，否则为 0。同时，$c_{i,k}\in\{0,1\}$ 约束了同一时刻足端只能出现在一个位置。为避免打滑，腿 i 候选落脚点 j 在 k 采样时刻地面作用力需要满足接触面摩擦锥的约束，即

$$\boldsymbol{D}(\boldsymbol{n}_{i,j},\mu)\boldsymbol{f}_{i,j,k}\leqslant\boldsymbol{f}_{\lim} \tag{9-39}$$

式中，$\boldsymbol{D}(\boldsymbol{n}_{i,j},\mu)$ 为根据接触点法向及地面摩擦系数计算得到的摩擦力约束矩阵。

为了保证轨迹的连续性还需要增加机器人的初始状态约束，即

$$\begin{aligned}\boldsymbol{p}(t_s)&=\boldsymbol{p}_0\\ \dot{\boldsymbol{p}}(t_s)&=\boldsymbol{v}_0\\ \ddot{\boldsymbol{p}}(t_s)&=\boldsymbol{a}_0\end{aligned}\tag{9-40}$$

对于优化目标，通常可以通过对地面作用力求和来优化地面作用力的分配，从而起到优化关节力矩的作用。为了让机器人能够跟随遥控指令，希望在终止时刻机器人的位置尽可能接近期望的位置（通过对遥控进行积分得到）。将此目标纳入优化有一个额外的优势：当机器人处于桩阵的边缘，而操作人员错误地指令机器人继续向边缘运动时，由于动力学等约束的存在，优化结果能够使机器人在边缘运动而不会直接冲出桩阵。方程为

$$J=\omega_1\|\boldsymbol{A}_p(t_f)-\boldsymbol{r}_{\text{ref}}(t_f)\|_2+\omega_2\sum_i\sum_j\sum_k\|\boldsymbol{f}_{i,j,k}\|_2\tag{9-41}$$

式中，ω_* 为不同部分的权重。

最后，可以通过 MOSEK、GUROBI 等软件对该 MIQP 问题进行求解，在优化质心轨迹的同时也能够优化落脚点的位置。根据优化结果，利用机器人腿部的逆运动学即可计算得到关节的期望轨迹。

2. 控制系统框架

图 9-20 所示为宇树 G1 人形机器人梅花桩行走控制系统框图，具体分为以下几个部分：

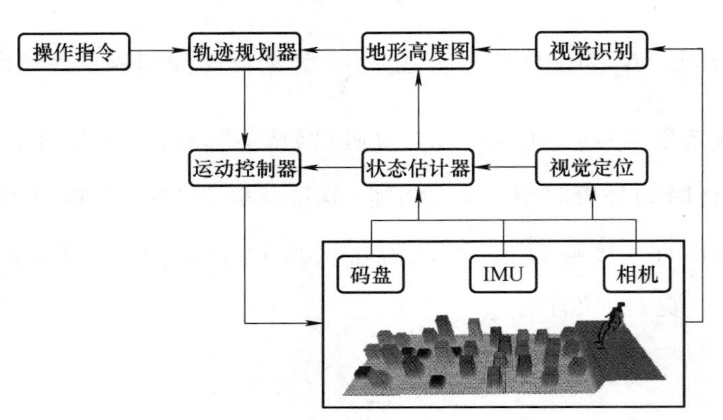

图 9-20　宇树 G1 人形机器人梅花桩行走控制系统框图

1）操作指令。用户或上层系统通过操作指令控制机器人的运动速度及方向。

2）轨迹规划器。接收操作指令后，根据步态信息确定后续腿的接触时序，结合地形的高度图和视觉识别的信息构建 MIQP 问题，求解机器人质心以及关节的运动轨迹。

3）地形高度图和视觉识别。提供环境感知的信息，识别并确定环境中梅花桩的位置、大小和高度等信息。

4）运动控制器。轨迹规划器将计算出的轨迹传递给运动控制器（MPC、WBC 以及 NMPC+WBC 等）。运动控制器根据这些轨迹指令，结合高频状态估计器提供的实时状态，控制机器人执行具体的动作。

5）高频状态估计器。融合视觉定位、码盘、IMU 和相机的等多种传感器数据，实时估计机器人的位置、姿态、线速度和角速度等信息。

6）视觉定位、码盘、IMU、相机。机器人配置的常见传感器。

9.3.4 机器人跳跃

跳跃是人形机器人实现复杂运动能力的关键指标之一，在应对障碍物、快速移动以及完成特定任务方面具有显著的优势。这一能力不仅增强了机器人的适应性和灵活性，而且在救援、娱乐、仓储和工业自动化等多个领域展现出了广泛的应用潜力。

在人形机器人跳跃控制方面，常见的方法包括手写轨迹和基于单刚体模型的轨迹优化。然而，这些方法均存在一定的局限性：

1）手写轨迹。人工设计的轨迹往往难以完全契合机器人的动力学特性，尤其在处理复杂运动时，往往难以满足实际需求。

2）基于单刚体模型的轨迹优化。由于单刚体模型无法精确反映关节角度、速度、力矩和地面摩擦等约束条件，可能导致优化结果在实际应用中的性能不尽如人意。

为了克服上述方法的不足，研究者们通常采用基于平面全身动力学模型的多阶段离线轨迹优化技术。这种方法具有以下显著优点：

1）采用平面全身动力学模型。鉴于跳跃动作在矢状面（sagittal plane）具有良好的对称性，利用平面动力学模型可以大幅降低三维全身动力学模型的计算复杂性。此外，平面全身动力学模型能够尽可能地满足机器人的动力学特性，允许将关节角度、速度、力矩和地面摩擦等约束纳入优化问题中，从而确保轨迹的可行性。

2）多阶段轨迹优化。跳跃动作涉及起跳、腾空和落地三个阶段，每个阶段的接触状态不同，对应的动力学模型也有所区别。同时，不同阶段之间的切换涉及不同的动力学转换模型。多阶段轨迹优化能够将整个运动过程视为一个完整的优化问题，确保整个动作的最优性或局部最优性。

1. 多阶段离线轨迹优化

通常，一个多阶段轨迹优化问题可以描述成如下形式：

1）优化目标为

$$J=\sum_{p=1}^{P}J^{(p)}=\sum_{p=1}^{P}\left[\Phi^{(p)}(\boldsymbol{x}^{(p)}(t_0),t_0,\boldsymbol{x}^{(p)}(t_f),t_f;\boldsymbol{s}^{(p)})+L^{(p)}(\boldsymbol{x}^{(p)}(t),\boldsymbol{u}^{(p)}(t),t;\boldsymbol{s}^{(p)})\mathrm{d}t\right] \tag{9-42}$$

2）动力学约束为

$$\dot{\boldsymbol{x}}^{(p)}=\boldsymbol{f}^{(p)}(\boldsymbol{x}^{(p)},\boldsymbol{u}^{(p)},t;\boldsymbol{s}^{(p)}) \qquad (p=1,\cdots,P) \tag{9-43}$$

3）边界约束为

$$\phi_{\min}\leqslant\boldsymbol{f}^{(p)}(\boldsymbol{x}^{(p)}(t_0),t_0^{(p)},\boldsymbol{x}^{(p)}(t_f),t_f^{(p)};\boldsymbol{s}^{(p)})\leqslant\phi_{\max} \qquad (p=1,\cdots,P) \tag{9-44}$$

4）路径约束为

$$\boldsymbol{C}_{\min}^{(p)}\leqslant\boldsymbol{C}^{(p)}(\boldsymbol{x}^{(p)}(t),\boldsymbol{u}^{(p)}(t),t;\boldsymbol{s}^{(p)})\leqslant\boldsymbol{C}_{\max}^{(p)} \qquad (p=1,\cdots,P) \tag{9-45}$$

5）连续约束为

$$\boldsymbol{P}^{(s)}(\boldsymbol{x}^{(p_l^s)}(t_f),t_f^{(p_l^s)};\boldsymbol{s}^{(p_l^s)},\boldsymbol{x}^{(p_r^s)}(t_0),t_0^{(p_r^s)};\boldsymbol{s}^{(p_r^s)})=0 \qquad (p_l,p_r\in[1,\cdots,P],s=1,\cdots,L) \tag{9-46}$$

式中，$\boldsymbol{x}^{(p)}(t)\in\boldsymbol{R}^{n_p}$、$\boldsymbol{u}^{(p)}(t)\in\boldsymbol{R}^{m_p}$、$\boldsymbol{s}^{(p)}\in\boldsymbol{R}^{s_p}$、$t\in\boldsymbol{R}$ 分别为不同阶段 $p\in[1,\cdots,P]$ 机器人的状态量、控制量、静态参数以及时间；n_p、m_p、s_p 分别为 p 阶段状态量、控制量和静态参数的个数；L 为连接约束的个数；$p_l^{\,s}\in[1,\cdots,P](s=1,\cdots,L)$ 和 $p_r^{\,s}\in[1,\cdots,P](s=1,\cdots,L)$，分别为连接约束的左右两边的阶段编号。

2. 平面模型

在机器人跳跃动作中，运动轨迹在矢状面上呈现对称性。基于这一特性，只需采用平面全身动力学模型进行研究，从而避免三维全身动力学模型所带来的复杂计算性。在跳跃过程中，主要的能量产生关节包括 hip_picth、knee_pitch、ankle_pitch、shoulder_pitch 及 elbow_pitch。因此，可以使用图 9-21 所示的平面模型进行分析。

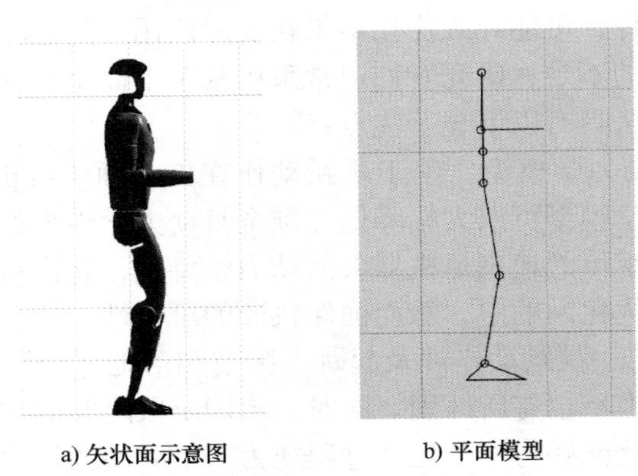

a) 矢状面示意图　　b) 平面模型

图 9-21　宇树 G1 人形机器人矢状面示意图与平面简化模型

定义机器人的广义坐标、广义速度和关节力矩分别为

$$\begin{aligned}
\boldsymbol{q}&=(x;\ z;\ q_{\text{base}};\ q_{\text{hip}};\ q_{\text{knee}};\ q_{\text{ankle}};\ q_{\text{shoulder}};\ q_{\text{elbow}})\\
\dot{\boldsymbol{q}}&=(\dot{x};\ \dot{z};\ \dot{q}_{\text{base}};\ \dot{q}_{\text{hip}};\ \dot{q}_{\text{knee}};\ \dot{q}_{\text{ankle}};\ \dot{q}_{\text{shoulder}};\ \dot{q}_{\text{elbow}})\\
\boldsymbol{\tau}&=(\tau_{\text{hip}};\ \tau_{\text{knee}};\ \tau_{\text{ankle}};\ \tau_{\text{shoulder}};\ \tau_{\text{elbow}})
\end{aligned} \tag{9-47}$$

根据运动学方程，可以计算出每个连杆的质心位置、速度、姿态和角速度，从而得出机器人的总动能（平动和转动）和总势能。然后，利用拉格朗日方程计算出机器人平面动力学模型中的质量矩阵 $\boldsymbol{H}$、非线性项 $\boldsymbol{c}$、选择矩阵 $\boldsymbol{S}$。根据脚掌的几何信息，还可以计算出脚尖和脚后跟的雅各比矩阵 $\boldsymbol{J}_{\text{toe}}$、$\boldsymbol{J}_{\text{heel}}$。通过这些雅各比矩阵，可以将脚掌与地面的平面接触简化为脚尖与脚后跟的接触，从而描述机器人在跳跃过程中与地面的作用力。

3. 构建优化问题

完整的跳跃过程可以分为起跳阶段、腾空阶段、落地阶段三个阶段。在起跳阶段，机器人通过关节力矩产生足够的垂直和水平推力，实现离地。在腾空阶段，机器人在空中飞行，调整适当的姿态为落地做准备。在落地阶段，机器人与地面发生碰撞，通过屈腿吸收冲击力并迅速恢复平衡。

设定起跳阶段、腾空阶段和落地阶段的编号分别为 1、2、3，总阶段数 $P=3$，状态量 $x=[q;\dot{q}]$，控制量 $\boldsymbol{u}=\boldsymbol{\tau}$。需要连续约束的个数 $L=2$，分别是从起跳阶段到腾空阶段，从腾空阶段到落地阶段。

根据式（9-42），通常优化目标包含两部分 $\boldsymbol{\Phi}^{(p)}(\boldsymbol{x}^{(p)}(t_0),t_0,\boldsymbol{x}^{(p)}(t_f),t_f;\boldsymbol{s}^{(p)})$ 以及 $\boldsymbol{L}^{(p)}(\boldsymbol{x}^{(p)}(t),\boldsymbol{u}^{(p)}(t),t;\boldsymbol{s}^{(p)})\mathrm{d}t$，分别为与边界状态相关的迈耶项以及与过程积分相关的拉格朗日项。对于跳跃运动来说，期望通过最小化能量消耗完成跳跃任务来实现机器人的最优跳跃性能，因此可以采用最小化整个过程的力矩二次方和作为优化的目标。那么，优化目标为

$$J=\sum_{p=1}^{P}J^{(p)}=\sum_{p=1}^{P}\int(\|\boldsymbol{u}\|_2^{(p)}(t))\mathrm{d}t \tag{9-48}$$

注意，为了方便公式的书写，下述的状态量、控制量及相关变量如果没有特殊说明，均表示同一阶段 p 下的变量，因此省略上角标 $^{(p)}$。

动力学约束式（9-43）描述了模型的动力学特性。根据不同阶段机器人与外界的接触情况，构造不同的动力学方程，那么有

$$\begin{aligned}&\boldsymbol{H}\ddot{\boldsymbol{q}}+\boldsymbol{c}=\boldsymbol{S}^{\mathrm{T}}\boldsymbol{\tau}+\boldsymbol{J}_{\text{toe}}^{\mathrm{T}}\boldsymbol{f}_{\text{toe}}+\boldsymbol{J}_{\text{heel}}^{\mathrm{T}}\boldsymbol{f}_{\text{heel}}\qquad(p=1,3)\\&\boldsymbol{H}\ddot{\boldsymbol{q}}+\boldsymbol{c}=\boldsymbol{S}^{\mathrm{T}}\boldsymbol{\tau}\qquad(p=2)\end{aligned} \tag{9-49}$$

当机器人脚尖、脚后跟与地面接触时还应该满足不打滑的约束，即接触点的加速度为 0、速度为 0（初速度为 0 且加速度为 0 即可保证速度为 0），即

$$\begin{aligned}&\boldsymbol{J}_{\text{toe}}\ddot{\boldsymbol{q}}+\dot{\boldsymbol{J}}_{\text{toe}}\dot{\boldsymbol{q}}=0\qquad(p=1,3)\\&\boldsymbol{J}_{\text{heel}}\ddot{\boldsymbol{q}}+\dot{\boldsymbol{J}}_{\text{heel}}\dot{\boldsymbol{q}}=0\qquad(p=1,3)\end{aligned} \tag{9-50}$$

结合式（9-49）和式（9-50），可以得到不同阶段的动力学约束，即

$$\begin{aligned}&\begin{bmatrix}\ddot{\boldsymbol{q}}\\\boldsymbol{f}_{\text{toe}}\\\boldsymbol{f}_{\text{heel}}\end{bmatrix}=\begin{bmatrix}\boldsymbol{H}&-\boldsymbol{J}_{\text{toe}}^{\mathrm{T}}&-\boldsymbol{J}_{\text{heel}}^{\mathrm{T}}\\\boldsymbol{J}_{\text{toe}}&0&0\\\boldsymbol{J}_{\text{heel}}&0&0\end{bmatrix}^{\dagger}\begin{bmatrix}\boldsymbol{S}^{\mathrm{T}}\boldsymbol{\tau}-\boldsymbol{c}\\-\dot{\boldsymbol{J}}_{\text{toe}}\dot{\boldsymbol{q}}\\-\dot{\boldsymbol{J}}_{\text{heel}}\dot{\boldsymbol{q}}\end{bmatrix}\qquad(p=1,3)\\&\ddot{\boldsymbol{q}}=\boldsymbol{H}^{-1}(\boldsymbol{S}^{\mathrm{T}}\boldsymbol{\tau}-\boldsymbol{c})\qquad(p=2)\end{aligned} \tag{9-51}$$

边界约束式（9-44）描述了，机器人在每个阶段起始和结束时刻的相关约束。假设给定机器人初始和结束时刻的站立姿态 $\boldsymbol{q}_{\text{start}}$、$\boldsymbol{q}_{\text{finish}}$，同时所有的关节速度为 0，则边界约束可以描述为

$$\begin{aligned}&\boldsymbol{x}(t_0)=[\boldsymbol{q}_{\text{start}};\boldsymbol{0}]\qquad(p=1)\\&\boldsymbol{x}(t_f)=[\boldsymbol{q}_{\text{finish}};\boldsymbol{0}]\qquad(p=3)\end{aligned} \tag{9-52}$$

路径约束式（9-45）描述了，每一个采样时刻下，与机器人状态量和控制量的相关约束。例如以下 5 个约束：

1）关节的角度不应该超过机器人的机械限位。

2）关节的速度不应该超过机器人电动机的速度约束。

3）关节的力矩不应该超过机器人电动机的转矩约束。

4）接触点的地面反作用力应该满足地面摩擦系数决定的摩擦锥约束。

5）除了脚掌以外，机器人其他部分不应与地面发生碰撞。

假设 $\boldsymbol{q}_{\min}$、$\boldsymbol{q}_{\max}$、$\dot{\boldsymbol{q}}_{\min}$、$\dot{\boldsymbol{q}}_{\max}$、$\boldsymbol{\tau}_{\min}$、$\boldsymbol{\tau}_{\max}$ 分别为机器人的关节限位、关节速度限制和关节力矩限制，$\boldsymbol{p}_{\text{link\_ends\_z}}$ 包含了所有连杆两端的位置坐标在世界坐标系 z 轴上的投影（即离地高度），地面摩擦系数为 μ，则最终可以将路径约束描述为

$$\begin{aligned}
&\boldsymbol{q}_{\min} \leqslant \boldsymbol{q}(t) \leqslant \boldsymbol{q}_{\max} \qquad (p=1,2,3)\\
&\dot{\boldsymbol{q}}_{\min} \leqslant \dot{\boldsymbol{q}}(t) \leqslant \dot{\boldsymbol{q}}_{\max} \qquad (p=1,2,3)\\
&\boldsymbol{\tau}_{\min} \leqslant \boldsymbol{\tau}(t) \leqslant \boldsymbol{\tau}_{\max} \qquad (p=1,2,3)\\
&-\boldsymbol{p}_{\text{link_ends_z}}(t) \leqslant \boldsymbol{0} \qquad (p=1,2,3)\\
&\boldsymbol{D}(\mu)\boldsymbol{f}_{\text{toe}}(t) \leqslant \boldsymbol{0} \qquad (p=1,3)\\
&\boldsymbol{D}(\mu)\boldsymbol{f}_{\text{heel}}(t) \leqslant \boldsymbol{0} \qquad (p=1,3)\\
&\boldsymbol{D}(\mu)=\begin{bmatrix} -1 & -\mu \\ 1 & -\mu \\ 0 & -1 \end{bmatrix}
\end{aligned} \tag{9-53}$$

连接约束式（9-45）描述了，机器人在不同阶段之间切换时状态量的变化。从起跳阶段到腾空阶段，机器人状态应当保持连续。从腾空阶段到落地阶段，由于存在与地面的碰撞，会导致机器人状态量发生变化。假设碰撞在瞬间完成且为完全非弹性碰撞，那么机器人碰撞前后的广义位置不变，但广义速度发生突变，且碰撞后脚尖与脚后跟的速度为 0。

$$\begin{aligned}
&\boldsymbol{H}(\dot{\boldsymbol{q}}^{+}-\dot{\boldsymbol{q}})=\boldsymbol{J}_{\text{toe}}^{\mathrm{T}}\boldsymbol{f}_{\text{toe}}+\boldsymbol{J}_{\text{heel}}^{\mathrm{T}}\boldsymbol{f}_{\text{heel}} \qquad (p=2,t=t_f)\\
&\boldsymbol{J}_{\text{toe}}\dot{\boldsymbol{q}}^{+}=0 \qquad (p=2,t=t_f)\\
&\boldsymbol{J}_{\text{heel}}\dot{\boldsymbol{q}}^{+}=0 \qquad (p=2,t=t_f)
\end{aligned} \tag{9-54}$$

由此可以计算得到落地之后机器人的关节速度突变后的结果 $\dot{\boldsymbol{q}}^{+}$ 为

$$\begin{bmatrix} \dot{\boldsymbol{q}}^{+} \\ \boldsymbol{f}_{\text{toe}} \\ \boldsymbol{f}_{\text{heel}} \end{bmatrix}=\begin{bmatrix} \boldsymbol{H} & -\boldsymbol{J}_{\text{toe}}^{\mathrm{T}} & -\boldsymbol{J}_{\text{heel}}^{\mathrm{T}} \\ \boldsymbol{J}_{\text{toe}} & 0 & 0 \\ \boldsymbol{J}_{\text{heel}} & 0 & 0 \end{bmatrix}^{\dagger}\begin{bmatrix} \boldsymbol{H}\dot{\boldsymbol{q}} \\ 0 \\ 0 \end{bmatrix} \qquad (p=2,t=t_f) \tag{9-55}$$

从腾空阶段到落地阶段的连续约束为

$$\dot{\boldsymbol{q}}^{+}=\dot{\boldsymbol{q}}^{(3)}(t_s) \tag{9-56}$$

最后，根据现有的非线性优化软件，如 GPOPS，PSOPT，CASADI 等，将优化问题按照软件要求进行封装，即可求解完整的跳跃运动轨迹。

如图 9-22 和图 9-23 所示，期望 G1 机器人从左边的初始站立状态，通过跳跃的方式越过中间的 1.25m 的沟，最终达到右侧的结束站立状态。

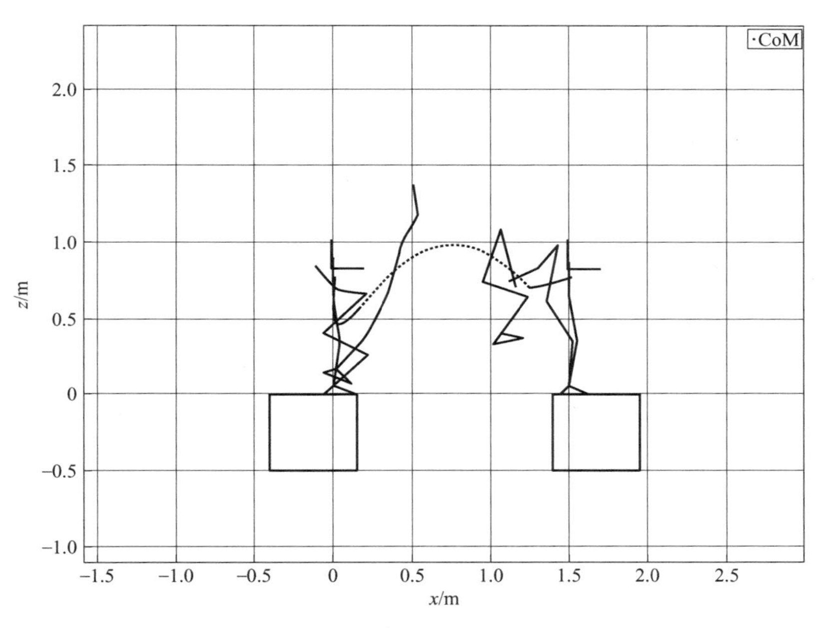

图 9-22　宇树 G1 人形机器人跳过 1.25m 宽的沟的优化结果

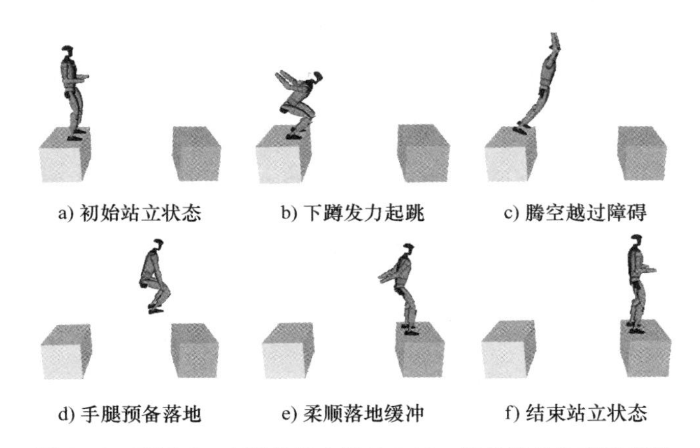

图 9-23　宇树 G1 人形机器人跳过 1.25m 宽的沟的仿真示意图

4. 控制器

在非线性轨迹优化的结果中，通常包含了跳跃过程中各个时刻机器人的关节位置、速度、加速度和力矩等详细信息。基于这些优化结果，可以设计一个简洁高效的控制器，其中将优化结果中的力矩作为前馈力矩，提供跳跃所需的主要能量输出。此外，优化结果中的关节角度和速度可作为关节的期望状态，通过关节的 PD 控制器来补偿关节跟踪误差，从而实现精确控制。所以，关节力矩方程为

$$\boldsymbol{\tau} = \boldsymbol{\tau}_{\text{feed\_forward}} + \boldsymbol{k}_p \boldsymbol{q}_{\text{error}} + \boldsymbol{k}_d \dot{\boldsymbol{q}}_{\text{error}} \tag{9-57}$$

除此之外还可以利用 MPC、WBC、NMPC+WBC 以及 RL mimic 来实现对轨迹的更精确的跟踪。

思考题与习题

1. 判断下面的系统是否属于欠驱动系统，并说明理由。

1）自行车。

2）火箭。

3）机器鱼。

4）扑翼机器人。

5）倒立摆。

6）宇树 Go2 机器狗。

2. 下载安装并学习常用机器人软件库，阅读软件库的 API 文档。

1）MuJoCo，网址为 https://github.com/google-deepmind/mujoco。

2）Pinocchio，网址为 https://github.com/stack-of-tasks/pinocchio。

3）CasADi，网址为 https://github.com/casadi/casadi。

4）OSQP，网址为 https://github.com/osqp/osqp。

5）MeshCat，网址为 https://github.com/meshcat-dev/meshcat-python。

3. 采用 Pinocchio 软件库读取 G1 机器人的 URDF 模型（URDF 模型获取网址为 https://github.com/unitreerobotics/unitree_ros/tree/master/robots/g1_description），然后用 Mesh-Cat 可视化功能显示 G1 机器人，最后计算 G1 机器人的总质量。

4. 计算 G1 机器人简化后的倒立摆数学模型 $\ddot{\boldsymbol{r}}=\omega_0^{\,2}(\boldsymbol{r}-\mathbf{CoP})$。

5. 设计实现 G1 机器人站立控制算法时，如果采用四边形摩擦锥近似来约束接触力，请计算四边形摩擦锥的四个基向量 $\boldsymbol{\beta}_{c,i}=(\boldsymbol{i}\in\{1,2,3,4\})$。

6. 人形机器人行走时需要实时规划落脚点位置，满足中心压力的二维水平分量 $\mathbf{CoP}=\boldsymbol{C}$，其中 $\boldsymbol{C}$ 表示平面凸多边形。该条件可以等价表示为 $\boldsymbol{A_X}\leqslant\boldsymbol{b}$ 作为二次规划问题的不等式约束。假设已知多边形的由四个顶点为

$$\boldsymbol{C}=\{(0,1),(1,0),(0,-1),(-1,0)\}$$

计算中心压力在该多边形内的等价线性不等式约束。

7. 人形机器人控制问题最后都能表示为一个二次规划问题。请用 CasADi 表示以下二次规划问题，并调用 OSQP 求解器计算最优解。

$$\min \qquad \frac{1}{2}\boldsymbol{x}^{\mathrm{T}}=\begin{bmatrix}4 & 1\\1 & 2\end{bmatrix}x+\begin{bmatrix}1\\1\end{bmatrix}^{\mathrm{T}}\boldsymbol{x}$$

$$\text{s.t.} \qquad \begin{bmatrix}1\\0\\0\end{bmatrix}\leqslant\begin{bmatrix}1 & 1\\1 & 0\\0 & 1\end{bmatrix}\boldsymbol{x}\leqslant\begin{bmatrix}1\\0.7\\0.7\end{bmatrix}$$

8. 人形机器人行走控制采用了简单的倒立摆模型。请问为什么选择它，倒立摆模型和 ZMP 有什么联系？其他动力学模型还有哪些？（见参考文献 WENSING P M，POSA M，

HU Y，et al. Optimization-Based Control for Dynamic Legged Robots[J]. IEEE Transactions on Robotics，2024，40：43-63.）

9. 离线规划人形机器人 G1 的跳跃轨迹时，需要用到 G1 平面简化模型（见图 9-21b）。请给出平面模型的动力学方程。

10. 随着 GPU 并行计算能力的增强，强化学习在人形机器人控制领域广泛应用。请安装通用机器人学习平台 Isaac Lab（网址为 https://github.com/isaac-sim/IsaacLab），然后训练平台自带的宇树 H1 机器人，在 Isaac Sim 仿真器中实现不平路面上的稳定行走功能。

附录

附录 A 常用符号表

符号	描述
${}^{0}\boldsymbol{P}$	参考坐标系 $\{0\}$ 中的一个点的位置向量
${}^{0}_{1}\boldsymbol{R}$	坐标系 $\{1\}$ 相对于坐标系 $\{0\}$ 的旋转矩阵（姿态），3×3 矩阵
$\boldsymbol{R}_{z,\theta}$	绕 z 轴转动 θ 角的基本旋转矩阵
$SO(n)$	n 阶 $n\times n$ 的特殊正交群
$\boldsymbol{R}_{ZYZ}$	ZYZ– 欧拉角变换
$SE(3)$	特殊欧氏群
$\boldsymbol{T}$	齐次变换矩阵，4×4 的矩阵
a_i	连杆长度
α_i	连杆转角
θ_i	关节角
d_i	连杆偏距
σ_i	关节类型，1 表示移动关节，0 表示转动关节
$\boldsymbol{v}$	线速度
$\boldsymbol{\omega}$	角速度
$\mathcal{V}$	6 自由度的速度和角速度矢量对（也称为双矢量），也称旋量
$\mathcal{R}$	空间旋转变换
$\mathcal{T}$	空间平移变换
$\mathcal{X}$	组合空间变换
$\boldsymbol{J}$	雅可比矩阵
$\boldsymbol{q}$	关节角矢量
$\boldsymbol{I}$	惯性张量
F	作用力
N	引起刚体转动的力矩
$\boldsymbol{M}(q)$	惯性矩阵
$()^{\vee}$	李代数元素映射到相应的向量

（续）

符号	描述
$()^\wedge$	向量映射到相应的李代数元素
$\boldsymbol{Ad}(\boldsymbol{T})$	李群元素对其李代数元素作用的线性变换
$\boldsymbol{V}(q,\dot{q})$	科里奥利矩阵
$\boldsymbol{G}(q)$	重力矩阵
k_i	连杆动能
u_i	连杆势能
m_i	连杆质量

附录 B　特殊三角函数

B.1　双参数反正切函数

通常的反正切函数返回取值在（$-\pi/2$，$\pi/2$）。为了表达所有可能取值的角度，定义一个双参数变量反正切函数 $\text{atan2}(x,y)$ 非常有用，该函数相对于所有 $(x,y)\neq(0,0)$ 进行定义，并且等于唯一的角度 θ，使得

$$\cos\theta=\frac{x}{(x^2+y^2)^{\frac{1}{2}}},\sin\theta=\frac{y}{(x^2+y^2)^{\frac{1}{2}}}$$

该函数通过使用 x 和 y 的符号来选择与角度 θ 相适应的象限。例如，$\text{atan2}(1,-1)=-\frac{\pi}{4}$，而 $\text{atan2}(-1,1)=+\frac{3\pi}{4}$。注意到如果 x 和 y 均为零时，atan2 函数没有意义。

B.2　有用的三角函数公式

诱导公式

$$\sin(-\theta)=-\sin\theta \qquad \sin\left(\frac{\pi}{2}+\theta\right)=\cos\theta$$

$$\cos(-\theta)=\cos\theta \qquad \tan\left(\frac{\pi}{2}+\theta\right)=-\cot\theta$$

$$\tan(-\theta)=-\tan(\theta) \qquad \tan(\theta-\pi)=\tan(\theta)$$

倍角公式

$$\sin(x\pm y)=\sin x\cos y\pm\cos x\sin y$$

$$\cos(x\pm y)=\cos x\cos y\mp\sin x\sin y$$

$$\tan(x \pm y) = \frac{\tan x \pm \tan y}{1 \mp \tan x \tan y}$$

余弦定理

如果一个三角形的边长分别为a、b、c，并且θ是与边c相对的角度，那么有

$$c^2 = a^2 + b^2 - 2ab\cos\theta$$

附录 C　自主导航系统的安装与使用

下面对本书第 5 章提到的自主导航系统的安装及使用进行介绍。首先，该系统建立在 Ubuntu 20.04 系统之上，关于 Ubuntu 系统的安装方法不再赘述，其依赖 ROS Noetic、PyTorch 以及 TensorBoard 等常用工具；接下来，介绍这些常用工具的安装方法。

注意，以下命令皆在 Ubuntu 系统终端内执行。

1. 依赖项安装

（1）ROS Noetic 的安装

$ wget http://fishros.com/install–O fishros && . fishros

（2）PyTorch 的安装

$ pip3 install torch torchvision torchaudio

（3）TensorBoard 的安装

$ pip3 install tensorboard

2. 自主导航系统安装及训练

（1）克隆算法库

$ cd~

$ git clone https://github.com/reiniscimurs/DRL–robot–navigation

（2）编译工作区

$ cd~/DRL–robot–navigation/catkin_ws

$ catkin_make_isolated

（3）开启终端进行设置

$ export ROS_HOSTNAME=localhost

$ export ROS_MASTER_URI=http://localhost:11311

$ export ROS_PORT_SIM=11311

$ export GAZEBO_RESOURCE_PATH=~/DRL–robot–navigation/catkin_ws/src/multi_robot_scenario/launch

$ source~/.bashrc

$ cd~/DRL–robot–navigation/catkin_ws

$ source devel_isolated/setup.bash

（4）开始训练

$ cd~/DRL–robot–navigation/TD3

$ python3 train_velodyne_td3.py

（5）在 TensorBoard 上检查训练过程

$ cd~/DRL-robot-navigation/TD3

$ tensorboard--logdir runs

（6）提前终止　若需要提前终止训练过程，请执行以下操作：

$ killall-9 rosout roslaunch rosmaster gzserver nodelet robot_state_publisher gzclient python python3

3. 训练模型测试及可视化展示

完成训练后测试模型如下：

$ cd~/DRL-robot-navigation/TD3

$ python3 test_velodyne_td3.py

Gazebo 仿真环境示意图如图 C-1 所示。

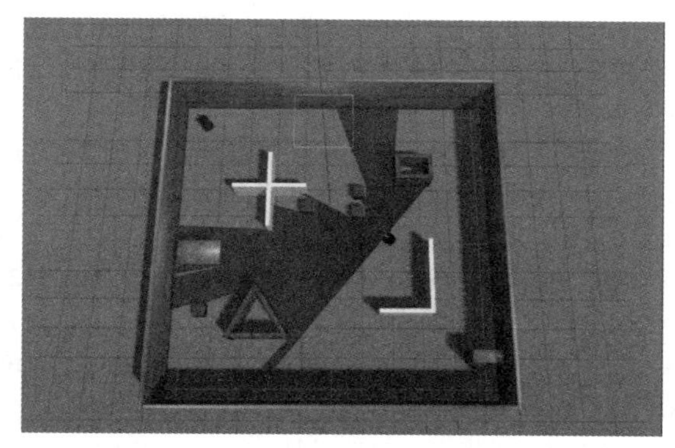

图 C-1　Gazebo 仿真环境示意图

机器人相机和导航界面如图 C-2 所示。

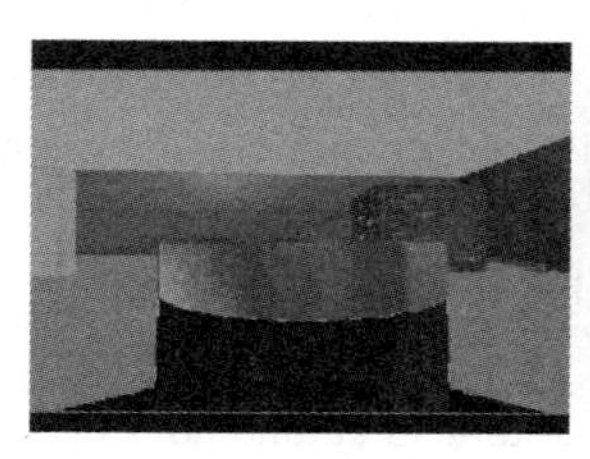

a) 机器人相机界面

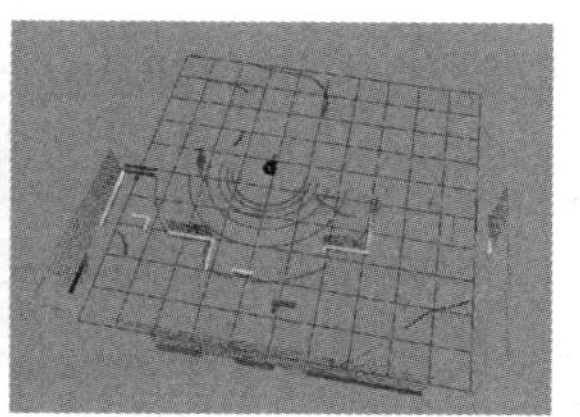

b) 机器人导航界面

图 C-2　机器人相机和导航界面

参考文献

[1] 伯杰伦，塔尔博特 . 仿人机器人原理与实战 [M]. 王伟，魏洪兴，刘斐，译 . 北京：机械工业出版社，2015.

[2] 涅切夫，绀野笃志，辻田彻平 . 仿人机器人建模与控制 [M]. 姜金刚，吴殿昊，王开瑞，等译 . 北京：机械工业出版社，2022.

[3] 梶田秀司 . 仿人机器人 [M]. 管贻生，译 . 北京：清华大学出版社，2007.

[4] 黄强，黄岩，余张国 . 仿人机器人基础理论与技术 [M]. 北京：北京理工大学出版社，2021.

[5] 陈启军，刘成菊 . 双足机器人行走控制与优化 [M]. 北京：清华大学出版社，2016.

[6] 陈恳，付成龙 . 仿人机器人理论与技术 [M]. 北京：清华大学出版社，2010.

[7] 肖南峰 . 仿人机器人 [M]. 北京：科学出版社，2008.

[8] 融亦鸣，朴松昊，冷晓琨，等 . 仿人机器人建模与控制 [M]. 北京：清华大学出版社，2021.

[9] 靳莹瑞 . NAO 机器人控制及轨迹规划理论与实践 [M]. 北京：中国纺织出版社，2022.

[10] 立德智库 . 人形机器人产业研究报告 [R]. 北京：北京立德融创智能机器人技术研究院，2024.

[11] 斯庞，哈钦森，维德雅萨加 . 机器人建模和控制 [M]. 贾振中，徐静，付成龙，译 . 2 版 . 北京：机械工业出版社，2023.

[12] 杨辰光，程龙，李杰 . 机器人控制：运动学、控制器设计、人机交互与应用实例 [M]. 北京：清华大学出版社，2020.

[13] MNIH V，KAVUKCUOGLU K，SILVER D，et al. Playing atari with deep reinforcement learning[DB/OL].（2013-12-19）[2024-09-17]. https://arxiv.org/abs/1312.5602.

[14] SUTTON R S，MCALLESTER D，SINGH S，et al. Policy gradient methods for reinforcement learning with function approximation[C]// Conference on Neural Information Processing Systems（NIPS）. Denver：NIPS，1999：1057-1063.

[15] 王琦，杨毅远，江季 . EASY RL 强化学习教程 [M]. 北京：人民邮电出版社，2022.

[16] SCHULMAN J，WOLSKI F，DHARIWAL P，et al. Proximal policy optimization algorithms[DB/OL].（2017-08-28）[2024-09-17]. https://arxiv.org/abs/1707.06347.

[17] PENG X B，ABBEEL P，LEVINE S，et al. Deepmimic：Example-guided deep reinforcement learning of physics-based character skills[J]. ACM Transactions on Graphics，2018，37（4）：1-14.

[18] SHENG J，CHEN Y，FANG X，et al. Bio-inspired rhythmic locomotion for quadruped robots[J]. IEEE Robotics and Rutomation Letters，2022，7（3）：6782-6789.

[19] MAC T T，COPOT C，et al. Heuristic approaches in robot path planning：a survey[J]. Robotics and Autonomous Systems，2016，86：13-28.

[20] CHIB P S，SING P. Recent advancements in end-to-end autonomous driving using deep learning：a survey[J]. IEEE Transactions on Intelligent Vehicles，2024，9（1）：103-118.

[21] FOX D，BURGARD W，et al. The dynamic window approach to collision avoidance [J]. IEEE Robotics & Automation Magazine，1997，4（1）：23-33.

[22] FUENTES-PACHECO J，RUIZ-ASCENCIO J，et al. Visual simultaneous localization and mapping：a survey [J]. Artificial Intelligence Review，2015， 43（1）：55-81.

[23] XIE S K，SONG R，et al. Circular accessible depth：a robust traversability representation for UGV navigation[J]. IEEE Transactions on Robotics，2023，39（6）：4875-4891.

[24] 高翔，张涛，等 . 视觉 SLAM 十四讲：从理论到实践 [M]. 北京：电子工业出版社，2017.

[25] CIMURS R，SUH I H，et al. Goal-driven autonomous exploration through deep reinforcement learning[J]. IEEE Robotics and Automation Letters，2022，7（2）：730-737.

[26] 吴帅帅，高国伟，刘硕．高灵敏度柔性电子皮肤的研究与应用进展 [J]. 传感器与微系统，2023，42（7）：1-5，22.

[27] 史晓立．面向协作机器人人机交互的双编码器伺服系统研究 [D]. 上海：上海交通大学，2020.

[28] 王俊博，高国伟．压电式触觉传感器的优化与应用的研究进展 [J]. 微纳电子技术，2023，60（2）：165-174.

[29] 徐洋．基于仿生触觉传感器的多信息感知系统研究 [D]. 长春：吉林大学，2019.

[30] 崔少伟，魏俊杭，王睿，等．基于视触融合的机器人抓取滑动检测 [J]. 华中科技大学学报（自然科学版），2020，48（1）：98-102.

[31] 张松．柔性三维力电容式触觉传感器的设计与研究 [D]. 天津：河北工业大学，2020.

[32] 孙明．面向机器人智能皮肤的电容式柔性触觉传感器研究 [D]. 苏州：苏州大学，2019.

[33] 王宏民，梁靖斌，李江源，等．机械手触觉技术研究发展综述 [J]. 传感器世界，2021，27（12）：1-9.

[34] 王良泽．基于压阻效应的柔性三维力触觉传感器的研究 [D]. 哈尔滨：哈尔滨工业大学，2016.

[35] 江都．基于视觉和触觉感知的机械手自适应抓取研究 [D]. 武汉：武汉科技大学，2022.

[36] REDMON J，DIVVALA S，GIRSHICK R，et al. You only look once：Unified，real-time object detection[C]//Proceedings of the IEEE Conference on Computer Vision and Pattern Recognition（CVPR）. Las Vegas：IEEE，2016：779-788.

[37] GIRSHICK R，DONAHUE J，DARRELL T，et al. Region-based convolutional networks for accurate object detection and segmentation[J]. IEEE Transactions on Pattern Analysis and Machine Intelligence，2016，38（1）：142-158.

[38] GIRSHICK R. Fast r-cnn[C]// Proceedings of the IEEE International Conference on Computer Vision（ICCV），Santiago：IEEE，2015：1440-1448.

[39] MATURANA D，SCHERER S. Voxnet：A 3d convolutional neural network for real-time object recognition[C]// IEEE/RSJ International Conference on Intelligent Robots and Systems（IROS）. Hamburg：IEEE，2015：922-928.

[40] QI C R，SU H，MO K，et al. Pointnet：Deep learning on point sets for 3d classification and segmentation[C]// Proceedings of the IEEE Conference on Computer Vision and Pattern Recognition（CVPR）. Honolulu：IEEE，2017：652-660.

[41] SUN J，WANG Z，ZHANG S，et al. Onepose：One-shot object pose estimation without cad models[C]// Proceedings of the IEEE/CVF Conference on Computer Vision and Pattern Recognition（CVPR）. New Orleans：IEEE，2022：6825-6834.

[42] ZHANG K，ZHANG Z，LI Z，et al. Joint face detection and alignment using multitask cascaded convolutional networks[J]. IEEE signal processing letters，2016，23（10）：1499-1503.

[43] LI S，DENG W. Deep facial expression recognition：a survey[J]. IEEE transactions on affective computing，2018，13：1195-1215.

[44] 王栋．视频数据中的人物行为识别与预测 [D]. 西安：西北工业大学，2020.

[45] 林佩珍．基于单视图的室内场景三维理解 [D]. 深圳：中国科学院深圳先进技术研究院，2022.

[46] RIVIN E I. Mechanical design of robots[M]. New York：McGraw-Hill，1988.

[47] 黄志坚．机器人驱动与控制及应用实例 [M]. 北京：化学工业出版社，2016.

[48] CECCARELLI M. Fundamentals of mechanics of robotic manipulation[M]. Cham：Springer，2022.

[49] GUPTA K C. Solution manual for mechanics and control of robots[M]. Berlin：Springer Science & Business Media，1997.

[50] 曹胜男，朱冬，祖国建．工业机器人设计与实例详解 [M]. 北京：化学工业出版社，2019.

[51] LOHMEIER S，BUSCHMANN T，ULBRICH H. System design and control of anthropomorphic

walking robot LOLA[J]. IEEE/ASME Transactions on Mechatronics，2009，14（6）：658-666.
[52] 周玉林，高峰 . 仿人机器人构型 [J]. 机械工程学报，2006（11）：66-74.
[53] 明仁雄，范志雄，万会雄 . 液压与气压传动学习指导 [M]. 北京：国防工业出版社，2020.
[54] 郭彤颖，安冬，等 . 机器人系统设计及应用 [M]. 北京：化学工业出版社，2016.
[55] 项建峰，周丽娇，周新妹，等 . 机器人的设计与制作 [M]. 北京：电子工业出版社，2020.
[56] 吴鹿鸣，罗大兵，张祖涛，等 . 机械设计基础 [M]. 北京：科学出版社，2020.
[57] 姜金刚，王开瑞，赵燕江，等 . 机器人机构设计及实例解析 [M]. 北京：化学工业出版社，2022.
[58] 李慧，马正先，逄波 . 工业机器人及零部件结构设计 [M]. 北京：化学工业出版社，2017.
[59] 龚振邦，汪勤悫，陈振华，等 . 机器人机械设计 [M]. 北京：电子工业出版社，1995.
[60] 克雷格 . 机器人学导论 [M]. 贠超，王伟，译 . 4 版 . 北京：机械工业出版社，2018.
[61] 张龙，张庆，祖莉，等 . 空间机构学与机器人设计方法 [M]. 南京：东南大学出版社，2018.
[62] 孙宏昌，邓三鹏，祁宇明，等 . 机器人技术与应用 [M]. 北京：机械工业出版社，2017.
[63] 闻邦椿 . 机械设计手册：第 5 卷 [M]. 6 版 . 北京：机械工业出版社，2018.
[64] 熊有伦 . 机器人技术基础 [M]. 武汉：华中理工大学出版社，1996.
[65] 韩建友，邱丽芳 . 机械原理 [M]. 北京：机械工业出版社，2017.
[66] 清华大学工程图学及计算机辅助设计教研室，刘朝儒，吴志军，等 . 机械制图 [M]. 5 版 . 北京：高等教育出版社，2006.
[67] 蒋森春 . 机械加工基础入门 [M]. 2 版 . 北京：机械工业出版社，2014.